瀚书——十七

Hanbooks 17

Zhao Qing

赵 清 编著

江苏凤凰美术出版社
Jiangsu Phoenix Fine Arts
Publishing Ltd.

Preface

Postscript

序 | Preface

毕学峰

何见平

靳埭强

吕敬人

宋协伟

李永铨

吴　勇

Bi Xuefeng
Jianping He
KAN Tai-Keung
Lü Jingren
Song Xiewei
Tommy Li
Wu Yong

7

毕学峰

做事与乐事

我认识设计师朋友往往通过两种方式：一种是与他共事进而相互了解成了朋友；一种是通过他的作品吸引我和他交往，能够彼此交流和欣赏，进而越走越近成了朋友。我和赵清的相识是第二种方式，今天回想起来也近 20 年了。他在 30 年的设计生涯工作中，设计了大量各种类别的书籍，不仅有 30 余本书籍设计获“最美的书”称号，还获得了英国 D&AD 黄铅笔、纽约 ADC 金方块，日本 JTA 最佳等各类国际比赛最高奖，作品获奖或入选全球范围内几乎所有重要的平面设计竞赛和展览。

Walt Disney 曾说："决定输赢的关键往往在于你是否放弃。"赵清能取得今天的成就也是因为他对专业的坚持，甚至设计已经成为他生活的一部分。设计师生涯过程中也许都面临这样的问题，比如：设计究竟可以保有多久的激情与产能？设计过程中的乐趣与商业经营中的妥协？设计做到怎样坚守底线和交相辉映？这其中渗透的难与乐各人知晓。赵清无疑是设计师当中激情四射、作品丰盛，在专业上自我坚守又游刃有余的一位。书籍更是他乐此不疲的设计载体，对书籍叙事的掌握、纸张材质和工艺的把控几乎到了强迫症的状态。他的作品常透出一种新叙事方式的探索和聪颖，这种聪颖背后蛰伏的是他的天赋和坚持……

说他乐此不疲是他把时间几乎都用在了设计上，他说自己没有什么业余爱好，爱好也都和设计有关，因为他在设计中找到了常人无法找到的乐。他对设计有着"苦中有乐，乐在其中"的感悟，如此感悟令设计中和生活中的他不时透出条理有度、幽默诙谐的一份淡然。无论是乐此不疲，还是设计带来的满足感，"乐"是设计师能够一直坚持走下去的重要条件。"乐"的注释中：欢乐，快活，快乐；使人快乐的事情；对某些事情心甘情愿。这些都可以在赵清身上和他的设计中找到。

《瀚书十七》择选了他最近 10 余年最具代表性的 17 本书籍设计，以 7 万文字和 700 余面内页版式展现了每一件获奖作品的设计细节以及设计背后的思路过程与想法，加之作者或责编与设计师的合作体会，让读者从文字和图片等全方位了解到一本"最美的书"的诞生过程。赵清显然是走进"乐享其中"的书籍世界，每次看到他的作品都让我倍受激励。今天，他从开始自己独乐世界扩展成为设计推广者和教育者的众乐乐态度，对设计乐此不疲又乐善好施。

祝贺《瀚书十七》新书出版，也送上我诚挚的祝福。

毕学锋　2021 年 10 月　于杭州

何见平

清平乐

天高云淡，望断南飞雁。

不到长城非好汉，屈指行程二万。

六盘山上高峰，红旗漫卷西风。

今日长缨在手，何时缚住苍龙？

——毛泽东《清平乐·六盘山》

赵清，一个设计师把个展命名为“清平乐”，不知是否偏爱词牌的韵律，还是只因为有个“清”字的渊源。我刚看到他这个个展名称，心中想到的就是这阕毛泽东的词。虽然有些遣词不免“不遵矩度”，词中饱含的革命的乐观主义精神，还是多次鼓舞到我，每次读来，畅快淋漓居多。非但如此，能在那么艰苦条件、那么明显弱势下，草鞋单衣空腹，还在想“缚住苍龙”的，舍毛其谁啊？！

每个经历过20世纪70、80年代的中国读书人的心中都还供奉着一个偶像。赵清也喜欢收集毛的图像，他的工作室中摆满了毛泽东的塑像和图像，他在个展中也展示了一个毛泽东图像的系列海报。赵清的设计，在形式语言上，是时尚的、闪烁的、亮丽的，是对工艺的轻车熟路和游刃有余，是对设计师偏爱生活Style的追求，是青年心态的梦想。但在思想上，受到的还是伟人影响力的震撼，无论现在调侃还是追忆，对70、80年代青春期时形成的意识形态，根深蒂固，难以改变。

喝咖啡是苦的，最落胃的还是中餐。感同身受，塑造中国设计的气质。赵清，设计快乐！

何见平　2013年4月8日　柏林

2021年秋修改

我记不清楚在什么时候，或者在什么场合注意到赵清的设计作品。好像是一系列三幅以粗宋体文字与简练图像构成的海报，后来再看到《百花齐放，百家争鸣》《节令》《年、月、日》等作品时，感觉到他在汉字设计的领域中积极的个性和实验，探索技法，难能可贵。

在北京 AGI 大会后，国际平面设计联盟检讨新会员提名和评选机制。在中国成立分会后，要由 3 位会员提名，经分会会员投票通过后，最终经大会评审团 10 位委员评审，最少 7 位成员赞成方能通过成为新会员。赵清就在这个严谨的机制中成功入会，壮大和提升了中国 AGI 的团队。

在一些作品展上，我再次看到赵清的许多作品：他非常熟练地掌握了时代的脉搏，以精准的现代视觉语言传达着中国当代的文化信息。

吕敬人

黑衣汉子　书道中人

赵兄，金陵黑衣人，他的衣着非黑即白，当然以黑居多，还辅置金属饰件，神奇！超酷！初遇，以为道上中人，恕我黑道片看得多，以貌取人。相识20多年，由冷到热，由惧到亲，则完全颠覆了我的普识概念。他秉性规矩正统，行事细腻入微，待人谦和友善，从艺精学求新。相处中我们有了许多共同的语言，我对他的专业成就有了更多的了解，并更增添了一份敬意。和他在一起有一种愉悦的轻松感，喜欢听他的讲课，全部是大实话，幽默笑谈中饱含深究学问之理；看他大快朵颐他的挚爱——南京盐水鸭，那痛快的兴奋姿态，简直是给旁人一针食欲刺激剂，令我的口水不由得直往外流……

赵兄到底何许人也？

赵清是一位对中国当代书籍设计界具有影响力的书籍设计师，并在平面设计、编著、设计教育等诸多领域有着颇多的建树。他的作品几乎囊括了世界平面设计权威奖项，他30多次获得“中国最美的书”奖，远远超越其他获奖人，这在中国书籍设计人中是绝无仅有的，他的艺术成就可见一斑。

赵清以敏锐和钻研的专业精神，挖掘东方书卷艺术的传承与创新、汉字文化的弘扬与拓展，他编著设计的《莱比锡的选择》《翻阅莱比锡》两书对国际设计界带来了影响，并成为全国设计人学习的工具书。他对改革开放后的中国当代书籍艺术与时俱进地发展产生了很大影响，也被全国同行公认为书籍设计界的专业带头人。作为中国出版协会书籍设计艺委会的负责人之一，他在各届全国性大展和学术活动中都发挥了重要的作用，尤其是为第九届中国书籍设计艺术大展活动所做的整体视觉设计，堪称一绝。

从他经历的求索到实践过程，如同他的作品：把握住中国传统与时尚嫁接的最好关系，体现书卷气与当代性交织的韵味。有机会我们就在一起切磋交流，亦师亦友，有许多值得我学习的地方，豪爽、诚意、专一，真性情，是条汉子，乃书道中人。

在长达30多年的设计生涯中，赵清一直专注书籍的整体设计之美，并为之竭尽全力付出，将专业的理论知识与实践运用相结合，同时以独到的设计语言和设计语法，构建其特有的设计理论体系和方法论，尤其是编辑设计概念的出色应用，完成了大量新颖、饱满、丰富，极具艺术感染力和个人特色的作品，如《恋人版中英词典》《男·女》《面朝大海 春暖花开》《十竹斋笺谱图像志》《嘉卉——百年中国植物科学画》等等，影响了一大批设计同行。值得一提的是他在提携年轻人方面的全身心投入，在他的培养下，其中不少人已成为全国设计行业出类拔萃的佼佼者，并成就他们获得诸多国际大奖。赵清教书育人功不可没。

喜悉他的作品汇编《瀚书十七》即将出版，此书从赵兄30余年创作的千余册书中精选了17本，由他本人与合作者对这些作品进行庖丁解牛般的品读，这对设计同道、出版人、编辑者、印制人、设计在学者、爱书人一定是十分过瘾并受益多多。

值此新书付梓之际，作为书道同人唠叨几句，谨表祝贺之意。

吕敬人　北京竹溪园　2021秋

作为一个获奖无数的平面设计师，赵清曾经的梦想是成为一名建筑设计师。这其实是一颗埋藏在心底的种子，当这颗种子在二维的土壤中开始发芽时，空间的思考成为必然，他在思考如何将视觉化的信息构筑成适合种子生长的空间，这些信息犹如空间中的构件，构筑的前提是对信息的视觉化再造。这个再造过程是基础性研究，而构筑则是基于基础性研究而生成的空间样式。在这个空间样式中，一切信息都有缜密的序列，以时间维度为轴线，在相关的节点上显形或者消隐。因此，在赵清的作品中，我们阅读的是具备空间构筑性的信息传达，这种传达将我们从日常的阅读习惯中抽离出来，主动参与到信息的再造过程中，多义性由此产生。在这种意义上，赵清的作品不是结构封闭的完成品，而是开放结构的生成物，这也正是他心底那颗种子不断生长的必然表现。在其中，关于梦想的激情都恰当地控制在构筑的序列中，似乎他在精心营造这个生长的空间，不急不躁，唯有如此，方能长久而富于生长性。

在网络时代讨论平面设计是一件残酷的事，因为关于信息生成和传达的一切都发生了巨变，对以纸为媒材的设计师而言，这无疑意味着挑战和转型。幸运的是：赵清一直是以空间的角度理解和诠释信息，这其中蕴涵的机会还远远未被发掘出来。正如柯布西耶在《走向新建筑》中所说：平面是生成元。生成意味着生机，对赵清而言，平面是梦想生长的土壤。正如秦淮河上的花船与乌衣巷口的斜阳，花开不败，只因有梦。

1997 年 6 月 30 日，北京。

华人设计奖颁奖日，国歌，国旗，中山装，年轻人。16 年前的零碎景象隐隐约约还留在记忆中，不停地集体留影，当中原来有位惨绿少年曾与我亲热地拍了照。多年后当我们在深圳 GDC 设计展重遇，再次拍下同样片段。一切都是缘分使然，是奇遇，还是遇奇？

那天我用那连我也不太明白的普通话与少年赵清聊天，今天大家终于可以互相开怀地诉说，从设计到国家，从人到事。香港 2012 年 AGI 年会时，赵清在众会员前介绍其作品时，以中日战争这段历史开始。心感这位中年汉是位爱国人士，但有趣的是他的造型，活像歌舞伎町内的黑帮大哥。但说真的，没有人能够否认他是位大情大圣的真汉子。他的设计跟他一样，火，但不用提防，他在我的朋友名单内是属于“真”那一系列。在此希望赵兄在混杂的圈子里，好好保留那份清泉。有幸认识你！

吴勇

赵清总是令人期待的，每每他的动作都极具信息的符号性：准确、夸张地强烈、酷玩！作品与其人真实地浑然一体，老话叫“作品如人，人如作品”。他是个个性明确的人，感知一个人的内心眼睛常常是触点，单纯、到位地善思、恋物！墨镜后的内心无掩地明如镜，俗话曰“清澈似水，水能照清”。这在漠然一切胸有城府的古都南京人中属于稀有品种。

热情总被他浓缩在不大的反应堆里，核变时其能量的巨大却时时让旁人反应不过来——瞠目结舌！这种热情，初识其人是感受不到的，只觉得他扮酷、张扬是被刻意地写在了脸上的，似乎距离感建立；但你只要跟他交流，很快就会发现这些都是他身体的一部分，没有了这些反倒觉得“装了”！这就是个人能量与魅力！诚然，再黑的环境也镜不离眼，再“高大上”的舞台也能裙摆上身……熟悉他的人都会认同这确实是其内心真实喜好的外在表现。他演讲、他 K 歌，他的行头和动作总是被他搞得相得益彰。他为自己和喜欢的东西而活，为此他的脸上从未划过一丝不适感，所以你也总期待着他的各种举措，借以满足自己没有想到和没敢做到的欲望。

其实“执着”两字才是被其真正写在了脸上的东西。“商业设计”做得风生水起之时，突然搞起“日渐衰落”的书籍设计，而且短时间内就做得有声有色，获奖无数，成了他的主项！执着的人有时是可以被拿来敬佩的……

我是个偏远小学校的教书匠，欲寻天下贤人与我为伍，却苛刻地要求被邀请来教书的人必须严守校规。于是他 6 周时间乖乖地恪守着为人师表的准则，兢兢业业得让人揪心。开始以为他是碍于情面不得而为之，后来却常常发现课余的夜晚，他的教室里总是人声鼎沸，耐心不倦的答疑解惑让许多班里平日不着调的同学却做出来使人刮目的东东！他的教学是有方法的，启发与激发不是口号。他知道如何留给同学进步的空间，明确给予他们前缀，让他们找寻各自的出口，于是路径的生成各有声色，书籍设计作业“不……”就是他当时的作业题！于是同学们回馈给了他各种“不”可能，那一届同学又是获奖无数，毕业设计还有拿到“东京 TDC 赏”的，毕业后更成为各居贤职的才俊。这些都与赵老师脱不了干系，其影响深远。而因此估计他的业务损失在那几周里着实在其内心划了几道。他就是这样一个认准目标便无限投入热情的人！后来他在南艺教书，也常常与我交换教学心得和新思路。他总能让你看到其行进的轨迹，估计那边的同学也百般喜爱这位乐在其中的赵老师！

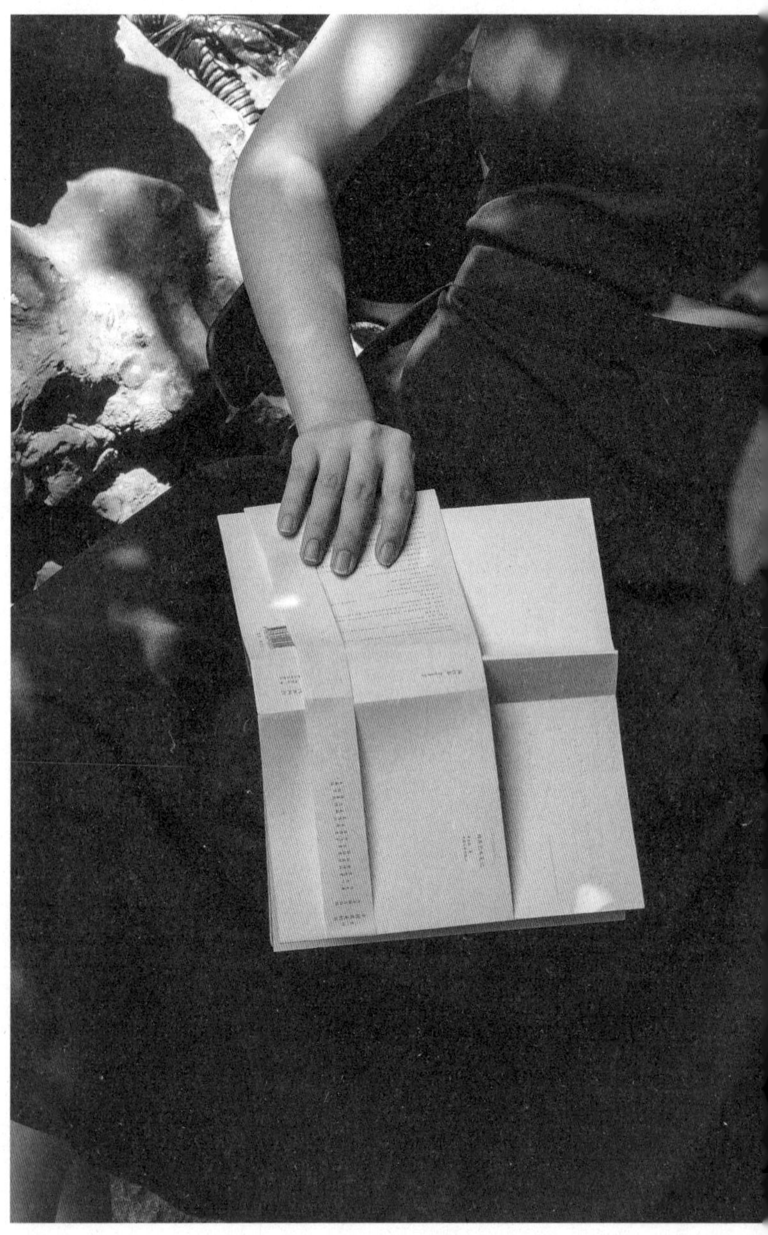

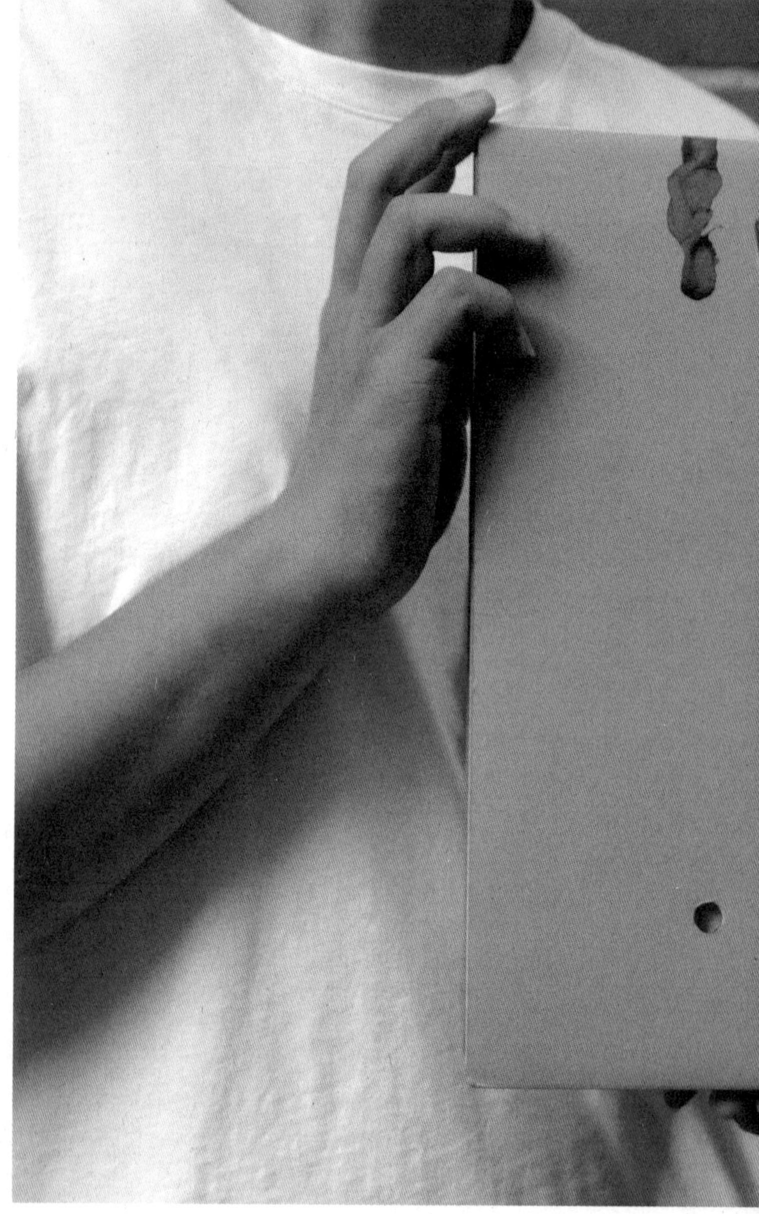

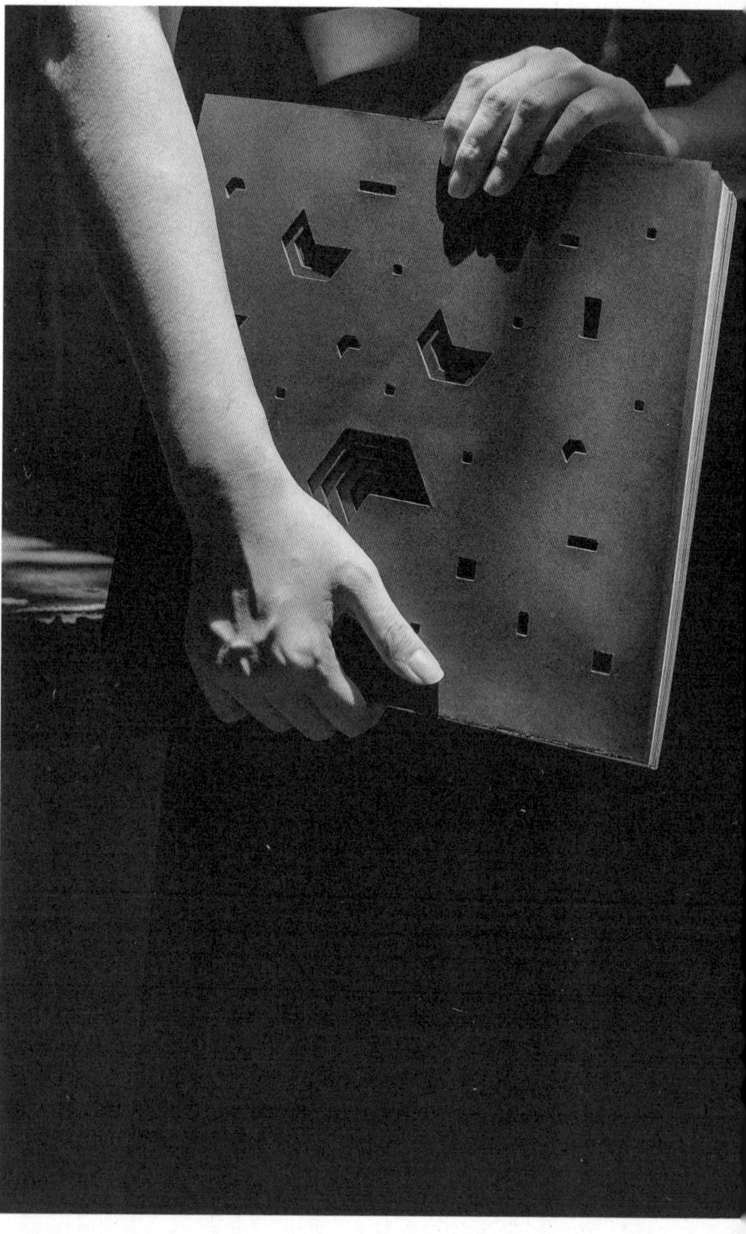

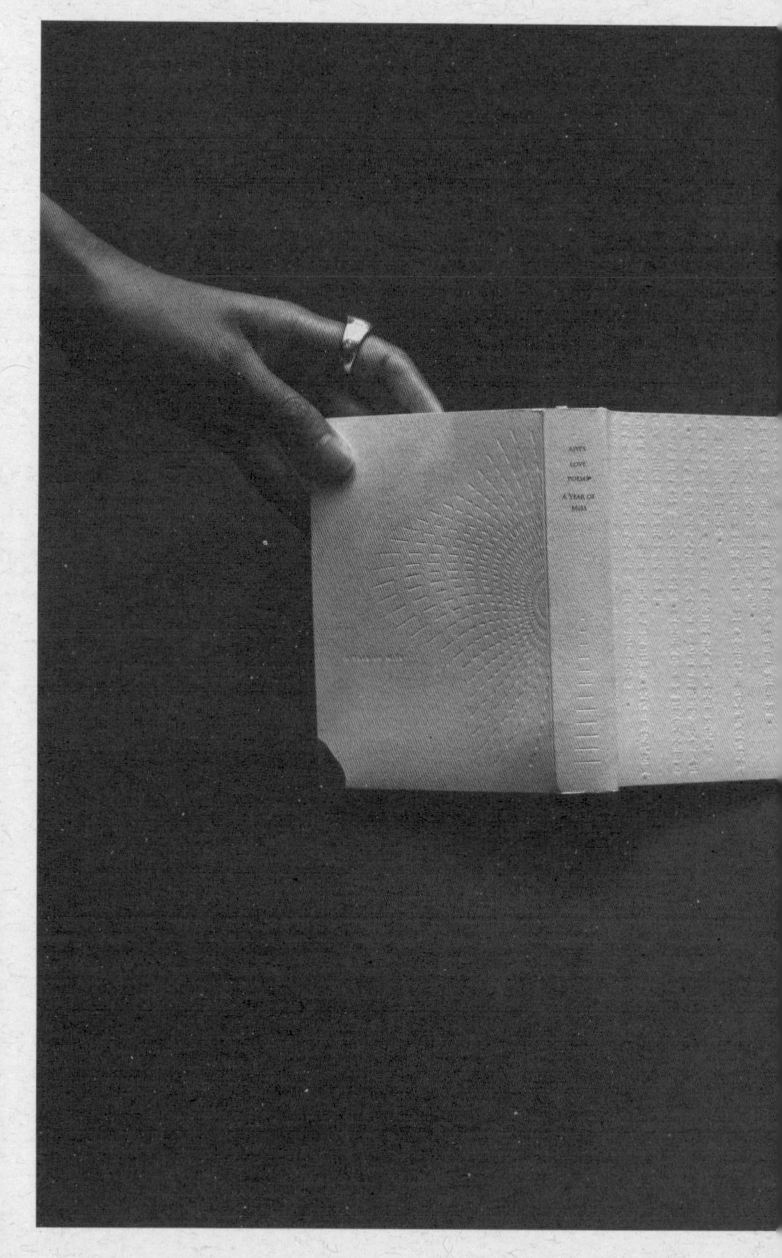
LOVE
A YEAR OF

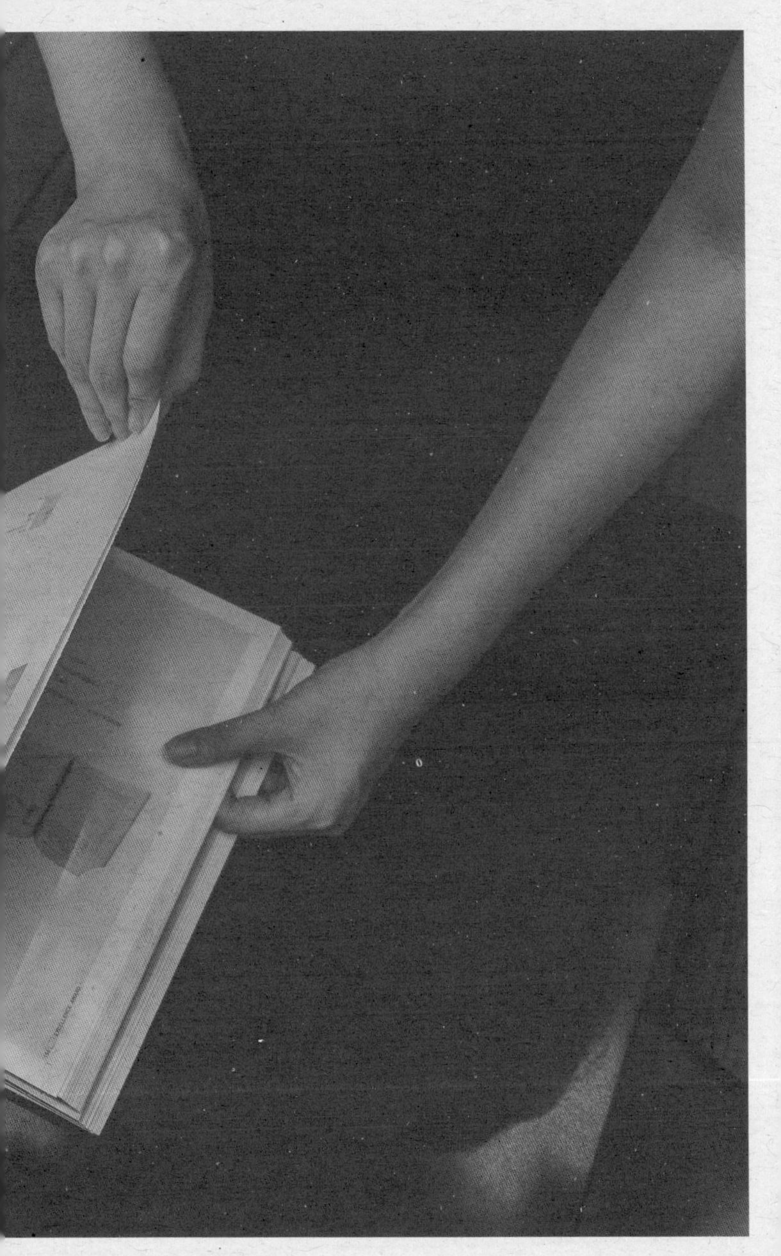

Marcel Duchamp:
The art of making art in
the age of mechanical
reproduction
MARCEL
DUCHAMP

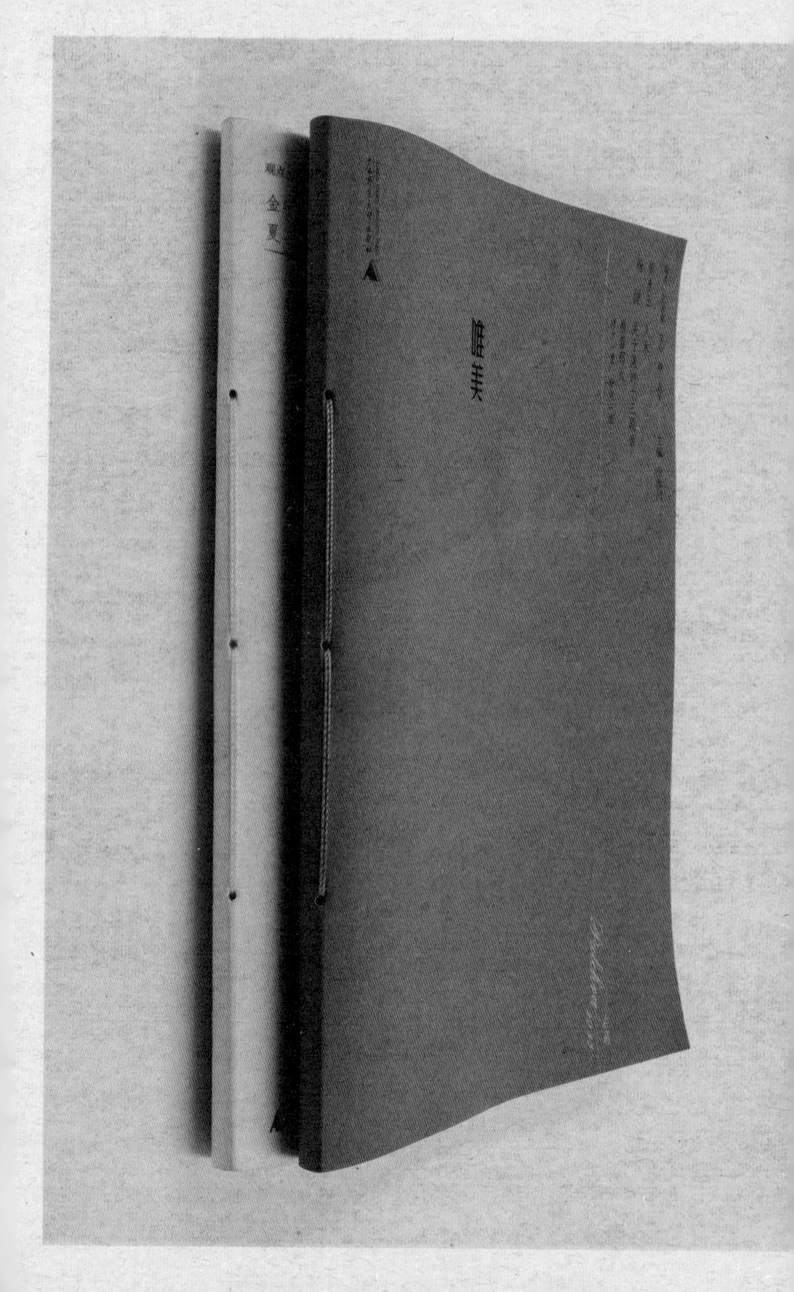

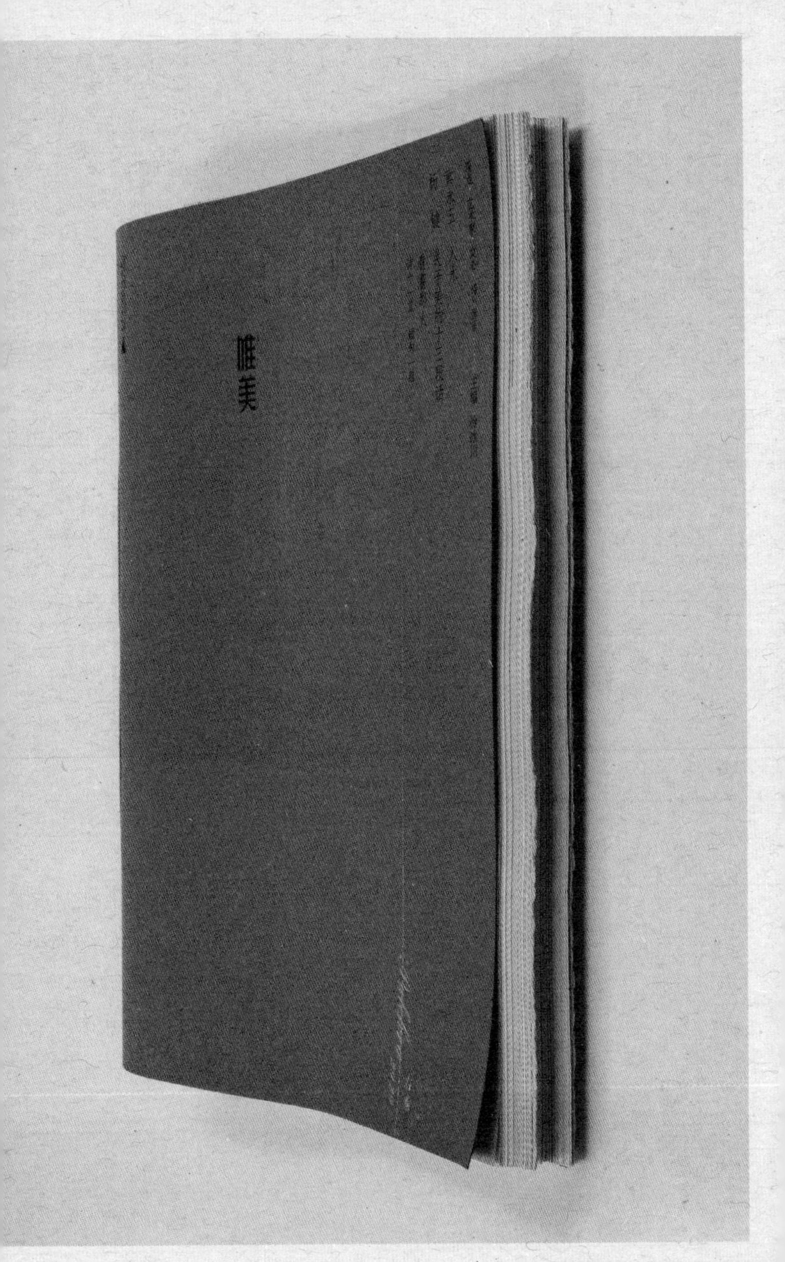

LEIPZIG
BEST BOOK DESIGN
ALL OVER THE WORLD
1991-2003

The Choice of
Leipzig
Best book design from all over the world
2019–2004
19
18
17
16
15
14
13
12
11
10
09
08
07
06
05
04

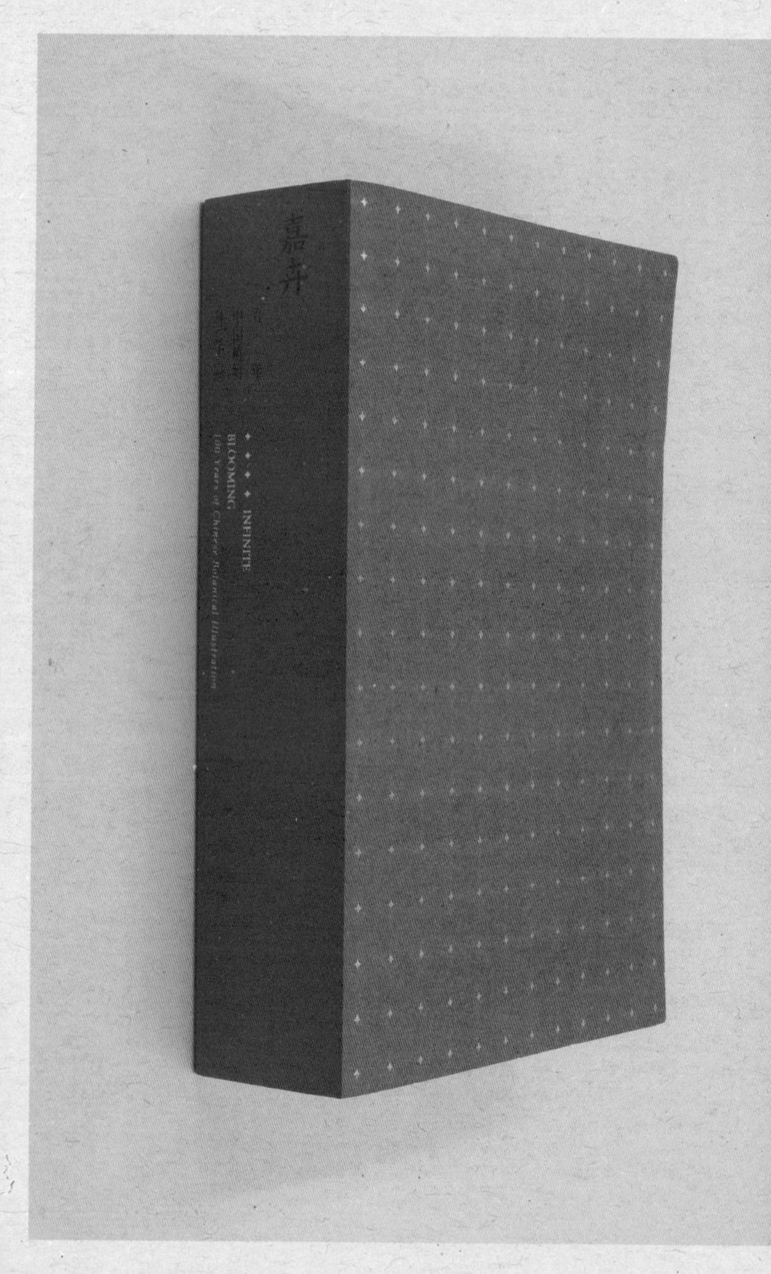
嘉卉
INFINITE
BLOOMING

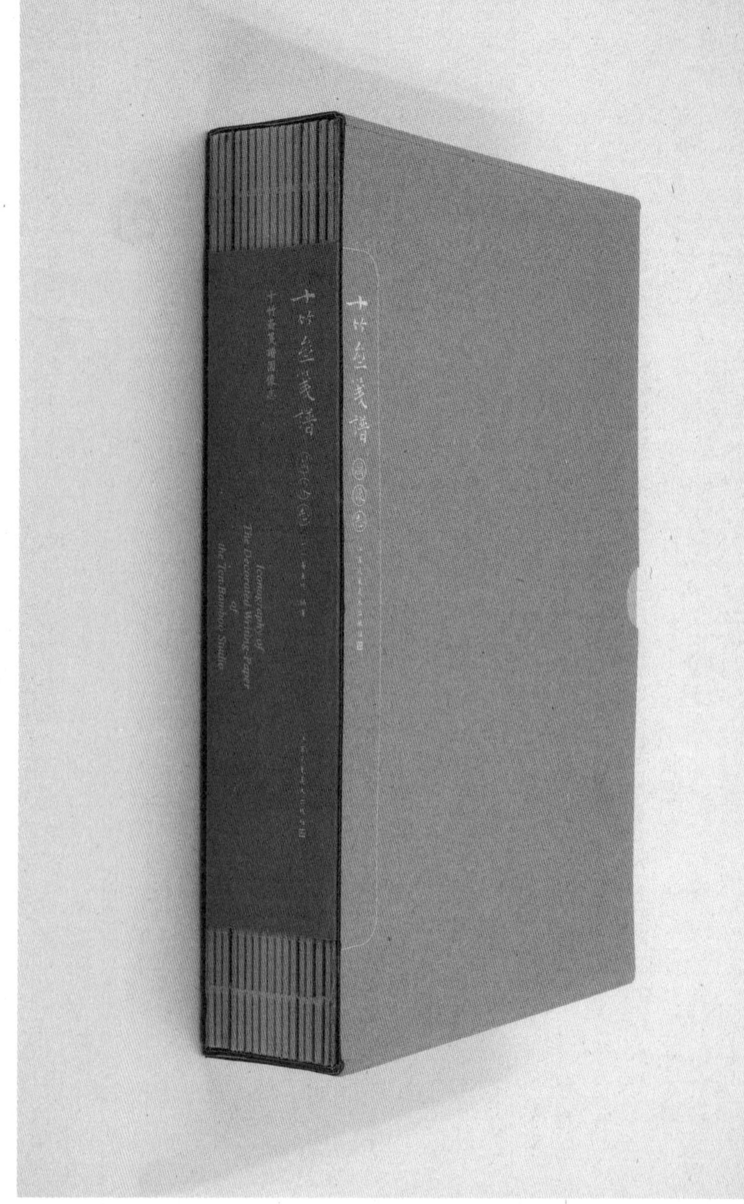
十竹齋箋譜
Iconography of
The Decorated Writing-Paper
of
the Ten Bamboo Studio
十竹齋箋譜

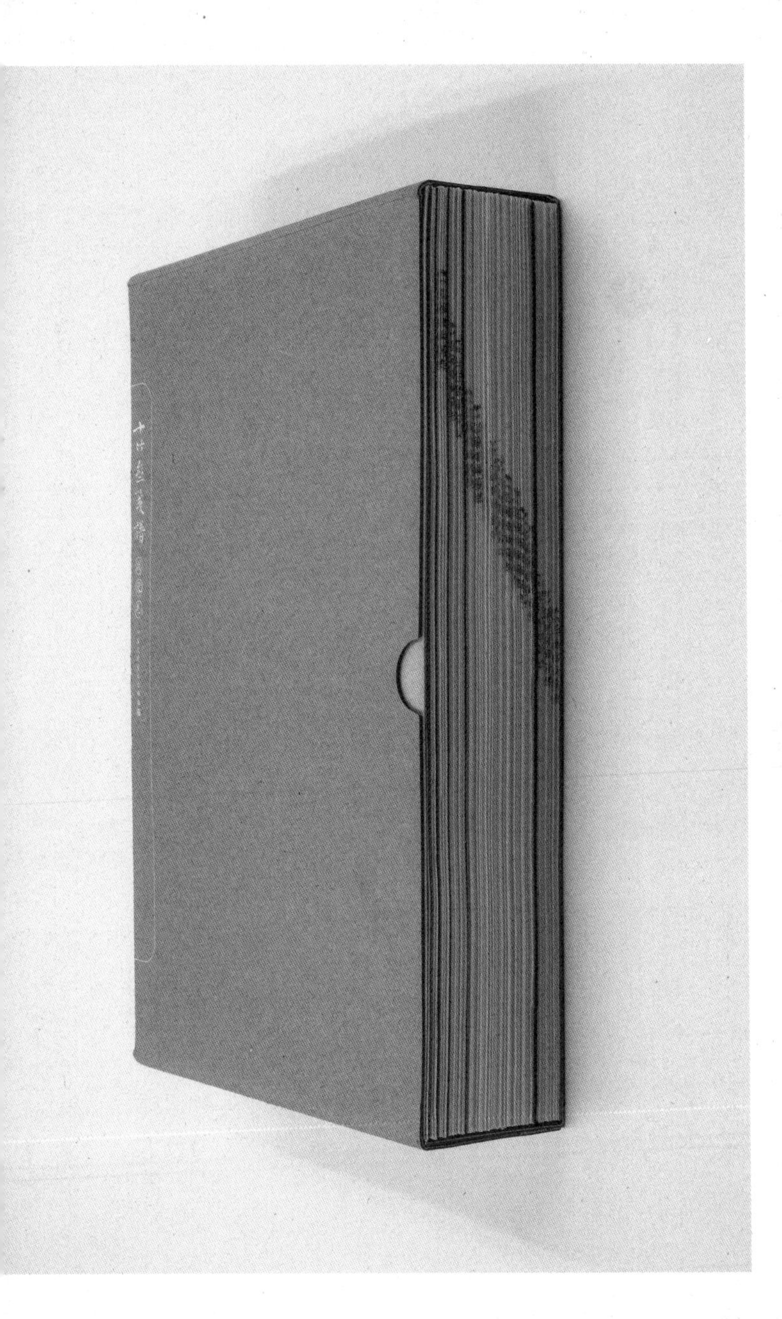

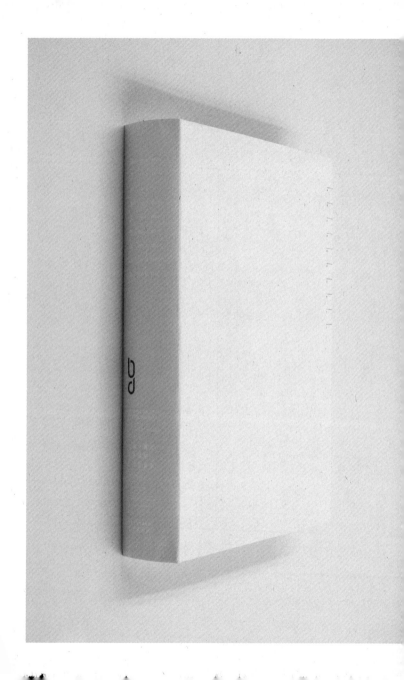

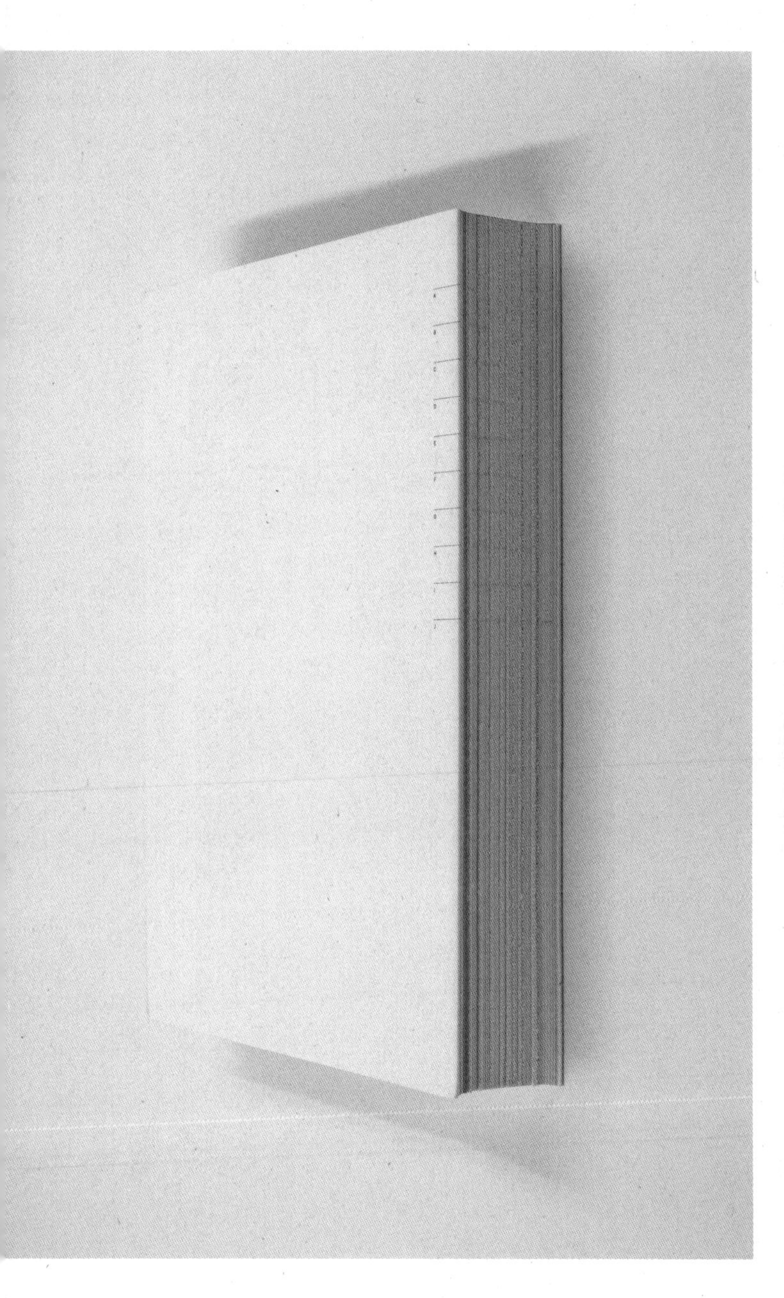

AIYI'S
LOVE
POEMS
A YEAR OF
MISS
文爱艺
爱情诗集
文爱艺
著
一年之念

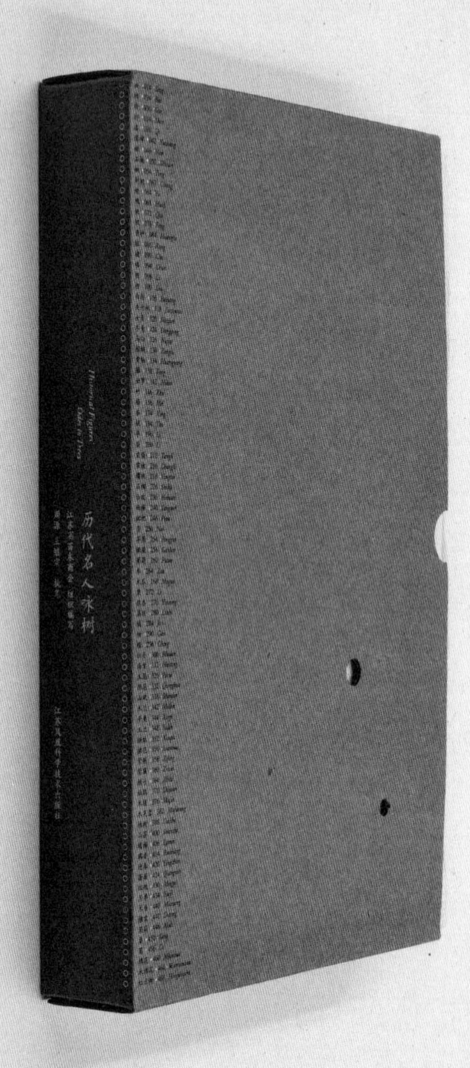
Historical Figures
Odes to Trees
历代名人咏树

One Table Two Chairs
Flee by Night 夜奔

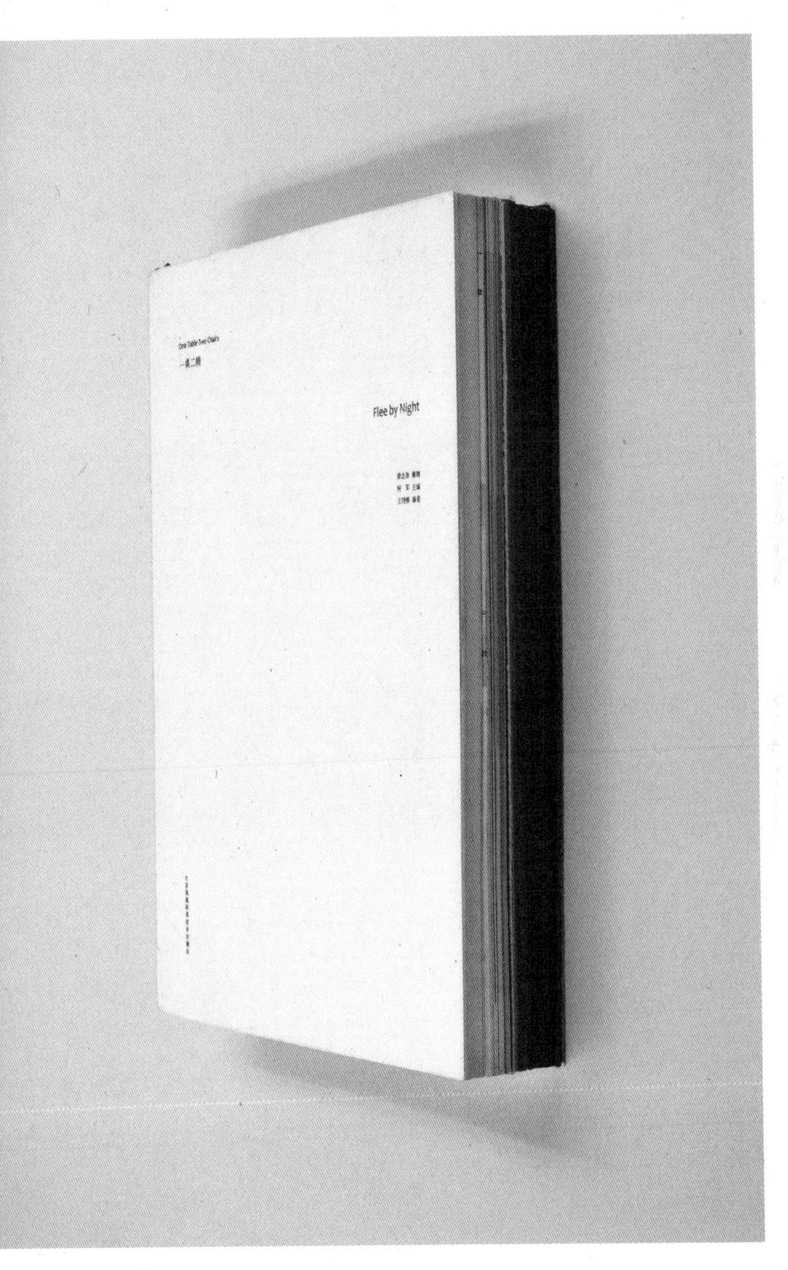
One Table Two Chairs
一桌二椅
Flee by Night

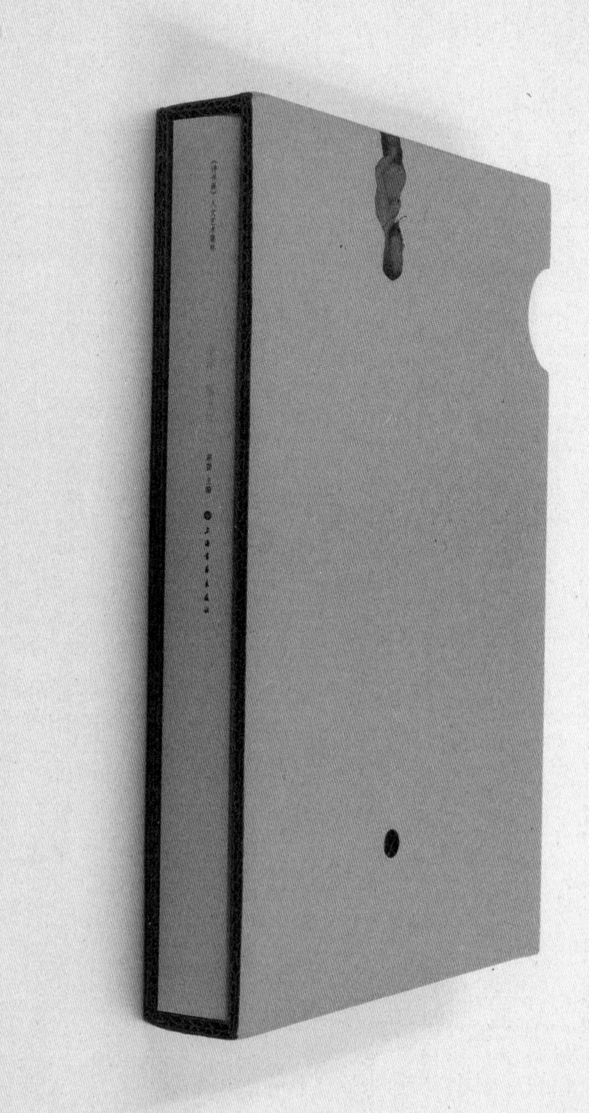

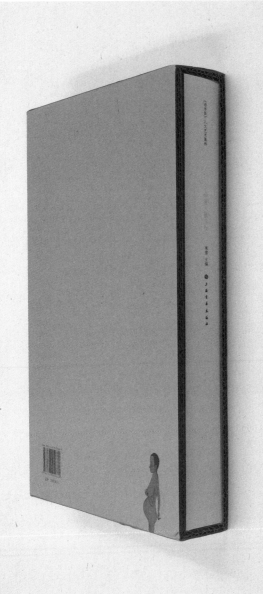

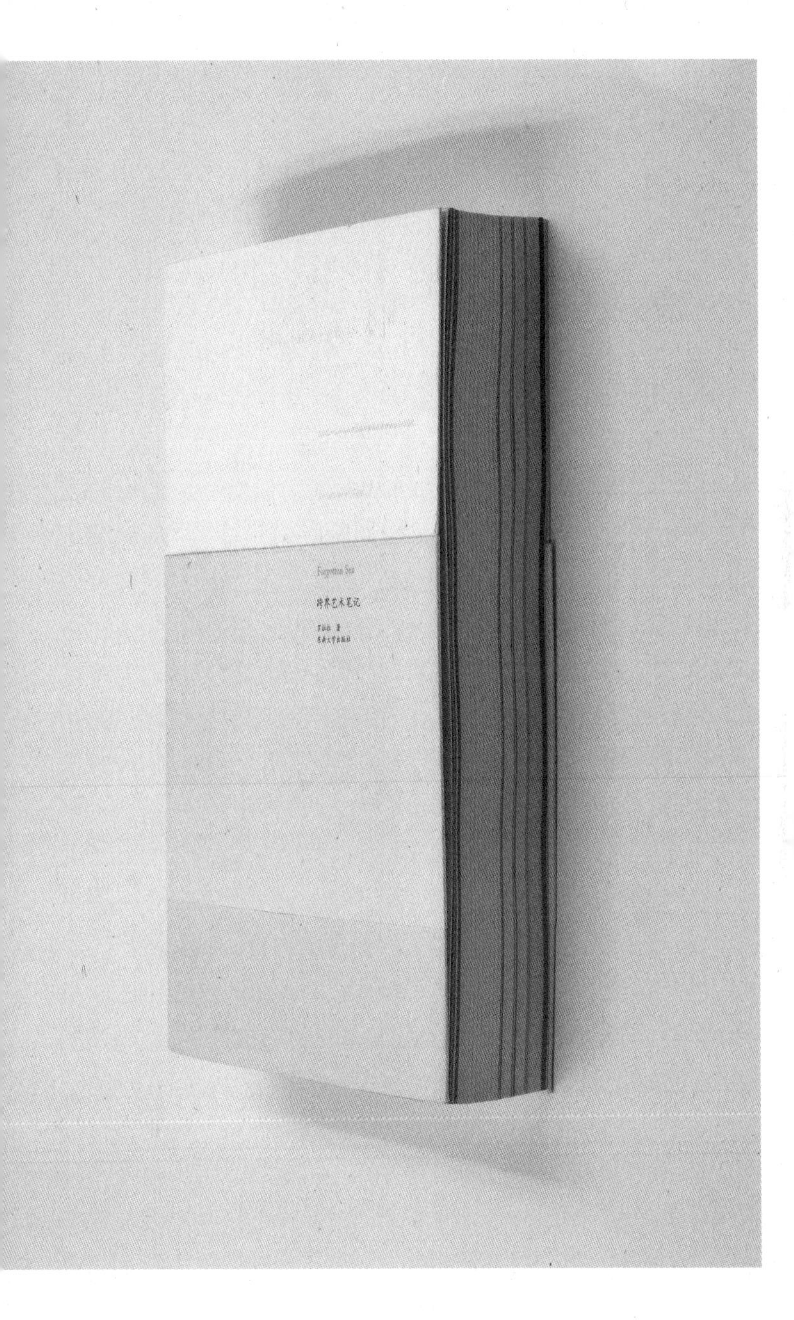
跨界艺术笔记

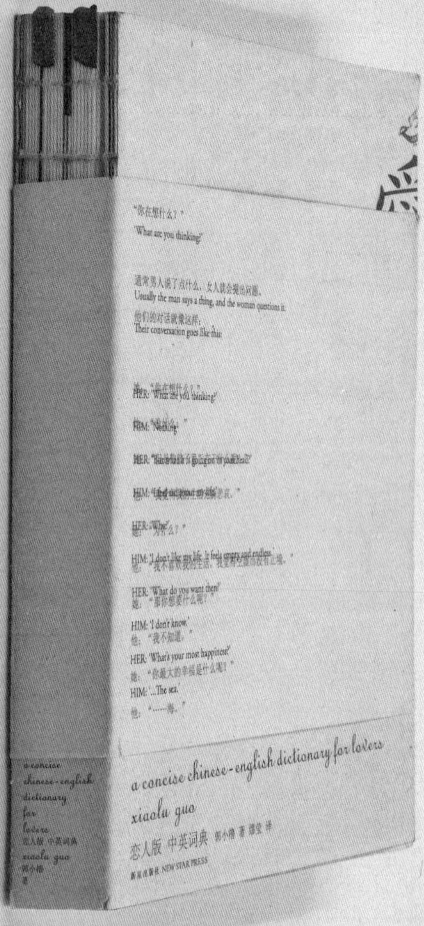
"你在想什么？"
'What are you thinking?'
Usually the man says a thing, and the woman questions it.
Their conversation goes like this:
HIM: 'Nothing.'
HIM: 'I don't like my life. It feels empty and endless.'
HER: 'What do you want then?'
她："那你想要什么呢？"
HIM: 'I don't know.'
他："我不知道。"
HER: 'What's your most happiness?'
她："你最大的幸福是什么呢？"
HIM: '...The sea.'
他："……海。"
a concise chinese-english dictionary for lovers
xiaolu guo
恋人版 中英词典
NEW STAR PRESS
a concise
chinese-english
dictionary
for
lovers
恋人版 中英词典
xiaolu guo

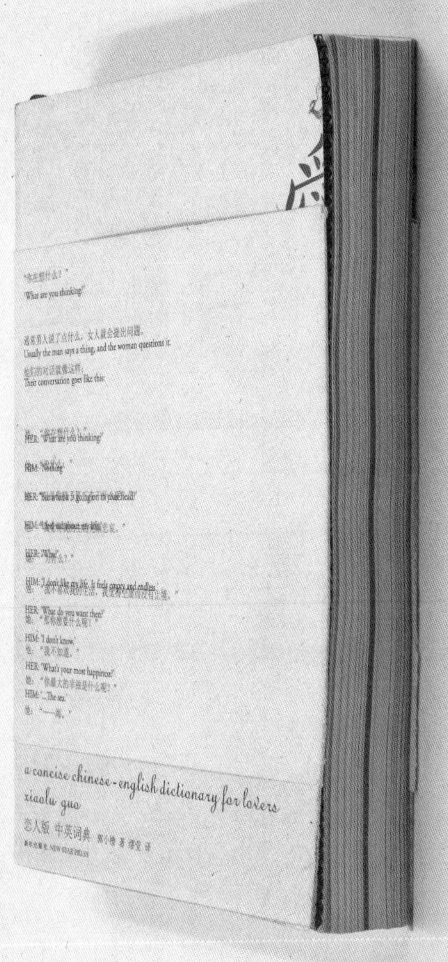
'What are you thinking?'
Usually the man says a thing, and the woman questions it.
Their conversation goes like this:
HER: 'What do you want then?'
HIM: 'I don't know.'
她："我不知道。"
HER: 'What's your most happiness?'
HIM: '...The sea.'
a concise chinese-english dictionary for lovers
xiaolu guo
恋人版 中英词典

恋人版中英词典

A concise Chinese-English dictionary for lovers

郭小橹

新星出版社

2006

220

×146

×27mm

ISBN 978-7-80225-664-4

639g

470p

“平面设计在中国”GDC09 设计奖银奖

2010 英国 D&AD 木铅笔奖

2009 美国 ONE SHOW DESIGN 优异奖

2010 东京字体指导俱乐部 Tokyo TDC 优异奖

2009 德国红点传达设计奖

2009“中国最美的书”

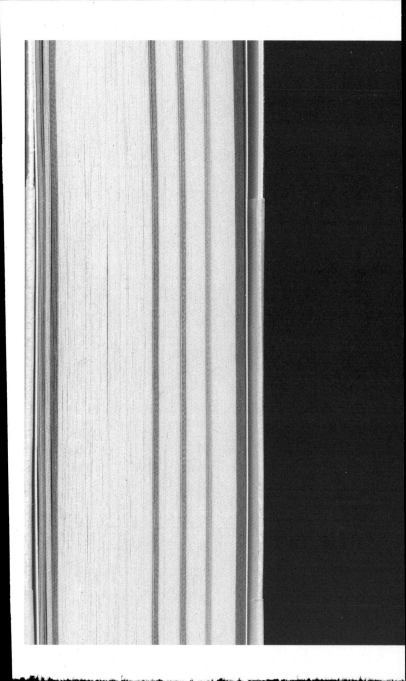

遗忘海

Forgotten Sea

罗拉拉

东南大学出版社

2014

210

×130

×34mm

ISBN 978-7-5641-5301-4

516g

374p

2016 亚洲最具影响力 DFA 银奖

2015 香港环球设计大奖 GDA 铜奖

2015 澳门设计双年奖铜奖

2016 台湾金点奖

2015“海峡两岸最美的书”

2014“中国最美的书”

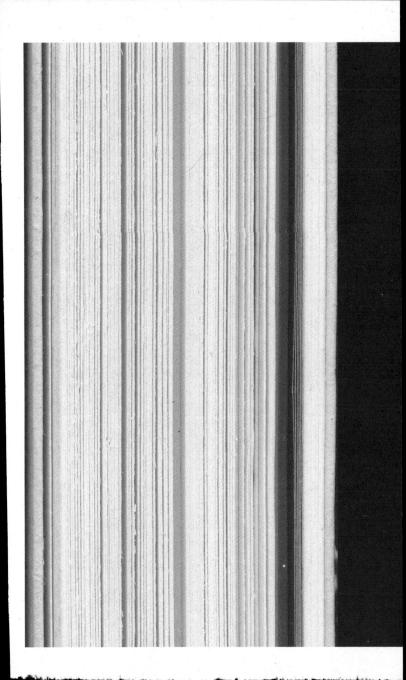

男 · 女

Male-Female

李津、靳卫红

上海书画出版社

2015

298

×191

×41mm

ISBN 978-7-5479-0966-9

1308g

400p

2016 香港环球设计大奖 GDA 银奖

2016 纽约字体指导俱乐部 NY TDC 优异奖

2015“中国最美的书”

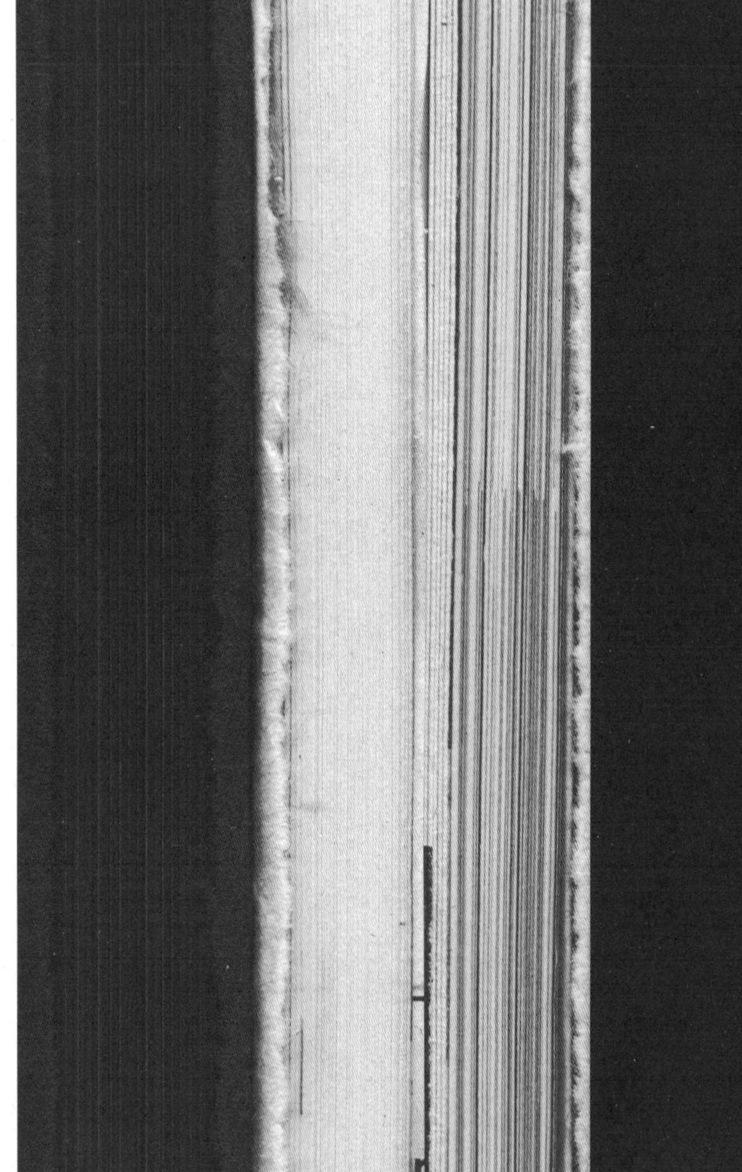

一桌二椅

One Table Two Chairs

柯　军

江苏凤凰科学技术出版社

2015

247

×173

×16mm

ISBN 978-7-5537-5453-6
ISBN 978-7-5537-5038-5

485g / 578g

298p / 300p

2015 香港环球设计大奖 GDA 金奖

2019 深圳环球设计大奖 SDA 银奖

2016 亚洲最具影响力 DFA 银奖

2016 日本字体设计协会 Applied Typography 优异奖

“平面设计在中国” GDC17 设计奖优异奖

2016 台湾金点奖

2016 台北设计奖铜奖

2017 澳门设计双年展优异奖

2015 “中国最美的书”

离 合

Detach Attach

大舍、赵清

中国建筑工业出版社

2016

280

×280

×30mm

ISBN 978-7-112-17087-6

1619g

504p

2018 日本字体设计协会 Applied Typography 评审奖

2017 亚洲最具影响力 DFA 铜奖

2017 美国 ONE SHOW DESIGN 优异奖

2017 美国纽约艺术指导俱乐部 NY ADC 优异奖

2017 东京字体指导俱乐部 Tokyo TDC 优异奖

“平面设计在中国”GDC17 设计奖优异奖

2019 深圳环球设计大奖 SDA 提名奖

2019 香港环球设计大奖 GDA 优异奖

2016“中国最美的书”

历代名人咏树

Historical Figures' Odes to Trees

江苏省苗木商会

江苏凤凰科学技术出版社

2016

240
×160
×29mm

ISBN 978-7-5537-6260-9

675g

474p

2016 日本字体设计协会 Applied Typography Best Work 奖

2016 台湾金点奖年度最佳奖

2017 亚洲最具影响力 DFA 银奖

"平面设计在中国" GDC17 设计奖优异奖

2017 澳门设计双年展优异奖

2017 "海峡两岸最美的书"

2016 "中国最美的书"

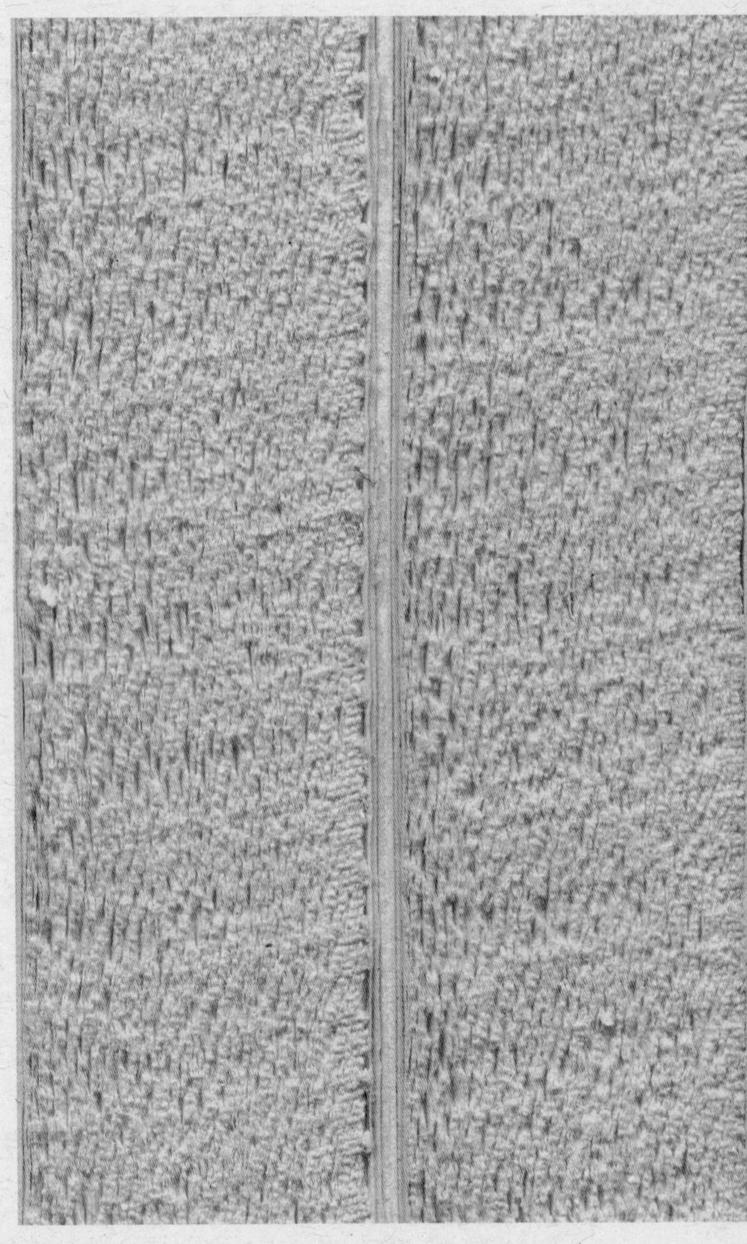

文爱艺爱情诗集——一年之念

Aiyi's love poems: A Year of Miss

文爱艺

江苏凤凰文艺出版社

2016

144

×105

×50mm

ISBN 978-7-5399-9727-8

420g

754p

2019 深圳环球设计大奖 SDA 金奖

2018 日本字体设计协会 Applied Typography 优异奖

2017 纽约字体指导俱乐部 NY TDC 优异奖

“平面设计在中国” GDC17 设计奖优异奖

2019 香港环球设计大奖 GDA 优异奖

2016 “中国最美的书”

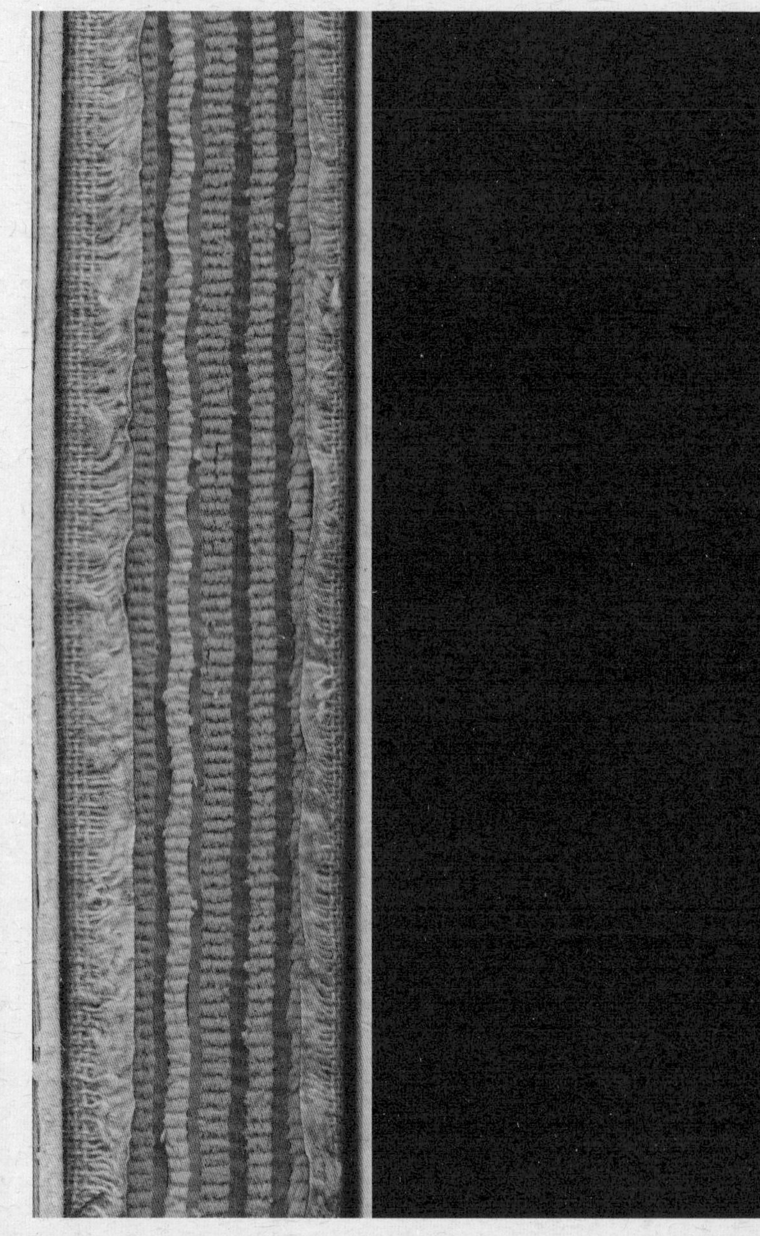

芳华修远——第 19 届国际植物学大会植物艺术画展画集

Walking the Path to Eternal Fragrane

第 19 届国际植物学大会组织委员会
深圳市中国科学院仙湖植物园

江苏凤凰科学技术出版社

2017

305
×235
×24mm

ISBN 978-7-5537-8418-2

940g

344p

“平面设计在中国”GDC17 设计奖 Best Work 奖

2018 英国 D&AD 木铅笔奖

2018 美国纽约艺术指导俱乐部 NY ADC 铜方块奖

2018 美国 ONE SHOW DESIGN 优异奖

2018 美国字体指导俱乐部 NY TDC 优异奖

2018 东京字体指导俱乐部 Tokyo TDC 优异奖

2019 香港环球设计大奖 GDA 优异奖

2017“中国最美的书

第九届全国书籍设计艺术展览优秀作品集

The 9th National Exhibition of Book Design in China Excellent Works

中国出版协会书籍设计艺术工作委员会

南京出版社

2018

260
×185
×41mm

ISBN 978-7-5533-2432-6

1637g

732p

2019 英国 D&AD 石墨铅笔奖

2019 美国 ONE SHOW DESIGN 银铅笔奖

2020 日本字体设计协会 Applied Typography 优异奖

2019 美国纽约艺术指导俱乐部 NY ADC 优异奖

2019 纽约字体指导俱乐部 NY TDC 优异奖

2019 深圳环球设计大奖 SDA 提名奖

2019 香港环球设计大奖 GDA 优异奖

2018 "中国最美的书"

面朝大海 春暖花开

Facing the sea with spring flowers blossoming

海子

江苏凤凰文艺出版社

2018

240
×180
×14mm

ISBN 978-7-5399-9675-2

331g

232p

2019 日本字体设计协会 Applied Typography 优异奖

2019 香港环球设计大奖 GDA 优异奖

2018 "中国最美的书"

GDC Award 2019 获奖作品集

GDC Award 2019 Award Winning Works

深圳市平面设计协会

迪赛纳图书

2019

260

×185

×37mm

ISBN 978-988-79082-5-8

1536g

732p

2020 美国纽约艺术指导俱乐部 NY ADC 优异奖

2020 纽约字体指导俱乐部 NY TDC 优异奖

十竹斋笺谱图像志

Iconography of The Decorated Writing Paper of the Ten Bamboo Studio

十竹斋画院

江苏凤凰美术出版社

2019

2020 英国 D&AD 木铅笔奖

2019 亚洲最具影响力 DFA 铜奖

2020 日本字体设计协会 Applied Typography 优异奖

2020 美国纽约艺术指导俱乐部 NY ADC 优异奖

2020 东京字体指导俱乐部 Tokyo TDC 优异奖

“平面设计在中国”GDC19 设计奖优异奖

2019 台湾金点奖

“平面设计在中国”GDC19 设计奖获奖作品集

2020 美国纽约艺术指导俱乐部 NY ADC 优异奖

2020 纽约字体指导俱乐部 NY TDC 优异奖

285

×185

×53mm

ISBN 978-7-5580-5915-5

1949g

756p

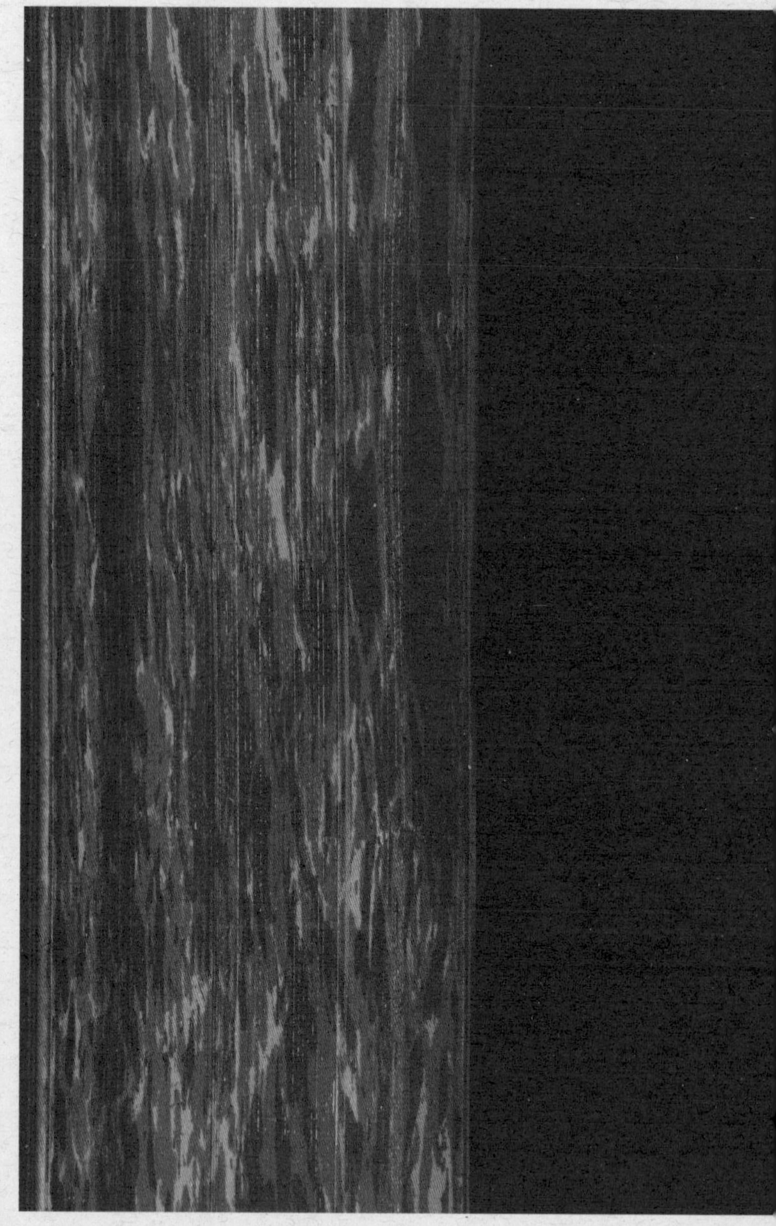

陈琦格致——一个展示和理解的实验

The Physics of "Chen Qi": Experimenting with Curation and Comprehension

陈　琦

人民美术出版社

2019

230
×300
×38mm

ISBN 978-7-1020-8169-4

1802g

516p

2019 英国 D&AD 木铅笔奖

2019 美国纽约艺术指导俱乐部 NY ADC 优异奖

"平面设计在中国" GDC19 设计奖优异奖

2019 澳门设计双年展 提名奖

嘉卉——百年中国植物科学画

Infinite Blooming: 100 Years of Chinese Botanical Illustration

张寿洲、马平、刘启新、杨建昆

江苏凤凰科学技术出版社

2019

2020 英国 D&AD 黄铅笔奖 / 石墨铅笔奖

2020 日本字体设计协会 Applied Typography Best Work 奖

2020 美国纽约艺术指导俱乐部 ADC 优异奖

2020 亚洲最具影响力 DFA 铜奖

2020《360°》杂志年度奖

2019“中国好书”

2019“中国最美的书”

第五届中国出版政府奖装帧设计奖

260

×185

×57mm

ISBN 978-7-5537-9327-6

1364g

884p

莱比锡的选择——“世界最美的书”2019-2004

The Choice of Leipzig:
Best book design from all over the world 2019-2004

赵　清

江苏凤凰美术出版社

2019

207
×143
×60mm

ISBN 978-7-5580-6488-3

1532g

1510p

2020 亚洲最具影响力 DFA 大奖、金奖

2020 深圳平面设计协会 SGDA 奖

2019 日本字体设计协会 Applied Typography 评审奖

2020 美国纽约艺术指导俱乐部 NY ADC 优异奖

2021 美国 ONE SHOW DESIGN 优异奖

2020 纽约字体指导俱乐部 NY TDC 优异奖

2020 东京字体指导俱乐部 Tokyo TDC 优异奖

“平面设计在中国”GDC19 设计奖优异奖

2019“中国最美的书”

2019“做书”编辑奖

2019《360》杂志年度奖

BROWSE LEI

EST BOOK DESIGN FROM ALL OVER

1991—2003

翻阅莱比锡——“世界最美的书”1991–2003

Browse Leipzig: Best book design from all over the world 1991–2003

赵 清

江苏凤凰美术出版社

2020

207 ×143 ×72mm

ISBN 978-7-5580-7841-5

1070g

1304p

2021 美国纽约艺术指导俱乐部 NY ADC 金方块奖

2021 日本字体设计协会 Applied Typography Best Work 奖

2021 亚洲最具影响力 DFA 银奖

2021 “平面设计在中国”GDC21 设计奖优异奖

2021 英国 D&AD 优异奖

2021 美国 ONE SHOW DESIGN 优异奖

2020 “中国最美的书”

唯美 · 左卷 · 右卷

Pulchra

冷冰川

广西师范大学出版社

2020

300

×230

×20mm

ISBN 978-7-5598-3389-1

643g / 695g

248p / 256p

2021 英国 D&AD 木铅笔奖

[illegible]

[illegible]

[illegible]

[illegible]

[illegible]

七弦里有女性的哀怨：

离别故土，一去不返的凄楚，那是《秋塞吟》；

骨肉分离的伤心悲切，那是《大胡笳》；

[illegible]

少年情侣的爱情，那是《秋风词》；

失去亲人的痛楚，那是《湘妃怨》……

七弦里也有男性的担当与情怀：

《广陵散》，是人性的挽歌；

《高山》，是志士的失意与追求；

《幽兰》，自持幽独，伤心人别有怀抱；

《阳关三叠》，君子之交的友情；

《忆故人》，寂静深夜的自忆……

七弦里，有对人世的遗憾，有对自然的眷恋，有人情的冷暖，[illegible]

[illegible]

这里没有穿越之分、时间之分、空间之分，只有美，自由的美梦。

Pulchra

唯美·左卷·右卷

每次演奏《阳春》，我分明看到了[illegible]、充满生命活力的《[illegible]》；

轻抚《流水》，[illegible]的光影依稀流转，以至于我把传统《流水》某谱最后一段，重新编了一段，那是对[illegible]的致敬；夕阳下，流水而归大海，回旋着温情；

每每演奏，多情时，挥之不去的是[illegible]；

旷达时，依稀又伴随[illegible]、苏东坡、黄子久、倪云林；

偶尔，弹奏《高山》，那种[illegible]之美，总会想到[illegible]；

弹奏《文王操》，[illegible]《第八交响曲》第一乐章主题史诗般宏伟的气象，又接近于庄严的圣咏，[illegible]共鸣；

有时，水乡梦绕的《渔歌》，眼前分明是春江花月夜、千里江山图；

《平沙落雁》，是深远沙平、寄于淡泊的情意；

最有趣的是《酒狂》，古琴曲中唯一一首表达幸福的曲子；

记得月上柳梢，独坐无语时，梦想、知己、山林野逸、[illegible]，这样的心境，时时会笼上心头……也许，在这个世界上，人们总是梦里追求"虽向往之，然不能至"的生活，比如渔樵；也许，在这个世界上，最寂寞的是没人可和你说话，于是，鲁迅感叹：

"人生得一知己足矣！"这样的心态，[illegible]，于是，便有了《渔樵问答》。

情到深处，[illegible]化为诗意，[illegible]，画布水墨之[illegible]，仿佛看见一切[illegible]与天心月圆，总是沉浸在《潇湘水云》中。

古人会停一停，想一想，在向往"三不朽"的道路上，会不会忽略自己内心最原始的向往？清秋的一个夜晚，万籁几静，月明星稀，沐浴后一盏清茶，松下听着秋虫[illegible]，微风轻轻摇曳，远远禅寺钟声……何人不宁静，何人不憧憬？都是宁静与淡泊。古琴曲《良宵引》，正是这种心境的描述。

中国古琴经典曲目的传承，既是学习、保存的过程，也是艺术再创造的过程，《广陵散》从十几段发展到四十五段，《潇湘水云》从十段到十八段，[illegible]

艺术之魂，在于对自己的[illegible]，[illegible]

《儒林外史》第55回说：[illegible]

《乐记》中说："凡音之起，由人心生也。人心之动，物使之然也。感于物而动，故形于声。"[illegible]

直到心底

谈论“美”是一个非常宏大的话题。从我开始接触莱比锡“世界最美的书”时开始，关于美的纬度就开始不断地向外扩展，经由很多纵向或者横向的思考，让我同这个感性的字眼一起，来到了视野更加广阔的世界。

2020 年，我们遭受了史前难遇的重创，而今天我想要介绍的这本书，就是在这个具有特别意义的“疫年”之下催生的，并且拥有一个极其治愈的名字——《唯美》。这个名字与人类面临的苦难形成了巨大的反差，让当时在不安和焦虑中跋涉的我忽然感受到了一种平和的浪漫。直到真正开始着手设计的时候，我才逐渐开始发现，无论曾经人们对于“美”都抱着怎样的理解，在那时的境况中，至少对我来说，“美”就像一根神奇的精神支柱，也是一种非常急迫的心理刚需。

这本书的主编冷冰川先生是我多年的老友，他做“唯美”与我做“莱比锡”的初衷非常相似，并没有什么先兆，只因为是埋在心底的多年念想，最终以出版物的方式呈现，一切都是自然而然该发生的事。

这本书是以 MOOK 的方式出版的，我与编辑在沟通中经历了几次“思想碰撞”，达成了从“图书编辑”思路到“杂志编辑”思路的转变，但又不流于一般杂志的常规做法；简单点说，就是将杂志与书籍设计手法融合。20 年前，资深出版人汪家明曾出过一期《唯美》杂志，也出现过这样一段话："谈论'美'，实际就是谈论我们的生活。"冷冰川随后与汪家明先生相遇交往，在20多年后又重燃起了再续"唯美"的焰火，才有了今天这本全新的《唯美》诞生。

即使时代让"审美"曾经遭遇过冲击和断裂，但对美的追求，始终深藏于每个人心底。这本书集结了当代华人文学家、艺术家、科学家、设计家等72位来自不同领域的跨界艺术创作者，以绘画、摄影、诗歌、随笔、小说、对话等形式，分享自己关于"美"的见解，涵盖了"文"与"艺"的各个方面，使得"文艺"大于"文+艺"，而"唯美"至高。

因为首期创刊号来稿众多，所以分为左右两卷同时面世。

左卷与右卷都选用了温润和质朴的水洗牛皮纸做封面，一卷是春日的草色，一卷如冬日的雪地。徐冰先生以英文书法题写的"唯美"以压凹方式如同印痕般隐入其中，在具有触感的同时而不会太夺目，呼应《唯美》杂志内容丰富而整体低调纯拙。

我与主编冷冰川都是非常怀旧的人，为了还原出曾经手工制版的纯粹感，这本书经过方方面面考虑与试错，比如纸张要求厚实不透而柔软、不能像纯商业杂志的纸张用法。

我们是花了巨大精力和耐心磨合、研究，包括印出来的画面不反光、没燥浮色。

在装订方式上，为了追溯更久远的记忆，便选择了手工线装，想要带给大家的就是这样一种朴素但真诚的面目，既作为找寻也作为观照的一种行动。在这个过程中我们走了很多弯路，但好在因为熟悉艺术家的作品，所以基本上能够形成一种关于呈现的默契。作品的精神、气质都在，也希望通过设计的结合，让大家在匆匆而过的生命中看到些许安慰，或许，能够短暂地为“美”而驻足。

基于各个艺术家的作品，最终我们决定将内容分为不同的板块，用 7 种不同类型的纸张对应不同的内容特点，再匹配不同的设计触感、局部手工拉毛边等，竭力打造一本像中国传统书籍一样，柔软而翻卷的书，让这本创刊号呈现出更加真实和用心的面貌。

为了让阅读的节奏感更强烈，整本书都融入了非常多的设计细节：各个板块选用的字体、粗细都做了精心考量，用横与竖的排版关系区分作者与作品之间的关系，以及通篇都采用了长短不一、粗细有别的线条作为阅读的导引。对于每位艺术家的作品，在设计上也给了更多展示空间，既让作品尽可能高清满幅、使细节得以展示，又注重留有一定白空间，同时也注重研究单个艺术家作品之间的排列关系，以及多位艺术家出现作品并置情况下的版面关系。

因整书的装订方式产生的类似镜像关系的纸张表达，环衬采用了一种一面粗糙一面光滑的纸，粗糙面印制单黑引言，简洁质朴，为整本书揭开了序幕。“隔空对话”部分采用书写纸，对应内容柔软而真挚。与此同时，绘画、建筑、摄影作品都选用了相对应的纸张表现，而书里也蕴含了很多细枝末节的别样处理，无论是字体的大小深浅，还是版面的疏离密集，我相信有心人都会体察到这些微妙的变化，感受到“唯美”的内在蓄力以及人与纸之间的奇妙联系。

《唯美》收录了500余张艺术图片，其中近300张为艺术家高清作品。在这一类型的板块中，字体会有明显的变化，更多以配角的方式存在，削弱了存在感，目的是强调作品，用高精细网线印刷高精度还原真实，呈现出“展览现场”的现场观感。

在“诗与音乐”的部分，书口均以手工拉毛的形式，用灰和米两种艺术纸与岁月打磨的痕迹照应，实现打破界限的融合对话。在这个流行跨界融合的年代，纸质书里也会藏着意想不到的巧思。比如作曲家高平根据妻子居家锻炼所用的三拍舞曲，创作了两首华尔兹小曲，纸张中竟然有二维码，扫一扫就能聆听到经典的“蹦擦擦”音乐。粗砺的毛边摸在手中，华尔兹乐曲回荡在耳边，这样的不期而遇总能给人带来惊喜：“美”不止于视觉，还有触觉与听觉。

当我们的所有感官已经麻木于不间断的信息轰炸，很难对美再感到敏锐的时候，《唯美》却提供了全新的感知维度。无论是用眼睛去看、用耳朵去听，还是用指尖触摸，定格在这本书里的时间与智慧，都会让读者全身的每个细胞因不同的“美”而激活。

这种感觉就像是你进行了一场神奇的越界之旅，一如冷冰川所说：“美，是谁也说不清楚的事。”从一位作者到另一位作者，边界似乎模糊，却又能感觉到不同的气息以及对美的各异诠释。“越界”与“继承”完美并存于这本诞生于特殊年份的杂志书里，意外地呈现了文学家、艺术家、科学家、设计家的另一面，也记录了当下关于美的独特坐标，既是惊鸿，也是日常。

我比较熟识赵清的书籍设计，这是他最为风雅孤寂的沉浸和营生。这营生极度充裕的精神能量和自由，让我想象赵清总是“一个人”，安身枯坐，其余的不必多想。（其他多余的“设计”我们也做不成，因为那是私利。）

赵清异感本能的技术、风格倾诉和疑问，甚至做派都跟他的“命运”在一起。一切早早写成，且一切都投合了他个人的兴趣、价值和责任……天涯海角啊。他大概也清楚，仅仅是书体、纸质，深浅、横竖、大小等表现出来的东西往往徒留空恨，这“无常”让他更醉心于无法穷尽的心灵文艺和陌生的“人”。那是诗，要成为诗（而不是广义的“诗意”“风尘”）。他找到了这样的种子，同样，诗也成立了他性命中的闪电和艳遇。美的事物往往存于这解脱后的露骨事、物和粗野我们平时都不敢看它一眼。甚至仅仅因为这一点，或者主要是因为这一点陌生、粗野和格格难入，设计中才有了生生的认识、浪漫、滑脱和生机。那慌乱可以救赎，可以做事。

我与赵清合作过几本书。这本《唯美》也是我们纠缠、争执最多的。赵清进入真状态慢，慢得那么精心和文艺，而我急得像一块冒浓烟的木头。等到《唯美》要上机开印时，他突然精气神勃发，确实他又兴奋得像一块冒浓烟的木头，求生欲强烈。大概这是赵清神全的时刻吧，你根本看不清他左右逢源、一掷千金的由来和认真。他不停地反正，一丝不挂……将已经完成的各种版式、细节、层次，重新织成一个个的岛、一页页的海，一一的好看，又一一的理由，慢慢亦漫漫。点线、字体、纸质、肌理都静默无声地流转、把捉、娓娓细声风韵，充满了本能的内心诉求和天然；人呼应了转瞬即逝的感知、骨力和体温。创作中最重要的事情就是制造热情。情热如诗。平凡得不再平凡。

《唯美》的形态、细节最终如母体的生命、鼓点，保持了直接来自幽微深心、性灵，未经加工，没有目的、意图的本真面目；像一个诗人的“手书灵魂”。事实上，沉溺中的赵清完全陌生地浸在自己的尺度中，磨炼牙口、性命、工艺技术，磨他独特清晰的暗逻辑、意识、风格及风格的灰烬。这一 刻“赵清”到来一我们已有单独的时刻，无忧亦无惧。我突然想起设计的本质或不仅是虚构、技术、此处彼处，或什么草蛇灰线的调调……而在 于内心对倾诉的真意需求（必要的自我否定也是），无论我在哪里，我是那缺少的东西；风格、技巧、肉身等等只是此刻得体本然的时光。人单独为自己写下的灵魂凝视，才让观众着意，因为那是坦荡活着的一根线。

设计师爱设计，但技艺纯熟的设计师要忘记设计才有“诗”。相对于继续炫技，忘记设计会很难。我们爱设计要爱到什么程度？应该爱到自新自然肉灵的程度，应该爱到跟我们的观点、信仰、理智相背而持的程度；天地用心者，万物不能逆……说书生意气是题外话了，其实风尘也不那么简单。我只是在告别设计，而不是人。跟人告别是可怕的，跟设计告别没什么大不了的。

我想赵清一个人枯坐孤寂的时候，一定想过成为自己“手书灵魂”的生动和事故。幸好是不能完全、完整的种种本真、事故，使设计师无法直然地强调，并借此获取一个完整的东西；不能完整、完全——创作的逆旅心动不过如此。赵清最生动的好奇、天真和热爱使许多人的爱设计变得多余。见惯了人的多余智巧，所以我对笨拙的真诚格外心动。《唯美》就是这样，作者、读者、设计师，全“心”的贴近，完全是“自己”。那是一场艳遇。

冷冰川

0394-042

TWO RIVERS
金字符奖
两条河流
美国
Golden Letter
Two Rivers
U.S.A.
James Robertson, Carolyn Robertson
Wallace Stegner
The Yolla Bolly Press, Covelo
258 191 16mm
454g
118p
0036

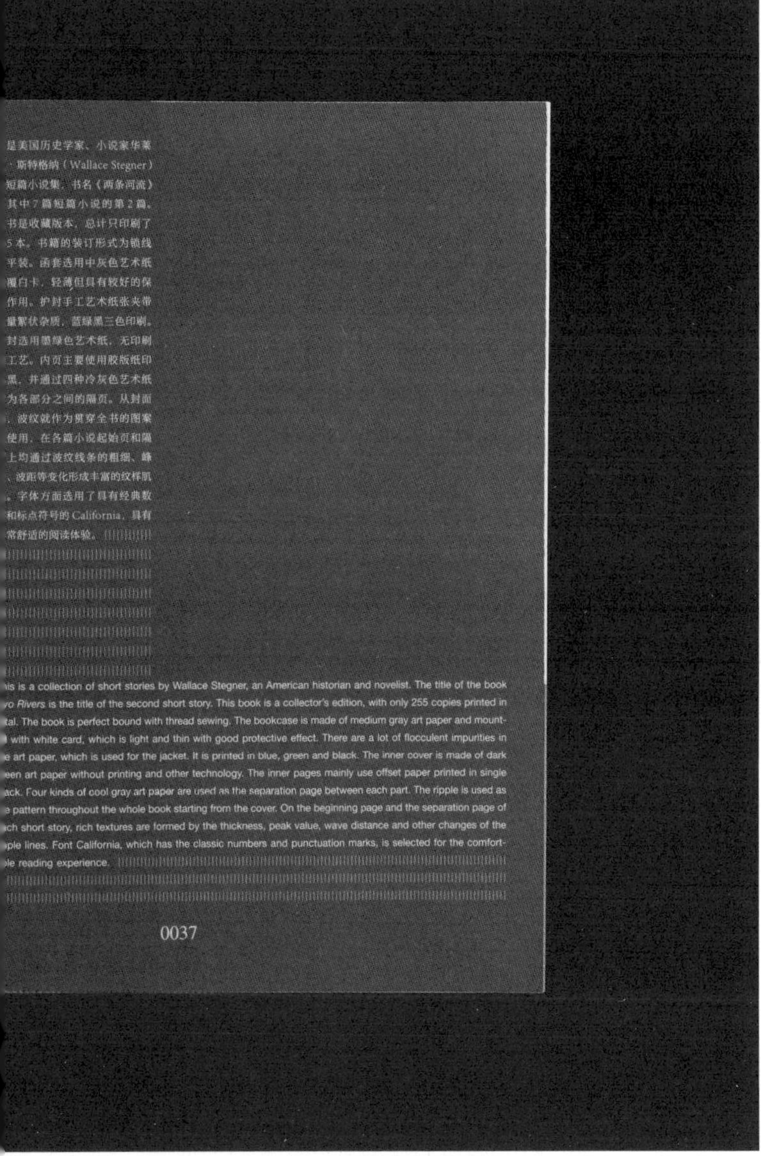

是美国历史学家、小说家华莱
·斯特格纳（Wallace Stegner）
短篇小说集，书名《两条河流》
其中7篇短篇小说的第2篇。
书是收藏版本，总计只印刷了
5本。书籍的装订形式为锁线
平装。函套选用中灰色艺术纸
覆白卡，轻薄但具有较好的保
作用。护封手工艺术纸张夹带
量絮状杂质，蓝绿黑三色印刷。
封选用墨绿色艺术纸，无印刷
工艺。内页主要使用胶版纸印
黑，并通过四种冷灰色艺术纸
为各部分之间的隔页。从封面
，波纹就作为贯穿全书的图案
使用，在各篇小说起始页和隔
上均通过波纹线条的粗细、峰
、波距等变化形成丰富的纹样肌
。字体方面选用了具有经典数
和标点符号的California，具有
常舒适的阅读体验。

is is a collection of short stories by Wallace Stegner, an American historian and novelist. The title of the book
o Rivers is the title of the second short story. This book is a collector's edition, with only 255 copies printed in
tal. The book is perfect bound with thread sewing. The bookcase is made of medium gray art paper and mount-
with white card, which is light and thin with good protective effect. There are a lot of flocculent impurities in
e art paper, which is used for the jacket. It is printed in blue, green and black. The inner cover is made of dark
een art paper without printing and other technology. The inner pages mainly use offset paper printed in single
ack. Four kinds of cool gray art paper are used as the separation page between each part. The ripple is used as
e pattern throughout the whole book starting from the cover. On the beginning page and the separation page of
ch short story, rich textures are formed by the thickness, peak value, wave distance and other changes of the
ple lines. Font California, which has the classic numbers and punctuation marks, is selected for the comfort-
le reading experience.

0037

翻墙

如果把收藏“世界最美的书”当作一场长征，那么做书的过程就如同一种见证。自从《莱比锡的选择：“世界最美的书”2019–2004》（以下简称《莱比锡的选择》）出版之后，受到了广大读者的大力支持，这其中包括平面书籍设计师、院校学生和许多热爱美书的朋友们。支持和鼓舞成为一种动力，也算是了却了一桩长久以来的心愿。但这远不是这次“长征”的终点，只是行程过半的明证。所以在此之后，我继续将视野向前拉回到1991年——两德合并之后在莱比锡举办的“世界最美的书”的年份，试图将1991–2003年间的获奖作品介绍给读者朋友们，继续追溯更加遥远的书籍记忆。

《翻阅莱比锡："世界最美的书"1991–2003》（以下简称《翻阅莱比锡》）就是在这种渴望之下催生的。我希望以"世界最美的书"为切入口，解锁更多渴望，也向滋养、启发过我及同行的设计前辈们完成理想中的致敬，把严谨又浪漫的叙事聚集时空，最终拧成一把打开设计大门的钥匙。这本书更像是《莱比锡的选择》的前篇，拼凑起了关于最美书籍的始源，系统地完成了关于莱比锡的圆满纪念。

早在20世纪50年代早期，德国的政治分裂使得东德和西德几乎同时举办了各自的书籍设计比赛。随着柏林墙的倒塌，两个平行的书展比赛与时代脱节。从1991年起，德国图书艺术基金会正式开始在莱比锡组织与承办"世界最美的书"比赛。

《翻阅莱比锡》从两德合并后开始，收录了1991年到2003年的莱比锡"世界最美的书"中的每年14本获奖书籍。我们目前的藏书主要包括两个阶段。第一个阶段，2004年到2019年，获奖书目总共是224本，瀚清堂的收藏数量为209本，收藏比例达到了93%，在已出版的《莱比锡的选择》中已经加以展示了。第二个阶段，1991年到2003年，我们收藏了125本书。由于年代比较久远，还有66本书仍在继续搜寻当中。我和团队用了差不多一年的时间去采购这些"世界最美的书"，几乎每隔一两天，就会像进行车轮战一般，不停地梳理全球各地的亚马逊商城，搜索书名、设计师、作者、出版社，甚至是书里的关键词，不放过任何一个微小的细节。有时候碰上印数极少、标价极高的私藏版手工书，咬咬牙也会狠心买下来。面对一些珍稀的绝版书时，还要动之以情、晓之以理地恳请对方忍痛售卖。所以当这些书籍从世界不同的地方邮寄而来时，我们都会耐心地拆开包裹，并拍一张照片作为“长征”路上的珍贵纪念，同时为《翻阅莱比锡》的排版做素材准备。

但总的来说，从“世界最美的书”比赛开始承办以来，我们收藏到的书籍，已经占总获奖书目的 82% 了。2004 年就像是一条分水岭，往后走，“世界最美的书”的评选才有了中国设计师的参与。而往前走，便有了《翻阅莱比锡》这本书，它见证着世界的巨变，在从手工制版转型到电脑设计的接口之中，树立起了一座具有跨时代意义的里程碑。

根据第一阶段的收藏经验，我们在第二阶段的收藏过程中做了一些调整。在《翻阅莱比锡》这本书中，我们完善了图书编号和文件命名系统，用一种更易于查找的书架排列方式，增强读者阅读时的体验。依照中国参与之前的历史，这本书在设计上也做了很多新的尝试，以更为老旧的形态呈现，从泛黄的纸张中体察每一个细节。无论是红黑双色印刷的使用，还是斑驳的老字体呈现，都是在践行一种“从内到外”“从整体到局部”的实验过程。

比如内页中的每一本书，都以邮包的照片展开叙述，从泛黄的纸张到粗糙的颗粒质感，再到红与黑的色彩对照，每一页都在讲述着尘封的往事，让信息量与历史情怀实现“最美的对话”。我们把拍摄过的邮包照片集中排列在书的开篇，在翻阅的时候，会让人不自主地产生早年间翻阅纸质相册的感觉，这些影像都带着粗颗粒的记忆，有着更加真实的触感和温度。

为了让更多的读者有机会感受“世界最美的书”的魅力，我也考虑到了很现实的因素，希望能够控制成本，给大家一个相对更容易接受的定价。所以这本书并没有用非常繁复的设计，也摒弃了封套的装饰与搭配，减少了复杂工艺的纸张选材。在设计的过程中很像“戴着镣铐跳舞”，我们需要在有限的材质工艺制作成本之下，探索更多不同的表达与可能。

如果说《莱比锡的选择》是一本遵循规律的辞典，那么《翻阅莱比锡》

更像一本感性的概念书。仔细地翻阅这些书之后，以感受来界定是只用几页简单做个概览，还是花几十页详细展示和介绍，这其中完全是没有规律的，全凭理解和直觉。为了跟第一本书拉开距离，将四色印刷改成了双色。为了让读者有一个非常舒适的阅读体验，虽然只用了一种超薄的米色纸去表达质朴与怀旧的感觉，但书的柔软度是我们这次特别在意的事情，经过开机前的多次打样试验，才确定了用顺丝纸的开纸装订方式。虽然成本有所提升，但能给读者一个柔软阅读的良好体验，还是觉得值了。从封面开始的立体的“L”形架构。

书中书的呈现、特写的文本图像模块化解构、鲜活的邮包铺陈，使这本书的每一个细节都充斥着设计里天马行空的自由。

不过由于收录的书籍时间过早，很难达到《莱比锡的选择》的收藏比例。在这种情况下，我们只能更着眼于自身的学习视角，从封面到内页、从整体到局部，层层递进。每一本“最美的书”都有内页平摊俯拍图，帮助读者结合文字解读领略其设计理念和风格魅力。每本书在字体选择、核心亮点、表现形式等方面的细节也都会一一呈现出来，就像拿着一把放大镜，越看越细，让阅读的过程更像是一个看展的过程，代入作者当下的心境，去体会不同的节奏与故事。

这些“世界最美的书”不仅见证了世界的巨变，更见证了从手工制版到用电脑设计的时代变迁。《翻阅莱比锡》就像是从柏林墙上取下的一块砖头，如同承载了早期历史的一个“碎片”，展示出我们所有详尽研究过的书籍脉络与精彩片段。

收集“最美的书”对我来说真的是一种缘分。我坚持去做这件事的初心是分享，自由度也更高。这里面直觉的成分与某种隐忍的东西互相抗衡与融合，最终形成了两本真正属于我自己的成果。

希望这本书能在这个陆陆续续复苏的世界里，成为一个雨过天晴后的小礼物。当然，未来我会继续开掘灵感，呈现出更完整的关于美的纪念，继续串联起世界平面设计的思潮与变迁，也为让更多的人去感受指尖与纸面碰触的悸动，找到喧嚣以外的那份“金色时光”。

美美与共，设计不大同——从《莱比锡的选择》到《翻阅莱比锡》

提及《翻阅莱比锡》，当然要从此前出版的《莱比锡的选择》说起，二者堪称近年书籍设计界的“绝代双骄”，均毫无悬念地获评为当年的“中国最美的书”。承蒙老赵（瀚清堂主赵清）信任，我参与了这两本书在出版环节的相关编辑工作，跟瀚清堂团队展开了非常默契的合作，在组织翻译、内容审阅、协调印制、宣传推广方面尽了点绵薄之力，和参与项目的同事们共同见证了两本美书的诞生与风靡，不失为一桩美事。对于纷至沓来的业内荣誉，虽然明知主要归功于老赵和他的团队，但作为责编代表也与有荣焉。

《翻阅莱比锡》一书按顺序收录了1991-2003年“世界最美的书”，《莱比锡的选择》则回溯式地收录了2019-2004年间德国图书艺术基金会全球所邀评委们的选择，这些图书只在全世界两处集中陈列：一处是莱比锡的国家图书馆，可惜并不对外开放；一处则是赵清的瀚清堂。如腰封语所言：“我们收藏了这些美丽的书，把它们整理拍摄编辑设计做成一本合集，献给所有爱书的人。”倒也不是说所有爱书的人都一定会购阅这两本书，说得精准些，这两本姊妹编主要还是给书籍设计师以及有点审美意识的编辑准备的。

编辑职业性的套路介绍，已在此前多篇推送软文中反复表达，歌词大意无非就是：作为一个做书人，买它买它买它！从“选择”到“阅读”，从收藏到出版，从定价到推广，从“世界最美”到“中国最美”再到争创“世界最美”，我倒还是读出了老赵的几许书外之意。

初心应该就是美美与共。工作之缘，见识过很多的藏家，不论是字画文玩，还是家具器物，初具规模后，每每有结集出版之意，流世传布亦可，友朋赠阅亦便。老赵的出发点远非如此。美美、美妈、美宝……从家人和宠物的昵称都以“美”字排名，到多年来矢志收集全部“世界最美的书”，爱美、收藏美只是他极致追求的一个方面。从他凭多年交道跟纸商谈友情赞助供纸，到跟雅昌反复争取优惠印工，只为两本重磅之作能以较低的定价出版，再到图书上市发动全国艺术院校设计专业师生友情团购，他为实现这两本书“买得起、用得上、留得住”，可以讲是竭尽全力。为什么？“中国最美的书”发起人祝君波先生在序中说，《莱比锡的选择》是“赵清先生对中国书籍设计界所做的巨大贡献”。作为编辑，我能感受到老赵主编这两本美书，大有“美美与共，天下大同”的愿力所在。他希望能有更多的书籍设计师和平面设计专业的学生，能买得起这两本书，能尽可能看到这些“世界最美的书”，进而做出更美的书。设计当然难以天下大同，“阅读”与“选择”也是不大同的。《莱比锡的选择》（以下简称《选择》）气质非常理性，可视作一本严谨规范的工具之书，整体设计贯穿始终的“L”元素使得全书的视觉语言浑然一体，图书的书名、国家/地区、设计师、作者、出版社、尺寸、重量、页数、书号这些信息井然排列，不同奖项图书配以不同的版面数，从2019年到2004年一年一帖，图书切口呈现宛如年轮，堪称是一本世界最美图书之设计辞典。

而《翻阅莱比锡》（以下简称《翻阅》）则是诗意的。二者的差异从书名就已经开始——《选择》是慎重的，《翻阅》可以是随性的。质感上，《选择》是厚重的，《翻阅》是厚而不重的。色彩上，《选择》是全彩还有局部烫银的，《翻阅》是红黑双色极其质朴的。书名字体上，《选择》使用的是余秉楠先生的友谊体，体现了中德两国友谊的源远流长；《翻阅》的字体则是波普式的，仿佛柏林墙上的涂鸦——从翻越柏林墙到翻阅莱比锡，意味深长，令人遐想。内容上，《选择》是有中国设计师参与的，《翻阅》是纯粹“国际香型”的……从内文将快递包裹作为每本书的起始页这一点，可窥《翻阅》较之于《选择》的个性发挥处。尤其是《翻阅》中的每本书前新增了书籍寄往南京市大悲巷7号过程中途经国家的线路，以“L”形示意，也多少体现了藏主苦心孤诣寻找美书的一种私人纪念吧！最关键的是，《翻阅》价廉物美，定价只有《选择》的六成不到。

如果说两本“莱比锡”可用作书友的接头信物，那么，《选择》适合白天见面，《翻阅》更适合夜晚约会。

潜台词：只买其中一本是不够的。

老驹

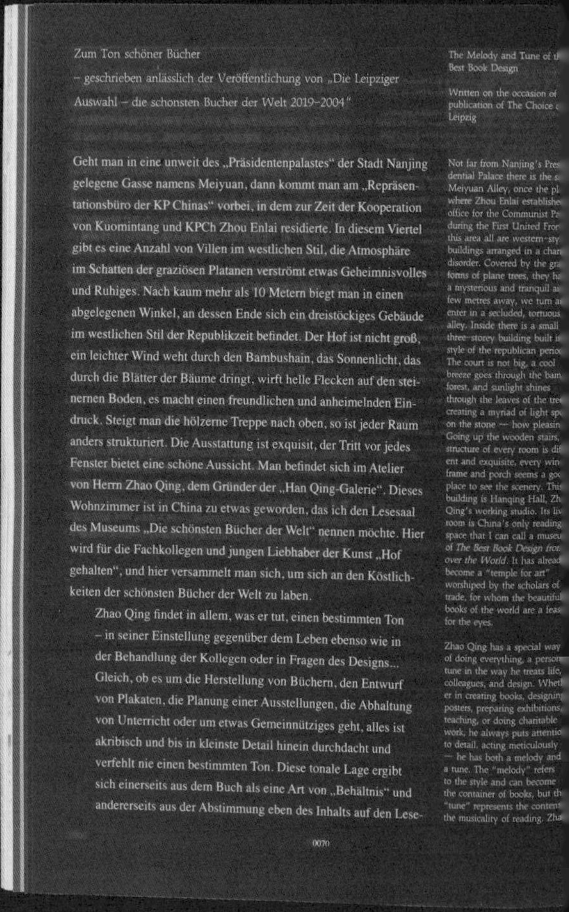

0430-05

Zum Ton schöner Bücher

– geschrieben anlässlich der Veröffentlichung von „Die Leipziger Auswahl – die schonsten Bucher der Welt 2019–2004"

Geht man in eine unweit des „Präsidentenpalastes" der Stadt Nanjing gelegene Gasse namens Meiyuan, dann kommt man am „Repräsentationsbüro der KP Chinas" vorbei, in dem zur Zeit der Kooperation von Kuomintang und KPCh Zhou Enlai residierte. In diesem Viertel gibt es eine Anzahl von Villen im westlichen Stil, die Atmosphäre im Schatten der graziösen Platanen verströmt etwas Geheimnisvolles und Ruhiges. Nach kaum mehr als 10 Metern biegt man in einen abgelegenen Winkel, an dessen Ende sich ein dreistöckiges Gebäude im westlichen Stil der Republikzeit befindet. Der Hof ist nicht groß, ein leichter Wind weht durch den Bambushain, das Sonnenlicht, das durch die Blätter der Bäume dringt, wirft helle Flecken auf den steinernen Boden, es macht einen freundlichen und anheimelnden Eindruck. Steigt man die hölzerne Treppe nach oben, so ist jeder Raum anders strukturiert. Die Ausstattung ist exquisit, der Tritt vor jedes Fenster bietet eine schöne Aussicht. Man befindet sich im Atelier von Herrn Zhao Qing, dem Gründer der „Han Qing-Galerie". Dieses Wohnzimmer ist in China zu etwas geworden, das ich den Lesesaal des Museums „Die schönsten Bücher der Welt" nennen möchte. Hier wird für die Fachkollegen und jungen Liebhaber der Kunst „Hof gehalten", und hier versammelt man sich, um sich an den Köstlichkeiten der schönsten Bücher der Welt zu laben.

Zhao Qing findet in allem, was er tut, einen bestimmten Ton – in seiner Einstellung gegenüber dem Leben ebenso wie in der Behandlung der Kollegen oder in Fragen des Designs... Gleich, ob es um die Herstellung von Büchern, den Entwurf von Plakaten, die Planung einer Ausstellungen, die Abhaltung von Unterricht oder um etwas Gemeinnütziges geht, alles ist akribisch und bis in kleinste Detail hinein durchdacht und verfehlt nie einen bestimmten Ton. Diese tonale Lage ergibt sich einerseits aus dem Buch als eine Art von „Behältnis" und andererseits aus der Abstimmung eben des Inhalts auf den Lese-

The Melody and Tune of t
Best Book Design

Written on the occasion of
publication of The Choice
Leipzig

Not far from Nanjing's Pres
dential Palace there is the s
Meiyuan Alley, once the pl
where Zhou Enlai establishe
office for the Communist Pa
during the First United Fron
this area all are western-sty
buildings arranged in a char
disorder. Covered by the gra
forms of plane trees, they ha
a mysterious and tranquil ai
few metres away, we turn a
enter in a secluded, tortuous
alley. Inside there is a small
three-storey building built i
style of the republican perio
The court is not big, a cool
breeze goes through the bam
forest, and sunlight shines
through the leaves of the tre
creating a myriad of light sp
on the stone — how pleasin
Going up the wooden stairs,
structure of every room is di
ent and exquisite, every win
frame and porch seems a go
place to see the scenery. Thi
building is Hanqing Hall, Zh
Qing's working studio. Its liv
room is China's only reading
space that I can call a museu
of *The Best Book Design fro
over the World*. It has alrea
become a "temple for art"
worshiped by the scholars of
trade, for whom the beautifu
books of the world are a feas
for the eyes.

Zhao Qing has a special way
of doing everything, a perso
tune in the way he treats life,
colleagues, and design. Whet
er in creating books, designin
posters, preparing exhibitions
teaching, or doing charitable
work, he always puts attentio
to detail, acting meticulously
— he has both a melody and
a tune. The "melody" refers
to the style and can become
the container of books, but th
"tune" represents the conten
the musicality of reading. Zha

美书的腔调——
写在《莱比锡的选择——世界最美的书 2019-2004》出版之际

走进南京"总统府"不远的一条称之为梅园的小巷，经过曾经是国共合作时期周恩来驻扎过的"中共代表处"，这一带都是错落有致的西式洋房，在婀娜多姿的法国梧桐树的遮隐下，显得有些神秘而宁静。没过十几米，拐进曲巷幽径，最里面有一栋民国风格的三层小洋楼，庭院不大，竹林清风，阳光透过树叶的缝隙在石板地上落下流星般的亮点，甚是惬意。踩着木质的楼梯拾级而上，每一个房间结构都不同，精巧玲珑，每一个窗棂门廊都是借景的好去处，此楼便是"瀚清堂"堂主赵清先生的工作室。如今客厅已是中国唯一的，我称之为"世界最美的书"博物馆的阅读空间，现已成为业界同行学子热衷于"朝拜"的艺术殿堂，人们在这儿尽享美轮美奂的世界美书大餐。||||||赵清兄做什么都有腔调，对待生活，对待同道，对待设计……无论做书、做海报、做展览、做教学、做公益，做所有的事都一板一眼、一丝不苟、有腔有调。"腔"为样式，可比作书籍的容器；"调"即蕴涵，阅读的调性也。与赵兄因书结缘，在很多年前的评选中，他做的科技类图书《世界地下交通》，以及

在德国东部有一座城市——莱比锡，是世界闻名的书城、出版业中心，也是 1912 年建立的德国国家图书馆的所在地。早在 15 世纪初，这里已是德语地区的出版印刷中心。印刷出版业渊源甚早，1481 年第一本活字排版的书在此问世，500 多年来一直是德国印刷出版业中心。全市有众多的印刷厂、出版社，市内书店林立，莱比锡国立图书馆是每年"世界最美的书"的评选地，这里收藏着自 1914 年以来出版的所有德文图书。

1991 年两德合并后的莱比锡正式开启了"世界最美的书"的评选，每年从来自全球 30 多个国家选送的各国"最美的书"中评选出 14 本获奖书，包括 1 个"金字符奖"、1 个金奖、2 个银奖、5 个铜奖、5 个荣誉奖，永远的 14 本。《莱比锡的选择：世界最美的书 2019–2004》（以下简称《莱比锡的选择》）就是因这项评选而产生的。

《莱比锡的选择》源于书，也成于书。

早在 19 世纪的时候，德国哲学家黑格尔就提出了"美是理念的感性显现"。与其说"莱比锡世界最美的书"是一种应运而生的比赛，倒不如说这是一场厚积薄发的美学盛宴。正如鲍姆加登出版的第一本书，它赋予了审美以范畴的地位。当我们也能同样领悟到审美是一种感性的认知时，基于这种理解所创造出来的美，才能最终在艺术中达到理想的最佳诠释。

"最美的书"的评选，有着自己的程序和

要求。每届评委会基本由 7 人组成，他们均是来自世界不同国家的书籍设计师、教师和出版人。7 名评委在对所选送的各国“最美的书”进行浏览后，各自挑选出 14 本左右比较满意的图书进行汇总，经评议后选出部分进入大名单，再进一步投票产生二三十本进入小名单，评委们对这二三十本图书不但要仔细翻阅，还必须独立发表见解，然后再进行投票，确定最后获奖的 14 本图书。

形意相守、独特表达、文化传承、印制相宜是“世界最美的书”的四个评判标准。“世界最美的书”之所以能成为“世界最美”，就在于它的开阔与平衡。新想法或许能通过某一个点来实现，达到美的平衡却不是一件简单的事。阅读的享受有时候不光是源于视觉上的冲击，更是心灵上的。叔本华说：“在精神方面，人靠所读的东西而生活，因此变成了他现在的样子。”书籍设计师塑造书，书塑造人的精神。好的设计会赋予书以生命力，能够引领读者在书的空间里“会见自己”，而这就是一种美的平衡。

莱比锡在艺术创造圈里始终洋溢着澎湃的热情，把世界各地的书都汇聚到一起，开启了一场对于书籍设计的理解与追求。在莱比锡的选择中，没有哪一种美是能够取代另一种的。“美”的选择是多元并且丰富的，它们携带着不同的国籍、不同的思考、不同的艺术表现与创作内核。这些异彩纷呈的美，让我更有理由要将这些书籍都分享出来，完成一场关于书籍致敬、一场属于设计的仪式。

我为什么要做《莱比锡的选择》这本书呢？主要有两点：一是对莱比锡这场书籍比赛的整理与回顾；二是分享我几年的收藏成果，这本书记录了从 2004 年至 2019 年的“世界最美的书”，包括所有获奖作品的视觉陈列和设计概念。书籍设计艺术之美应该是共享的。

中国于 2004 年首次参与“最美的书”的评选比赛，2004 年是“中国最美的书”的一个起点，也是整本书的起点。每年 14 本获奖作品，前后跨越 15 年，最终在纸上幻化成 1500 余页的陈列。通俗点说：《莱比锡的选择》是一本关于“最美的书”的统计辞典；与此同时，它也是一座移动的美术馆，有着永不过期的展览主题——关于世界书籍设计艺术的独特魅力。以莱比锡的英文首字母“L”为主要设计元素，展开了这段设计之旅，从第一眼的封面开始，“L”形成平行的黑色线条，构造出书籍的陈列状态。这些脉络从封面延伸到书口，既是装饰，又建立起一个快速检索导览，清晰直观，便于查找。“L”形的概念也会变化成各种线条图标，安插在书中各处。

因为本书展现了 2004 至 2019 年这个时间段的获奖作品，而开启之年为 1991 年，所以我们把已收藏的 1991-2003 年这个时间段的“金字符奖”作品放在公司的院落里拍下一组书影，把它排列在本书的开头，慢慢带着读者如同穿过一条时间隧道来到 2004 年。在主标题字体的选择上用到了余秉楠老先生的友谊体，我们知道余老先生早年毕业于莱比锡书籍艺术及平面设计学院，在学生时代创作了这套以中国人的软笔书写方法设计的拉丁字体并成为中德友谊的象征，现已开发成方正秉楠友谊体字库，选用这套字冥冥之中有了一些特殊的意味。

在图书内容展示页面中，根据不同的奖项不同分别以 8 面、6 面、4 面的图文并茂的方式，阐述了七大门类 209 本获奖书籍的纪要，获奖书的同比例封面，获奖书的英文原版评语和中英对照的内容提要与设计亮点，每本书的精彩书影和重要版式展现。书里也挑选了一些精彩页面的节选，通过微距展示了独特的设计细节，尽量从各个角度去诠释这些熠熠生辉的书籍，营造出现场陈列的感觉。而在针对“金字符奖”作品展示时，除了每本 8 面的大篇幅外，更是进行了二次创作，根据这本书给我的强列感受和印象，用抽象的图形语言建构起“L”形，赋予它一点黑白文学插图的意味。

除了获奖图书的内容展示，我们通过历年获奖图书的横向、纵向比较，制作了大量的关于“最美的书”的信息图表：历年获奖国家和获奖设计师排名、获奖书封面色彩分析、获奖书的文本图像展示、封面尺寸和重量对比、获奖书的所属门类统计分析，记录的每一本书在这本合集里都有独一无二的图标编号说明，并标明印制和装订的方式，并以不同的颜色表明不同的分类。书后更是以获奖门类的索引方式和年代顺序全面梳理。最后也以字母排列顺序汇集整理了所有获奖设计师的信息，让设计师们通过这里可以快速查阅到自己的设计书页面。

这里还有一个小插曲：当书已完成交付印刷后，迟迟未到的 209 本书从境外飞来，我们赶紧按流程拍照、撰写、排版，只好单独以别页的方式贴进书中，也印制了一张小纸片附在书后，表明还有十几本书未能收到，希望读者朋友看到后有信息可提供给我们。数月后真的有读者和我们联系并无偿寄来了他们的两本私藏。

在《莱比锡的选择》里，所有书籍设计师都不是只为书籍外表做打扮，而是与书籍的著作者一样，是一本书的文化与阅读价值的协同创造者。“最美的书”的构建从来不是独立状态下完成的，而是一种渊源共生的状态，比如外观与内核，比如设计与文字。只有当二者结合，才能造就“世界最美的书”。

这种美感来自于书籍“五感”所带来的体验，那是一种“视、触、听、嗅、味”五感交融之美。“世界最美的书”展示的就是这样的交融，精致、另类、血腥、纪实、幻想，都是最生动与鲜活的纸上相遇。嗅觉可能不大好理解，就拿日本的神宝町街举个例子吧，这条街上全是老书店，走进一家就是一个不同的味道，也就提供了各不相同的阅读体验。

书籍经由一种艺术转换的形式语言，很有可能去开启一个全新的时代，即便我们总认为纸媒在逐渐没落的道路上越走越远，但人总是渴望有质感的生活。这个质感可不能是虚拟的。相对于冷冰冰的电子载体，书籍永远有着不可替代的温度。

可以说，近代国际书展的方式都是起源于19世纪初的德国莱比锡书展的延续。在莱比锡，互联网时代并没有给纸质阅读带来恐慌与冲击。很少有人拍照，也不是简单数据的呈现和展示狂热的购买力，更多的是沉浸于书本中的安静阅读者。这也是为什么在科技信息如此发达的今天，这个古老的书展还会有足够大的号召力与年轻的活力。“世界最美的书”的评选能历经数年，与莱比锡的城市氛围是息息相关的。在这里，阅读贴心而喜悦。这一项爱好和坚持得到了充分的尊重，让纸质文明延续出历久弥新的味道。

为了让更多人了解到书籍设计艺术的魅力，我在很早就筹备这件事，从世界各地搜集“最美的书”，也终于打造出中国第一家“世界最美的书”阅读空间。这个空间免费对外开放，《莱比锡的选择》是这个展馆的完善与延续。我希望用更加便捷与丰富的形式去展现“最美的书”。真正的美不应该被拘泥于某一个时空里，而应该是流动的。

> 如今这本书早已付梓，沉甸甸的质感握在手上，总会想起这份重量来之不易。单是搜集书中获奖的作品，就历经了各种艰辛。插曲时时有，也曾冒出令人啼笑皆非的经历。比如一本穿越洲际与板块的边界而来的“金字符奖”，因为疏忽而搁置，被家里的宠物嚼成碎纸落地。不少书籍由于语言不通的问题常常大费周章，翻译是头等难事。收藏来的书籍涉及到很多国家，有不少从未见过的语种，打开书就叫人一筹莫展，翻译过程经常几经辗转，耗时至少三天以上才能完成。许多笑与泪就不再赘述了，能够顺利成书，就是对于每个付出过的人的最好答谢。

坚持做一件事，会让温暖和美好在这种缓慢而成的过程中得到另一种诠释，设计一本书就是这样的存在。即便要经历重重阻碍，《莱比锡的选择》也必须要问世。哪怕我不去做这件事，我相信依然会有其他设计师去做。正因为珍贵，才更要被传播。

> 书籍之所以能够存在巨大的魅力，是因为它所包含的内置空间，不仅是情绪安放的树洞，也是认知世界的窗口。用设计的温度去传递文本的气质，纸张的力量才能穿透时间的限制。衰落或是兴盛，自然有世界的发展规律，但喜欢阅读的人，会让好的书籍有继续存在的道理。

在“世界最美”的舞台上，“莱比锡的选择”永远是开放的。关于美的定义有很多种，这从来不是一个狭义的字眼。中国人做书注重形意合一，德国人内敛而不含糊，荷兰人有百无禁忌的创想，瑞士人的国际主义风格坚守规划而又灵动飘逸。每本书都有它内在的气质，以及来自它本身的独特面貌。无论是书于人，还是人于书，都是相互影响与塑造的过程。相对无言，但却赤诚。

走向莱比锡的这十几年来，中国的设计师也有了新的动力。从

“中国最美的书”，再到“世界最美的书”，越来越多的年轻设计师开始投入其中，书籍设计艺术也因此而注入源源不断的新鲜血液，在窥看国际大方向的发展潮流中，渐渐发展并跨进新的里程。

作为一名书籍设计师，做书是一种人生，也是一种情怀。我始终认同一个观点：美的感染力，应当源自于生命力。缘由生命力而播种的美，才能成长为最美，自始至终，永远自由，温热，恒久，无界。

什么是美？它是我们所喜爱的东西，还是吸引我们眼球的事物？我们如何感受到美？我们该如何跨越不同的文化，使用这个模糊的概念？例如，评审团应当如何在来自不同国家的书籍设计作品中做出选择？

> 德国启蒙哲学家康德曾说过：美学感受需要内省。这并不意味着认知感受就一定高于主观体验，但一场关于美学、设计、精美书籍设计乃至“世界最美的书”的讨论，自然离不开对“美”之标准的思考。我们调动一切感官，对我们所见、所读和所接触的事物做出反应。只要我们感知到一本书，无论其设计如何、内容是否易懂，它总会引发我们的下（潜）意识反应。我们可以触摸到图书封面的材质，感受它的重量，或是把它与周围的环境联系在一起。我的触觉、视觉乃至味觉，都会对我手中拿着的这个物件做出反应。即便外行人也有这种感受：虽然没法解释自己为何觉得一本书很美，但指间总能触碰到点东西，从而促使自己做出判断，知晓前因后果。实际上，冲动和认知总在交替起着作用。一个人对书籍设计了解越多，就越能在评审会这类场合中准确地说出什么是高品质的作品。评委的职责，不是说出自己个人的喜好，不是朝自己喜欢的作品竖起大拇指，而对自己不喜欢的作品不屑一顾。对设计和装帧质量的评价，是一个复杂的过程，也是一个十分有趣的过程。至少我每次主持评委会讨论，都能获得许多乐趣。要让专家们就某一设计现象达成一致，就必须不受个人喜好的左右，制定基本的技术和设计标准。我也一直很享受与同僚们就一本书的好坏交换意见的过程，因为批评可以使我们的目光和感官变得更为敏锐。

当代神经病学家一直在研究一类现象：“从前人们认为，各人的美学偏好不同，所以我们无法定义美。另外，美这一概念也包含了不同的感官感受……每次人们获得美学体验，位于眼眶后方的大脑皮层 A1 区就会表现得活跃。”伦敦神经病学家塞米尔·泽基在接受《时代》周刊采访时这样说道。他的研究课题是：大脑如何反映我们对情感和世界的感受”。人们常说，美学是关于感官感受的学问；它与设计一样，都受到文化的影响。这话不假，但无论是在为图书艺术基金会工作还是在世界各地授课时，我都充分感受到了一点：书籍是一个不分国界的媒介。无论它在哪个文化范围内出版，用何种语言写作，使用何种文字体系，受到哪些时代风潮的影响，它在全世界范围内都遵循着相同的实施规则。即便某些文化空间自古以来就有不同的写作、阅读和用纸习惯，这一点也依然不例外。欣赏包在图书内页外的封皮；打开图书，就像打开一扇通往内室的门；翻阅内页，感受因设计而生的节奏和故事；一本书的时间和空间维度；它的可读性；图画语言；叙事层面——正是以上这些特征，使得跨文化的书籍比较成为可能，而且能带给人诸多乐趣。也正因如此，我得以用相同的方式，对待来自中国、澳大利亚、委内瑞拉、伊朗和欧洲的图书。

2001 年至 2012 年间，我在图书艺术基金会工作，每年都要召集并主持 5 个书籍设计评委会，其中就包括“世界最美的书”国际大赛评委会。就我个人而言，这项竞赛一直是了解最前沿、最高水平图书设计的良机。参赛图书被寄送给基金会。每年的竞赛，都会让各国图书“选美大赛”的佼佼者相聚在一起。有些图书胜在内容；有些图书以特别的装帧和形式引发热议；有些图书典雅朴素，与那些手段、颜色和形式激烈的图书形成鲜明对比。每一本书都自成体系，从而得以在评审后从各自的文化和语言空间里脱颖而出。现在，它们被摆在评委面前，评委们要在两天时间里反复讨论，直到达成一致，评选出优胜者。评审无关政治因素，讲究实事求是，也即优者胜出。2003 年的评委会讨论得最为激烈，一本无论如何都称不上“美”的图书，让评委们意见不一。但这本书也另有特色：它的情绪化和极端化，让人不禁为之动容。

1969 年，扬 · 帕拉赫为抗议苏联非法侵占捷克斯洛伐克，浇上汽油自焚。这戏剧性的一幕，也具有很强的政治意义。为了纪念他，荷兰女设计师宁克 · 梅捷设计了这本书。它为何震撼人心？这本书的设计并没有像冰冷的纪录片那样，刻意与这段历史保持距离，而是倾尽全力再现历史：它外形简单（只是一本小册子），给人以惊悸的触觉体验（侧面摸上去像赤裸的人肉），有着丰富的着色（在由报刊历史材料组成的黑白剪贴画中，赫然出现通篇血红的书页），还有逼真的印刷技术（给人一种在阴冷的寒风中伫立广场的感觉）。究竟什么样的美学手段，才适合记录这样的一次抗议活动？评委们就这个问题讨论了许久，给出的答案是：内容和形式必须被成功地结合在一起！这是一本反审美的图书！这一方面是勇敢的尝试，另一方面也是必要的，因为美离不开语境和内容。可是，如果“世界最美的书”不具一般意义上的“美”感，那么专业评委会的意见，又该如何被传达给公众和媒体呢？那我们必须从什么是书籍设计讲起，说明我们的选择无关好恶，一切只是因为：相比技术考究、印刷精美但却毫无意义的书籍，一件情绪饱满的设计作品显然更具价值。在此，我无意把这两种极端情况进行比较。但假如一件作品从技术角度看堪称完美，它的内容却无法触动我，那要它又有何用？同样，一本书如果话题十分有趣，但装帧简陋，经不起翻阅，或是排版粗糙，那它也不是我想看到的。有时候，在图书设计（这里的设计不仅指视觉层面，还包括材料的选择、装帧和图书的形式）中兼顾内容，并不是一件容易的事情。出版社的意志或市场的限制，常常会妨碍创意的实现。要在这中间找到解决方案，其实并不容易。跟书打多了交道以后，人们有时不禁会问：世上真的需要这本书吗？而可被感知的设计，却是图书一直需要的。这样的设计，不是图书设计者赖以自恋的标签；它应当承载起图书的主题，为把它转换成图书这种手持媒介提供帮助；它应该能唤起人的好奇心，触动读者；或许还应该棱角分明、独具个性，甚至引发共鸣。对工作意义的批判性反思，不也是我们工作的一部分吗？

> 我们是不是也应该为那些无法脱离社会进程的视觉和美学沟通承担一份责任？在设计过程中，我们也应该注重语境，了解图书世界正在发生什么。看来康德说得没错！

是什么促使一位设计师收集“世界最美的书”，对它们的各个设计过程进行科学、细致的研究？每本书都被抽丝剥茧，仔细分析，并放在当时的语境下进行解读。这样的工作方式，可被称作“对一种普遍媒介的基础性研究”。我们可以从不同的角度，对整体结果做出解读：既可以采用整体设计视角，也可以采用排版或印刷视角，或是重点研究不同材料的选用。我们甚至可以从社会学、媒体学、社会和文化学的角度，推断每个国家、每个年份或是整个世界的发展趋势——书籍设计的内涵，远不止于纸面。回首过去，书籍艺术总能反映技术、社会和政治层面的发展和扭曲。但在媒体学中，对书籍设计历史和现状的研究只是凤毛麟角。世上有电影批评、文学批评、设计批评、歌剧批评，却没有排版批评或书籍设计批评这样的概念。本书的出版，正是填补空白的开始。赵清给我留下深刻印象的地方，不仅是他的收藏热情，更是他严谨的工作方式以及观察事物和细节的独到眼光。只有这样，才能道出书籍设计的真谛。这本教育类的书，其实并不重在说教，而是介绍书籍设计的魅力。它高屋建瓴、旁征博引。书籍设计与所有概念性工作一样，是微观工作和宏观理解的结合，两者相互转换、互为联系。如果不从整体上做出改变，那微观层面的改变就无法进行，反之亦然。书籍设计师必须在两个层面积极努力：既要追求细节，也要整体把握问题。在这种意义上，赵清的这本书可被视作对书籍设计现状的国际性视觉思考。

乌塔·施耐德

种物种龟端和连线的拓扑结构，如果画在一张纸上，加上一个时间轴，那就是一棵演化之树，每
分支的节点就代表了时间轴之后所有物种在这一时间节点的共同祖先。

如果分类的目的是让亲缘关系更近的物种能放在一起，那么演化之树就是天然的分类学基石
达尔文之前，系统学家们根据自己对“自然”的理解各自建立所谓的自然分类系统。达尔文之后
化生物学的影响渗透到了分类学，系统学家们渐渐开始使自己的分类系统反映演化历史。但在它
的诸多植物分类系统以及与之相应的图解表达中，都不可避免地指向混杂的网状进化，或者描写
现生类群是原始的而衍生出其他的现生类群——这些是基于对进化的错误理解。即使这些系统
大量宏观性状特征，很多时候体现了实用价值，但它们仍缺乏预见性。举一个显著的例子，哈钦
松把所有的双子叶植物分为草本和木本两大
这种违反系统发育原则的处理无疑限制了这
统的延续和应用。

要获得一个自然的分类系统，第一步，
要了解类群、物种亲缘关系的嵌序结构，即
发育信息（phylogeny）。第二步，如果我们

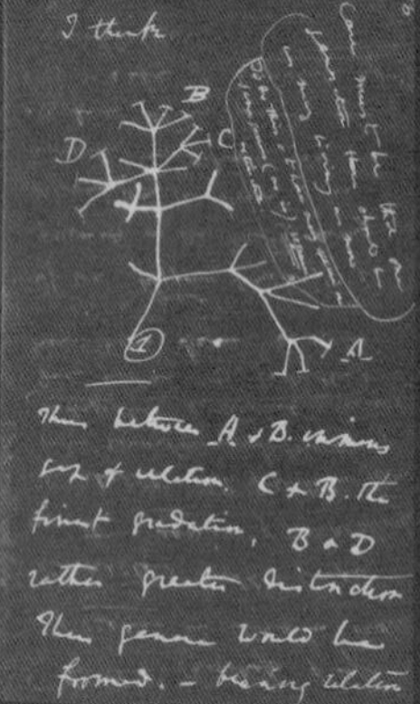

物种演化的树状结构图

这张图出自查尔斯·达尔文1837年的手稿。[illegible]

地知道了演化树的结构，甚至要给演化树上的分支命名——这看上去很简单，但事实上，直到人类能够大规模进行DNA测序之前，我们在"创造一个'自然'分类系统"这件事上的进展，长期被困在第一步。

根据生物的中心法则，在所有的生物体的细胞结构里，脱氧核糖核酸（DNA）首先复制所包含的信息转录给核糖核酸（RNA），RNA翻译为蛋白质，蛋白质和其他部分物质决定了生物体的一切，包括细胞结构、外观形态、生理行为等。一旦包含有遗传信息、可以表达的DNA序列（基因）发生变化，则由它决定的这一切也随之发生变化。在种群一级上，则是基因频率的变化——这就是可以直接观测的演化。系统学家们试图构建世间万物的系统发育树，可用的数据就在这些演化所改变的东西上，如DNA序列、RNA序列、蛋白质序列、细胞结构、微观形态数据、宏观形态数据、行为学数据等，这些可以统称为"性状"。从某种意义上，任何一级的"性状"都对系统重建演化历史有重要意义，当然不同的是，分子序列可用的数据在数量上远远要超过形态数据很多很多。

在过去，尽管系统学家们努力还原演化历史，但苦于工具所限，从宏观结构到微观结构再到化学成分，几乎止步于此。20世纪后期的科技成就——包括计算机和大通量的DNA序列测序技术，为分类系统的建立开拓了一片新天地。随着大量关于系统学的文章不断发表，这些颠覆性地改变了人类对现有生命类群及其亲缘关系的理解。

例如，在今天地球上最繁盛的植物类群——被子植物（即"有花植物"）领域，一些系统学家联合组成了APG组（Angiosperm Phylogeny Group，被子植物系统发育组），共同讨论、商定，建立一个基于系统发育（即演化历史）的被子植物分类系统——APG系统。构成这个分类系统有三个重要原则：一是单系（monophyly）原则——每一个被命名的分类阶元或类群应该是单系的，即包含一个共同祖先和它所有的后代；二是稳定性原则——尊重已有的类群名称，维持类群大小的稳定和适中，即如无必要，不增加新的分类阶元或更改现有类群名称；三是易用性原则——各被命名类群应有明显的形态特征。三者之中，第一个原则最为重要。

此外，与演化树和单系意思相关的还有另外一对重要概念：单系群（Monophyletic Group）和并系群（Paraphyletic Group）。单系群即是一个包含共同祖先和它所有后代的类群。这意味着，一个单系群内部成员间的亲缘关系应近于单系群外成员间的关系。有效的分类阶元必须是单系群，这是现代分类系统的基本原则。举例说明，"双子叶植物"这个分类群，各个旧的被子植物分类系统中几乎都有，其核心性状是"两片子叶"，与单子叶植物的"一片子在很多人眼里，自然与艺术科学似乎是格格不入的，但植物科学画却把它们悄无声息地聚集在了一起。与《芳华修远》一样，《嘉卉——百年中国植物科学画》（以下简称《嘉卉》）也是一本关于植物科学画的书，记述了百年来中国四代植物画师笔下的创新与传承，堪称反映中国植物绘画历史和现状的集大成之作。

之前我曾设计过的《芳华修远》，囿于篇幅与时间的问题，许多画作都未能收录。江苏凤凰科技出版社的伙伴们便萌生了深入发掘和整理的想法，耗时三年，边写边编，同时设计，经过不断地修改与打磨，才让这本书得以问世。

可以说，《嘉卉》是升级版本的《芳华修远》。植物科学画有一定的艺术欣赏价值，但它的审美情趣及审美价值有自身的特殊性，不能把它和纯艺术绘画等同看待。这本书将植物科学画的图像与艺术解读相结合，是中国出版史上的首次。

在中西方一些早期的医药或农业典籍中，植物绘画就已经存在了，在描述植物形态的科学术语还不完善的时候，人们就借助图画来直观地认识、鉴定那些重要的草药、农作物，这对人们的生产生活起到了很大的作用。

中国很早就出现了对植物物种的描绘画，古代的药典图谱都有过类似的记载；它们都偏重于本草学、农业框架范围，如1061-1804年的《本草图经》《本草纲目》《救荒本草》等。它们的记载都主要以实用为目的，仅限于辨认植物种类，缺乏对植物体各器官的形态解剖和生理功能方面的认识，以及系统性的描述和研究。

真正能称之为中国植物科学画的植物绘画要追溯到19世纪。在“植物分类学”传入中国后，1922年冯澄如为《中国植物图谱》《中国经济树木》和《树木图说》绘制了标准植物科学画插图，这时候中国才出现了真正意义上的植物科学画。冯澄如先生毋庸置疑地可称为“中国植物科学画的创始人”。

从冯澄如先生创立中国植物科学画起，中国的植物科学画师们历经几代传承，在20世纪八九十年代发展至鼎盛，留下了非常多的精彩作品。中国植物科学画将中国传统的绘画技法与西方的科学画技法结合，探索出了极富东方韵味特色的东方风格，一笔一画，都流露出雅致而古朴的匠心与神韵。

感性艺术、理性科学，两者对立总是让人难以联系；但在植物科学画师的笔下，这两个领域却可以达到完美统一。

与普通的花鸟画不同，植物科学画既要求对植株及器官形态特征的精准反应，同时又要求高标准的艺术表达，科学与美，二者不可偏废。通常要画好一株植物，要花上一位植物科学画师一整个月的时间，对耐心与功法都是极大的考验。在中国，目前的植物科学画师已经不超过10人，他们的绘画虽不为公众熟知，但每每亮相，都会让观者惊叹不已。

《嘉卉》见证着科学、艺术与人文的交相辉映，系统梳理了自20世纪初我国植物学起步阶段到以《中国植物志》为代表的中国植物发展历程，收录了大量珍贵的文献和图像，温度与高度同在。

这本书的科普性很强，而我想要做的，就是把科学性与艺术性融会贯通，主要是怎样把这些了不起的著作展示得更加全面，所以在编排的过程里还是废了不少心思的。设计怎样辅助内容也是关键，但不能完全是陪衬作用，在视觉方面你仍然要表达出一个属于设计师的感悟与思考，与内容一起呈现出更加多元的阅读视角，提供给读者更加多维度的阅读体验。这是一个相辅相成的过程，也是一种特别的挑战。

整本书通体着绿，象征“草木之心”，质感朴实自然。封面的烫金星点与压凹暗纹井然有序，覆盖于上，形成汉字“卉”的抽象叠合；绵延星罗棋布的植物脉络，展示着中国百年的艺术光华。

外封的木色如同大地，内里包裹着苍翠的绿，与封面的绿色饶有志趣地形成呼应，簇拥着最原始的植物灵魂，展示出厚积薄发的生命力量。

每一个章节的开篇伊始，都以同样的草木二色内页作为分隔。烫金圆点如同闪耀的星辰一般，纪念着老一辈画师的光辉历程。一面是念念不忘的步履，一面是生机勃勃的画卷。

全书致力于还原手稿资料的丰富灵动，整体排版看似轻松零散，实则却建立在严谨的网格体系中，形成恰到好处的留白。开篇的解读部分以木色纸张印刷，介绍了植物科学画的起源与背景，以图文结合的方式，描摹出最原始的生命色彩。内页单色与彩色对等的版式，系统展示了精选画作的多样性，辅以多位知名植物学者的简介与点评，图片遵循植物系统的排列规则，构筑起无限丰盈而深刻的植物世界。

文字篇幅运用了横竖结合的排版，清晰有序，一目了然。凌乱而繁琐的阅读体系在巧妙设置的排布之间，循序渐进又易于理解。除了单株植物的画作与片段以外，书中也收集了不少绮丽的全彩作品，清晰地勾勒出万千植物的婀娜倩影。末尾收录的图像简史，则又回归了初始的木色，构成了完整的历史回溯，将整本书推向了艺术与科学相结合的新高度。

线和点是组成植物科学画最主要的语言，通过点画的大小、疏密，线条本身的刚柔粗细、转折变化，能够准确表现出植物物种间复杂多样的形态特征。随着笔触的线与点牵丝映带、辗转盘迂，便能清晰地勾勒出植物世界千姿百态的形象。书中的各色植物排列鲜明、脉络细致，笔触千丝万缕，尽现草木之美。一张张细致入微的画中，浓缩了植物的生长规律、形态特征，将科学的真与艺术的美展现得淋漓尽致。

岁月的流逝，始终掩盖不住昔日的光彩与风华。正如诗中所言，“一花一木皆生命，一枝一叶总关情”，好的科学绘画，不但要画得准确，还应该尽量表现出生命的活力。虽然现在摄影技术很发达，信息网络也非常便捷，但从事科学绘画的人，必须要深入荒野，与自己的绘画对象面对面，才能用画笔记录下更真实与细致的植物脉络。这是一种长年累月的静心和耐心，考验的不仅仅是忍受孤独的能力，更是对待工作的虔诚。

作为一本沉甸甸的植物画收藏集，《嘉卉》的重量不光是因为篇幅和页码，而是它承载着近百年来几代植物画师的毕生心血，缅怀至此，也更令人钦佩。当我们偶然打开这些被尘封的画作，它们似乎仍然停留在那个黄金年代里，在不同的画师笔下，与自然艺术共长共生。

《嘉卉——百年中国植物科学画》是一部综合性的、集中国植物科学绘画之大成的著作。这本图文并茂的大书，采用了演化树的结构方式：一方面，以近700幅植物科学画，构建起数十亿年的植物进化史；另一方面，又以大量珍贵的文献图像，构建起近百年来的中国植物科学画史。两株“演化树”相辅相成，成为中国植物科学画的一部系统、完整且明晰的历史文献，是填补空白的集大成之作。

这是一部内容维度非常丰富的图书。本书的前半部分以画为核心，涵盖分类学、物种介绍、艺术创作三个方面；后半部分以史为核心，以时间为序，分门别类，陈画史、述人物。这样庞杂纷繁的内容，对于设计师而言，可能是一种相当“过瘾”的挑战。赵清的设计显然给出了高分答案。

策划编辑这本书有一个简单的初

芊绘百年，经纬述之

心，就是想把植物科学画从历史的配角之隅请到主角的中心之地，让这一特殊的艺术门类享有其应得的高光时刻。而所谓的“特殊”，即指其艺术性永远需要服从于科学性，居于第二。衡量一幅科学画之高低，无论其如何精美，倘若在科学性上有所差池，则一损俱损。赵清的设计可谓恰切而巧妙。书的前半部分，在 260 毫米 ×185 毫米的页面中，专门划出（140–190）毫米 ×125 毫米的图片展示区，给予画作尽量充分的展示空间。图片上部交代画作（物种）中文学名、完整的拉丁学名以及画作者。画作左上侧，为物种的分类学信息，中下部为物种介绍。画作右下部，则有选择地附以画作的简要点评。每一部分都明确标出了作者，既求“文责自负”，亦是一种对作者的尊重。这种排布让一幅科学画的内涵得以最为充分地展示，让读者对于画作的理解不止于“好看”，也能够真正读懂一幅凝聚着科学家和艺术家匠心的科学画的科学内涵。

后半部分是本书最具文献价值的内容。文字内容大量增加，图文黏合度极强。在文图的对照中，赵清在留白中加以手稿化边框元素，标题的竖版排列等方式，让繁杂的内容既层次清晰、繁而不乱，又充满历史的年代感。

植物科学画师们对于这份寂寞冷门的职业，有着外人很难理解的虔敬。凝神观看书中一幅一幅黑白线条图，你很难不为这一笔一画中的匠心而感动。说到底，这依旧是一本关于植物的书，一部关于为植物画像的人的书。我最欣赏的是这本书最核心的设计元素——“◇”号，在草木的底色上，连绵成“卉”，又像是星辰大海。一幅幅精妙的中国植物的肖像画，一位位平凡的中国植物科学画师，就像一颗颗隐没于历史深处的星辰。在这本书中，他们的光芒将永远熠熠闪耀。赵清的设计，值得致敬。

周远政

0548-059

10

陈琦格致

邱志杰

The Physics of "Chen Qi": Experimenting with Curation and Comprehension

陈琦格致——一个展示和理解的实验

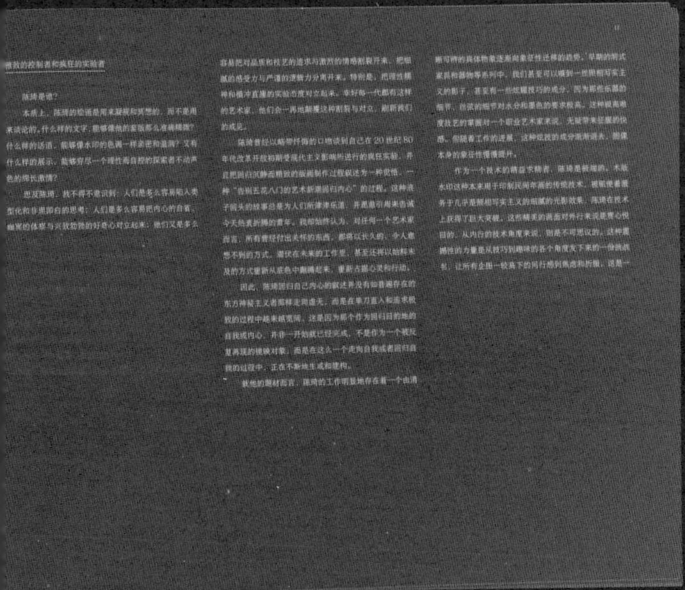

11

精致的控制者和疯狂的实验者

陈琦是谁？

本质上，陈琦的绘画是用来凝视和冥想的，而不是用来谈论的。什么样的文字，能够像他的画面那么准确精微？什么样的话语，能够像水印的色调一样亲密和温润？又有什么样的展示，能够穷尽一个理性而自控的探索者不动声色的绵长激情？

思及陈琦，我不得不意识到：人们是多么容易陷入类型化和非黑即白的思考；人们是多么容易把内心的自省、幽寂的体察与兴致勃勃的好奇心对立起来；他们又是多么容易把对品质和技艺的追求与激烈的情感割裂开来，把细腻的感受力与严谨的逻辑力分离开来。特别是，把理性精神和横冲直撞的实验态度对立起来。幸好每一代都有这样的艺术家，他们会一再地颠覆这种割裂与对立，刷新我们的成见。

陈琦曾经以略带忏悔的口吻谈到自己在20世纪80年代改革开放初期受现代主义影响所进行的疯狂实验，并且把回归沉静而精致的版画制作过程叙述为一种觉悟，一种"告别五花八门的艺术新潮回归内心"的过程。这种浪子回头的故事总是为人们所津津乐道，并屡屡引用来告诫今天热衷折腾的青年。我却始终认为，对任何一个艺术家而言，所有曾经付出关怀的东西，都将以长久的、令人意想不到的方式，潜伏在未来的工作里，甚至还将以始料未及的方式重新从底色中翻腾起来，重新占据心灵和行动。

因此，陈琦回归自己内心的叙述并没有如普遍存在的东方神秘主义者那样走向虚无，而是在单刀直入和追求极致的过程中越来越宽阔。这是因为那个作为回归目的地的自我或内心，并非一开始就已经完成，不是作为一个被反复再现的镜映对象，而是在这么一个走向自我或者回归自我的过程中，正在不断地生成和建构。

就他的题材而言，陈琦的工作明显地存在着一个由清晰可辨的具体物象逐渐向象征性迁移的趋势。早期的明式家具和器物等系列中，我们甚至可以嗅到一丝照相写实主义的影子，甚至有一些炫耀技巧的成分，因为那些乐器的细节，丝弦的细节对水分和墨色的要求极高。这种极高难度技艺的掌握对一个职业艺术家来说，无疑带来足够的快感，但随着工作的进展，这种炫技的成分渐渐消失，图像本身的象征性慢慢提升。

作为一个技术的精益求精者，陈琦是疯狂的。木版水印这种本来用于印制民间年画的传统技术，被陈琦用来服务于几乎是照相写实主义的细腻的光影效果，陈琦在技术上获得了巨大突破。这些精美的画面对外行来说是赏心悦目的，从内行的技术角度来说，则是不可思议的。这种震撼性的力量是从技巧到趣味的各个角度发下来的一份挑战书，让所有企图一较高下的同行感到焦虑和折服。这是一陈琦是我的多年老友了，在大学里比我高几届，曾经有过一些合作。在我心里，他始终是一位精益求精的艺术家，兢兢业业的勤奋的工作者与教育者。后来他去了北京，我们交集不多，看着他一路向上、一路向前。倒是时常看到他的新作品不断涌现，虽然离第一次见到他的巨幅水印版画和时间简史系列作品已经隔了许久，但当时的视觉冲击至今依然记忆犹新。我从未见过篇幅如此巨大而细节又异常细致的恢宏之作。在《陈琦格致——一个展示与理解的实验》（以下简称《陈琦格致》）展览在德基美术馆开幕之际，我们也终于有机会合作，共同打造出这本关于格致的作品集。

从空间到平面，《陈琦格致》塑造出了一个跨维度的记录与转换。而我作为这场展览的纸上设计者，在重现这场艺术展览的过程中，浪漫似乎又多加了一分。

陈琦的作品是一场实验，我的设计亦然。当两种探索的趋势相融，“实验”等意味也就更加值得斟酌了。

无论是展示陈琦还是试图去理解他，我总能感受到一种“践行颠覆”的独特视野。对于一位创造了不少经典作品的艺术家来说，人们或多或少会对他产生某种定论。但陈琦从不是一个刻板的人，倒是像极了一个深藏不露的“革命家”，赋予水印版画以照相的写实主义。

用策展人邱志杰的话来说：“他是一个抽象主义者，更像是一个观念主义者；我们不但能看到一个热爱绘画的人，更能看到一个怀疑绘画的人。”当我们不再谈论水印版画中的墨韵，陈琦向我们展示的，既是一场雅致的控制，又是一种疯狂的实验。在看似平静温和的黑白的陈述中，藏着的是“润物细无声”的坚定力量。

正像做饭要讲究火候，还原一个人的作品，就必须把握作者内核的敏感。这种敏感并不是形而上的较量与对抗，而是由内至外的相融与配合。用我所理解的方式，展现出一个更加淋漓尽致的陈琦。在《陈琦格致》这本作品集里，所有的编排与体系都如同一本预设理解的回忆录，创造出一个象征性的视觉空间：理性、秩序、豁然、通达。

为了还原出展览现场的真实感，外封套以他的水系列版画作品铺陈整体，水印版画的渐进张力，在一块块互相咬合嵌套的色块之间展开写实主义的水面。陈琦创作的水系列作品经常庞大到四五十余米成为全景画，试图阐释整个世界。这些水的印版的叠合错位，仿佛是一场具象与抽象之间的争论，极端又妥协、丰腴而自由。

陈琦的作品没有他人的形式和技法的迹象，他已将自己所广泛吸收的养分融化成了自身创作的美学特质与意境。从陈琦的版画中，既能令人体验到佛手的感官性超度意味、古琴特写的纯净性感、二十四节气的时间更替、中国椅子的质感毕现，也能使人感受到喧嚣中的淡泊，以及表现性绘画的内在张力和抽象艺术的形式精密。

我非常惊叹陈琦的高超把控能力，他在充分发挥各种版画媒介本体质感的前提之下，能够突破媒介限度而创造独特的审美品质和平和优美的境界。这是创造性艺术家的必至境地，而真入此境者，才可言对艺术史的独特贡献。陈琦已经进入了这一境界，无论从中国版画还是从国际当代版画看，他是站在这一领域创作顶峰的人物之一。

但在回归自己内心的表达中，他并没有如普遍存在的东方神秘主义者那样走向虚无，而是在单刀直入和追求极致的过程中越来越宽阔，不断地生成和建构。人们总是容易把理性精神和横冲直撞的实验态度对立起来，幸而有陈琦这样的艺术家，一再地颠覆这种割裂与对立，刷新我们的成见。

在这本作品集里，陈琦的画多以横向的巨幅画幕呈现。整本书以横开本进行设计，而封套为了符合传统书架的设计，设置成了竖版。将横开的书籍嵌入竖直的封套之中，书口上端的灰墨丝印水面与封套整体的水面便能自然衔接，形成流动的立体的水面印象，呈现出一个水的立方。

温润的白色书脊印刻着规整的字体，形成凹凸有致的独特肌理。

正中以陈琦的经典作品《时间简谱》为点缀，在波光荡漾中幻化成圆形的光影，遥望着书籍里的“虫洞”。

作为策展人的邱志杰，不仅贡献了大篇文字解读了陈琦的作品，更是用他独具实验意味的书法题写了展名和各个主题名字。围绕《陈琦格致》展览的这9个主题，书中也以厚薄不一的纸张印刷，大量的作品运用了与艺术家实际运用的宣纸来呈现出不同部分的主题与特点。在“水光潋滟”这个主题中，就暗藏着折叠长卷的玄机。只要徐徐展开，便能看到完整的无垠水面，传递着震慑人心的墨色光影。

而在“虫洞”部分，则是完全运用光洁的厚纸，雕刻出作品的原生态。镂空部分以渐进的次序递进，形成富有层次的独特肌理。这种颠覆性的割裂与对立，在明暗交接的轮廓上跃动，仿佛过去的每一个时刻都在此叠加，被啃食成宏大而浩瀚的洞口。

而在错版画这一章节则选用了一种深灰色粗糙的纸张来印制，与其他作品形成了鲜明的对比关系。

在当代中国艺术场景中，我们时常看到版画家摇身成为油画家或者水墨画家，或者优秀的设计师。这也是我与陈琦的相通之处。或许有人认为艺术总是殊途同归，但版画与书籍，正如同我们的交情一般带着千丝万缕的必然因果。

版画从来都是和书籍相关的艺术。在纸质书籍是主要传播媒介的时代，与这一传播媒介有关的艺术就是版画。可以说，版画就是古代的媒体艺术，他对原作的概念有着非常豁达的理解，赋予原作以重生的实验价值，就像我之于陈琦的作品，二者都是在交叠的实验里获得新生。

当然，将“颠覆性”用于陈琦精美的版画显然过于粗暴，但正如策展人所希望的，这能够把观者的目光导向陈琦版画的实验性。实验性是艺术创作的本性，陈琦不仅在水印木刻上做了各种新的实验，而且将之延展到实物展陈上，进而影响了我在设计里的实验。实验即尝试，它的本身绝非目的，更非判断艺术创作成败的标准。因为艺术以品质为生命，其创新不以手段和媒介的新与旧而论其价值。

表面上看，陈琦是一个专注而循序渐进的理性实验者。但这场实验不仅是高歌猛进、一路转型的，事实上他始终在强调破茧与互搏。

这位一路掘进隧道的挖掘者，在他那些精致的版画之外，这场狂野的实验，好像是一场秘密的放纵与冒险，创造了属于印刷者的浪漫——在风景面前，在水面之前，这样的浪漫长久地蛰伏于时间。

所有的艺术都有一种“冥冥之中的暗合”，始于个人体验，但又通过不同的媒介交流与合作，在创作中不断引发关于生命与自我的探索和追问。这本书的“暗合”之中，就是我与陈琦在诸多寻找意义的过程里，把一切的热爱都投身于艺术事业，继而在收获与体悟中轮回，慢慢挖掘出艺术的真谛。

2018 年我在德基美术馆做个展，馆方征询我展览的视觉及画册设计师人选，我毫不犹豫地推荐了赵清。原因有二：一则我和赵清同是南京艺术学院校友，也是多年老友，他对我的艺术发展脉络有较为清晰的认识；二则，我喜欢他的设计，无论是图形创意、材质选配、字体设计、后印刷加工以及装帧工艺都有其独有的清冷干净气质。

赵清身上天生有种小布尔乔亚情调。1982 年我俩共同接过一个商店门头装修的活，当时我们没有任何装饰工程的经验，完全靠初生牛犊不怕虎的劲头边学边干，每天早上从城区骑两个小时自行车到施工现场干活。7 月的南京异常炎热，空气又闷又湿，我们光着膀子，大汗淋漓地挥舞着锯刨，身上肋骨一根根清晰可见。有趣的是：即便这样的恶劣环境也没有限制赵清小资情调的发挥。每到中午，他常会到街边的卤菜店剁上半只盐水鸭，再拎几瓶啤酒回来，我们边吃边聊艺术，那些画面至今还留在我的脑际。不承想40年后，我们还能再度合作。有时我看到赵清在朋友圈发的自己的照片，一袭黑衣，光头，酷、诘、傲。回想起曾一块光膀子干活的场景，不禁莞尔，人生多么有趣。

回到这本画册最初的设计理念，我们都希望这是一本文人书而非豪华版作品图录。赵清跟我说他不希望将这本极具学术价值的书做得像板砖一样笨拙，而是与人亲近，非常柔软的书。这令人想到那些印在极薄宣纸上，可以卷在衣袖或怀里，和人有肌肤之亲的古籍。我赞成这样的设计理念：书是人的智慧载体，须和人亲而非疏离。我对他说，这本书你可以完全按照自己的想法去做，充分发挥自己的想象和无限创意。结果赵清没有让我失望，当我第一次看到这本画册成品时，着实被惊艳了一把。这本画册绝非是一本普通的印刷品书籍，而是一件令人过目难忘的艺术品。

时间的形状，是我对这本画册的总体印象。赵清的设计处处体现时间的痕迹以及随着线性阅读时间变化所带来的不同视觉体验。这本画册的内容结构很简洁，分三个部分，第一部分是策展人邱志杰先生一篇16000字的长文，结尾是我自己撰写的不足1000字的短文。中间绝大部分的幅面用在了作品版图上，从20世纪80年代初到2018年的最新作品。邱志杰的策展文案将这些作品分成9个单元，赵清根据这个逻辑脉络，用不同种类的再生纸张来编排不同的内容，这样仅从书侧面纸的质地便能看出不同内容单元的篇幅。这本书最有创意的部分是书中间部分的手制书单元。用刀版磨切工艺，做了《时间简谱》手制书作品的限量版，让读者可以直接阅读与体味把玩。《时间简谱》手制书准确来说是件四维可阅读的作品，因此无论多么精美的图片都难以让人产生翻看阅读时的体验感。也就是说，手制书并不是静止观看的，而是要通过翻看阅读而获得情感的共鸣，因为每页上被镂空的图形前后秩序都有一定的逻辑关联。这就使得我们单看一页，并不能明白其中之妙，它仅是宏大叙事整体中的一个环节，须和前后页的图形产生上下文关联才能读出书所欲表达的深刻思想，赵清想把这样的阅读体验呈现给读者。记得他给我打电话谈这个设想时，我正在宁夏银川西夏王陵博物馆参观，我惊讶于他的想法居然和我如此一致，因为我一直希望通过印刷磨切工艺做一些这样的手制书，分享阅读时美妙的体验。因此当他提出这个建议时，我十分赞同，尽管我知道这会大大增加画册的成本，但我认为做出一本好书对于读者所能产生的积极意义。这使得我的《时间简谱》系列艺术作品背后的创作理念得以通过直观感性的方式呈现出来。

此外，这本书在函套设计和书内侧设计上也别具匠心。函套5个立面上印的是《1963》作品，这使得整个函套看起来像个立方形固态水体。函套里书的封面印的是我的《时间简谱·第一装置》作品，在素白的硬纸板上用传统的拱花方式凹凸空压而成。这样便将水与时间有机地关联起来，水在中国文化中也有时间的隐喻，“逝者如斯夫，不舍昼夜”。这样的妙思佳构设计基于赵清深厚的文化修养和对印刷材料工艺独到的认识与驾驭能力，凸显了时间形状的概念，使得这本画册给人以无尽的回味空间。后来这部书在国际设计界获得了不少大奖，我想这不仅是对赵清最高等级的同行评价，也是对我当初选择最好的回馈。

——陈琦

壹 陶潜

东晋·陶潜《五柳先生传》

先生不知何许人，不详姓字，宅边有五柳树，因以为号焉。闲静少言，不慕荣利。好读书，不求甚解，每有会意，欣然忘食。性嗜酒，家贫不能常得。亲旧知其如此，或置酒招之，造饮辄尽，期在必醉。既醉而退，曾不吝情去留。环堵萧然，不蔽风日，短褐穿结，箪瓢屡空，晏如也。常著文章自娱，颇示己志，忘怀得失，以此自终。

赞曰：黔娄之妻有言：『不戚戚于贫贱，不汲汲于富贵。』其言兹若人之俦乎？衔觞赋诗，以乐其志，无怀氏之民欤？葛天氏之民欤？

笺画释义

笺画作策杖采菊之状，题字云："青山涵欲暝，扶筇一醉归。"表现东晋诗人陶渊明采菊醉酒的情景。陶渊明，即陶潜，字元亮，私谥"靖节"，世称靖节先生，浔阳柴桑（今江西省九江市）人。东晋末至南朝宋初期伟大的诗人、辞赋家。曾任江州祭酒、建威参军、镇军参军、彭泽县令等职，最末一次出仕为彭泽县令，八十多天便弃职而去，从此归隐田园。他是中国第一位田园诗人，被称为"古今隐逸诗人之宗"，有《陶渊明集》等。

在田居生活中，陶渊明安贫乐道，自称"五柳先生"，一面读书为文，一面躬耕陇亩，从飞鸟、白云、稼禾中体会着生命的真谛。他在名作《桃花源记》中勾画出一幅千百年来人们神往的"桃花源"景象，在那里生活的人们通过自己的劳动享受着和平、宁静、幸福，比世人多保留了一份天性的真淳。这正是陶渊明所塑造的一个与污浊黑暗社会相对立的美好世界，其中寄托着他的政治理想和美好愿望。陶渊明酷爱饮酒，亦尤爱菊花，在结束了一天的劳作以后，采菊盈筐，扶醉而归，何等惬意心境。正如《饮酒》中的诗句，"采菊东篱下，悠然见南山"，寥寥数字，勾勒出一派静穆、淡远的境界，透出隐逸的真意。

的制作通常都很精美，也慢慢从文人们的日常用物上升为珍藏佳品。

这项古老的技艺诞生于明朝，也兴盛于明朝。最初的时候，由于印刷技术不发达，画稿内容和表现技法都比较单一，直到明代中叶，笺纸制作仍较朴素。到了明代万历年间，南京作为中国出版业最集中、最发达的地区之一，不仅印刷的书数量大，艺术水平也很高。明朝的时候，有一个名叫胡正言的人，打小爱鼓捣造墨、造纸、篆刻刊书。他用一张张充满古朴雅韵的笺纸作品，聚集了当时顶尖的画工与刻工，历经十余年的印制，编印出《十竹斋笺谱》，成为世界彩色印刷史上的里程碑。

《十竹斋笺谱》原著于南京，因胡正言在南京鸡笼山修十竹建书斋而得名。数百年来，《十竹斋笺谱》流入并收藏于日本、欧洲，享誉海如果说过去有哪个时代与当下中国很像，市场经济繁荣，市民阶层兴盛，文艺之风深入市井民巷，那一定是晚明。

晚明生活风雅至极，文人雅士想写一封信或一张便条，抽出一张纸，提笔着墨后若兴致未尽，便在结尾或空白处涂几笔花鸟，了无生趣的一纸信笺立即生动起来。看到文人墨客有此雅好，纸张老板便开始做一些花鸟鱼虫的模子，印成一种特制的小幅纸张，供文人雅士写信或题诗之用。如此一来，信笺就从一张实用的纸，变成了有情趣的笺纸。简单来说，笺纸是一种印有诗画的信纸，虽尺幅不大，却集多种表现技法于一身，既有写信的实用价值，又可供艺术欣赏。

纸自东汉蔡伦发明改良之后，逐渐普遍使用；而『笺纸』之作，自唐朝开始，各朝都有各种名称及花样。用以书写信札的叫『信笺』，用以题诗吟咏的叫『诗笺』。直到清初，承袭明代遗风，笺纸之作仍然十分盛行。乾隆年间怡王府的角花笺亦甚有名，在纸幅下角刻印精致细巧的彩图，令人不忍释手。清道咸中叶以后，流行小笺纸、小信封，不出巴掌大小，也是盛极一时。等到了清末的时候，南京纸店林立，笺纸之制作也相应非常普及化了。

在实物上，笺纸的制造者们不但致力于各色彩笺的创新研究，还将各色笺纸汇集成册，称为『笺谱』。笺谱一如木心笔下『车马邮件都慢』的旧时光，承载着历史的绚烂磅礴，又绵延着古文脉的古典风雅，在我的设计体系里贯穿，由此而形成了整本笺谱的全貌。

成书的封套乍看是清朴雅致的原木本色，包裹着大道至简的脉络。内里却别有洞天，以樱桃红与仿金箔的纹样全数覆盖，致敬最初的国图藏本。封面是温润的灰色，以细碎的金箔点缀，保留了藏本原貌的点睛之处，又呈现出一派独有的素丽情怀。

《十竹斋笺谱》作为一部光耀世界印刷史的伟大作品，除了精湛绝伦的工艺美术，其编辑思想同样不朽。笺谱所选笺画，系统涵盖了中国文人士大夫精神追求的方方面面，行为准则、审美规范、道德追求尽在其中，所引掌故典籍从《诗经》《尚书》《史记》《汉书》，到唐诗、宋内外，被鲁迅先生赞誉为『明末清初士大夫清玩文化之最高成就』。

一九四三年，鲁迅与郑振铎也曾主持复刻过《十竹斋笺谱》，但鲁迅离世前仅完成了一册。由于笺谱制作工艺繁复，传承至今，掌握这项技艺的人少之又少。而南京十竹斋笺谱工作室却决定启动一项大工程：复刻十竹斋笺谱。复刻笺谱之难，在于『饾版』技术的实现。『饾版』套印技术主要有三个难点：一是需要将原画颜色进行分类，每一种颜色都需要单独绘图制版，有时一幅画需要七至十张分色画稿。二是对准确度的要求很高，每种颜色都需要反复试印、反复移动，直到完全吻合。三是要依照原画颜色『由浅到深、由淡到浓』的原则，将木版印色达到原作毛笔上色的效果。

时隔四百年，被誉为『中华传统美学典范』的传奇笺画《十竹斋笺谱》在南京光华再现了。然而，由于《十竹斋笺谱》上只有笺画，没有出处、释义，对于当代人来说，想要读懂其所蕴含的典故和寓意，不是件容易的事。

传统文化创新性发展永远是一个时代命题。只有艺术和时代结合，才能展现生命活力。四百年前，十竹斋是当时最先进的印刷机构，《十竹斋笺谱》是那个时代和艺术结合的典范。这项工作于二〇一六年开始启动，在几百年后的今天，我设计的《十竹斋笺谱图像志》作为新版《十竹斋笺谱》的配套说明册也终于问世了。

南京、笺谱与我似乎天生就联结着缘分的纽带，互相创造，相互成就。能参与新版的设计工作是一件幸事儿，结合了长短纸张折叠和现代锁线胶装的特性，大量的留白设计，也赋予了『笺纸』本质的含义，回归经典，还原初心。

从开工到完工，《十竹斋笺谱》的复刻不仅是为了重现中国传统的艺术经典，也是一份对古老智慧的钦佩与传承。在唤醒传统文化魅力的同时，更赋予其独特的意义与现代之魂。

词、元曲以及名人传记、神仙传说，无所不包。

这套木版彩色水印诗笺图谱共四卷，在百多页的篇幅中完整再现了东方艺术经典的光华。水木淡泊恬静，蝴蝶花彩斑斓，欲习欲止，博古清玩，荒唐幽怪，笺谱诸图，皆纤巧玲珑，印制极工。充分运用了象征手法和简明形象，以简洁精雅的画面来表达传统历史故事。

最值得一提的是笺谱第三卷里的『孺慕』『棣华』『应求』『闺则』『敏学』『极修』『尚志』『伟度』『高标』等笺画，分别寓有历史或传说中的人物故事，有见贤思齐、引人入胜之感。虽是人物画，却通体不着一个人物，全用象征之法，以一二器物代表全部故事。

为了体现贯通的时代感，整本书都延续了中国传统的装帧格局，但又跳脱出完全的传统印记。从书脊部分以内容划分，融入了缤纷的纸张彩线，凸显现代审美，古往今来，相得益彰。从书脊部分蔓延出的黑色页面线条，贯穿整本书口，多了几分黑瓦白墙的江南韵味，既是装饰，又与实用价值同在，作为区分四卷的书签。右侧翻页处，版心以墨色晕染『十竹斋笺谱』文字阶梯式排列，打开是齐整的笔画，合上便像极了一幅文雅泼墨图。

全书以中、英、日三种文字进行梳理，完善了更加多元化的阅读。书中字体多为玲珑娟秀的楷体，横竖排版相融，古色古香，辅以宣纸配合，单页与折页相辅相成，质感丰盈。四大板块和十几个部分的区隔处理赵清老师让我写一些与《十竹斋笺谱图像志》设计有关的事情。《十竹斋笺谱图像志》这本书跟别的书不太一样，说起来它只是《十竹斋笺谱》的参考书，是为今天所谓读图时代的人们其实不会读图而做的一部《十竹斋笺谱》的解读辅导书，也是历史上第一个为笺谱解读而做的读本。中、英、日文版，九百多页的大型精装书。赵老师为它花尽了心思，经常夜里有灵感，早上起来打电话过去聊，下场前的最后一晚他认认真真地检查了每一页，一直干到天亮。我早上到的时候，他正热火朝天地签字。

他终于让这部解读本脱离笺谱成为一部独立的书籍作品。我相信这是一般设计师做不到的。不是装帧设计，而是书籍设计。书籍设计自然是从创意模糊的阶段就介入的，是一部书整个诞生周期的全方位的安排。

二〇一七年，我们邀请了一些跟《十竹斋笺谱》

瀚清堂是赵清老师的工作室。它是一座民国时期的小楼，很美。走进去，仿佛穿越时光进入另一个年代，一个充满古典文化又有时尚气质的年代。二楼的书房并不大，却有一个乒乓球桌大小的工作台，全是书。每次进去聊起书籍设计，都没完没了。一百年前，这里的生活是不是就是这样？鲁迅和郑振铎是不是就是在这样的气息中找到了《十竹斋笺谱》，找到了『明清以来文人士大夫清玩文化之最高成就』，然后接上了中国优秀传统文化的这一脉。

赵清老师，一个痞痞味道和书卷气息的综合体，安静地坐在那里，托着腮对着电脑。长年累月的书香和不断的自我突破凝结在他的气质里，带着一种难以描述的光环。有一天我看到他二十年前的照片做对比，觉得时间和书香雕刻出这样一个优秀的设计师，真是南京的骄傲。

——卫江梅

研究和推广相关的学者讨论出版一本中、英、日文的解读笺画图书。那时对书出成什么样没有概念，有关笺画筛选、典故出处的古文部分已经整理大半，英文和日文的翻译小组也搭建了起来。也就是说，素材阶段进程大半，但是编辑整理还没有开始，思路不清。但是中国古典文化博大精深，笺谱作为一个特殊的文化表达方式，我们用文字注解它，究竟做到什么程度、题材如何取舍，需要大家集思广益。而且彼时，书也还没有名字。

因为赵清老师的出席，大家决定图书的调性要配合《十竹斋笺谱》原书，简洁、明快、时尚、高级。《十竹斋笺谱》作为十七世纪的图书创新，这部解读工具书也要在同时代的图书中创新。形式和内容高度统一于形式。

然后就是很多碰撞，最终的结果大家都看到了。有关于这部书的设计专业解读自然是赵清老师权威。书在境内外获得了很多奖。赵老师说：很遗憾没有获『最美的书』。我觉得不重要，获奖有偶然性，大家喜欢确实必然的。很多人说买不起笺谱，有这个就很满足了，又好看，又管用，又可以收藏，更有书法家将书拆掉，直接当笺纸用，旁边还有中、英、日文的设计，让笺纸作品有别样的新意。我们把书直接拆了装裱起来做展览，从南京到东京到沈阳到三亚展，这也是别的书做不到的。

这就是赵老师的魅力。整个过程我们深深地感觉到了难度。但是笺谱已经很难，再加一个难也还好吧。就连章节切分、目录整理、校对等许多工作，都是在瀚青堂完成的。薛冰、陈卫新、徐忆农、苏芃、徐娟等，这些老师都成了常客。

奖项设置

GDC 全场大奖 仅限专业组

依据 GDC 设计奖 2019 评审准则，本届评审团从专业组别最佳奖作品中评选出一份最具创新性与影响力的杰作获得“GDC 全场大奖”，颁发象征 GDC 设计奖最高荣誉的黑色奖杯，以及获奖证书。[1]

GDC 最佳奖 专业组 / 学生组

依据 GDC 设计奖 2019 评审准则，本届评审团从所有提名奖作品中评选出各类别的最佳作品获得“GDC 最佳奖”，颁发 GDC 设计奖金色奖杯，以及获奖证书。专业组最佳奖获奖作品还将进入“GDC 全场大奖”的评比环节。[2]

GDC 提名奖 专业组 / 学生组

依据 GDC 设计奖 2019 评审准则，本届评审团从入围作品中评选出具备独特视角，对当下设计观念与价值具有启发性和推动力的典型作品，获得“GDC 提名奖”，颁发 GDC 设计奖银色奖杯，以及获奖证书。提名奖获奖作品还将进入“GDC 最佳奖”的评比环节。

GDC 评审奖 专业组 / 学生组

依据 GDC 设计奖 2019 评审准则，本届评审团从所有参赛作品中选择出每位评委个人最为认可的唯一一件设计作品获得“GDC 评审奖”，颁发 GDC 设计奖铜色奖杯，以及获奖证书。

GDC 优异奖 专业组 / 学生组

依据 GDC 设计奖 2019 评审准则，本届评审团从所有参赛作品中
备优良的创意、表现力及完成度的设计作品，获得“GDC 优异奖
获奖证书。GDC 评审奖、提名奖、最佳奖及全场大奖将在所有优
作品中产生。

GDC 卓越组织奖 学生组 | 卓越教育机构

依据 GDC 设计奖 2019 评审准则，学生组设“GDC 卓越组织奖”，组织奖的获得者为院校机构，颁发获奖证书。

GDC 卓越导师奖 学生组 | 获奖作品导师

依据 GDC 设计奖 2019 评审准则，学生组“GDC 最佳奖”“GDC 提名奖”“GDC 评审奖”的获奖作品的指导老师均荣获“GDC 卓越导师奖”，颁发获奖证书。

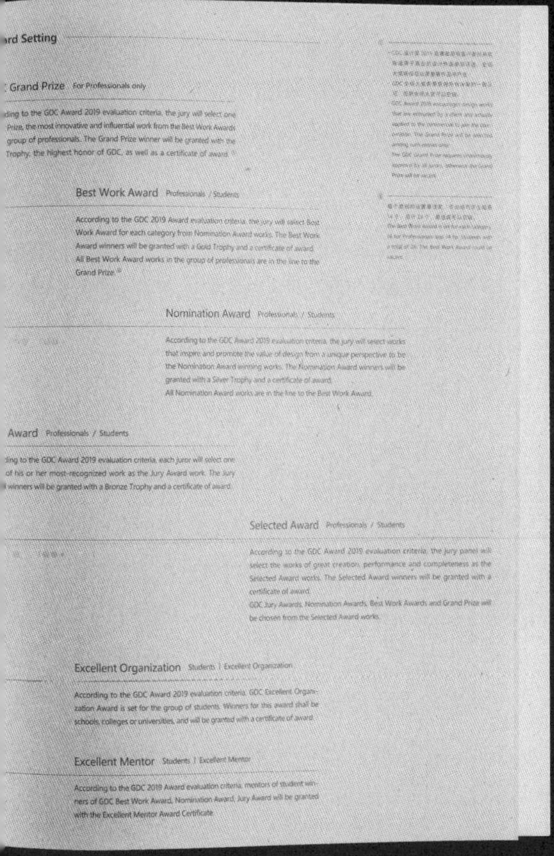

rd Setting

Grand Prize For Professionals only

ding to the GDC Award 2019 evaluation criteria, the jury will select one Prize, the most innovative and influential work from the Best Work Awards group of professionals. The Grand Prize winner will be granted with the Trophy, the highest honor of GDC, as well as a certificate of award.

Best Work Award Professionals / Students

According to the GDC 2019 Award evaluation criteria, the jury will select Best Work Award for each category from Nomination Award works. The Best Work Award winners will be granted with a Gold Trophy and a certificate of award. All Best Work Award works in the group of professionals are in the line to the Grand Prize.

Nomination Award Professionals / Students

According to the GDC Award 2019 evaluation criteria, the jury will select works that inspire and promote the value of design from a unique perspective to be the Nomination Award winning works. The Nomination Award winners will be granted with a Silver Trophy and a certificate of award.
All Nomination Award works are in the line to the Best Work Award.

Award Professionals / Students

ding to the GDC Award 2019 evaluation criteria, each juror will select one of his or her most-recognized work as the Jury Award work. The Jury winners will be granted with a Bronze Trophy and a certificate of award.

Selected Award Professionals / Students

According to the GDC Award 2019 evaluation criteria, the jury panel will select the works of great creation, performance and completeness as the Selected Award works. The Selected Award winners will be granted with a certificate of award.
GDC Jury Awards, Nomination Awards, Best Work Awards and Grand Prize will be chosen from the Selected Award works.

Excellent Organization Students | Excellent Organization

According to the GDC Award 2019 evaluation criteria, GDC Excellent Organization Award is set for the group of students. Winners for this award shall be schools, colleges or universities, and will be granted with a certificate of award.

Excellent Mentor Students | Excellent Mentor

According to the GDC 2019 Award evaluation criteria, mentors of student winners of GDC Best Work Award, Nomination Award, Jury Award will be granted with the Excellent Mentor Award Certificate.

解码 GDC

说到GDC，设计师朋友们一定都不陌生。1992年，第一届GDC（Graphic Design in China）平面设计中国展在深圳举行。作为中国首个面向全球的设计奖项，GDC一直通过褒奖和推介最优秀的设计来激励富有创造性的设计师群体，凝聚着无数优秀的设计力量。

从“全球华人最顶尖设计奖项”迈向“全球最重要设计奖项之一”的旅程里，GDC 如同一盏大海中的指明灯，照亮着设计时代的光华。它从 20 世纪 90 年代的序幕中走来，一路见证着新生创意与力量的融合。

从 1992 年到 2019 年，GDC 的每一届获奖作品，都是一个时代设计价值的具体表达，揭示了不同历史背景下，设计的精神、机遇和趋势。每两年举办一届，每一届都会随之推出一本 GDC 获奖作品集，呈现出所有的获奖作品。二十几年来，这本书就如同永不落幕的设计展一般，为一代又一代的设计师提供了源源不断的创新养分。

GDC 对我来说存在着特别的意义，每届大量作品的参与获奖似乎早就成了一种习惯，也更像是一种见证，见证着自己的设计成长。2019 年的这本获奖集的设计过程很紧张，好在功夫不负有心人，经过如火如荼的日夜加班，这本书终于在颁奖仪式的现场得以呈现。

这是 GDC 十几届的举办历史上，成书罕见地在开幕当天就位售卖。我和团队在仅有的两个月的时间里让这本合集尽量做得出色，最终也如愿展示了一帧帧跨地域、跨专业的综合设计全景式记录，为2019年的设计盛典与年尾岁末画上了完美句点。GDC设计奖2019年围绕主题“设计改变的价值”，从“商业、生活、社会、文化、沟通”5个大方向探寻卓越的设计作品。记得20年前，深圳的设计前辈们曾经形容GDC的诞生不仅是“一次现代设计的启蒙运动”，也宣告着平面设计作为一门专业的门类从深圳发轫。如果说早年的平面设计指的是狭义的设计画册、包装等，那今天的平面设计已极大地拓宽了它的外沿，慢慢演变成引领现代社会多方领域的“大格局”。

“平面设计”在作为一个代名词、一种思维方法、一种语言体系的同时，实际上也是人的一种不安分的思想。

如何去突破常规的思维语言，用全新的表达方式去促进思考，这才是平面设计的本意。正如我起初在脑海里搭建的设计框架一般，这不仅仅是在纸面上、平面里，它也可能是一种立体的记忆，去贯穿前后的里程，形成独特的设计磁场，积蓄沉淀的力量，又在新生的时代里萌芽。

2019 年 GDC 的这本获奖作品集里，我尽量尝试新的编辑维度，以“密码”为设计线索，将所有跨专业、跨地域的综合设计凝结成全景式的记录，赶着岁末之际，在平面里破译出新时代的创新讯号。

整本书融入了文献回顾、阅读体验、作品典藏等基本需求，在这个基础上，又进一步地解构了传统的编辑阅读体系，以独立的三个部分汇成整册，涵盖专业组、学生组的获奖作品呈现，更以独立篇幅贯穿 GDC 历年发展历程，记录了历届数据、本届信息、评委及评审奖评语、GDC Show 等重要事件，完成了一场从“现在”到“未来”的平面对话与相遇。

“回忆”作为第一个出发点，等同于开启了整本书的入口。封套就以时间为概念，完成了 GDC 历史的回溯。圆弧由内至外，层层递进。回首往昔，仿佛年轮增长，在沉淀中持续扩张新生与活力。外围线条戛然，整体又如同抽象的数字“9”，渐次拉开 2019 年的精彩帷幕。

“平面设计在中国”的分量很重，对于一代设计师来说，这几个字是弥足珍贵的回忆。因此，“回忆”的主要体现在于整本书从 1992 年开始，梳理了 GDC 十几届以来的获奖数据。每过一届，年轮便会增大一圈，与上一届形成别开生面的呼应。从 1992 年递进到 2017 年的 GDC 回顾中，年轮由疏离到密集，并由中心逐渐扩大，对比鲜明浓烈，一目了然。

做这件事的主要目的不光是为了纪念，我更希望传递一种“承上启下”的含义。GDC 作为国内顶尖的设计力量，总能以最快的速度直击创意现场。这么多辉煌的成绩摆在这里，需要深思的问题也渐渐浮出水面。在历经时代的洗礼以后，如果能抛开感性的审美认知，从更严谨的数据与对比中得到感悟，我认为是新生代设计师们更应该去挖掘的东西。作为这本书的设计师，我也尽量让自己从教材式的设计范本里抽离，力求创新与实验的叙述观点。但是很多人似乎都忘记了，所有的“头脑风暴”都离不开扎实的基础与沉淀。新的东西要继续，但老生常谈的“不忘本”，才是这场回顾的最终奥义。

在传统的阅读模式中，我们向来都习惯了从左至右的线性阅读。在这本合集里，我希望用一种“不走寻常路”的编辑手法，展开多维度的阅读视角。

从成书的书口看去，整本书被不同颜色厚薄质感的纸张区分成了三个部分。这三个部分既构成互为独立的体系，又共同组成完整的合集。书的结构设计为前后两边均可翻动，由前翻向里是专业组作品集，寓意“NOW”（现在），由后翻向里是学生组作品集，寓意“FUTURE”（未来）。现在与未来在碰撞中交织出奇思异想，而回顾与序言就像是黑色河流，被安置于中间，用来联结这场跨越性的对谈。

为了延续本届 GDC 以“密码”为主题的视觉特点，我们也提前研究了两套密码，并把它们置换成书中的文字，在阅读中增添一份“破译”的趣味。这也是书中最大的亮点所在。不同的密码遍布在书中的各个角落，通过提供的密码本在出其不意之间，林林总总拼凑出一场文字游戏。

作品部分的设计则一反常规设计类书籍拥挤、零碎的拼图式设计手法，把专业组别、学生组别分列，每组包括平面视觉类、综合类两大类别；其中平面视觉类涵盖品牌形象、产品与包装、商业推广用品、出版物、海报、文字设计、插图、信息视觉化设计、环境图形、动画、交互设计、多媒体创意与发展等 12 个子类别；综合类则包括综合品牌塑造与设计的社会性实践 2 个子类别。

除了获奖作品的展示之外，合集里还包含关于评委和 GDC Show 的文献资料，被藏在书里的“密码本”中。所有资料都以中英文对照的形式，通过不同的纸张区分板块，两种熠熠生辉的白色，掩映在暗夜里，共同蓄谋着阅读中的惊喜发现。

即使一个设计的单音，也能激荡一个城市的回响。在这本合集中，无论出自名满业界的资深大咖，还是崭露头角的在校学生，都能让我们看见关于设计的不同可能。

这些鲜活而丰富的平面印象，有如强烈的时代脉动，以蓬勃的创意迸发解码新时期的设计趋势，在情感与媒介的核磁共振中，汇聚全球最顶尖的力量，搭建起由设计而缔造的价值声场，也由此而创造了一个更立体、更多维、更通达的当代视界。

一片寂静　一片黑暗

黑暗中，一行隐约的字样“平面设计在中国”，如同洞幽烛微的一丝光亮。这是一段漫长的、经过无数淬炼的黑暗文明，当我们流连赵清这本“黑暗进化场”的时候，每个人都获得了一个自己的黑暗猜想。

设计竞赛是残酷的，不是吗？它令所有人都陷入绝望。赵清用暗黑笼罩每一位设计师的心头。其实，赵清用自己的荣耀之心带给每一位获奖设计师心头的喜悦！

感谢这本荣耀之书。

王粤飞

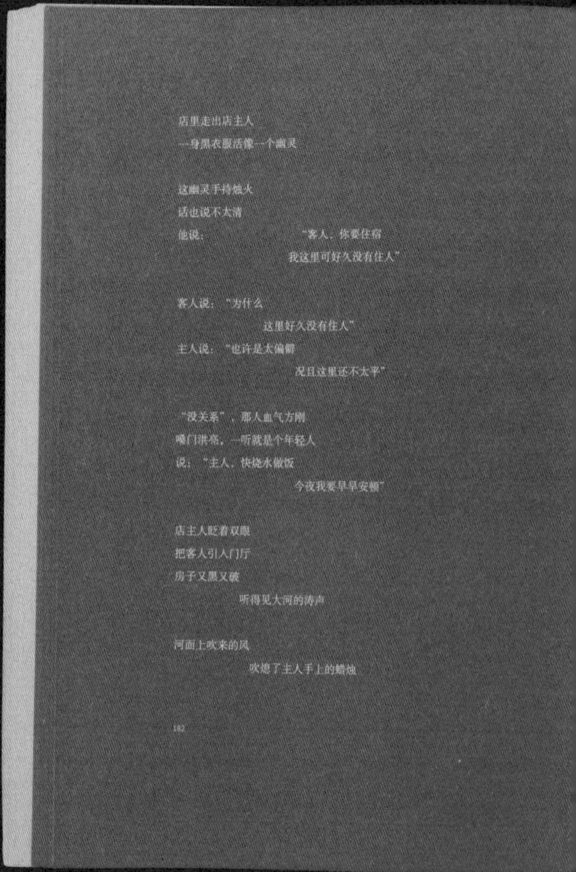

0664-069

店里走出店主人
一身黑衣服活像一个幽灵

这幽灵手持烛火
话也说不太清
他说：　　　　　　“客人，你要住宿
　　　　　　我这里可好久没有住人”

客人说：“为什么
　　　　　这里好久没有住人”
主人说：“也许是太偏僻
　　　　　　况且这里还不太平”

“没关系”，那人血气方刚
嗓门洪亮，一听就是个年轻人
说：“主人，快烧水做饭
　　　　　　今夜我要早早安顿”

店主人眨着双眼
把客人引入门厅
房子又黑又破
　　　听得见大河的涛声

河面上吹来的风
　　　吹熄了主人手上的蜡烛

182

他走进里面
把客人留在黑暗中

伸手不见五指
客人等了又等
还是不见主人
他高声叫喊：　　　　　　“主人！主人！”

没人答应
他摸黑走向里屋
　　　　　　一路跌跌撞撞
　　　　　　这屋里乱七八糟，黑咕隆咚

屋子里发出声音
他在窗台上摸到一盏灯
　　　　　　　　　举起来晃了晃，灯里面没有油
他又将灯放回原处

他推开窗户
河水的气味迎面而来
他稍微停顿一下
站在那里发愣

但他还是心神不宁
借河面上渔船的灯光点点

很多人对于《面朝大海　春暖花开》这首诗并不陌生，
这是诗人海子留给我们的美好记忆，
寄托着几代人“喂马
　　　　　　　　　劈柴
　　　　　　　　　　　周游世界”的青春理想。
几十年的平面生涯，
我希望主动去承揽设计的书并不多。
《面朝大海　春暖花开》算是其中一本。

作为无数文艺青年喜欢的诗人之一，
海子的热度有一种愈演愈烈的时代趋势。
当时做这本书的时候，
考虑到市场问题，
我们便做了两个版本。
　　　　　　　　　一个普通版，
　　　　　　　　　面向大众群体，
　　　　　　　　　便于购买。
另一个是珍藏限量版，
　　　　　　　　　着重于收藏价值，
花费的心力与造书的成本背后自然有讲不完的故事。

在珍藏版里，
不单有海子的诗，
还融入了韦尔乔的画。
　　　　　　　　　一个是“天才诗人”，

一个是“天才画家”，

两位“天才”在同年出生，

却都不幸英年早逝，

冥冥之中他们似乎有着某种关联。

我将这两位才子的佳作合成一辑，

试图让他们在书中相遇，

在跨时空的平面维度产生独特的灵感碰撞。

如果有人问：

海子是什么颜色?

我们的意识里应该会不假思索地呈现出蓝色的，

大海的颜色。

或者是新绿，

带着春天的气息。

这是他留给人们最直观的印象，

源于他的字里行间，

那些常常流露出的神启式的灵悟意味。

当我们看到这些关于诗与远方的文字时，

很难不赋予他这些一望无际的颜色。

为了使整体的设计有所突破，

在设计这本书的前期，

我开始从不同的角度去思考，

尝试用一种新的颜色，

改变传统的形象与定义。

海子出生于 3 月 24 日，

3 月 26 日离世。

他短暂的一生，

仿佛就凝结在了这一天之间。

这一天发生了很多故事。

他考上了北大法律系，

第一次坐火车去了北京；

他认识了四姐妹，

爱情让他新生，

最后让他熄灭；

也是在这一天，

他写诗，

把太阳当作名字，

终其一生。

海子是农民的儿子，

他迷恋泥土，

被人们称为“麦地诗人”。

当这些东西重复在他的诗中出现，

自然便成了海子的主旋律。

1989 年 1 月 3 日，

海子写下了抒情名篇《面朝大海　春暖花开》。

两个月后，

海子在山海关附近卧轨自杀。

他一直都与世俗的生活相隔遥远，

甚至一生都在企图摆脱尘世的羁绊与牵累。

死的时候，

人们都说他是以身殉诗。

他带了几个橘子，

胃里还剩几瓣，

可惜“太阳太远了，否则我要埋在那里”。

四季的轮回，

风吹的方向还有麦子的生长，

海子这一天走得很长。

面对大地自然的海子在春天到来时自动绽放出的生机，

是使他的作品焕发出神性与不朽力量的原因之一。

太阳、

麦地、

粮食和橘子，

都是他遗留的宝藏，

它们聚集成一束橙色的光，

将生命元素潜藏在时间深处。

就像他造就的浪漫主义情结，

认为“诗人的任务仅仅是用自己的敏感力和生命之光将黑乎乎的实体照亮”。

于是，

我决定用橙色象征海子，

象征他的敏感与生命之光。

海子的诗歌起点于生命，

也终结于生命。

他活着的一生如同一个理想化的世界，

用生命透过语言进行创造，

顽强地群临于现实之中。

与那些宁静的色彩相比，
橙色是热烈的，
甚至有些过于澎湃。
但它却更能代表我心目中的海子，
或许这也是另一种归属与认同。
海子的颜色确定了，
接下来便是韦尔乔。
假使要在书中制造一场相遇，
颜色的象征就是最直观的表达。
韦尔乔作为画家，
不少人一直以为他是个外国人，
因为他的名字像外国人，
并且他经常在画作上写些拉丁文。
更因为他的画风对一般读者来说是陌生的。
他常认为自己是“拼着性命”在画画，
那些画，
乍看上去有些丰子恺的影子，
实际却是在用笔及意趣上。

韦尔乔的画大都粗放、
拙趣、
充满童真，
看似轻松愉悦的画作，
却经常牵动着生命与死亡的主题。
不得不说，
医生职业的确给韦尔乔的画带来了与众不同的气质，
他比平常人更多地接触生和死的问题，

这使得他的作品有一种大的意境，

直指人心最深处，

尤其是无法开解的寂寞。

尤其韦尔乔自己也承认是个耽于想象的人，

这样的人往往都与寂寞的距离近。

医院病床上的病人，

手拿镰刀的死神，

火葬场和北斗星，

故事、

幻觉、

无意义，

韦尔乔对死亡和孤独思考得很深。

在大雪覆盖的哈尔滨，

韦尔乔在值班室，

把阴暗与压抑，

死亡和性，

通过画笔呈现出来。

他把完美主义置于墨中，

“随手在废纸上画点什么”，

一笔就是一个空白，

空白是寂寞。

起初，

作画是他值夜班时打发无聊时光的一种方式，

所以，

他的画作都是在处方签上画就的。

韦尔乔的画人以速写为主，

构图极其简练，

疏朗几笔，

仅画轮廓，

而五官向来朦朦胧胧或空白，

却留下无穷的想象空间，

令小画成大作，充分显示了他以简胜繁、

举重若轻的艺术功力。

欣赏韦尔乔的作品带给我一个启示：

真正打动人心的艺术并不在技巧的功力高低，

而在作者的内心的情感表达。

只可惜天妒英才，

韦尔乔因病于 2007 年 8 月 29 日去世，

至今已经十几年了。

除了白色，

我想不到其他更贴切的颜色去形容韦尔乔。

不需要白得明艳强烈，

只需要温润就够了。

就像韦尔乔和他的画，

带着润物细无声的长久思考与魅力。

因此，

《面朝大海　春暖花开》的封面颜色是橙色与白色的混合。

橙色作底色，

上面覆盖了一层白色的手工薄纸，

隐约透出纸底的橙色，

形成了巧妙的融合与象征。

封面上以凹凸斑驳的字迹刻出海子的诗稿与韦尔乔的画作，

表达二者于书中的相遇伊始。

这本书没有太多的复杂装帧，
一切都在尽力强调返璞归真的感觉。
书脊部分的装订手法是比较简洁实用的，
用一条质朴的棉线贯穿而成，
也比较符合这本书的调性。
内文的部分选用了不同颜色与质感的纸张，
用来区别出册本的内容：
海子的诗用橙色基调，
代表着阳光与大地，
有些诗句在排列时根据句式用文字的空距和转行营造出诗的韵律，
而韦尔乔的画用白色打底，
代表着苍白与压抑。
用彩色、双色、单色各种印制方式来表达作品。
当二人相遇，
便沉入土里（土色）。
切口是这本书的画龙点睛之处，
采用先切齐后折叠的骑马钉装订方式。
当你打开书来看最中间的部分，
可以发觉整本书以中间钉子为中心，
全书的第一页与最后一页对称连接，
中间两页也以其为中心对称且相连。

以前，
我的书架上总会摆着两本书。
一本是海子的诗歌——《海子全集》，

一本是韦尔乔的画作《梦游手记》。
而今，
我有幸将这两本书结合起来，
完成了《面朝大海＃春暖花开》的设计。
一面是海子的诗，
一面是韦尔乔的画；
一面是对生命的讴歌，
一面是对死亡的冥想，
非常浪漫而富有诗意。

我常常在想，
活着的人把他们两个嫁接在一起是必然发生的吗？
或许这始终是一件注定的事，
即使现在没有人去做这些事，
以后也总有人会这么做的。
因为两个人都有相同的意趣，
是我们认为十分相通的地方。
这两个人在生前未能成为朋友，
好像成了一种遗憾，
有什么办法能让他们形成联系呢？
纸面的传递就是一种好的选择。
大家会期望通过一种方法，
让他们在逝去以后碰到对方，
也许就能在天堂成为朋友。
这是一种美好的祝愿。
如果说书籍是他们相遇的寄托与媒介，
那么设计便是故意制造的玄机，

让这场相遇，

　　　　　用最艺术化的角度去发生。

即便《面朝大海　春暖花开》在市面上已经拥有了诸多版本，

我依然乐于设计了这个新的版本。

对于海子与韦尔乔，

每个人都有独特的理解。

他们思考人生，

　　　　　　计划思考他们，

　　　　　　　　　　　　他们热爱人生，

留下的作品就是瑰宝，

让每一个活着的人，

都有机会去感悟与体会他们。

江苏凤凰文艺版《面朝大海　春暖花开》初版于 2008 年，
为平装本，
由朱赢椿先生设计，
出版以后，
常销不衰。
多年以后续签版权，
出版社决定在保留原平装本的同时，
推出精装本和特装版，
约请赵清先生担任设计。
作为该书的策划和责任编辑之一，
回想围绕着一本书发生的故事，
我有深深的荣幸之感，
也充满感激之情。
这种幸运感既在于能够先后与两位新锐而顶尖的设计师合作，
赋予同一个选题不同的风貌，
也在于，
作为编辑，
能够在选题实现的过程中整合资源，
在一本文字书中，
恰当地植入影像的元素。
起初收到的书稿，
是纯文字稿，
海子的短诗加上学者的导读，
这样的内容构成，
与同类书相比，
并无多少新意，
欲令人耳目一新，

还缺些什么。

缺什么呢?

缺文字之外的东西,

缺视觉素材。

什么样的素材与文字内容可以形成珠联璧合的效果呢?

我想到了我的朋友韦尔乔的画。

我觉得,

韦尔乔的画和海子的诗之间,

在生命、爱、死亡等感觉、意识方面,

有着惊人的契合。

我把我的想法跟韦尔乔的合作者王玉北博士说了之后,

得到玉北的认同,

他随即提供了一大批韦尔乔的画作供我挑选。

也正是在玉北那里,

我看到了韦尔乔几乎全部画作的原作

——韦尔乔的画作的扫描存档这些基础工作都是由玉北在南京完成的。

我庆幸当初的这个“创意”,

其后,

我也见证了前后两位设计师被画作与诗章的契合所激起的兴奋感和创造欲。

我想,

这是单纯的文字或一般的配图所无法达到的效果。

当然要感谢设计者的创造。

只有他们深入作品的内部,

并调动自己的创造潜能,

才能够赋予作品以富有意蕴的形式,

而这种形式的最终评定,

是由读者来完成的。
这本书的不同版本的广受欢迎，
好评不断，
便是最好的明证。

赵清版《面朝大海　春暖花开》做了两个版本，
分别是精装本和特装本，
前者是市场流通用书，
后者为满足收藏者的特殊需要。
两本书各有千秋，
精装本设计虽然简洁素朴，
但却掩不住内在的设计匠心和细节的完美与考究，
精装封面以韦尔乔的绘画为底，
以手托腮、低头默思的少女形象，
通过压凹工艺，
产生若有似无的效果，
暗合了人物思绪的缥缈以及诗歌的内在情绪。
这本书上市后受到了读者极高的赞誉，
被有的读者誉为海子所有图书中最精美的一本。
特装本设计过程中，
编辑与设计者经历了反复的沟通乃至博弈，
最终的呈现形态，
是相互妥协的结果
——编辑希望维护文字作品格式的规范以及图书装订的常规，设计者则希望争取打破规范的空间，
而最后，
大家各退一步，

就形成了现在的面貌。

而该书最后的成功，

无疑归功于设计者突破规范的坚持。

“成功者是不受责备的”，

而我在此要迟到地说一句，

要感谢设计者顽强的艺术冲动和艺术坚持，

有了这种冲动和坚持，

才有了真正意义上的设计创造；

有了这种冲动，

设计才有了激情。

当读者翻开这本书，

才会不只被内容所感染，

也为设计本身深深打动。

于奎潮

XIAOMAGE

小马哥

设计师
国际平面设计联盟（AGI）会员
中国青年出版社编辑

1996－2000 年，就读于清华大学美术学院平面设计系。

获得奖项：2004 年，北京第六届全国书籍装帧设计展览金奖；2007 年，深圳 GDC 全场大奖、形象识别类金奖、出版物类金奖；2008 年，纽约第 87 届 ADC 银方块奖；2009 年，北京第七届全国书籍装帧设计展最佳设计奖（两项），中国香港设计师协会亚洲设计大奖银奖，深圳 GDC 金奖；2010 年，纽约第 89 届 ADC 铜方块奖（两项）；2011 年，莱比锡“世界最美的书”奖；2014 年，莱比锡“世界最美的书”奖；2015 年，纽约 The One Show 铜铅笔奖；2006－2016 年，上海“中国最美的书”奖（多项）；2017 年，纽约 The One Show 金铅笔奖，纽约第 96 届 ADC 银方块奖，北京第 4 届中国出版政府奖设计奖。

参加展览：2007 年，北京、上海“大声展”，深圳“X 提名展”；2008 年，中国香港、广州、成都“70/80 设计展”；2009 年，伦敦 AA 建筑学院“形式调查：建筑与平面设计”邀请展，北京“ICOGRADA（国际平面设计协会联合会）世界平面设计大会——文字北京 09 展”；2011 年，首尔国际设计双年展，北京国际设计三年展；2012 年，东京“书·筑——中日韩三国建筑设计师+平面设计师联合创作邀请展”，首尔“纸张想象之路”设计展；2013 年，首尔国际设计双年展，广州设计个展“制书者”；2013－2014 年，日本大阪、中国香港“字之旅——亚洲新锐设计师邀请展”；2016 年，第 27 届捷克布尔诺双年展“研究室项目”，埃森“图文——中国当代平面设计德国展”；2018 年，京都（IDEA）“GRAPHIC WEST”主题展。

ZHANG ZHIWEI

张志伟

中央民族大学美术学院教授、博士生导师、视觉传达设计系主任
中国出版协会书籍设计艺术委员会副主任

设计作品获奖：《梅兰芳藏戏曲史料图画集》书籍设计获2004年德国莱比锡"世界最美的书"金奖；《汉藏交融：金铜佛像集萃》获第二届中国出版政府奖装帧设计奖；《7+2登山日记》《静静的山》书籍设计分获第三届、第四届中国出版政府奖装帧设计提名奖；《诸子精华集成》书籍设计获第四届全国装帧设计展银奖；《世界名画家全集》《女作家影记》书籍设计获第五届全国装帧设计展铜奖；《散花》书籍设计获第七届全国装帧设计展文学类最佳设计奖；《中国民间剪纸集成——蔚县卷》书籍设计获第十八届香港印制大奖全场金奖，《天朝衣冠》《携珍》分获第二十届、第二十八届中国香港印制大奖精装书设计印制冠军奖；书籍设计多次获得"中国最美的书"奖，海报设计和文创产品设计曾多次参加国内外展览。

《第九届全国书籍设计艺术展览优秀作品集》（以下简称《九展作品集》）是我为第九届全国书籍设计艺术展做的书。至今为止，全国书籍设计艺术展已经走过了60年的光阴，这是一场4年一次属于书籍设计的国家级专业赛事，为书籍设计师搭建了广阔和具有前瞻性的辽阔舞台。对于很多书籍设计师来说，在此获奖是至高的荣誉体现，它蕴含着无数设计的精髓与脉络，得到认同便是很大的成就。

1959年，首都北京举行了第一届书籍设计艺术展，至今为止已经举办过8届了。艺术展前7届均在北京举办，从第八届开始走出北京，于2013年12月在深圳市举办。2018年，全国书籍设计艺术展落户南京。时隔55年多，这是全国书籍设计艺术展再次走出首都，来到我生活的城市。南京书籍设计拥有着良好的生长土壤，身为南京设计师，浸润在自小生活的古都烟云里感受书籍，不光有一种荣誉感，更有一种使命感。为了九展开幕，我与团队工作伙伴朱涛花了不少心思与心血，铆足干劲，设计完成了这本《九展作品集》。

对于南京的出版界和设计界来说，九展的举办无疑是最好的褒奖与礼遇。展览的成功举行，给南京书籍设计带来的最大动力就是激活年轻的设计血液，让这座城市的书籍设计工作者释放出无穷的创新能量，不断改变着中国当代的书籍设计。无论成功与否，这里都凝聚了一大批优秀书籍设计工作者的努力与追求心力。

展览共收到全国300多家出版单位及部分高校艺术院系学生寄送的参评作品3000余种。参展作品分社科、文学、艺术、科技、教育等10类。参评作品经初评选出700余种入围作品，最终评出金奖、银奖、铜奖、优异奖、入围奖。前期的工作和筹备过程十分庞大，作为参与其中的一员，在九展开始前的一个月，我们就已经进入了如火如荼的“赶工”状态。无论是展览的形象设计、奖杯奖状的设计定制，还是书籍的评选过程，哪怕是前一天的预热与摆场，每一个人都是紧绷着神经在做事，丝毫不敢松懈下来。在金陵美术馆的每一个角落，这场盛会集结了无数人的辛苦付出。这是属于九展背后的故事，个中细节与繁琐单凭我的三言两语是道不尽的。但幸而最终的结果也达到了大家的预期。展览的顺利举行，就是对我们每一位工作者最好的回报。

这本作品集是在重压之下诞生的。从着手到出版面世，前后只花费了一两个月的时间。这对当时的我们来说，几乎是一件不可能完成的任务。直到这本跨时空的无声对谈终于迎来了付梓，我和团队才暂时松了一口气。九展期间，好像每个人都爆发出了前所未有的潜力，大家都不想因为这件事而留下什么遗憾。

因为在身处江南地区的南京举行这场活动，所以对书的整体概念一开始就设定为是一本温和柔软文雅的“江南之书”。

书籍的设计与我们设计的九展的视觉系统有着密不可分的关联。被割据的维度以九展LOGO镌刻于封面，营造出立体的交互氛围。从视觉的角度理解书籍与设计的本质，幻化到纸上，是抽象的阿拉伯数字“9”，拆分图形，又是BOOK的“B”与DESIGN的“D”的组合。书籍与设计建立起纸的“场”，进而构建出纳万物于无形的时空。

尽管书盒、护封与内封都呈现出温润的白色，各层之间的质感却不尽相同。肌理的白、细腻的白、柔光的白，白中之白层层递进，个中巧妙之处，凭的全是细节上的把控。

唯独在上书口有一袭印黑，画龙点睛似的，勾勒出一派抽象的诗韵风骨。事实上，这完全是一场别具匠心。黑白对照的目的是模拟江南典型的民居建筑，黛瓦白墙，高脊飞檐，曲径回廊，亭台楼榭。浑然不觉间，一幅素雅清丽的金陵泼墨图就跃然纸上了。

与往届的出版物有所不同的是：我们在这本书里第一次尝试了“编年体”式的展现手法——收集了历届展览的信息，以时间轴的方式做了一个“回忆录”，讲述了前八届的展览历程，再从第九届开始详尽的铺叙陈列。这样的做法既像是一场怀想与回顾，又开启了一段全新的里程。

700多页的记录，既有直白的言语表达，也有含蓄的作品展示。当然，我们肯定要完整地展现获奖作品的十大门类，并在此基础上增加了一项新内容——统计排名，统计单位包括出版社、个人与省市，按照获奖数目由高到低的次序排列。

为了方便查阅，书封外侧还特别设置了引导栏。10条横线，分别代表获奖书籍的10种不同门类，每条横线又跟随书口形成平行的直角，依次向内延伸，直指每个门类的页面起点。

所有获奖作品的等级都以不同的色块依次排列，一目了然。色块的形状则是缩小的九展奖杯形状，按照线条与颜色浓淡渐变，呈现出B和D的规则组合，仿佛一块块精巧别致的获奖奖杯。

所有的获奖作品封面都以原书的大小等比例缩放，可根据比例推算出原书籍的大小，在增加了阅读趣味性的同时，也提供了明确的实用导向。对于书的拍摄因为制作周期所限，所以统一摆放采用了同一角度的方式，倒是在书中呈现出一条连贯的书籍长河。

整本书在纸张的选用上也颇费心思，因纸张的赞助原因，必须在所指定的选纸范围内来选择，这更考量了对书籍选材的控制与适度的把控，通过各种纸张的运用突出质感厚薄光糙的对比。为了减轻书体的重量与厚度，大部分的书页都采用了光滑薄纸印刷，与此相反的涉及统计信息与文字评说的部分，反其道采用粗糙厚纸印刷工艺，此部分也做了局部手工拉毛处理并以压凸线排布成不同的图形，在纸张内分别形成抽象的“九”“书”“B”(BOOK)与“D”(DESIGN),无时无刻不传递着九展书艺的灵魂。

厚纸部分的文字与图片皆依照压凸线型结构的规则，安置在割裂的网格内，形成一种独特的美学特征，仿佛承载着60年不变的格局，又演绎出错综复杂的时空。我们在这样的时空里看见过去的缩影，前8届的信息就如同倒带的电影，从第一届到第八届，书中的每个数字都随着信息的递进而渐次增大，配合与届数相对应的色块，前后相接，左右呼应，形成了一部充满回忆性的艺术纪要。

设计一本书，从来都不是浮于表象的装帧，而是一场驾驭时间与信息的旅程，一种交流，一次对谈。无论是精心的外在设计，还是投入的内在思考，《九展作品集》想呈现出来的，无非还是这样一种精神：设计的生命，来自用心创造的个性。当现实升起来，它也足以配得上理想。

书籍的设计与其他设计门类不同，它不是单一的个体，也不仅仅是个平面载体，它具有多重性和互动性，即多个平面组合的近距离翻阅的形式，同时还要思考文字图像的表达语言，书籍翻阅的观赏形态，纸材、印刷装订等物化要素，书籍内在的时间和空间信息编织结构，等等。应用多元的书籍语言精打细磨，打造耐人寻味、物有所值，具有文化艺术价值的精品书，出版界有为可作。中国的书籍艺术有着悠久灿烂的历史，她为我们留下了宝贵的文化遗产，这是维系书籍生命力的基础。虽然电子书籍给传统出版业带来了冲击，但恰恰也给纸质载体带来了机遇。

我进入书籍行业 30 多年，经历了时代的变革，也经历了这期间无数媒介的巨变。从活字印刷到平版印刷，从铅印到胶印，从手工绘图、贴稿制版到如今电脑设计联网成书，我的设计概念也随着时间与生产手段的进步而发生着变化。

这些从 3000 多件参展作品中经过初评、终评精选汇编而成的作品集，不仅是设计师们灵感创作的集合品，更像是一种设计思潮的重生演绎。书就像是时间的收藏馆。一本好书会令读者身临其境、流连忘返。一本好的书籍设计也为读者提供回溯时空真境的剧场，创造跨越时空的无声对谈。

围绕书的主题，包裹设计的灵魂，才是这本作品集最想要展示的核心价值。当然，设计者的智慧不应该只停留于表面的装帧，也不是简单的物化呈现。书籍设计要深入文本的核心境界中，通过微妙的体会，表达除隐喻外的情绪。我希望这本书对于所有的阅读者来说能如此，在于设计，在于书，更在于心。

2018 年，中国出版协会书籍设计艺术工作委员会在南京金陵美术馆举办了“第九届全国书籍设计艺术展”。依照协会传统，在哪里举办展览就会请当地的著名书籍设计师来做展陈和作品集设计，如七展在北京由吴勇设计，八展在深圳由韩湛宁主创。在南京办展，我们邀请中国出版协会书籍设计艺术工作委员会副主任、著名设计师赵清来主持展陈和作品集设计。

作品集设计是“全国书籍设计艺术展”的重头戏。展览会停止，论坛会过去。但是，书籍却作为物质而长存，成为这个行业的记忆。

赵清老师以极大的热忱和一定要设计好的决心，投入到《第九届全国书籍设计艺术展优秀作品集》的设计中，为我们奉献了这本厚重、洁白的作品集。

说它厚重，乃因在这本作品集中，赵清不仅用适量的篇幅回溯了协会的展览历史，为协会在第九届展览以后推广本展览和书籍设计文化，有了一本带有展览历史信息的作品集，还在书中用图表的形式，将九届展览的评委和奖项信息做了梳理，让本书读者领略到展览的规模和本展览有别于其他奖项的奖项设置。此外，对获奖作品在书中的编排，这本作品集也有独到之处。它在每一类别的获奖作品出线之前，都编辑设计了这个类别的图文兼具，包括了获奖等级的目录，作为这一类获奖设计作品的阅读导引，既满足了功能又丰富了阅读层次。通过对以上信息的梳理和设计，书籍的内容编排厚重感油然而生。

赵清是生在南京长在南京、事业成就也出于南京的平面设计师。九届展览在南京举办，很自然地，这本《第九届全国书籍设计艺术展优秀作品集》，被他带上了江南风土文化所滋养的独特气质。洁白的书盒与洁白的封面呼应天头的喷墨，带给读者白墙黑瓦的江南印象。本书里的白色，细腻入微地融入了粗砺、细腻、薄而透、厚却韧等触觉和视觉感受，生动地阐述了书之为物的设计理念，真是一本令观者赞叹的好设计！

因为赵清的优秀设计，《第九届全国书籍设计艺术展优秀作品集》赢得了诸多荣誉，如：2019 年英国 D&AD 石墨铅笔奖、2019 年美国 ONE SHOW DESIGN 银铅笔奖、2020 年日本字体设计协会 Applied Typography 优异奖、2019 年美国纽约艺术指导俱乐部 NY ADC 优异奖、2019 年纽约字体指导俱乐部 NY TDC 优异奖、2019 年深圳环球设计大奖 SDA 提名奖、2019 年香港环球设计大奖 GDA 优异奖、2018 年“中国最美的书”等诸多奖项。作为作品集的甲方代表，我为此感谢赵清老师。其实除了感谢之外，更令我感动的是赵清对设计的热爱和追求完美的那股劲儿。

作品集以外，九展的展场平面、奖状、奖杯和论坛，赵清也用尽心思，打造出一个个优秀的设计，成为中国出版协会书籍设计艺术工作委员会展览史上的杰出案例。他为九展设计的奖杯，被我们固定下来，一届届地随着评选和颁奖，发送到一代代优秀的书籍设计师手中……

————————刘晓翔

师，为清朝宫廷培养了如张为邦、王幼学等众多兼通中西画艺又各有专长的宫廷画家。

18世纪中叶到19世纪中叶，这股热潮还在当时中国最大的对外贸易口岸广州，催生出一个特殊的美术画种——外销画。由于中西文化之间的屏障，当时许多西方植物学家如果要研究中国的植物，必须仰仗于早期来华传教士所写记录中的植物，采用转译为西方语言的植物名称显然并不能有效委托来华植物收集人准确找到需要的中国植物。在这种情况下，植物学家常常会委托收集者在华大量收集带有植物中文名称的植物绘画，这样就促进了以广州为中心的外销画产业发展。

外销画主要描绘中国的风光与物产，由广州画家以中西混合的绘画形式制作。这类绘画售给来广州的外国人，再经商船流向欧洲和美国。其中的植物画以写实手法准确描绘岭南地区常见的花卉树木与水果蔬菜，备受欢迎。有些到广州的植物收集联络人，如英国东印度公司的里夫斯父子还亲自指导当时的中国画师按照植物学要求的方式绘制植物绘图。这种绘画融合了中国古代工笔绘画的神韵和近代西方植物学、绘画学的科学理念，可以说是近现代中国植物科学画的雏形。这些植物画如今大部分仍完好地收藏在欧洲许多博物馆中。

过渡时期◆
明清时代东西方植物图谱的碰撞与交融

painting and Western painting while retaining their own areas of expertise.

From the mid-18th to mid-19th centuries, Chinese plant mania lingered around Guangzhou, then the largest trading port in China, and gave birth to a special genre of painting—export painting. During that time, Western botanists interested in studying Chinese plants could only rely on recordings made by missionaries to China in earlier years. However, with translated Western-language plant names, it was difficult for them to ensure that plant collectors traveling to China would be able to successfully collect the exact Chinese plants they needed. Given the situation, botanists tended to entrust collectors with procuring a large number of plant paintings that included Chinese names, thus giving rise to the genre of export painting centered around the trading port of Guangzhou.

These export paintings, drawn by Cantonese painters blending Chinese and Western styles, mainly depict China's landscapes and natural products. Sold to foreigners arriving in Guangzhou, they were later taken back to Europe and the United States. Of these paintings, botanical paintings that adopted a realistic approach in depicting common flowers, trees, fruits, and vegetables from the Lingnan area were well received. Some plant collector liaisons who came to Guangzhou, such as the Rivers, a father and son team from the British East India Company, even guided Chinese painters on how to draw according to the requirements of botanical illustration. This type of painting blends essential elements from ancient China's fine brushwork with scientific concepts from modern Western botany and painting, and can be considered as the origin of modern and contemporary Chinese botanical illustrations. Most of these illustrations remain intact, included in collections in different museums across Europe.

Transition Period◆
Collision and Fusion of Eastern and Western Botanical Illustration during the Ming and Qing Dynasties (1368-1840)

现代植物科学绘画时期✱
开创与发展

19世纪中叶，随着西方商人和传教士的不断东来，西方的近代植物学知识也随之传入中国。如果出版《植物学》的1858年算起，到2017年止，近代植物学引入中国已有159年的历史。作为完整科学体系形式的植物学和植物科学画，中国比西方晚了两三百年。

西方植物学与中国本土植物学相遇的一个重要标志是英国人韦廉臣（Alexander Williamson，1829—1890）、艾约瑟（Joseph Edkins，1823—1905）与中国著名科学家李善兰（1811—1882）三人合作翻译的《植物学》，该书于清咸丰八年（1858年）由上海墨海书馆（The London Missionary Society Press）出版，这是中国第一部近现代意义上的植物学著作，是中西文化交流、科学传播的一个重要范例。《植物学》一书创译了一系列植物学术语，如植物学、细胞、萼、瓣、唇形科、伞形科、菊科等，对后来植物学的发展影响巨大。这本书的内容基于英国植物学家林德利（J. Lindley，1799—1865）所著的《植物学纲要》（*Elements of Botany*），200多幅植物插图也取自该书。

随着近代植物学研究在中国自然科学研究领域的萌芽，在之后相继出版的一些科普性

Modern Botanical Illustration✤
Initiation and Development

In the middle of the 19th century, as Western businessmen and missionaries flooded into the East, modern botanical knowledge made its way to China from the West. From 1858, the year Li Shanlan finished and published his translation of *Botany*, to the end of 2017, 159 years have passed since modern botany was first introduced to China. This means that, comparatively, China is two to three hundred years behind the West as far as the development of botany and botanical illustration as a complete scientific system.

Botany was translated through a collaboration of two Englishmen, Alexander Williamson (1829–1890) and Joseph Edkins (1823–1905), and a famous Chinese scientist named Li Shanlan (1811–1882). Its publication marked the coming together of Western and Chinese botany. Published by the London Missionary Society Press in 1858 (the 8th year of the reign of the Qing Xianfeng Emperor), *Botany* is the first modern botanical work published in China and is an important example of cultural exchange and scientific communication between China and the West. During their work, the translators invented a set of Chinese botanical terms, including "zhiwuxue" (botany), "xibao" (cell), "e" (calyx), "ban" (petal), "chunxingke" (*Lamiaceae*), "shanxingke" (*Umbelliferae*) and "juke" (*compositae*), which had a major impact on subsequent development of the science. The translation was based on *Elements of Botany*, a work by British botanist J. Lindley (1799–1865), and over 200 illustrations from the original were incorporated into the translated text.

Once modern botanical research began to emerge as a branch of natural science research in China, botanical illustrations by Chinese artists started to appear in various

《芳华修远——第19届国际植物学大会植物艺术画展画集》(以下简称《芳华修远》)是一部关于中国植物画的书。古往今来,记录中国植物的作品不胜其数,却鲜有人把这些中国植物画作品整理成册。而《芳华修远》则首次把这些细腻画作集中地汇编到一起,数百幅画,耗费了百年的心血,那些植物科学画师默默无闻地倾尽一生。当这些不朽的画作呈现在我眼前时,如何用最贴切的设计语言将它们系统地展示出来,就成了我着手思考的重中之重。

1980年,中国植物学会、《中国植物志》编委会等单位联合在北京举办了第一届全国植物科学化展览;1981年,第13届国际植物学大会在悉尼召开,43位中国画师展示了100幅植物科学画,很多稀有植物的手绘图都获得了国际上的高度评价。

与一般的艺术手绘有所不同,植物科学画带有明确的科学目的——记录植物物种或局部的形态特征。所以在《芳华修远》中,每一种植物的细枝末节都展现得非常细腻。在保留了科学性的同时,更注重艺术效果的表达,实现了自然与人文的完美融合。

2017年,第19届国际植物学大会第一次来到中国,展出了来自12个国家和地区共94位植物艺术画家的263幅作品,《芳华修远》就是这一次画展的纪念画册,收录了264幅精美的作品。

可以说《芳华修远》是全球第一本中英双语植物艺术画画册。除收录了第19届画展的绝大部分精品佳作以外,还以图文并茂的形式,记述了中国从《本草》图谱到近现代植物科学绘画、植物艺术绘画的演变历程,追述了1000多年来中国与西方在这一领域的相互交融与历史影响,回顾了中国现代植物科学绘画的发展历程。这不仅是一部科学人文著作，也是一部历史与现在、过去与未来的谈话录。

与常规的理解范畴不同，《芳华修远》中的“芳华”并不是回首往日，而是代表现在；精选了第 19 届 的 195 幅精美画作，并附以画家小传及创作小记。“修远”也不是祈盼未来，而是追溯历史，以图文并茂的形式向读者介绍了 1000 多年来东西方植物图谱从《本草》到艺术的发展交流简史。这一后一前的相互呼应，恰又形成了一种巧妙的轮回，叙述着植物生长的前世今生，也为我的设计带来了诸多灵感。

遵循手绘的本质与自然的脉络，我选用了亚麻布做封面。正中处分别以烫金和压凹的形式叠成两个圆，代表“芳华”与“修远”的交融。封边并没有刻意做平整的修饰，而是保留了裁剪时的毛边，意在还原植物画师们的质朴初心。

整本书的内页也用不同颜色和质感的纸张去呈现不同的内容。书中共有两大板块，各分为若干部分，每部分根据内容采用了不同的纸张。古代画师作品即采用了复古米色的纸张，各国当代作品则选用偏灰色纸，新一代年轻画师为光滑洁白的纸张，其余的文本索引与历史回顾部分则选用了或光滑或粗糙的各色纸张表达。每一个部分都以明确的纸张做划分与标记，翻开手上打毛的书口层层叠叠递进，这种特定的代表意义也象征着时间的交错与融合。

在编排设计上，我采用了一种切角的中英对照文字排版方式，中间加入一块方格，使其在留白处构成一扇“画框”，与画作相呼应，将其视为不可或缺的艺术门类。

在这本书的设计过程中，每一处我都在尽力还原一种手工质感，以此来致敬所有的植物画师。这个偶然的机会让我了解到新老一辈画师的植物画，笔触虽然细密文雅，还是掩不住那一抹逼人的艳丽。我完全没有理由不去展示、欣赏、分享它们。

在过去的 20 年里，中国植物艺术画曾经一度陷入低谷；但仍然有一批画师不离不弃，他们为心中的执念而坚守，也从中收获着难以为外人所道的欣喜与感动。这样的情感同样也浸染我，浸染着这本《芳华修远》，让中国植物艺术能够完整地呈现出来。

在《芳华修远》这本书里，每一个层次都被划分得非常明确。整体的设计非常简约明了，版面清淡舒雅，视觉上有如植物一般清风拂面。和世界其他地方一样，中国正在经历一场植物艺术的复兴，这本书的出版，是一个有如里程碑似的存在，轻柔而充满生机。

雷杜德笔下的玫瑰，精准是美；莫奈笔下的睡莲，朦胧是美。植物科学画自诞生以来就一直在科学和艺术之间寻求平衡，在设计这本书的过程中，我也在尽力追求这样的一种平衡。

可以说，植物画是绘画艺术中的另类。它最初是为鉴别植物种类服务的，常被喻为“植物身份证”，要求精确地反映植株和器官的形态特征，同时又要求与美学融为一体。科学与美，二者不可偏废——既吸收了天地精华的花草树木，展现华丽的容颜，又寓景生情，将笔触的线与点牵丝映带、辗转盘迂，清晰地勾勒出万千植物的婀娜倩影。

绘画者需仔细观察、解剖，将每一幅细节解剖图、倒刺、绒毛等用画笔一一交代清楚，有时还需要借助显微镜观察特征再落于笔端。此时，一支绘图钢笔可以说胜过几千万像素。相机只能捕捉植物生长过程中的一个片段，而画笔记录下物种的永恒。在科技日新月异的今天，纸本的魅力依旧是无可替代的。

中国著名植物科学画家曾孝濂曾经说过："植物画最高的境界是——你要还原它的生命。站在那儿它就迸发出一种生命的力量。"做设计也一样，你需要让这种静默的语言在平面上诞生出自己的生命，而这种生命属于你对这本书特有的理解与风格。

让设计展现出《芳华修远》中的植物的灵性，我的理解就是"回归本真，尊崇自然"。寄身寓情于景，只要细细观察，自然界巧妙的生存方式随处可见。这些植物在画师的笔下，从各异的形态、结构、脉络、特征和内质不断地引发着我的设计思路源源而生。这中间潜藏的原生状态，常常能够启迪人的智慧。

我在《芳华修远》中找寻质朴自然留白的意味，以此来树立一种属于中国的植物艺术。与其说这是一本展现植物的画册，倒不如说这是一本全面反映中国植物画师的著作。书中的画师，或许只是平凡的人，他们付出一生，严谨而缄默。一点一画，一叶一瓣，从书里的任何一幅画中都能感触到画师们的心血。原始而质朴，画是如此，书也是如此。让《芳华修远》回归阅读与本心，追求平凡之美，设计就是我与画师们的一次交流和对谈。

每次打开这本2017年“中国最美的书”，一页页翻阅，我依然还会有如初恋般怦然心动的感觉。因为，它太美了。虽然作为责任编辑，书的内容我已经熟悉得不能再熟悉，但是赵清先生的设计之美，为这本书赋予的隽永韵味，总让人品之不尽。

《芳华修远》是2017年于中国深圳举行的第19届国际植物学大会国际植物艺术画展的官方中英双语画集。书中收录的264幅植物艺术画作，有中国老一辈植物科学画师几十年前创作的已经泛黄的呕心之作，有现在年轻一代充满新锐之气的开拓之作，还有来自其他11个国家的国际艺术家的风格多样的精彩作品。此外，书中还有介绍中西植物绘画历史与交融对话的长文，第一次将中国悠久的《本草》绘画历史置于更为宽广的东西方文化交汇的历史语境之中予以呈现。这是契合国际植物学大会这一植物学领域6年一届的最高盛会的背景的，是向世界展示科学领域中国植物绘画的绝好舞台。

赵清先生通过内文版式的分类设计，契合各部分内容内涵的纸张选择，完美展示出这本书各部分内容的特点。历史的厚重、新生代的生气、国际艺术家的气象万千，设计与内容无一不是文质彬彬、相得益彰。设计让这本书更像是一次穿越时空回廊的纸上画展，将这次国际植物学大会历史上第一次由组委会举办的、规模最大的画展，定格为永恒而完美的纸上美术馆。这也是历史上第一部中英双语的植物艺术绘画彩色画集。赵清先生通过独特巧妙的设计语言，将中文与英文的呼应有机勾连，与图画印照，形成了第三种视觉画面。

在图书设计的过程中，我们也曾经有过激烈的争执与讨论。我无法接受书末的图片索引部分被处理为黑白图片，且采用了色调极暗、质感粗糙的纸张。赵清先生认为：这是一种视觉阅读的节奏，在色彩缤纷的主体部分结束之后，这样的设计调性，让丰富纷繁的色彩归于静穆的沉淀，给读者以遐想回味的空间。这样的处理是大胆、破格的，超越了几乎所有人寻常审美经验的框架，至今仍存在较大争议。

然而，这依旧无损于这本“中国最美的书”的颜值。

这是植物之美的设计之美。赵清的设计，为这本植物之书，赋予了人文的温度。

周远政

将一切过场都埋葬
不顾繁华的庭院
默默地注视着你的追依
不在来世的彼岸流连
只为今生求和你的相守

碰到你手的刹那

碰到你手的刹那
我的心在狂跳
像是围困的洪涛
在决堤的口岸咆哮

我的灵魂是海洋
你是我心中的浪
无论是潮起汐落
不让你的心受伤

一切浮华终将不再
一切春花都将枯败
怀着一颗善良的心

一年之念

《文爱艺爱情诗集》（以下简称《一年之念》）是一本爱情诗集，记录爱情，也记录时间。这是一本关于诗与爱情的概念书，一本设计师之书。

作为常销书，《一年之念》在之前就做了很多个各具风貌的版本，这一版经我手之初，我的想法就是引入一个不同于以往的“概念”。我觉得这本书的概念层次应该能够做得丰富。经过一段时间的思考与尝试，找到了一些感觉，细分可以从三个方面找到一些突破点：一是开本，二是时间，三是角色。

传统的诗集大约都是32开，这一次我想要做一些突破，便从开本上做了一些考量。如果要把它当成一个男女双方互赠的小礼品，我更希望它是小而精致的。斟酌之后，我决定以 64 开的形式着手，不增加成本的情况下，把原本三四百页的书以六七百页的形式呈现，呈现出一种厚而小的礼品书的样貌。我认为这样的开本更适合作为伴手礼赠送：无须铺张，单手可持，深厚却轻盈，一如人们理想的爱情状态，握在手心里，情深义重却不添负担。“一年之念”，顾名思义，其中的爱情经历了“一年”的时间轮回。这本书一共收录了文爱艺的 240 余首诗，但我在设计版面的时候，是把它们分散在 365 页进行展示的。留白的意义在于时间概念的融入。一年恰好是 365 天，一天翻阅一页，便是完满的一年。在现实生活中，爱情或许并不能时时圆满，在书中却能构建出理想而圆满的状态。我希望每一位拿起这本书的人，在阅读的时候都能感受到理想的爱情存在，这也是我隐喻在设计之中的祝福和祈愿。

再谈角色的设定，实际上就是我构造的阅读对象。我想象一对恋人同时在看这本书，正反都可以开合，即是一个相连的整体，也可以看作互为独立的两个部分。可由二人共同阅读，一人从左至右，一人从右至左。

我将相同的情诗于这两个部分中分别排列了一遍，各有页数 365 张，寓意

365 天的时间、365 天的思念。当二人读完所有诗篇，便于中间相遇，形成不可分割的整体，正如一场爱情的缘起与联结。

虽然两个部分的内容完全一致，在排布方面却各有心意。左半部分遵循普通的阅读规律，将诗歌以整齐的横版阅读形式排布，此部分的页码部分按顺时针的顺序分置各处，当你快速翻动页面时，页码如时钟旋转；右半部分却以黑白相映的双色纸张，以时钟的 12 时方向为参考，将每首诗按照每个时段所指的方向排布。因此，阅读的时候便要像时针转动一般不停地旋转书本。每读一首诗，便代表想念的一小时，各自走过 365 天的时间，便是爱情里的“一年之念”。

每一首诗从最开始的地方进行旋转，周而复始，循环往复，如同寻求真爱之旅程。同时，页面还分为白天与黑夜，象征日月交替、风雨兼程、时间轮回、为爱不止。

最后，正反的诗篇在正中汇聚，历经 365 个日夜，了却一年之念，奔赴书中的金银玫瑰之约，充满仪式感地完成一场相遇、相识与相爱的全过程。

封面的反面，将诗句压凹在厚实的白色纸张上。没有一滴油墨的洁白质感，就像爱情的白璧无瑕、忠贞不渝。这种“不可见”的方式，是我在体悟这本情诗的过程中，表达作为一个设计者对于爱的看法：纯洁的爱情不仅是诗，它也是双方共同书写的爱的契约。

在颜色的选择上，这本书也坚持了我一贯的风格，黑与白成为设计的主旋律，画龙点睛之处永远在于细节的设置与暗示。《一年之念》的盒套是深邃的黑色，用365个点和线幻化成的玫瑰隐入其中，代表着开启这场设计之爱的神秘之旅，整本书却是通体纯白，象征圣洁无瑕的爱情。这就好比是一场探索，对于很多人来说，爱情就像是一个无可预知的黑洞，但你总在打开的一瞬间，发现诸多幻想中的美好世界。在这本书里，爱情是人们心中的乌托邦，设计便是指向这个乌托邦的通道。

这本书的主要细节设置在“玫瑰”与“时间”的概念之上。书封处是铺垫，金色与银色均是玫瑰花瓣的一角，目的是牵引出中心的玫瑰连接，完成爱情的见证与表达，一种浪漫的情感与思绪。而关于“时间”的呈现，诗集的排布方式是一方面，另一方面是贯穿在书中的点与线，以点成线，以线成面，无数次的旋转聚合，幻化成时钟。时针走动，穿过黑夜与白天，最终抵达了思念的爱情彼岸。

抵达的过程在我的设计里充满了埋伏，因为我认为爱情是一件难事。之前一个调查里曾经说过：假如每天认识10个陌生人，在80岁的时候，你总共会认识 29.2 万个人；在 60 亿人口里，你遇到他们的可能为十万分之五。遇到相爱的人，概率至少是亿分之一。而事实上，并不是每一个人都能活到 80 岁，也并不是每一个人每天都能碰到 1000 个不同的人或认识 10 个新朋友。如果不经历时间的揣测与考验，爱情又谈何存在呢?

但在相遇的那一个瞬间，所有的浪漫都有可能悉数呈现。就像时间可能已经从秒针的第一下，闪转过了几十个 365 天。所以，当你快速翻阅这本书的时候，就能快速地经历一场时空轮回。每个人都期待，急匆匆地要赶赴一场玫瑰之约，获得想象中的完美爱情。我当然也有所期待，我只是将这种期待嵌套进了每一张纸页里。这也是我做这本“概念书”的意义——通过幻想去实现，通过遇见去珍藏。

这部《一年之念》收入在我的200余首爱情诗，不论是写初恋的甜蜜、热恋的激情，还是写相思的缠绵、思归的热切，不管是写相恋的刻骨、相遇的欢乐，还是写别离的寂寞、失恋的痛苦，都是发自肺腑的真情实感，没有无病呻吟，没有矫揉造作。

这是我所艳羡的人类情感。爱情是一种无法泯灭的人性与冲动，常常夹杂着诸多复杂情绪进入我们的生活。不同的爱情，往往无可避免地让人产生同一种共鸣，正如文爱艺在字里行间的流露。我的设计在这里也是“为爱而生”的，通过形式去还原诗歌对于爱的呈现，由此而加深读者对于爱的理解。如果有人能在我的设计中读懂了这样的“爱”，那么这个概念也就成功了。无论在设计中尝试做什么，都不应该是一件虚无的事情。人们总是认为“艺术”离日常生活很遥远，是因为在大多数的文艺作品中，它们确实被过分地拔高和夸大了。其实“艺术”只不过是专注于生活某个领域的研究，它所存在的真正的意义，是让所有人都感受到美，由外至内

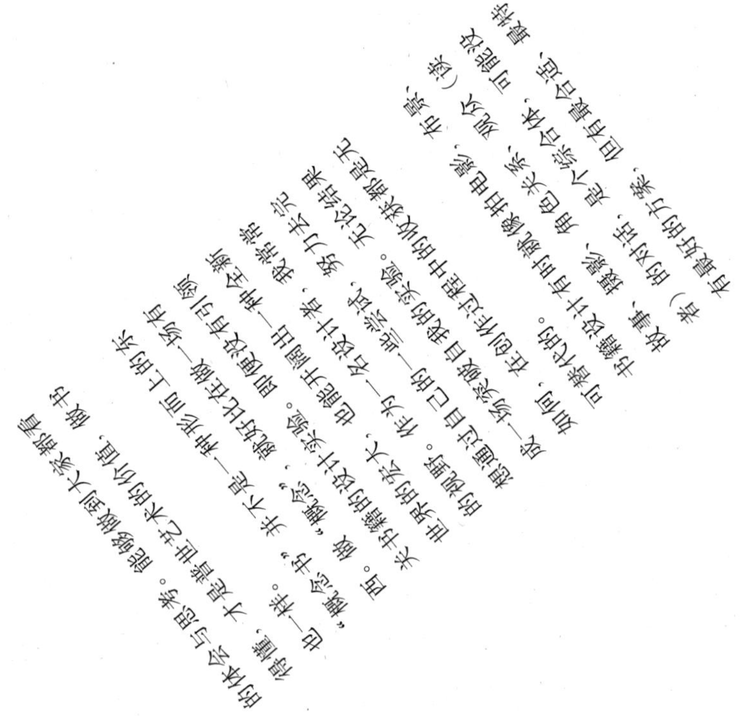

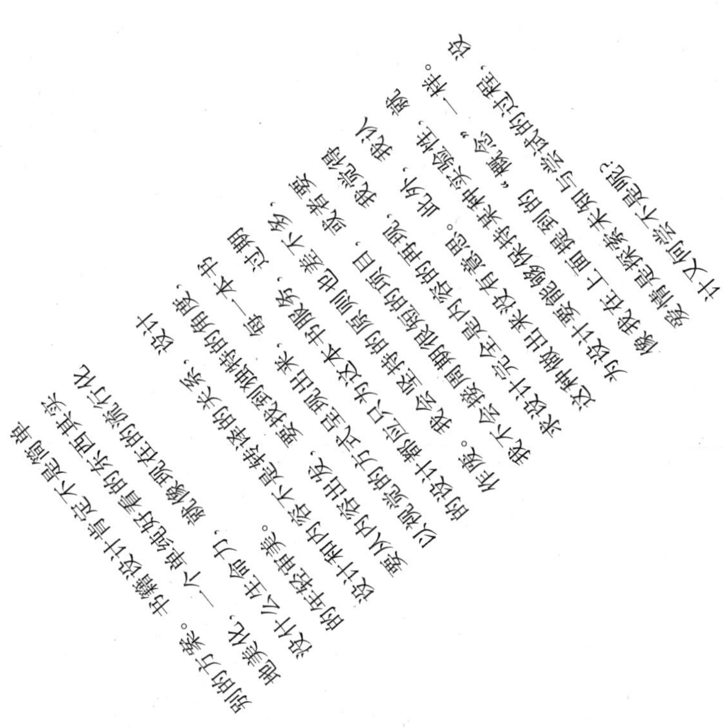
别的方案。书籍设计肯定不是简单
地美化，一个单纯好看的东西其实
没什么生命力，就像现在的流行化
的年轻审美。
设计和内容不是转译的关系，设计
要从内容出发，要找到独特的角度，
以视觉的方式呈现出来，每一本书
的设计都应只为这本书服务，过期
作废。我会坚持的原则也差不多，
我不会接周期很短的项目，或者要
求设计完全是内容的再现，我觉得
这种做出来没有意思。此外，我认
为设计要能够保持某种实验性，就
像我在上面提到的“概念”一样。
爱情是探索未知与尝试的过程，设
计又何尝不是呢?

当爱情诗遇上设计师，含蓄深沉的爱情就找到了别具一格的抒发方式。总的来说，这本诗集是属于“闷骚”型的。“看不见”的诗要用心感受，“看得见”的诗也要用心呵护。一天一首爱情诗，正好体现了爱情的细水长流。我希望人们能珍视这本用心做出来的书，就像珍视爱情一般。

此书在一个设计展上获得大奖，当时的两位评审专家对此书做出了如下解读：最终获奖那本优雅美观的书，我喜欢这个作品的原因在于它提醒了我们。当我们在讨论交互界面以及交互界面设计元素的时候，我们会忘记生而为人的本质，我们还可以用肢体用触摸去感受，而这一过程最重要的就是分享。这件作品可以让两个人同时欣赏一个非数字化的产品，我相信大家都很怀念这种面对面的对话。我们怀念那些拥抱人类本质的机会，共聚一堂，共同分享，一起经历。金奖的设计作品我很喜欢，是一本书、一本诗集，它是简单的文字，但是它的空间纸材的运用、结构和它的质感令你阅读的时候产生了不仅仅是单一文字和你心灵的沟通，而是整个人的思考感情和这些触感都体现在这本书里面。

365天不长，但余生很长。很多人都知道“老来多健忘”这句话，却不知道下一句是“唯不忘相思”。

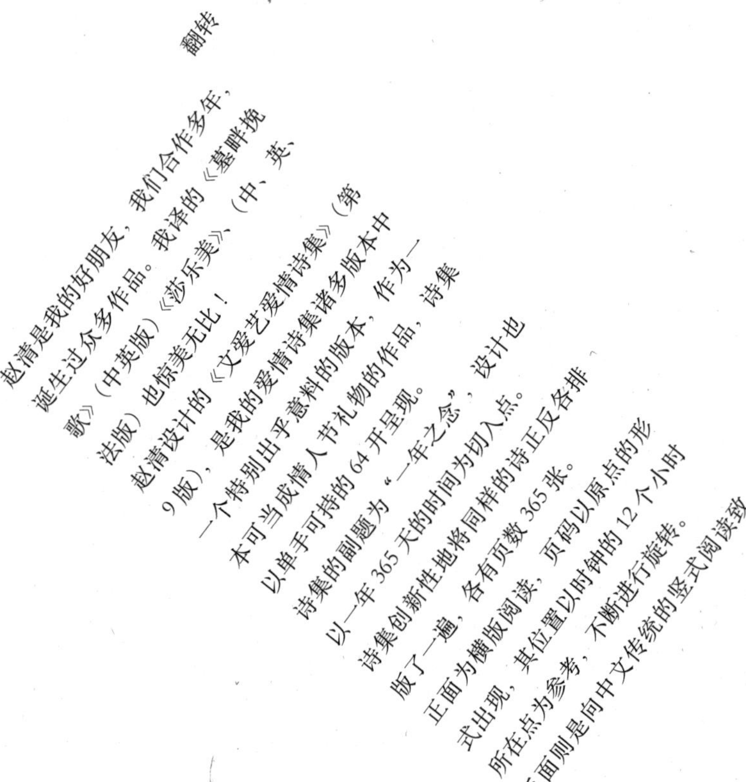

翻转

赵清是我的好朋友，我们合作多年，诞生过众多作品。我译的《墓畔挽歌》（中英版）《莎乐美》（中、英、法版）也惊美无比！

赵清设计的《文爱艺爱情诗集》（第9版），是我的爱情诗集诸多版本中一个特别出乎意料的版本，作为一本可当成情人节礼物的作品，诗集以单手可持的64开呈现。

诗集的副题为“一年之念”，设计也以一年365天的时间为切入点。

诗集创新性地将同样的诗正反各排版了一遍，各有页数365张。

正面为横版阅读，页码以原点的形式出现，其位置以时钟的12个小时所在点为参考，不断进行旋转。

反面则是向中文传统的竖式阅读致

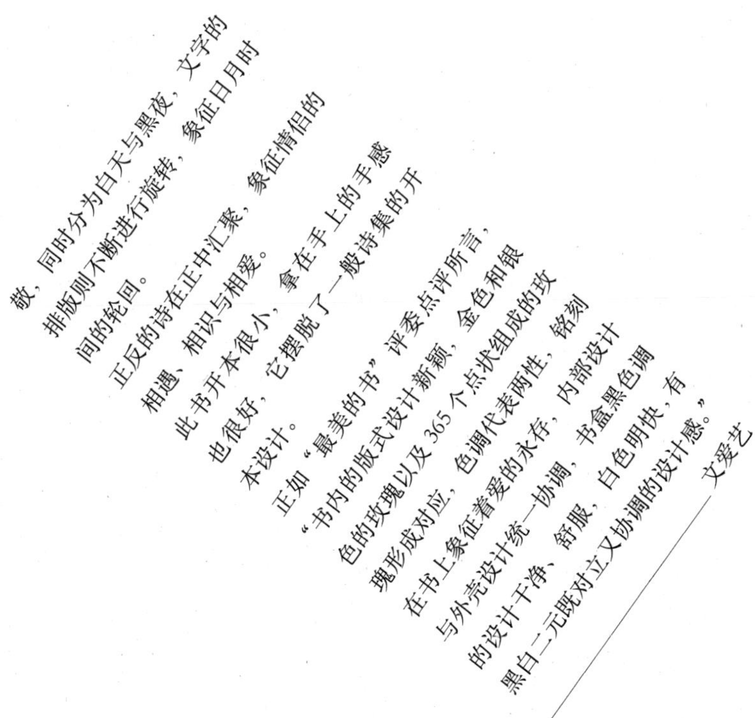

敬，同时分为白天与黑夜，文字的排版则不断进行旋转，象征日月时间的轮回。

正反的诗在正中汇聚，象征情侣的相遇、相识与相爱。

此书开本很小，拿在手上的手感也很好，它摆脱了一般诗集的开本设计。

正如“最美的书”评委点评所言，“书内的版式设计新颖，金色和银色的玫瑰以及365个点状组成的玫瑰形成对应，色调代表两性，铭刻在书上象征着爱的永存，内部设计与外壳设计统一协调，书盒黑色调的设计干净、舒服，白色明快，有黑白二元既对立又协调的设计感。”

——文爱艺

唐·温庭筠

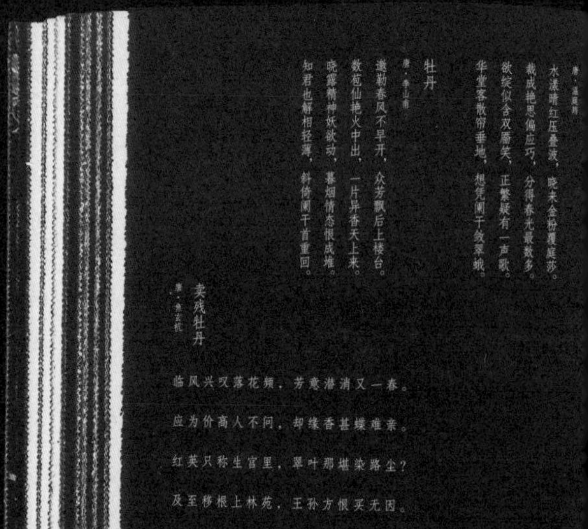

水漾晴红压叠波，晚来金粉覆庭莎。
裁成艳思偏应巧，分得春光最数多。
欲绽似含双靥笑，正繁疑有一声歌。
华堂客散帘垂地，想凭阑干敛翠蛾。

牡丹

唐·李山甫

邀勒春风不早开，众芳飘后上楼台。
数苞仙艳火中出，一片异香天上来。
晓露精神妖欲动，暮烟情态恨成堆。
知君也解相轻薄，斜倚阑干首重回。

卖残牡丹

唐·鱼玄机

临风兴叹落花频，芳意潜消又一春。
应为价高人不问，却缘香甚蝶难亲。
红英只称生宫里，翠叶那堪染路尘？
及至移根上林苑，王孙方恨买无因。

牡丹

宋·石延年

春风晴昼起浮光，玉作冰肤罗作裳。
独步世无吴苑艳，浑身天与汉宫香。
一生多怨终羞语，未剪相思已断肠。

| 作者简介 |

李山甫，唐朝诗人，生卒年、字号不详。咸通中累举不第，依魏博幕府为从事。逮事乐彦祯、罗弘信父子，文笔雄健，名著一方。

鱼玄机，晚唐女诗人，生卒年不详。长安（今陕西西安）人。初名鱼幼微，字蕙兰。咸通中（860~874年）为补阙李亿妾，以李妻不能容，进长安咸宜观出家为女道士。后被京兆尹温璋，以打死婢女罪处死。鱼玄机性聪慧，有才思，好读书，尤工诗，与李冶、薛涛、刘采春并称唐代四大女诗人。

石延年（994～1041年），北宋文学家、书法家。字曼卿，一字安仁。原籍幽州（今北京）人，后晋将幽州割让给契丹，其族南迁，定居宋城（今河南省商丘南）。屡试不中，真宗年间以右班殿直，改太常寺太祝，累迁大理寺丞，官至秘阁校理、太子中允。北宋文学家石介，以石延年之诗、欧阳修之文、杜默之歌为"三豪"。

来生要做一棵树——

《历代名人咏树》（以下简称《咏树》）这本介乎诗集与科普之间的书，既有丰富而规范的文本介绍，又饱含着诗歌独特的韵律与格调。这应该算得上是中国第一本关于树种的诗集。全书介绍了八十几个树种、五百余首诗，是苗木商会的礼品书。最初的《咏树》文稿是一个完全原生态的模样：没有任何相关的插画与图片资料，仅仅只有文字元素。如何让它独树一帜是非常考量编辑加工能力的。思前想后，我决定围绕书中阐述的八十几种树，做一些插画放进去，并为这些树种名着手设计了一套字体。既然是《咏树》，那么树就是根本。所有插图与排版自然是以树为灵感，但有所不同的是：我并没有具象到把每一种树的形态都画出来，而是提取了每个树种的不同特点，以局部放大的模式自由组合，贯穿于纸张之间。你也许能偶然翻到一片叶子、一颗果实，看到花的绽开和降落，也能看到它们聚集在一起，形成别有生趣的自然百态。

这些插图并不繁复，却很精细。所有的脉络都由铅笔勾勒，目的是还原清晰质朴的植物特点。无论是插图的创作，还是纸张的塑造，所有的排版与设计都在致力于还原树的原有生态。

在盒套的设计上，我选用了最天然质朴的原木色瓦楞纸材。八十几种树名集中排列在一侧，八十几颗烫金点闪烁其中，意在模拟树的生长轨迹。盒套的右下侧有两处圆形开孔设计，以此元素贯穿书的始终……从盒套中取出书本，封面是纯白色的肌理。纸张的质感很像是树皮，印刻着斑驳的立体纹路。书口的拉毛处理就像是树的纤维，返璞归真，带着木质的清香，将人包裹在古木的阴凉之下。封面上也有两处圆形镂空。翻开书的前几页，巨大的年轮画幅呈现眼前：密集的笔触全部铺满，几乎没有留下任何空余。这种视觉冲击一直延续到正文的前页。圆形的开孔再次出现，以『咏树』这两个字的笔画做文章，形成了有趣的镂空。

实际上，开孔的设置便是抽象的『年轮』表达。之所以用具象的年轮画幅过渡，是为了做一场铺垫，也可以说这是一场埋伏。在之后的内页设计中，这些圆孔既贯穿于字体之间，又在目录处形成了一种『年轮性』的引导，并于右下角和页码相连。为了使这些圆孔看上去不过于繁复，我只保留了一个，这些圆孔就像一种独特的线索与联结，让所有的纸张都相互呼应起来。

我记得有人曾经写过这样几句话：如果我们忘了在这地方生活了多少年，只要锯开一棵树，数数上面的圈就大致清楚了。树会记住许多事。书里也是一样，八十几种树，年轮会替我们记得。

翻开《咏树》，黑白年轮作衬纸，目录前有3页完整的插图，便是前面提到的树的局部，由不同的花、叶、果组成。这些插图还散落于书中各处，带着生机与红色。内页排版中，正文的诗歌多采用竖式排版，与古籍相仿，更有韵味。而注释部分则采用横排，每一排的字距行距都不相同。诗歌有韵律，我希望字与行之间也同样富有这种节奏和韵律。这是一种视觉与听觉上的双重冲击，读起来朗朗上口，看着也动态不一。

篇章页的全黑与正文的全白形成了强烈的对比，黑白之间，一面就像是树的根基，沉浸于泥土之中，静默不言，一面就像是枝叶，向日而生，仰望天际。

除去以上的设计与排版之外，我还为这本书独创了一种特别的字体，来自中国小篆和树形的意象，取名“树篆体”，用在每个树种的开篇页，另用了两页纸，集中展示在目录的后两页。树篆体是根据每一种树的汉字笔画的特征形状设计的，再结合圆劲均匀的中国小篆，呈现出像树干一般纤细的形态。在这些字体中，还加入了一些圆点，这也与封面盒套的圆孔呼应，寓意着岁月的年轮。

树木是世界上物种最庞大、品种门类最繁杂的物体。全世界有树木万种以上，光中国就有近千种了。可以说，它是世界上寿命最长的物体，承载着岁月的变迁，沉淀出历史古迹。从幼苗生长到大树成荫，从新芽生长到年岁枯萎，这些树甚至阅尽了人间沧桑，可谓是千年的活古董。

在我眼里，每一棵树都是独立的生命体，它理当带着自己的尊严活着。

也许它很慷慨，愿意借出树干给蚂蚁行军，借出枝叶供蜘蛛荡秋千，借出树梢给鸟儿安居，借出树荫供人类乘凉休息，甚至，借出枝杈任由孩童攀爬。但它到底不是任何物种的附庸。

古今名人都敬树、爱树、植树、画树、咏树……历史的长河给中国树文化带来了极为丰富的底蕴。《咏树》是对树文化研究成果的一次重要展示，也是献给这个世界的一个礼物。而我作为这个礼物的设计者，也希望将“树”的概念体现得完满而生动，让每一棵树的形象与精神产生灵动的世界印象，于纸面开启一站关于“咏树”的欣赏展览。

就像诗人说的，如果有来生，就做一棵树。相对于那些新崭崭的拔地而起的豪华大楼，更喜欢的是城市里那些老旧幽深的大院，因为这样的院子里，都种植着一些高大浓郁的树，绿树浓荫，春花秋叶，四季风景不同。有树为伴，也让进出的人心里宁静安详，去掉了些浮躁之气。那些新兴的大楼、宽阔的广场、草坪喷泉和灯光，没有树来衬托和填充，怎么看也是生硬和荒芜，缺少自然的根基。都市里的树大都没有果实，只有枝叶。许多长满叶子的树，把半空充填起来，形成一个拥有着树的都市。树最先带给我来自季节的消息，让我感到时间来去的不可阻挡，最终才确定了关于年轮的概念。

我对树有了一种异常的感觉，它们像诗一样，是一个充满神性的世界。树是自然给予人们的馈赠，无论从物质的角度来看，还是从精神价值方面赏析。在我的设计中，书与树，一如人与自然，需要一种共生的滋养与联系。正是因为『咏树』这个题材，这本书才得以被创造，恰也是因为这本书的诞生，使得『咏树』这个题材呈现出独特的沉淀与脉络。我喜欢这些树带给我的灵感与创想。任何出现在你周遭的习惯事物，忽然间要被整合成一种体系化的出版物，大脑的第一反应一定逃不开最常规的思索。由简入深的过程要经历很多头脑风暴，但也是这些过程，让《咏树》这本书呈现出了我最想要的模样。

《咏树》是一本在设计上做了很多突破的书，不仅在于编辑手法，更在于关于“树”的呈现与思考。具象与抽象的结合，平面与立体的架构，无数的意象都藏在细节之间，隐喻在不同的角落之中。我想要做到一种由眼入心的传递，从树到年轮，再到时间。时间雕刻出树的印记，树的印记里又包含着走过的时间。

当它们被连成一条线，随着纸面蔓延、生长，渐入佳境，就是我心中属于《咏树》的最终意义与表达。

有人问：如何与树交流？

树在风来的时候会晃几下身子，下雨了也会哆嗦得掉叶子，冬天等待春光，秋天翘首明年。芦苇可以有思想，树应该也是有情绪的吧。

刘亮程先生在怀旧的时候写下这样几句话：如果我们忘了在这地方生活了多少年，只要锯开一棵树（院墙角或房后面哪一棵都行），数数上面的圈，就大致清楚了。树会记住许多事。

树把时间、把阳光、把风雨尘土都留了下来，满身的沟壑沧桑，枝丫向上，以便容下更多，然后在心里平静地画上一圈：这是丙申年（二〇一六丙申年，《历代名人咏树》出版）。

树木，是世界上物种体系最庞大、

品种门类最繁杂的生物体，国际植物园保护联盟（BGCI）携手全球植物学机构统计，全世界树木种类为60065种。

树多命久，不知是幸运还是悲哀。古有传说：上古大椿，以八千岁为春，八千岁为秋。今自然界，树龄数百年者并不鲜见，有的甚至达数千年，如银杏、松树、柏树、红豆杉、香樟、桑树、榕树等。它们历经社会政治、经济、文化的兴衰动荡和大自然的风雨雷电、地动山摇，阅尽了人间沧桑，真可谓是“千年活古董”。

树看了太多，也记住了许多，只是不说话，或许智者天生寡言，树是智者。

“阳明格竹”以求“格物致知”，牛顿的“贵人”为苹果树。树教人知识，还教爱情。山有木兮木有枝；凤凰栖梧；在地连理。大树不语，但归有光知道『庭有枇杷树，吾妻死之年所手植也，今已亭亭如盖矣』。

树木以自己的贡献，造就在人们心中的神圣地位。外国有『圣诞树』，中国农村家前屋后和寺庙陵园都要栽上吉祥树，表达的都是对树木的崇拜和爱戴。

古今名人敬树、爱树、植树、养树、咏树、画树……历史长河给中华树文化积淀了极为丰厚的底蕴。

一部关于树的诗词合集，历代文人咏赞树木之佳作。海量文献，『珠宝』散在，搜集、整理、校正、简注，共计约五百首，并依据木种汇归，分为八十六个章节。『书』与『树』的倾心交流，编校和设计历时一年多，

"大珠小珠落玉盘"。这"玉盘"可谓精雕细琢。

《咏树》由此生矣！

《咏树》，树为本，故书籍设计亦以树为灵感。首先在盒套上，原木色的盒套质朴而自然，将八十六种树名集中在一侧排列，如同树之生长轨迹，从平地起，到与天齐。两个镂空处与书相对应，后文再提。从盒套中取出书本，本白之色，深浅不一、凹凸无序的粗糙纹理，书口的拉毛处理，清新的木香，一下将人包裹在古木阴凉之下，仿佛正面对那棵小时候就矗立在那的银杏。

翻开《咏树》，黑白年轮作衬纸，目录前更有三页插画，皆为八十六种树的独特之处，叶、花、果均有之。各个插画，还散落于书中各处，带着生机与红色。"咏树"二字有两处镂空，与盒套呼应，其中之一贯通整本，在内页里为页码处。这两处开孔，圈圈重叠，意为树之年轮。

内页排版中，正文的诗词多采用了竖式排版，与古籍相仿，而注释部分则采用横排，其字距行距的处理有别，将五百首诗词与其本身的韵律呼应，读者朗朗上口，看着动态不一。竖排诗词中的红色批注点标记，不仅醒目，亦更有古典韵味。

篇章页的全黑与正文的全白形成了强烈的对比，黑白之间，一面为树之根，沉于土，静默不言，一面为枝叶，向日而生，仰望天际。

除去以上巧思，本书最独具匠心之处在于书籍中四处可见的独特字体，九十种树（注：初稿九十种，成书八十六种），便有了九十种字体，名之曰『树篆体』。树篆体，根据每一种树的特征形状，再结合圆劲均匀的中国小篆而诞生的字体，字库中有且仅有这近九十种树的名字。在本书的树篆体中，还加入了红色圆点的设计，这也与封面盒套的圆点同义，即岁月年轮。

《咏树》，向树致敬。像诗人说的，

如果有来生，就做一棵树。

资深出版人、凤凰出版传媒集团副总经理佘江涛在拿到刚出版的新书时评价：该书第一次将中国的树文化经典诗词整理汇编成集，第一次将现代图书装帧设计、印制工艺和传统文化融为一体，第一次将英国手绘画风格、科学分类精神和诗词文化融为一体，是一本读诗认树、认树品诗的作品，树和诗在艺术设计的氛围中滋长。

《历代名人咏树》获评“2016年度中国最美的书”。评奖委员会给予的点评词是：书籍的外观与质感都与主题吻合，满足读者的视觉和触觉享受，有欲罢不能的亲近感。书内设计的手绘画图案富有诗意。

《历代名人咏树》是对传统诗词文化的一种创新型传承，融文化赏析和科学认知于一体，是现代书装艺术美与传统文化美的有机融合，装帧设计体现了树的沧桑和文化的精致，是一部值得收藏的优秀作品。

——张小平

0836-08

Detach Attach
离合

Li is one hexagram in the Book of Changes. The relationship of juxtaposition is an immediate reflection of the organizational structure of the hexagram. The 64 hexagrams (symbolizing 64 natural phenomena and their corresponding human conditions) are composed by attaching the eight trigrams: Qian, Kun, Kan, Li, Gen, Dui, Xun and Zhen, corresponding to eight main elements (Heaven, Earth, Water, Fire, Mountain, Marsh, Wind and Thunder). The organizational structure of the attachment and detachment processes is overlapping juxtaposition, through which objects can form rich and intriguing dynamic permutations. This is a very simple rule, and proves to be very effective if used properly.

When we were analyzing the architectural layout of the Garden of the Net Master in Suzhou, we discovered an interesting phenomenon, namely the fact that the buildings within the gardens and the residential courtyard exist in a relationship of reversible figure and ground. In terms of the presentation of its density, the buildings within the gardens have the least density and a free layout. But the residential part comes with a high density and a functional layout. In fact, the traditional garden and residential courtyard accompanied each other. The residential courtyard, laden with ethical values, would later develop a dense inwardness due to security concerns and construction models. As a relatively open, natural space, the garden can complement the courtyard and together they reach an organic equilibrium, which happens to illustrate a mutually complementary relationship of detachment and attachment (Figure 3).

《离合》是我断断续续花了一两年时间完成的一本书，是受吕敬人老师邀约为一个叫“书·筑”的活动而做，主要探讨的是书籍与建筑之间的关系。说起这个活动，还得从日本的建筑开始谈起。我们知道普利兹克奖是建筑界的最高荣誉，日本现有8名建筑师获此殊荣，可见日本不容小觑的设计力量。对于当代建筑的独特感知与风向，世界上很少有一个国家能像日本那样，同时有那么多的建筑师作为一个群体，集体亮相在世界的建筑舞台上，形成了世界建筑设计的一股日本清流。他们之间虽然没有明显的传承关系，但根系相连；也没有明显的主次之分，但又各具风貌：每位建筑师都作为整体的一部分，共筑着日本建筑界这个群体的特征和性格。

日本老一辈建筑师槇文彦就曾经获得过普利兹克奖，他被公认为是日本健在的最杰出建筑师之一。他一生致力于发展现代主义建筑风格，以精细的手法使建筑表现出理性的思维，作品细腻而纯净，像散文诗般优雅。他曾经跨越了25年，构筑了代官山集合住宅，被建筑学人称为“圣殿”，充盈着日常生活的细节与温度。

槇文彦老先生酷爱阅读，他动议组织了一场关于书籍和建筑展开对话的的名为“书·筑”的活动，这场活动也是我与《离合》这本书产生创作联系的始源。槇文彦先生有两位学生，一位是来自日本的团纪彦，另一位是来自韩国的李大俊。作为建筑师的他们找到了各自对话的书籍设计师，又分别在日本和韩国去找了三名建筑设计师和书籍设计师配对，同时又委托中国的吕敬人老师，找来三对中国设计师，一起完成了这场“书·筑”的活动；形成了中、日、韩三国24位设计师一起，成就了12本关于书籍和建筑的概念书，共同探讨了各自的大小空间的营造和“场的固有性”的讨论，从出版开始的一系列展览、论坛活动。

《离合》这本书是我与大舍建筑共同协作完成的。大舍的柳亦春和陈屹峰两位主创设计师阐述了他们对建筑空间的理解，那是人类居住活动的大空间概念。而我从书籍设计的信息小空间的编辑设计营造进一步探讨。在某种意义上，这两个看似平行的维度，实际上能产生非常奇妙的融合。书籍与建筑的概念之联系，最重要的是一个“场”字。“书 · 筑”活动的诞生，实际上就是通过引发书籍的思考，从而建立起设计中有关“场”的思考，即不同的内容体营造出不同的“场”，而各个设计师的不同理解也会造就出不同的气场，显现着设计师的灵魂。

我小时候曾经幻想，长大能成为一名建筑设计师。虽然这个梦想因为种种原因未能实现，但我一直相信的是人的某一个梦想即使未能偿愿，它也能化入另一个梦想之中：关于建筑的梦想，贯穿于往后的人生，比如平面设计。

好的书籍设计，必然能够形成令观者超越想象的“纸空间”，这也是我判定一本书设计水准的重要参考因素之一。一张纸代表的全息内容，包含了人类与之互动的感受的全部内容。由纸到书，则是构建出“全息的空间”——场。在这个“场”之中，只有“离”与“合”的相辅相成，才能形成一个完整的美学印象。

正由于此，我们才把书名定义为《离合》。“离”是大舍的情绪呈现，对于自然中物体间“关系美”的认识，正如对建筑的通常定义：建筑本身并非目的，建筑的目的是获得空间。

“合”的意思，可以理解成复合、融合，也是作为平面设计师的一些认知。许多的美学形式可以基于这样的关系表达，比如建筑体系与周遭的环境有密不可分的关系。在这本书里，建筑与纸的空间就形成了一种密不可分的“复合关系”。它们在被分解了的、彼此疏离的单元之间铺陈，形成的最终形象——“场”，就是这些关系的总和。

《离合》的构造与一般的书有所不同，并不是由前往后进行叙述的，而是呈相对状态，由两边往中间聚合，形成建筑与平面的对谈。整本书以黑白两色组成：黑色部分的镂空雕刻出抽象的字母“A”（Architecture），凝聚着建筑的缩影；白色部分的镂空雕刻出字母“B”(Book)，代表着纸本的灵魂。一面建筑，一面书籍，在不同的设计介质之间产生了有趣的对照。

呈现建筑部分的黑色和书籍部分的白色全部采用光挺的硬纸，以多页精细的刀版结构，层层渐进，形成凹凸有致的立体印象。内里以大舍的摄影作品开篇，无论是窗格、连廊、园林，都以极具韵味的江南风情，展现出温婉别致的建筑映像。而在表达书籍的部分，同样的新闻薄纸则表现了墙上的光阴、水中的倒影，以局部放大的方式，通过水面、竹叶、枝干、花苞等元素，传递出柔软的江南诗意。柔软的书籍与坚硬的建筑展现互为对比、前后呼应。

除此之外，这本书的排版也是值得一说的。在相同字号下的中、英、日、韩四种文本的铺陈，在“离”与“合”构成的整体中，“离”代表的是建筑蓝图，网格体系之下便以蓝色印刷图片字体进行排布，铺陈出青瓦白墙的脉络与韵味。而“合”的部分，我更多的是以一个平面设计师的角度，去阐述我心中关于书籍的意义。红色文本似书架上堆积的错落书籍，展开整体的排版与布局，隐喻在细水长流的过程之间。

“离”的部分也展示了大舍建筑的6

件代表作品，我在这里想要表达一个观点：建筑是以土地为承载根基的。所以，每一张照片都贴近书页的下方，就像我们见到的建筑群落一样，伫立于这片土地之上。而在“合”的部分，则原大展现了多年来我对视觉设计中的字体排版图像的研究成果，以点见面，以小见大。

进入书的中间部分，书籍和建筑在此交汇，设计师如同站在对讲台上，各自的观念和论点各执一方，娓娓道来，相合相离。

在传统的意义上，建筑和书籍是相离的两个概念。但如果我们换一个角度去想问题，把一栋建筑看成是一本书，也许会得到不同的看法。一间屋子新建出来的时候，首先便是建筑相关理论的实体化，从美学上的装修到物理学的承重，甚至还有天文地理和风水，建筑里包含的学问不亚于书本上的字句。等到时过境迁，一砖一瓦都被刻上了岁月的烙印，我们再看那些青苔与刮痕的时候，是不是就像在回顾一则历史故事呢?

反过来看，一本书，也是一栋建筑。做一本书，就像是建一所房子的过程，语言文字是打地基的必需物，护封就是建筑外的围栏，封面等同于建筑的外形构造，扉页是玄关，书脊与建筑的承重墙无异，版式则是建筑内部的空间格局，纸张用料便就是水泥玻璃的存在。在这个提倡辩证法与相对论的时代，建筑与书籍无疑是最贴切的范例。

书和建筑，其实都是在创造一种人为的空间。空间本无形，建筑通过物体将其分隔，割裂出来的每一块区域，都能构成全新的空间体态，当人置身其中的时候，就能感受到建筑营造的温度与美感。书籍的空间，则体现在纸张的翻转与折叠形成的360°之内。如果说排版印刷是二维平面的运动，那么封面内页的刀版雕刻就是能够通透三维的立体架构，配合书香、纸质、文字，还有翻页时纸张发出的或清脆、或低沉的声音等，让人置身于书的空间，从视觉、触觉、嗅觉、听觉上被全面浸润，这就是纸的“场”。

空间其实是一个极为复杂的抽象观念——因为你只能通过边界的划分去感受它的存在与作用。建筑的好坏，不仅能够在空间上实现物质功能，更应在空间的范畴内实现精神上的享受与超越的功用。而以“场”的概念去形成对书籍空间、建筑空间的认识，我认为这是绝妙的理念与方法。

简言之，设计中的细节很多。我们总是致力于创造全属性、全信息的存在，从而期待被发现。在这一过程中，我们总是努力注入很多细节。纸、书自身拥有一切细节与属性，懂的人才会懂。注入细节，就是丰富“场”的固有性，最终导致嬗变。而这之间，最重要的是：场与场之间的联结性的建立。让“一千个人心中的哈姆雷特”以“显像”作为最终目的去融合为全属性、全信息的集合，即使它其实是固有的。

书的“场”构造，是技术与艺术的结合。一本书的成型过程，在我看来，取决于对文本内容的构造规划。从搭建架构到基本版面，从板块设定到细节处理，从节奏起伏到材料选择，这完全类同于建筑的成型过程。当然，建筑是大的空间体块，而书籍则是相对较小的空间体块。不过，通过精心的构造，完全能够以小见大，而绝非管中窥豹。构造建筑时，划分与组合空间以及建筑外观，需要合理的方案，并且具备足够的可行性，技术与艺术并用，才能构造出好的空间，可以说没有好的构造，就没有好的建筑。构造关联到最终的建筑呈现，而又与材料的选用密切相关。当然，对于书籍设计来说，它要比建筑设计来得省事，它更是一种纯粹的空间构建，立足于精神生活，而无须考虑一些科学化的功能测试。

书籍空间的形态与色彩，贯穿于构造活动，建筑领域的“形态学”，属于基础的设计；而对于书籍设计师来说，要实现完全意义上的书籍设计高度，必须要掌控书籍最终的空间形态与色彩。这常常来自较多的实践活动的归纳与终结，你不仅需要理性的思考，更需要感性的心灵，尤其是在对纸张——书籍的主体“建材”的认知与选择上。

书籍设计与建筑设计，同样是在形成几何学的空间。可以说，空间就是几何学的综合应用。几何学的特点是创造出形式美，而做到多样统一才能产生不唐突的和谐，这一定程度上应和着大自然的造物规律与发展规律。建筑领域对于固定空间与可变空间等空间理念的深入研究，在书籍设计领域，同样可以助力于构建纸空间，比如交错空间。我一直试图在《离合》的设计中实现纸空间的层次变化，一方面展现出书籍设计中“酷”的一面，一方面也展现出书籍设计可以带来的趣味，有时灵活多变、脉络清晰，有时复杂多变、理性潜藏。

现代建筑设计界的密斯·凡·德罗对于结构空间的再开拓，改变了人们以往对于建筑的认知，结构有时并不需要过度掩饰。相反，经过密斯·凡·德罗作品的教科书式的传播与影响，结构同样能带来卓绝的形式美，只要实现科学构架与艺术赏阅的巧妙融合。密斯·凡·德罗对于裸露结构的理念，影响着我对书籍装帧的喜好。因此，我在《离合》这本书里运用了裸露书脊，这是我乐于展现的尝试之一。

如果要用一句话来总结《离合》想要呈现的东西，我会把它归纳成8个字："隔而不离，合而不同。"我们不必在书籍与建筑之间做出明确的边界与关系设定，就像我们不必在传统与现代之间做出抉择一样。设计往往是出于一个最简单纯粹的理由，就像我们欣赏某块砖的纹路，喜欢某张纸的颜色，然后依靠记忆与情绪，开始了一个抽象又前卫的实验。

于我而言，我也只是这场实验里先入为主的玩家。通过一本书的方式，制造新鲜，探索未知，期待与更多的人一起，触发与众不同的全新世界。

离与合

与赵清合作《离合》一书是一次令人印象深刻的经历。这次合作让我认识到在建筑愈加扁平化的当代，书籍的设计却发生着一定空间化的倾向。就像《离合》一书的封面与封底，每次翻阅此书，我都会去想：这 56 页的黑色封面和 31 页的白色封底究竟蕴含了怎样的阅读密码？尽管仔细观察还是能发现封面上凹印的“离（LI-Detach）”和封底的“合 (HE-Attach)”，我也能大致感觉到封面上的小孔和大舍某些建筑外立面的窗户的一些形式关联。事实上假如把这本书作为一栋建筑，我是无法接受在建筑设计中出现如此“多余”之物的，但是也发现自己却很喜欢这本书；或者说，相对于一本书而言，它更像一件艺术品，因为艺术的表达不需要理由，它只呈现结果。

这本书的出现源于一次展览，是日本的建筑大师槇文彦和韩国出版家李起雄发起的“书·筑”展，它由中、日、韩三国各自的5位建筑师和5位书籍设计师共同合作，每两人一组设计一本书，用以呈现每组建筑师和书籍设计师的设计作品和理念。受吕敬人老师的邀请和撮合，同受江南文化影响、位于上海的大舍和南京的瀚清堂共同创作了这本书。重读书中我、陈屹峰与赵清的对谈，当初的合作情景仍历历在目。建筑与书，都是一种“场所”，这无疑也拓展了我在建筑中的思考，因为书籍的“场”既微小又宽广，尺度存在于任何与人关联之物中。纸张的质感、文字的形式、空白与阅读，这些看似与书更为密切相关的东西忽然也可以饱含着建筑的概念。而书名《离合》，既是大舍早期作品的美学呈现，也能演变为赵清平面设计作品的一部分。我想这一次合作的意义仍在发酵之中。

柳亦春

0888-093

It is not necessarily an accident that Brooks, at the dawn of "The American Century," after the great literary renaissance in the "new" continent during the 19th century, demanded to "discover" and/or "invent" "usable past," while Danny Yung has been trying to "discover" and/or "invent" his version of usable past since around the dawn of the new millennium, which, some may argue, should be called "The Chinese Century." For Brooks, understandably, "creating a usable past" was necessary to "bring about, for the first time, that sense of brotherhood in effort and in aspiration which is the best promise of a national culture" (342) in the United States. For Yung in the 21st century China, his emphasis is more on a "vital criticism" rather than on "national culture," to use Brooks' own expressions. While Brooks is keen on articulating the role of literary critic toward the "promise of a national culture," Yung is an artist known for using performative "pasts" pitted against his contemporary visions and questions in creating his work.

The sense of anarchy as a common symptom of the age of drastic transition inevitably persists for both of their work: "Anything goes" in the early 20th Century America for Brooks, as a rising imperial power, where both its "European" pasts and nationalistic parochial "past" are being willfully forgotten by his literary contemporaries to the degree that Brooks in the article had to ask where Herman Melville, considered now as one of the greatest writers in the literary history of the world, is (cf. 340). Yung, on the other hand, has been interested in working with the Kunqu (opera) and its performers, because, despite its curious case of fate, the form was somehow surviving but perhaps on the verge of becoming a moving museum piece "without living value". As if following Brooks, Yung acknowledges the current socio-politico-cultural situation where "unbottling of elements that have had no opportunity to develop freely in the open," which for some

“过去”是没有不断更新价值的观念。但这是唯一的“过去”吗？如果我们极度需要另一个“过去”的话，我们能否发现一个“过去”，甚至是创造一个“过去”呢？

“我们当然可以发现，甚至创造一个可用的过去，这常是一些重要的批评带出来的结果。”

经历19世纪“新”大陆伟大文学复兴后的“美国世纪”开端，布鲁克斯要求去“发现”和/或者“创造”可用的过去，而荣念曾从千禧年之始（一些人认为应该称之为“中国的世纪”）一直试图“发现”和/或者“创造”他认为可用的过去（传统），他们两人不约而同的行为或许并不是偶然的。对于布鲁克斯来说，可以理解的是，“创造一个可用的过去”对于在美国“第一次带来关于兄弟情谊的努力和愿望，也是民族文化最好的承诺”是十分必要的。而对于生活在二十一世纪中国的荣念曾来说，他更强调的是一个“知性的批评”，而不是布鲁克斯表述的所谓“民族文化”。然而布鲁克斯更热衷于阐

《一桌二椅》并不是一个单纯的故事，而是由红白两本书共同组成的，白的叫作《夜奔》，红的叫作《朱鹮记》，主要讲述的是传统昆曲艺术走向当代和当代实验戏剧实验之间的差异与表达。

说到《一桌二椅》的出版，要追溯到 2010 年的上海世博会。当时，每个展馆门前几乎都聚集着长长的观光队伍，尤其是人气高涨的日本馆。排队几个小时，只为浏览一圈。众所周知，日本的设计始终都走在世界风潮导向的前沿，战后的几十年间，从引进开放到形成自己的独特风格乃至在世界范围内形成一股日本设计清流。而 1964 年的东京奥运会和 1970 年的大阪世博会又大大促进了日本设计的进程，设计的本质，实际就是先于他人创造的过程。

当年世博会的日本馆，除了美轮美奂的布陈令人惊叹，更为吸睛的在于馆内的一段昆曲表演，呈现出极富韵味的东方气息。而这段表演的主策划人叫作荣念曾，一个被称为“香港文化教父”的戏剧实验艺术大师。荣念曾以塑造“天天向上”的漫画形象而为大家熟知，现在致力于亚洲戏剧文化的研究与推广，而日本馆的昆曲创作，便是他受日本政府的委约，联同

江苏省昆剧院共同完成的。《一桌二椅》的诞生，也正是缘于这场合作。用江苏省昆剧院原院长柯军的话来说，只需要一张桌子、两把椅子，就能撑起戏曲演员的整个舞台。这也是书名《一桌二椅》的由来。昆曲作为中国最古老的戏剧声腔之一，分为北昆与南昆两种不同的派系。北昆以北方昆剧院为代表，擅用京韵京白，是昆曲在北京的支派之一；南昆则是以江苏省昆剧院为代表，主打唱念用吴韵苏白。《一桌二椅·夜奔》介绍的传统昆曲向当代实验戏剧的演变，就是由江苏省昆剧院代表的南昆完整还原了昆曲表演艺术家柯军的代表作并和荣念曾的“二十四念进面体”进一步合作的当代实验戏剧的探索。

关于《一桌二椅》的白色外包装，背后暗藏了不少思索与渊源。我的第一念头自然统一用白色手工纸包裹。当然，这个方案很快就被打破

了。原因是我认为单一白色的视觉冲击过于单调，需要变化与中和，于是在每张手工纸背面裱上传统红纸，这样从正面形成了红白相间、不尽相同的微妙变化：红色透过厚薄不一的白色形成了强烈的自然肌理，上下书口处又放出了白色手工纸的天然毛边质感，体现出红白两本书之间关于传统与当下的相融相生。

从纵向来看，因为《夜奔》的故事也会自然考虑到深蓝色的夜色，但和红色相配觉得太满，没有留白的空间，挖掘出故事的历史过往，讲述的是中国古典小说《水浒传》中 108 个梁山好汉之一林冲的故事。林冲雪夜上梁山之时，白茫茫的天地山水，提供了设计的灵感来源，改变成

《夜奔》的白色封面，选用了对比极其强烈的粗糙纸张来对应大雪漫天、雪地有痕的景象，呈现理性与感性的冲突。

走进内页，一桌二椅的一横二竖基本形态也提供了版式设计的网络架构，所有的图片文本均以此建构。文本的中英文叙述，都是按照一横二竖的形态进行网格化排布，即中文横向、英文纵向。开篇以《宝剑记》的昆曲工尺谱细说来由，点点批注以纸卷折叠打开的形式，手工纸全手工丝印增添了古旧气氛。《夜奔》中林冲的传统扮相剧照采用的排布方式是“一页一帧”，将林冲形象与工尺谱结合，在纸面上奔走，每一页都像是电影中的一帧，随着纸张的翻动形成连贯而完整的表演。工尺谱上，既有演员的批注手记，展现了演员对传统剧目的学习与思考，又空出了大量留白，就像是雪地上相互缠斗的剧本传奇，英雄好汉随着工尺谱的节奏，最终纷然落下。中英文评论部分以一桌二椅的网格化排布游走页面。过渡至现代部分，仍旧依据一桌二椅模块化排布剧照，每页不同位置，衔接纸面与舞台空间，讲述传统与现代《夜奔》之间线性逻辑的变化多样。

《夜奔》这本书里还有一些导演手记。在这个部分，我将排练的影像融于 M 折页面当中，制造雪落无痕、真相彰显的感官境地。全书正文包含5种纸张，视频CD利用书页空隙隐于其间，意思是“埋于雪中，终所齐用”。总的来说，整本书充满了适度的设计，就像荣念曾对于昆曲发展的观点，并不在于摧毁或是保留，而是赋予它“活的价值”，尽力“释放无法自由发展的要素”。

《夜奔》就像是一场属于经典的渗透与释放，由内容而言，由设计而言，无论是柯还是我，我们都不是在试图找一种新方式去讲述一个老故事，而是在展现美感的同时抛出问题。在这看似古朴又简洁的书中，传递出一种单一却强有力的、抽象与共通并存的荒芜。这种荒芜感渗透在作品里，伴随着剧目表达与视觉呈现而得以蔓延升华。

从某种意义上来说，我认为《夜奔》不应该被定格在任何一个时代，它应该是一种共享意义的“可传承资源”，是经典脉络的延续。传统的表演艺术不应该被放进博物馆，而应该成为一种活的艺术，通过一种辩证式的文化组织，传递不同时代的人文精神。

相比之下，《朱鹮记》比《夜奔》更具备实验性与概念化。如果说《夜奔》是传承，那么《朱鹮记》就是颠覆。这种颠覆不仅仅在于方式，更在于内核。

2010 年上海世博会上的昆剧演出，就是以朱鹮及环保为主题的。在这之后，荣念曾也将朱鹮比喻为传统的表演艺术家，探讨社会培育艺术家跟培育朱鹮的比对和关系。2015 年，朱鹮艺术周正式诞生，成了《朱鹮记》计划的年度重点项目，以开拓性、跨越性及传薪性为主，集结亚洲大师与青年昆曲精英演员的互动。因此，在《朱鹮记》的设计体系中，我运用了中国传统的“朱”色，表现象征庄严的“正色”，暗指从亚洲出发，向世界辐射的“朱鹮计划”。拉页则记载了计划从开始起的大事记，气势磅礴，也比较符合东方意趣。

与《夜奔》不同，《朱鹮记》是一本偏重于文本的书。在这本书里，荣念曾邀请了不同领域的艺术家，包括能剧、昆剧、当代剧场及当代舞蹈等，以“一桌二椅”为主题，用相同的舞台设置进行创作。在这个过程中，他们被分成了 7 组，与昆剧青年演员共同创作 7 个富有实验性的 20 分钟短编，最终被记录在《朱鹮记》之中。

这本书专访了参与计划的各国艺术大师，扫描了当下青年昆曲艺术家的生存状态，收录了艺评人士的精彩评论。从四种角度发表观点，四种文字色块便由“一桌二椅”的视觉逻辑体系衍生出来，几种文本排版格式的穿插和多种纸张的运用，横向与纵向交互，形成四种立体的空间关系。

在我看来，传统表演的艺术工作者，就像是关在笼子里太久的朱鹮，由于笼子小而挤压，便会形成内向的性格。以《朱鹮记》来命名，倒更像是一种讽刺，讽刺“笼里斗”的圈子文化、争权夺利的文化、谄谀媚上的文化，讽刺那些自保自封而又在制造枷锁的守旧者。

不仅是做昆剧艺术，做设计也是如此。理想的传承者，必定也是创作者。理想的创作者，必定也知道传承的重要性。传承、创作，都不需要自卑，更不需要自大。在红与白的更替之间，一面是传统，一面是当代，而我所要做的就是：把它们连成一个整体。

作为这部书的平面设计师，我也尝试去挖掘当代传统戏剧和实验戏剧的复兴使命，观察到“一桌二椅”在昆曲中是划定舞台空间的重要坐标，为其特创了系列图形贯穿全篇，让两本书都按照“一桌二椅”的视感逻辑体系自由生长。所有的年轻人都应该明白，世界并不是只有固化的内容，还有更多值得探索的东西。生活总有牢笼存在，但我希望每一个人的思考都能活一点，态度都能放一点，无论在笼里笼外，都能出入自由。

《夜奔》与《朱鹮记》，一本聚焦了一部代表作，一本全景记录了一项综合艺术实验计划，构成了完整的《一桌二椅》。

相信耐心读完《一桌二椅》的人，尤其是艺术工作者，都会与我产生相同的感受：跳出跳入圈子的角色转换本就是家常便饭，跨越互动又是另一个阶段。但是很多时候，我们这样做的目的并不是为了权益策略，而是为了更完整地活着，为了更多面地体会、明白这个世界。

一晃五六年过去了，总还是有人曲里拐弯来求《一桌二椅 · 夜奔》《一桌二椅 · 朱鹮记》，我只能告诉他们：绝版了呀！因为绝版，据说二手书市场上，书价炒到了原价的好几倍。

这套姊妹书，内容当然是独特的，荣念曾的实验剧场、我的先锋昆曲、国际朱鹮艺术节，对国内罕见的戏曲先锋实验进行了集成式呈现，这是很多戏剧爱好者与专业人士求它的原因。

还有一个重要的原因是：书做得太美了，太用心了！卓越的颜值使这套书荣获 2015 年“中国最美的书”。

内容与形式的相遇可以用一句话来概括：用艺术呈现艺术。

内容是艺术的，装帧编排展示手段也是艺术的。这首先是设计师的“心”：赵清老师对内容有准确认知，比如他对“一桌二椅”的理解，从戏曲、美学、文化多个层面深度认知之后，才下“手”，提炼出了“一桌二椅”的极简形态，作为设计主元素贯穿全书。他不厌其烦地为封面选纸，最后用白色手工纸拟态纯粹冰冷的雪地场景，我一下子就找到了我扮演的人物林冲雪夜上梁山的感觉。

形式与内容更有一份相知：赵清老师深深知道我们要表达的“最传统”与“最先锋”的精神本质，最传统是源泉，最先锋则是未来和希望，二者在表面的矛盾与背离中，实则一脉相承、相互拥抱。极其先锋的《一桌二椅·夜奔》，开篇却运用了传统昆曲工尺谱的册页。

之后，我的“最传统”与“最先锋”昆曲探索实践，越来越多地落于纸面。或言之，写作与出版，成了我艺术思考与实践的延伸。这条路，启程于“一桌二椅”。赵清老师在设计上的哲学思考，对东西方的融会贯通，给了我很大启发，受用不尽。

柯军

0938-09

随波逐浪 Flow with the stream • 38×43cm • 纸本水墨 ink on paper

读李津和靳卫红的画

贾平凹

我不在画界，但我喜欢看画展，看过不少的画展了，就老有一个疑惑：画那些青碧山水现在哪儿还能看到呢？画那些衣袂飘然的人物现在哪儿还能看到呢？元明是那样画了，那是元明的山水人物，传达的是元明时代的气息，而今天，我们的国画，如何才能表现当下中国人的生存状态和精神状态啊？！文学和任何艺术应该是一样的路数，我们学习《红楼梦》，而总不能还去写大观园吧。是要强调水墨画的独特性，它当然也是有一整套的文化心理和审美体系的，可不论是西方的绘画还是中国的水墨画，都是表达人对世界、生命的认知。水墨画之所以诞生也正如此，今天若不考究其根本，只过分自诩于其独特，比如材料、构图、方式方法，便以为水墨画就是这样的，也只能这样，那就沦为一种技术，作品也就如房子装饰中的瓷砖和壁纸。只看到吃饭用刀叉或用筷子，不管吃的是什么饭食和这饭食是给谁吃的。书法展览会上有人长着手却用嘴叼着笔写，也有人从下往上逆写，那是他的方法，我们只看书法如何，如果字不好，用什么写都不值得去夸耀。话再说回来，为了表现当下中国人的生存状态和精神状态，也用不着硬用西方那一套，位我上者星空灿烂，只要精神指向于全人类共同的东西，我们既然是中国土地上长出的品种，既然有传统，为什么不用传统呢？水墨画的表现力更强，多微妙，能得意，如何在水墨里现代，如何在现代发展水墨，这就看画家的本事了。

所以我喜欢李津和靳卫红的画。

第一次看到他们的画，心里噔的一下：还有人这样地画呀？！觉得兴奋。以前看到武艺的画就兴奋过，这次为了谨慎，我尽量寻李津和靳卫红的画多看。我觉得画也是要读的，对一个画家读多了才可能了解他，尤其像李津和靳卫红。他们笔墨里的功夫那是不用说的，这样的高手可以说到处都有，可他们为什么偏要这样画呢？似乎还一直在画一个题材，读多了，像锥子在戳，它就走你的心了，由惊讶而思量。

李津是不是在画自己，我不知道，从不认识也没见过他，画里的那个肥呀，浑浑噩噩，身边都是食物，他就是不厌其烦地吃。人于什么都可能烦过，只有吃没烦过，李津是让那人物吃得有响声，你能闻到肉味和酒气。他无意于表演，身边无人，或有人就是画外的看客，浸淫于贪婪里只顾着吃喝。靳卫红我见过两次，没有说几句话，她画中的人有些像她，那人物已经很瘦了，身边不是床就是沙发，这可能就是身份的指向，她僵硬地站着，表情严肃，空气紧张，这是个正对着一个或许多个男人的女人，她知道这个世界仍还是男人的世界，她想象着她在男人眼中的形象就是如此，而她偏不肯做这种形象，就孤独着，反抗着，自省着，诉求和证明自己。这是多么有力有趣有意味的画啊！这个男人是世俗的，这个女人是高贵的，男人在物质下生存，在生存中寻找物质，使自己也物质了，这个社会或许更适应男人，所以女人只能诉求，诉求什么呢？恐怕谁也说不清，她也说不清。更是李津和靳卫红不约而同地全让他们的人物裸着，却不表达年岁愈长，愈发现坚持文化与艺术这件事情，并不单纯只是个人喜好这么简单。这件事儿在我做“男·女”这本书的时候尤感深刻。在漫长的工作过程中，与其是我们为艺术做了些事儿，倒不如讲是艺术丰富了我们。

2014年，第一届《诗书画》年度展——“男·女”首展在山东银座美术馆开幕，以两性表达为主题，展现了李津与靳卫红这两位出色艺术家的当代水墨作品。后来，我以平面设计作媒介，将这些作品挪到了书页当中，也就有了今天这本沉甸甸的“纸上展览”。

关于“男女”的话题就如同“生死”一样，贯穿在我们的生命里，总能引发人的议论与好奇。我是被这个展览标题吸引而来的观众，同时也基于此扮演了一个新的创作者角色，让这些关于性、欲望、情绪、幻想的男女裸体，用一种毫无遮挡的方式闯入读者的视线中，公开了我们隐秘的渴望与现实的图解。

站在性别的对立面，我们似乎总能发现两性之间存在着完全不同的奇妙差异。当然，拨开这层关系，这场展览最终要讨论的还是关于水墨艺术的当代性表达。无论是钻进“前卫”还是遁入“传统”，李津与靳卫红的作品都在用看似赤裸的表现方式，实现了既具备个人风格又吻合水墨特质的艺术探索。它们被包裹在“男女”这个巨大的噱头背后，意在用性别表达真实，把人生经验和内容感悟借助笔墨倾注到纸上的过程。

在做书的前期，我想过用无数的新的方式去呈现这种“当代性”，但最终仍然回到旧的质朴路子上。不刻奇、不媚俗，反而更能赋予这些作品意义与自由。李津和靳卫红的画穿透饮食男女和酒池肉林，相反则构成了刚柔并济的艺术思考，用夸张的身体折射真实的生活，男有女的婉约，女有男的硬朗。他们的笔端落在纸上，总略带着几分调侃的意味。所以，我将二人的作品置于同一个视线平面内，一左一右，一上一下，形成有趣的对话与呼应，同时让男画家写下“女”字、女画家写下“男”字，将它们组合印刷于同一页当中，展现“细里有粗、粗中带细”的视觉印象。

李津和靳卫红是几近坦诚地把自己放到了画面上。李津笔下的男人拥有非常鲜明的特点，活色生香的质感和肌理，关于食色性的具象表达，让每一幅作品看上去都像是夸张的戏剧片段。而在靳卫红的笔下，她的着墨常常聚焦在一个女人的情绪中，她身上有着中国文人的那种“轻”和“愁”，湿软的苦涩，抽象的意境。在这个务实与妥协的艺术时代里，两位画家站在性别的两极，却不约而同地进行了自省和抗衡，一面是对于水墨的坚持，一面是对于人类的观察。

作为画外的看客，我一直在排版的过程中找寻两位画家的差异性与共通处，让整本书形成既独立又交融的存在。李津对于生活的贪恋与调笑，是男人欲望的影像，暗藏着消费社会的故事；靳卫红则用女性身体表达出复杂的情感世界，清冷的笔触让裸露实现了自我保护，内心的孤独与渴望显得更加极端。我选择了硬度不同的纸张和呈现方式，将两位画家的作品贯穿在文本之间。李津的作品肥暖，呈现的纸张页会相对柔软一些；靳卫红的作品带着审视意味，更适合放置在质地稍显坚硬的纸上，单刀直入地呈现出来，又把部分作品横向折叠起来，读者在展开它们的时候，就如同触发心底的隐秘情感。在靳卫红这种看似尖刻的自我关照的背后，女性的特有的细腻与丰富常常是被藏起来的，被人忽略甚至遗忘。

或许在某种维度上，男与女本质上就是站在世界两极的生物，除了传统习俗的教化，更多的是由于截然不同的身体经验与自我理解。上与下、高与矮、远与近、方与圆、疏与密、前与后、左与右、大与小、软与硬、短与长、厚与薄、粗与细、色与素等这些矛盾被分散在整本书的细枝末节中。比如开篇的男与女，始终是以背对背的形式呈现；作品的排布方式也遵循着“男左女右”的规则，李津的作品都靠左，靳卫红的靠右。每幅作品的大小、长短、横竖都不尽相同，就像两位艺术家完全不同的性格、才情、理解和经验。在惯有的创作框架中尝试这样的自由实验，也是我在不经意间的一剂精神良方。

这本书在设计上并没有太多的炫技成分，唯

一增加仪式感的东西或许是原浆色的封套，不加任何修饰，只有一男一女伫立在正反两面，恰好能形成一场隔空对话的距离。我用旧的语言去呼应两位艺术家用修养造就的散淡与松弛，让男人与女人、符号与身体，在令人熟悉的语境中衍生出全新的意味，也给读者留白了足够的想象空间。

有人曾经说："当水墨完全摒弃了装饰性，有人看到了枯槁，有人则看到了生命。"性的背面往往是人性，或者说是人生故事的总和。设计师会经常陷入创作陷阱，思索怎样做才能够更符合受众需求，但李津和靳卫红的作品却给了我不同的启发，他们的作品勾勒出了时代的镜像，同时也互为镜像，让我从镜子中正视那个被隐藏的自己。出发走向内心是一条艰难的路，但我在这些作品的差异之间找到了共鸣。

做设计与画画一样，我们会执着于"写意"的过程。画家的写意是用笔墨表达本我，而我的写意是贯通笔墨理解的二次创作，很像是"摆渡人"的存在，将这种理解传到对岸的读者那里去。这里面有几分自我，也有几分关于度的衡量。比如靳卫红的笔墨行走强调与心绪的对应，才能逼迫我们跨越对于女性身体的物化认知，去探究一个具有自觉意识的现代女人的存在明证；比如李津大俗画面里的温润和生机，在生活与笔墨的双重放纵中并未流俗，轻松的戏谑感才能跃然纸上。我将它们的异同放大，像是形成了一种互通有无的局面，文化、信仰、当下、时间，在错综复杂的交缠下最终诞生成书，实现融合与新生，拥有了传统观念上的人文气质，但绝不是那套文人系统里的修养，是在今天作为男性与女性的、纯粹主观色彩上的个人探索。

这是我所理解的当代艺术，不是传统中国文人的调调，而是把对于人生的“自我关照”逐步变成“独善其身”的方式，如同从李津和靳卫红画中窥见的那样。往后退一步，“躺平”并不是最终遁所，面对生活的时候，准许和纵容自己的“个人性”，把理解自己与世界的差异作为通向精神诉求的途径，才是艺术里所谓追求“新大陆”的真正意义。

老赵

我和赵清是大学同学，尽管隔一个系和上下届，但大家在一起玩。后来我们都在出版系统工作，这交情有30多年了。

有人曾说“老赵是为设计而生”，此评价真入木三分。

中国平面设计近20年来的成绩很大。我翻看自己的书橱常感慨：20世纪90年代买的书还很不像话，到了21世纪，这书就像脱胎换骨了一样，分成了新旧两个世界。虽然印制工艺功不可没，但图书设计的功劳是第一位的。我常拿着一本书摩挲，不一定要看它的内容，实在是爱上了它的样子。

赵清便是这新世界的推动者之一。

我与他合作过数次，很长久的讨论在细节的磨合上。当然，常有争论，即使书已下了厂，但意见还没一致。他跟我客气，也因我是老同学，不然，赵老师一言九鼎，客户不听话，单子根本不接啊！

我跟他争吵的是：哎，图能不能大一点啊，人都看不见画啦。人家不折不挠：图就这么大，再大版式不好看了。

赵清爱设计，设计也爱赵清。这些年他获奖无数，看得人羡慕忌妒恨。后来，他成立了自己的设计工作室“瀚清堂”。

我和李津的双人展览及同名画册《男 · 女》由瀚清堂设计监制，它可以说是我见过的最美的书之一。当然，这个评价并不只来自我，它自出生以来，获得了 2015 年“中国最美的书”、2016 年香港环球设计大奖 GDA 银奖、2016 年纽约字体指导俱乐部 NY TDC 优异奖。还有一个美国印刷大奖班尼奖，据说这奖项堪称印刷界的奥林匹克。我理解这不仅是给印制的，也有设计师对工艺的要求和把控。作为此书的作者，实在是与之有荣焉。

在设计此书时，赵清与我讨论过他的整体想法，他要让这本书翻起来又软又硬，要把男女这两重性别的感受植入进去。因此，在纸张上的变化很精妙、很细腻。我注意到，在李津的部分他用软纸，在我的部分他用硬纸，如果读者足够用心，定能体会到他对丰富性的企求。很多图画又以活页方式插入进去，使阅读充满了新奇不可期的情趣。

这些年“瀚清堂”已成为设计界的品牌，大有连老客户都插不进去的感觉了。他培养的设计师也有不少可以撑门立户了，我还是仗着这多年的交情：哎，我的书，非得老赵自己出手啊。

靳卫红

赵清｜中国设计师要记得自己在东方

2010 年，南京的平面设计师赵清组织了南京设计师的一次集体亮相——纽约 ADC 对话南京设计展。在此之前，南京的设计师们从没有如此在一起，这么大动静地向公众发出声响。“这也可能是一种地域特点吧，大家都不怎么喜欢抛头露面，但是其实，南京的设计界早有这么一股力量。”赵清说，自己经常在外面跑，接触到深圳、广州、上海的设计界，感觉到设计师不能仅仅埋头自己做。

事实上，南京的设计师们正在全国乃至世界范围内崭露头角。以赵清本人为例，他已经拿到美国纽约 ADC、TDC、One Show Design、德国 Red Dot、英国 D&AD、俄罗斯 Golden Bee、日本 TDC、中国深圳 GDC 等众多国际设计奖项，而且在 2010 年秋天，正式成为 AGI（国际平面设计联盟）的会员，这也是 AGI 自 1951 年巴黎创建以来的第 20 位华人会员。

不久前，赵清又参与了一项跨界的创作活动，由中国、日本、韩国分别选出优秀的建筑设计师与平面设计师各四位，日本的普利兹克奖得主槙文彦、妹岛和世，还有原研哉、三木健、藤本壮介等参与这次活动。国内则有柳亦春、徐甜甜等建筑师和书装大家吕敬人、吴勇、小马等参与，可谓超一流阵容，他们两两组合各做一本书，这项活动叫做“书筑”。

对于这次的创作，赵清早有了想法：“这一活动之中，我主要阐述从‘纸的场’，再到‘书籍的场’，用最恰当的比喻可以说，这些场如同磁石，如磁石的纸、书籍不再为更大的空间所限制，而能够在空间中流动，这是一处‘流动的固有的场’。通过对纸的运用与重塑，在书籍设计中创造奇迹与空间，用纸张来表达材质的美感，有的像玻璃，有的像砖瓦，因而能够创造同等于建筑的视觉奇迹……”

无色的海

《遗忘海——跨界艺术笔记》（以下简称《遗忘海》）这本书最初打动我的点，是从这三个字的书名开始的。它的诞生就像是作者罗拉拉在扉页里写的，“记录是履历，遗忘是修行”。身为记者的她常常在记录与遗忘之间有这样的矛盾，所以，“遗忘海”这三个字似乎恰如其分地概述了她惯常行为里的关键点，也同时给予了我这本书在设计构思里的灵感，辐射到所有的创意视觉的呈现之中。

作为一本跨界艺术笔记，《遗忘海》这本书的内容包罗万象。它集结了罗拉拉近10年来对文化艺术界人物的采访笔记、人物素描、艺术批评及生活随笔等，谈论文学、绘画、戏剧、影视、建筑，也谈论生活方式的种种，也涉及了诸多著名的导演、作家、艺术家与设计师。相识多年，罗拉拉在我心里一直有着新女性的敏锐感知与文化视角，她的所有采访、日记、随笔，甚至长久醉心于昆曲的传播经历，都完全真实而坦率地展现在这本书当中，也触发了我心底的某种情绪，让《遗忘海》反映出一种新的特质。

记录文本，如同记录生活里的行走轨迹，密密麻麻的字眼连成海，潮涨潮落，都是非虚构文字的妙处。感性、自由而极富感染力，像极了每个人心里藏着的那片“遗忘海”。我在设计中常常追求一点点独创的视觉引信，尤其是对于这样的文字书而言，版式与字体的变化设想还不足以支撑起设计创意的表达，而如果把海作为视觉线索，可视化的语境似乎立刻就变得立体和生动起来了。

于是，我便顺着思路向罗拉拉提出：希望将书里的重点段落用毛笔蘸水划过，让晕染的墨痕营造出海水浸泡过的感觉，字迹慢慢地淡去的样子，很像是我们逐步遗忘的过程。这样的设想很大胆，作者与我都曾经担心模糊的字迹会造成阅读不便，但最终大家都冒着风险决定试一试，尽量掌握好分寸，达到艺术效果与阅读体验之间的平衡。

为了还原出这种独特的手工痕迹，我和助手寻找了很多家打印店，终于找到了一台几近被市场淘汰的老式喷墨打印机，这种打印才能让罗拉拉用毛笔蘸水画出每一页的重点部分并化开。这个动作反复试验了很多遍，前后做了三次扫描后再进行编排，最终才达到了理想中的成效。

在不断尝试和斟酌的过程里，我曾经也挣扎了很久，哪怕到了最后关口，仍然在担心大众市场不买单，犹豫是否去掉这些晕染的部分。经过了很长时间的矛盾斗争之后，还是决定坚持这么做，在某种意义上，也相当于坚持了这本书的重要特点。我想：这是一场用心而妥帖的实验，它是值得被保留和认可的。

蘸水与涂抹的过程反复了大约三次左右，目的是达到一种最舒服和自然的视觉状态，甚至在下场前一秒，都在考虑是否让罗拉拉再拿笔涂一遍。开始的时候，我原想对书页进行整体的扫描之后，通篇使用打印稿晕染的文字，这样每个字都会有点毛糙感，呈现出老铅印的痕迹。但考虑到整体的阅读效果，最终还是选择把晕染的部分单独扫描出来，再植入到清晰的文本当中，并在衔接处产生过渡与融合的质感，让阅读过程尽量不受影响。

从模糊到清晰的字体融合，关键就在于蘸水画痕的笔触，既要艺术的形式，也要分寸的掌控。书中这些逐渐晕染的过程看似随意，背后其实都藏着轻重的衡量与节奏的把控，如同我们想牢记却被淡忘的事情，它们会模糊、会偏差，就像是在克制之下的某种不由分说，海浪层层逼近，记忆却渐行渐远了起来。

《遗忘海》这本书有四个章节的主题大类，我与助手便分别设计了四个不同的图形，恰好呼应“人物白描”“文艺评论”“昆曲笔记”“私密空间”四个主题。每个部分的文字版面宽度就像海水退潮一般逐渐变窄，有一个慢慢推进、淡去的过程。书中的海水图片也是如此，一开始是清晰的、不透明的，越往后，透明度便越来越高，图片的呈现渐次变淡，把“遗忘”的过程贯穿进整本书里。

包括书页首尾部分呈现的深蓝色，也是为了呼应海的元素，进行了很多考量再慎重选择的。这种纸张是我在网上淘到的，有一种非常古老的质感，没有华而不实的成分，成本也比较合理。双胶纸、彩胶纸都显得太光滑了，用这样的纸张还原出生活的颗粒质感，恰如我们的记忆，慢慢淡出，最终化为沉淀的时光碎片，平静得就像书中的这片蓝海一样。在这本书的设计里，还藏着一个更有意思的细节。为了更加符合“遗忘海”的概念，我选用了古法晒蓝图的工艺方式。这也是一种非常早期的工艺方式，现在几乎已经没人再拿来使用，但恰恰是这些非常原生的东西，塑造了《遗忘海》最出色的部分。这种工艺会随着时间的流逝而慢慢褪色，让拥有这本书的人，亲眼去见证这个遗忘的过程，也不得不催促自己抓紧。

这本书穿插了很多作者本人的绘画小品，同时也让作者绘制了受访者的样貌，我很喜欢这种以“原汤化原食”的形式表达，所以放弃了对于书脊书眉和边角的惯常设计，只留下了页码，目的是让大家更多地去关注书里面的内容本身。封面的处理仍然是按照平装书去设计的，但在腰封的背面玩了一些小心思，翻开就可以看见一整面的海。书的封面是干净的纯白，我用了一些压凹的方式，选取了“后记”里这样一段话刻在书封上：“我们留下的文字，就像记忆之中的歌词，它涵盖的不是记忆的汪洋大海，而是记忆的筛选，有情绪，有图像，有痛感，有刻痕。是记忆的选择与遗弃之后的硕果仅存。遗忘的海浪时时逼近，卷走我们已经放手的，和仍想紧握的……能记多久就记多久吧。”我不加修饰地保留了作者的手稿痕迹，像诗句一样排列下来。凹凸有致的手感，就像这些文字一样自由而真实，也是触动我自己的地方。对于整个封面的基调，我也考虑过采用灰色和蓝色，但最终还是以大面积的纯白呈现。倒不是说其他颜色不够好，只是单纯地想让一切都变得更加纯粹。中国人都乐于打磨留白的哲学，生活里如此，在我的设计里亦然。我在设计这本书的过程中，遗忘掉过去的设计，便是留白最好的收获。曾经有一位读者在看过这本书的设计之后，写下了非常令我感动的诗句：“遗忘付之海，思来沾衣襟。字字梨花雨，故交相与揖。”在日新月异的科技时代，《遗忘海》的设计方式或许不够年轻与潮流，但我希望它能够像卡朋特乐队的那首《昔日重来》一般，让人想起被遗忘的时光、比海更深的梦、纯真的初心，以及那些被晕染过、淡去的记忆。

光头、墨镜、重金属风格的皮夹克、马靴，牵着一只黑色的拉布拉多。这是设计师赵清给人的日常印象。然而在《遗忘海》一书的设计合作过程中，我却感受到赵老师内心内敛细腻、个性深沉的诗意。

设计也像是一种雕塑，从造型到细节，反复雕刻打磨。白色是赵老师钟情的颜色，这也是《遗忘海》选择的封面基础色。赵老师原本希望书名就用我自己写的字，最后没能写好，还是优选了书法家许静形神兼具的字，在白色的封面烫上珠光白的草书。

不过，赵老师并未放弃用作者手迹的想法。有一回拜访他的工作室，赵老师看似不经意地递给我一支白色的凌美笔（德国产），说；“随便写，多写几行。”这种笔很好写。

所以我涂涂改改，抄写了我书中的一些片段，写完也就忘了。但是后来当我打开书，发现扉页过后有几页都是我大大小小的手迹，真是惊喜啊。再后来又发现白色的封面上还隐隐镌刻着我的字迹。一边是遗忘，一边是抹也抹不掉的痕迹，这就是矛盾冲突带来的诗意。

最最难忘的还是赵老师在设计中对于遗忘的体现。他们不知跑了多少打印室，才找到那种已淘汰的油墨打印。那种油墨有个特点，遇水会有点晕染。赵老师后来让我用毛笔蘸水，将每一页的重点部分画出来，这是一种模糊后的强调。

赵老师说：这可能是文字被海水浸染了，也可能是被作者或者读者的眼泪打湿了。理性的制作，感性的效果。这种设计虽然后来引发了争议，有作者甚至质疑是否印刷质量出了问题；但这样的呈现在书籍设计史上也是标新立异、绝无仅有的。友人薇亦因此写了几句诗："遗忘付之海，思来沾衣襟。字字梨花雨，故人相与揖。"我觉得甚合吾心，后来也由我抄写录入书中。

赵清老师对一本书的设计是殚精竭虑的。他甚至想到用晒制蓝图的技术，来呈现我的手迹。这些蓝图纸首先符合本书定下的海的基调，而蓝图纸上显现的字也会随着时间的推移慢慢淡化乃至消失，从时空转换的进程中精准表达了“遗忘”，这真是令人叹为观止的大师手笔。

《遗忘海》一书的设计，全权交由设计师大胆自由地独自完成。因为我的职业是记者，赵老师想到了放插图的插页采用新闻纸，我的那些涂鸦小画就印在与报纸同样质地的纸上。包括这些涂鸦稿摆放的位置与大小，各种纸穿插出现的意外“隔断”等，都在有意无意间突出手作的效果与设计语言上的与众不同。

并非只有文学家才能表达诗意，书籍设计师在经过精准的技术处理后，从而使书籍呈现出感性的动人心魄的艺术效果，乃至令人感受时间、记忆与忧伤的进程，这也是如冰山一角般颇为难得的诗意。

就像我在《遗忘海》“后记”里所说的那样：“遗忘的海浪时时逼近，卷走我们已经放手的和仍想紧握的……能记多久就记多久吧。”

罗拉拉

130

一九七八年二月十一日，晴

最终我们在码头上，在朋友们的祝贺鼓励中离开了……

我们都很高兴我们终于离开了那个环境。那里已经开始成为没有生气的地方。没有人能不征询别人的意见就去做点什么事。刚开始我感到纯粹的兴奋，但是后来当广阔的海洋出现在我们脚下，我开始觉得恶心。我们的表变得

字迹开始变得模糊不清，没法读下去了。

我翻开了日记的最后一页，发现你在船上总共待了九个月。从一九七八年二月到一九七八年十一月四日。一个人怎能这么长时间足不沾地？我想象你一定遭遇了暴风雨。有时候你肯定会被太阳晒伤。在船上的九个月里你生过病吧？你是否希望你不是在船上而是在其他什么地方？

你说在你的旅程里你有时会觉得生活很令人兴奋，因为你在庞大的海上永远航行下去，但是有时每一分钟都让你感到无聊，因为你总是在一望无际的海上，永远地航行下去。我试着想象每一分每一秒都望着大海的样子，可我做不到。我从没靠近过海。我只从飞机上看过海。

一九七八年六月七日

早餐：金枪鱼。晚餐：金枪鱼。我试着尽量多吃点绿色蔬菜，但是冰箱被看管得很好（昨天一个西红柿不见了）。

巴拿马，哥斯达黎加，尼加拉瓜，萨尔瓦多，危地马拉。我们经过了这些中美国家，尽管有些国家我们没能看到，因为船在海上，离得太远。

Sunday 11th February
We have eventually left amidst cheers from our friends on the quayside ... we [illegible] get away from what was beginning to become a [illegible] atmosphere where no one could do anything without consulting [illegible] else. At [illegible], but later when the [illegible] was [illegible] I started [illegible]

The writing start becoming very messy and un-readable.
I open last page on diary, and find out you spend nine months on boat all together. From February 1978 to 4 November 1978. How a person can do for so long without his feet stand on soil? I imagine you must be suffered from storms. Sometimes you must be burning by sun. Were you ill on boat in all nine months? Did you wish you be anywhere but not on boat?
You saying in your journey sometimes you feel life exciting because you are on enormous sea, sailing and sailing for ever, but sometime you really bored in every single minute because you are always on boundless sea, sailing and sailing for ever. I try imagine to watch sea every single minute but can't. I never even been close sea. Only watched from plane.

June 7th 1978
Breakfast: tuna. Supper: tuna, I try to eat as much green veg as I can, but the fridge is well guarded
(a tomato went missing yesterday)
Panama, Costa Rica, Nicaragua, El Salvador, Guatemala. These are the Central American countries which we have passed, although some we have not seen because the boat has been too far out to sea.

131

雪青与玫瑰

《恋人版中英词典》（以下简称《恋人词典》）是我早年做的书，距今已经很多年了。关于这本书的背景，至今再回想起来，我依然是深感记忆犹新的。作为一个中国女孩浪漫的爱情之旅，这本书里充满着灵感、眷恋、不羁与动荡，构成了每个人幻想中的青春。因此，在做这本书的时候，有一种特别的热情往往会被逐渐吸引与带入，由字里行间所迸发的语言，自然也就幻化为我的设计灵感，隐藏在这本书的每一个细节之中。

《恋人词典》，顾名思义，大家都以为这是一本中英对照的词典，其实不然，实际读来发现是一本小说。有意思的是读了几句便会发现里面的英文读来实在很别扭，许多句子的时态混乱，甚至词语有缺漏。有些太过简洁的句子充其量只是几个单字的组合，那些破碎问句感觉只是纯粹为了抒发内心的呐喊。

写下这些文字的，正是我刚才提到的那位中国女孩。她叫郭小橹，24 岁时独自前往伦敦留学，邂逅了一场由于误会而产生的异国恋情。这场恋情持续了整整 12 个月，最终因为沟通与误解而分崩离析。当我通读完所有文字的时候，才知道这些跌跌撞撞的英文单词，记录的是一种语言和文化的傻劲儿、一种执念，它就像是作者本身的自传体，带着鲜明的个人特征和情绪，锋利得能够直击人心，竟也因此在英国获得了布克奖。后来，这部小说在中国被作者翻拍成了独立电影《中国姑娘》，女主角就是娄烨导演的《推拿》中的女角黄璐饰演。

《恋人词典》是一本实验性很强的书，它几乎是完全反常规的，以中英对照的陈述打开了所有人的视界，就像是一本恋爱词典。2007 年，郭小橹将书中的 80 个词条转化为 80 段在英国生活的精彩故事，如“外国人”“想家”“双性恋”“隐私”“幽默”“自我”“堕胎”“未来式”“占有”“背叛”“宿命论”等等，涵括了她在英国的见闻、思索以及东西方文化的冲突。2009 年，我以同样实验性的方向尝试去设计这本书，通过挖掘作者的内心，用开放性的思维展开创作，以达到预想的效果。

书的“序言”中有这样一句话：“我写这本英文小说是希望建立一个实验性的小说结构……”正如作者那样，开头故意用蹩脚的英语写成，很有喜剧性。这是一本自成体系的小说，鉴于这样一种探索的精神，我在对这本书的设计概念上，也赋予了一层探索的意欲。轻翻这本书，你可以看到整体色彩并不是一般小说设计那样的黑白，色调单一，而是采用了以雪青色和玫红色两大基色。雪青色在书中代表这段恋情的英国男主人公，柔和、平静又理智。玫红色代表中国女主人公，热情、明艳，甚至有些莽撞。一静一动的配合之中，色彩的运用就像是一场强烈的对比与融合，又分别隐喻了书中男女主角各自的属性和性格特色。

玫红色和雪青色几乎构成了全篇的排版与设计线索。玫红色与雪青色的荆棘鸟，玫红色中文对应雪青色英文，玫红色丝带和雪青色丝带书签，甚至是玫红色中式日历、雪青色英式日历，都在诉说这段爱情旅程中的碰撞与交汇。

软质纸护封上层次感通过特定的折叠，呈

现出三层关系，一层一层的纸，代表一层一层的思绪。护封封面有一段话截取自书中："你在想什么？"通常男人说了点什么，女人就会提出问题。他们的对话就像这样。她："你在想什么？"他："没什么。"她："但是你脑子里正在干什么呢？"他："我觉得我的生活充满悲哀。"她："为什么？"他："我不喜欢我的生活，我觉得空虚而没有止境。"她："那你想什么呢？"他："我不知道。"她："你最大的幸福是什么呢？"他："……海。"我个人非常喜欢，便尝试将它们摘录下来并展示在书封上。

有趣的是：在封面排版过程中出现了一个小插曲。雪青的英文和玫红的中文开始保持着应有的距离，随着对话的进行，英文和中文慢慢地靠近，直至交融到一起，又渐渐疏离，直到"海"，"海"让它们再次回到最初的距离。正是这样一个出其不意的效果，竟然酿成了整本书封面设计最画龙点睛的细节，就像是男女主人公的爱情故事，从陌生到熟悉、从相遇到分离，最终两两相忘，造就了这本爱情词典。在《恋人词典》里，我融入了许多编辑手法，以时间里的12个月铺陈故事的情节发展，也穿插了两条关于插画的线索。其中一条线索是由专业插画师绘制的，表现了花开花落、小鸟飞来飞去。另一条线索的插画是我女儿的涂鸦。当年她才8岁，我买了一本小小的速写本，给出书中的关键词，让她任意在纸上发挥。后来，这些涂鸦就被裁剪下来，根据每段故事的内容拼贴在书中。书中的手写页码与透明胶带撕划过纸张留下的印痕，与孩子的即兴涂鸦一起，构成一种天真无邪的热忱，就像爱情里不顾一切的感性与冲动。有时候，一些图印或插画，往往要比文字来得本质与深刻。我想还原出人的心性中更真诚的一面，这是一种没有精细修饰的、更加直白和真实的呈现，就像我们在爱情里的样子。

我希望通过设计，让文字也开始一场恋爱。为让读者能够充分领略故事的主角在语言上的变化，书中刻意采用了英汉对照的形式。中文、英文在书中约会，密密麻麻，疏疏散散。男女主人公在“之前”相遇，经历了此年 2 月到彼年 2 月之间的 12 个月，在“之后”终结。字体排版上，中文采用横版版式，英文与之相对，竖列排版；鉴于目录的 12 个月，在设计上，我在目录故事前付上每月中英式日历各一份；书中以 80 个英语单词命名的故事，每个单词都在相应的英文故事段落中用不同色的笔特别标示，并将每个英语单词的中文意义排列出，“词典”的功能展露无遗。对我而言，所有的设计都是内容的进一步诠释，将男女主人公的独立个体以及其文化的融合与碰撞，生活方式之间的强烈差异，在书中以这样一种特别的方式展现在读者面前，也是我想要达成的“实验意义”。

书中的插画也是跟随文字循序渐进的，暗示着故事的发展。内封封面与封底，白描手绘玫瑰花和荆棘鸟的图案细致而典雅。封面封底的图案展示了这场令人感叹的爱情：封面左下角玫瑰花美轮美奂地存在，雪青色荆棘鸟（男主人公）在一个残缺的“爱”字上驻足，玫红色荆棘鸟（女主人公）飞来，半个身体遗留在封底，而在封底上玫瑰消失无踪，雪青鸟与玫红鸟背道而驰，大有劳燕分飞的悲怆。

同样的寓意表现也展现在书籍中间部分的两色区域，9页玫红色，9页雪青，页脚处的图案以影片胶片定格的形式存在，一连串的“胶片”（鸟花插图）快速链接起来，如一场两只鸟在花盛开，凋落配景下相遇分离的小型电影，纸张中的白色区域部分起了一些记事本的作用。

最初我预备单独设计一本和书本配套的小记事本，和书本一起发售。由于想突破一下传统设计，后来便将两者结合，在书中形成了现在这样的设计。

书脊的裸脊形式触感特殊，书脊中的颜色一目了然，塑造以脊为轴且对称兼平衡的“场”。材质上我采用了柔软舒适的轻质纸，和手指的互动配合无间。读者所得的内容，随着自己的参与慢慢展开；用手翻，得到的内容是“Outside”（外面）；用心触，得到的内容是“Inside”（里面）。就像书中的情爱，面对一个爱人，用手、用唇、用心，因参与方式的变化，你会读到不同的东西。

郭小橹说："这是一本实验小说。写小说的时候没有考虑太多的读者问题，而且觉得有可能出版不了，因为小说是实验性的，小说是一个语言游戏，是关于失语症。原来的小说题目是《一个失去语言的人》，所以，光是这个角度就对读者很有挑战性。写作的时候是对我自己欧洲生活的一个虚构性的整理。我想英美国家的读者读到了一种个人化的历史，通过一种个人化的叙事看到中国的内在思维状态。"

很多艺术家都是在他乡生活，周围的群体应当尊重一个艺术家的生活状态以及他的艺术品，这本书于我来说就是一件特别的艺术作品。书中的文字凝聚了作者的思想，而我通过设计，渗透进作者所表达的灵魂，将这本书的物质构成，根据它所承载的思想，通过色彩、涂鸦、排版建立起来。

无论从什么角度，装订、章节划分，还是文字编排，这些东西都凝成了一股合力，塑造了一个形态与内容统一的设计，彻头彻尾地实验了一场中西合璧的恋爱。

图书形态与文学的一次私奔

接到赵清老师的这篇约稿时，我愣了一下："那是多久前的书了啊？"打开电脑里命名为"恋人词典"的文件夹，发现最早一份文档是2008年12月存下的。那时我在北京的新星出版社做外国文学编辑，跟赵清老师有过几次合作，但仅限于封面。当时的我更多关注的是内容，对于图书设计的概念仅仅是内文的字体字号及间距应该看着舒适、便于阅读，涉及图的也只在于封面，用当时新星的社内习惯语说，就是封面要"顺眼"。在我合作过的几位设计师里，赵清老师给出的封面一直还挺"顺眼"的——够文艺、够市场化、够抢眼，而且都很美。

在做《恋人版中英词典》这本书的时候，我首先考虑的也是内容，不过这一次的内容和之前做的外国文学稍有不同。这是旅英中国作家郭小橹故意用笨拙的"中国式英语"写成的一本全英文小说，讲述了一个完全不懂英语的中国女孩到伦敦学习英语的经历。她从到希斯罗机场开始，就发现没有一个英国人能读出她的名字，于是干脆给自己改名"Z"。后来，Z结识了一个英国情人，从此进入了一个新的世界，也开始了自编爱情字典的生活。她的世界观变了，英文进步了，甚至可以流畅地使用优雅的古典英语，但她依然很难真正理解她的英国男友，最终还是怅然分手……

内文我理解透彻了，我开始思考封面文案。我想要什么样的封面？我看了这本书的英国版、德国版、法国版、美国版，还有在中国台湾地区出版时使用的封面，同时也都发给了赵清老师，顺便在邮件里说了一句："由于这本书首次在作者的祖国出版，所以郭小橹希望能出个双语版，以体现原作里Z的英语水平的变化。"

虽然之前合作过几次，但我和赵清老师一直未曾谋面。这封邮件之后，我接到赵清老师的电话，显然他对这本书设计的兴趣远远不止于封面。电话里他问了一连串的问题："双语版你打算怎么做？是中英夹杂，还是左右页对照？是前半本中文，还是后半本英文，或者也可以分成两本？有没有想过把内文做成彩色的？是否可以加一些插图？”我一时语塞，之前根本没有考虑过这些问题，赵清老师对图书设计的理念完全远离了我对文学图书形态的设想，但同时也让我知道了他的设计思路：设计图书就像盖房子，先把楼建好，再进行外墙装饰。

于是我推翻了原来的想法，打算用一种从未尝试过的方式去做一本文学书。再次通读内文后，我在设计表格上填写了体现“笨拙、茫然、爱情、差异、对比”的想法。对色彩极其敏感的赵清老师首先提出了内文在白底上用两种颜色的思路，用紫色表示忧郁和神秘，用玫红表示女性和爱情，这两种迥然不同的颜色放在一起，恰当地体现了我所需要的“对比”和“差异”。确定了颜色，就是确定了这幢建筑的整体用材，接下来便是里面的格局；我们根据书中提到的内容，加入了很多的元素，包括略显笨拙的插图，代表爱情的唯美纹样，按原文的体例设计了日历，还请郭小橹本人手写了一段中文前言。紫色和玫色交替使用，中英文左右页对照出现；同时根据中英文句式长短的不同，采用不同的排版方式，整本书都变得灵动起来，完美地解决了我原本因书名中的“词典”二字和中英对照而产生的让这本书变得像教材的顾虑。我想这是我做过的唯一关注形态多于关注内容的文学书，它让我对图书内文的设计有了和之前完全不同的理解——内文的设计可以进一步推动文字本身的表达。

内文设计确定之后，就像赵清老师说的一样，封面便水到渠成，玫、紫、白三色构成的封面和腰封与内文融为一体，甚至连腰封上的文案都自然跳出：用不完美的语言完美诠释无悔爱情。

我想这个“完美诠释”用的不仅是文字，当然还有设计。

施铮

进入平面设计行业的缘起，那得追溯到我的中学时代了。在那个娱乐生活匮乏的年代，我最热衷的娱乐方式，就是在白纸本上描摹一些人物形象，闲时还会根据版面搭配一些文字充实画面。日子久了，这些随心画作就逐渐在同学们手中传阅开来，我也收获了不少称赞与鼓励，画画的兴致更加蓬勃，索性在高中的时候参加了校外的高考绘画补习班。后来，我顺利考上了南艺的工艺美术系装潢专业，那个拿到录取通知书时的激动时刻，就像一部持续倒带的老电影，至今回想起来依旧历历在目。

还记得当年南艺的专业考试题目，是做一本名叫《花草图案集》的书籍封面设计，色彩图案、美术字、版面编排之间的关系都需要考虑到位。虽然一晃几十年过去了，当时交卷的那件作品却常常叫我记忆犹新，仿佛手中的笔刚刚放下，人便倏忽穿梭进了一个全新的世纪。

早年间南艺的装潢专业，除了基础类别的课程，还涉及图案、包装、美术字等类目。我一直对书籍设计抱有浓厚的兴趣，无奈当时的课程维度仅限于封面设计，并不会教授完整的书籍设计概念知识。幸而我的书籍设计老师会带来一些出版社的真实出版物课题，让我在诸多挑战中不断发掘自己对纸本的浓厚兴趣。钻研得多了，部分作业甚至还引起了出版社的兴趣，被投入到实际应用中。所以大二、大三那会儿，我就开始为出版社长期供稿了。直到大学毕业，我顺理成章进到出版社担任美术编辑，至今为止，已经 30 多年的时间了。

曾经的出版社是完全依靠纯手工贴稿制版的，我们经历了从铅印到胶印的过渡时期，没有先进的电脑设计与制版技术，做稿全靠一双手去完成。当然，那段付出极大艰辛的岁月，也造就了今天我们这些设计师的基本功，尤其是对排版落位的感觉与把控力。

进入出版社的前 10 来年，我做了大量的书封设计，乘着 1996 年电脑时代的新浪潮成立了自己的工作室，开始承接和平面设计有关的大量工作，和书籍设计的关系开始慢慢变得若即若离起来。

2004 年，“中国最美的书”开始了首次评选，当时我由于种种原因并未参与，深感遗憾。直到 2006 年，我抱着试试看的心态去参加，拿到了第一本“最美的书”。这期间真的很感谢吕敬人先生，是他关于从“装帧”到“书籍设计”观念转变的论述感召了我，自此踏上了书籍设计的回归之旅。

在这十几年的“追美之旅”中，我以更深层次的编辑角度开始介入，从选题、书名、文字、图片等多维度编辑展开设计，完成了从技术型的编排设计到策划型的编辑设计的转变，同时提出了像做建筑一样做书的理念，因为“书是语言的建筑”“建筑是空间的语言”，书和建筑，都是在创造一种人为的空间。我们所处的空间本是无形的，而建筑通过物体将其分隔，割裂出来与外部有别的独立存在，内部则相互联接、重新组织，构成新的体态，置身其中，可感受建筑营造的温度与美感。这个理论同样适用于做书，因为书籍的空间，是体现在纸张的翻转与折叠形成的 360°之内的，排版印刷如同二维的运动，封面内页的刀版雕刻能够通透三维，加上书香、纸质、文字，还有翻页时纸张发出的或清脆或低沉的声音等等，让身处书籍空间中的人，从视觉、触觉、嗅觉、听觉甚至意识上感觉一本书，完全类同于一个建筑成型的过程。

在我们所处的平面设计的各个门类中，书籍设计是最为风雅孤寂的营生。无论世事如何变化，社会经济如何发展，就算各种商品的包装层出不穷，“雅”始终是书籍设计的审美标准之一，甚至可以说“不雅不为书”。

所以，越沉浸于书籍之雅，我越是自发地以

“场”的概念，去形成对书籍空间、建筑空间的辩证认识。一张纸所含有的全息内容，几乎包含了人类与之互动的感受的全部内容。所有的触觉、视觉、听觉，粗糙或细腻，翻折的声音，融合在二维的平面中，依然能构建出令人惊喜的五感印象。

从第一次参与“最美的书”活动开始，我接触设计了各种类别的书。无论是廉价的平装书，还是特装版纪念书，我尽力拿出适合的解决方案。

11 月 7 日是我的生日，“7”也算是我的幸运数字，所以在这本书中，我精心挑选了近年来设计的 17 本书，用最诚挚平实的心里话，描述了这些书籍背后的设计故事和想法。同时，我也邀约了这些书的作者 / 主编 / 责任编辑，一起来谈谈成书过程中的合作与感受。在此，也要由衷地感谢参与其中的朱涛、蒋佳佳、曹卿云、周伟伟、施惠、徐源、魏宗光等“瀚团队”的成员们，因为你们的参与，“最美”才能如愿成真。

这 17 本书，不仅是匆匆岁月的一次回顾，更是未来旅程的一个开始。

赵清

2021 年秋　于梅园

十七

0124-01

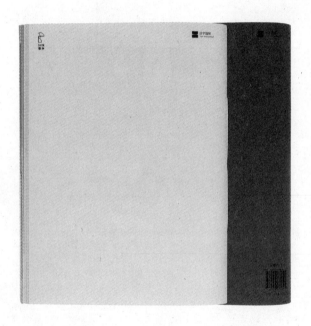

观点·艺术家·文心·诗·音乐……主编 冷冰川

金宇澄 越界

夏 阳 从"写实"随便谈

唯美

Pulchra 左卷 2020

隔 空 对 话

蔡元培 ________ 美育比起其他教育具有特殊的优越性，这种优越性，就在于美和美感的普遍性和无功利性。如山可同游，月可同赏，音乐可同乐等。美育可以使人脱离现实中的离、合、生、死、祸、害，忘掉由此产生的喜、怒、哀、乐、恐惧之情，从而破除“人我之见”“利害之心”，与造物者为友，得浑然之美感，以致性灵得养，情操提高。

冷冰川 ________ 我害怕回答大问题，特别是美的“利害”和美的入世道理。一
是所谓“人学”老生常谈，又不少误会，而大多数人其实根本不想懂“美”；二“美”
来得太早太快就是太晚，而且标准模糊（就像美的定义千差万别，而时代、浪漫地催促
急）。美和精神一样是一个会思考的东西，一种自主绵延的火铁、欲求，没有人能为这
做出简介，当人试图归类概括时，真美的精彩就会悄悄溜走。还有电子托邦里的“美”
跑得比人民快，太快；剧变的碎片叙事让人难有时间反省、书写，只剩下反射动作。迷
除思考——不过，正是美与当代的生糙相遇、喧闹、短命、神经、不成熟的天真……现
有了生生的觉醒、富足和无比的好奇；生生“真美”可遇不可求。能从庸常的现世中解放
看看艺术家另种疯野体温、精神场、歌诗、灵肉美，倒是对现实、生活的一种尊重和洞察
美总想说出危险的诱惑或还没被察觉到的东西，美有这样相互的醒亮和心眼。而艺术
疯狂并不是假装的（有限中做无限的寻找，这种简单又无用的事你永远无法明白），是“

里最好的一部分。如此存在。

美不是专门化的学问。美也是一门不求进步的学问，美不是知识、技能的累积；当然它有不断的追问、谜团、终极之问，它并非虚幻，但它从未有完满的答案；真是一种深渊和解脱阿。不然，谁能让我们保持理性和清醒呢？美为我们提供一个一个丰富的选项和独有的探索、决断品质，人因此成了要求高的“人”（或者被深美的无聊而毁掉的人）。所有与性灵、自由有关的美都被一根微妙的“青春建设”纽带联在一起，编造成花环、泪珠、磨难或信仰绝境等等，各开各花来最美；美就是这般欲望的总和，美得丰艳如荼。美认认真真的敏感、冲动又空无所用，令人着迷又解脱。

美总是救出一些瞬间，抚慰生活和蒙尘的骨头。从人浑然朴拙里竭泽而渔地创造种种灵肉的角色，哪怕一瞬间的真姿；人欢欣地沉浸在“一刻千金”的惊喜与崇高中……我是天真的期待“美”能对生活、钝感一点的人能产生直接实际的效用，让人走着自己独一的步子，认得时光、现世的更多更丰盈的表情、托词、怀想……美从来不是决定性的、也没有什么使命，美也并非完美。只是如果你凝神注目的话，可以看到美在万物中自然催发的别样的言灵、美善、立场……但又不限于美。美的百无一用的胡思乱想始终为人提供知识、生存以外的良知、生动、捶打……所有完好的内心根茎、艺术器性，我侧耳倾听，其他的铺展我无意区分，因为其他的都不是它们本来的样子。

能真实的感受和创造美纯属偶然，我们永不知情。“永不”，这是我喜欢的一种扑空和答案；也是“美难”的毫厘诗意和扑空之醒。艺术的魅力在于人精神的隐秘暗合，在于美的常变常新中你还能迎头赶着的跋涉之美。我仅仅凝视最单纯、天然的轮廓。是时候了，要动身去见一首“从来没有被写出来的诗”，最天然单纯的诗要唱出来；伟大的美和单纯都是伟大的童话。也许美从头到尾都是一场浪费，一种本色“无聊”缘事而发的肝胆哀乐抒写，不能证明、也无力展现——人想做的事往往超越了自身的能力、需求，但生命就应该浪费在这美而无用的事物上；不过话又说回来，我以为阅读当代现实、当代艺术、阅读新生活新观念要比阅读美的典籍、历史更紧要。尽管生活、美我们往往都难以真实落地，我们造不出“现实”也救不出美，连爱也来得不甚彻底。但人心人性不知觉地还是犁出动魄惊心的性命之旅。现实与美就这样心眼，贴着血肉，贴着骸骨，贴着荒谬——但我喜欢，因为我住在这里。

“唯美”的初心大致如此；诗画之外尚有瑕在。

那生生未成的火焰最美。

连美都是多余。

国维　文学者，游戏之事业也。

冷冰川　中国的“传统”艺文创作一直与道德、政治、功名混为一谈。我理解你说的意思，只有天才游戏的文艺才是真文艺（或反过来说，真文艺游戏是天才的产物），因为其他的势利创作更无聊。

单纯创作里的智、势、欲等等不值一说。“天才”的游戏从来可爱可玩而不可利用；灵神启示的时刻无规律能寻，也无法复制、模仿。真美无用的产物都如此。天才总是陈述“溢出”

代化就是把反映现实和神秘幻想，重形和重色的不同表现，都形成了派别，像立体派重形而野兽派重色，各种派就是各种精神的具体表现，我国以前有南北宗，事实上以地区来命名，中国人又特重人情，变成人圈而不能以道聚。西方现代化还有一个分明，就是把艺术从功能方面划分明白，比如说漫画，像白石翁画的《看你横行到几时》的螃蟹，可算是漫画；戈雅的一些石版画，杜米埃的素描也是；但现代的漫画特别重要的是内容，画的本身要求不高，不必画到齐白石、杜米埃的水平，有个形象特点就行。其他如广告画、宣传画、插图画等也是如此，只要能突显内容就行，比如说插图画要画英雄、伟人，只要简单地画成抬头挺胸状即可。这些分类可称之为画种，可我们却习惯以材质分画种，这不但不分明反而更加混沌，比如说油画，到底是古典派还是画电影广告牌广告都搞不清楚；说是水墨画，是中国传统写意，还是抽象、写实素描，也弄不清楚，这恐怕是很不科学的吧！名称含混不清，看起来就像是小事一桩，其实还蛮严重的，产生了名、实不符，以至于胡扯，古人也早就重视正名。总之，现代就是分门别类较为清楚，不然一些常识性的东西也会扯半天，真的不好。

再拿写实来谈谈。西方学院式写实基本功，现在不大重视，甚至取消，就是把技术和审美两个不同方向的教育分清了。如果在技术上训练严格，会影响学生在审美（感觉）方面的自由，要知道学习初始都是少年，其影响十分深远，可能一辈子都框在『基本功』里，一动手就从心里冒出来，因此在造型(plastic)方面就放不开。当然，基本功好，干啥都行，要画什么派都能画，问题是搞艺术光靠能画是不够的。我国传统评价有能品、神品、逸品等等级别，所谓能品，就是学习得好，画得不错，因此写实基本功这种技能导向的教育方式，反而使创造力无形中受到压制，使审美不能自然成长。当然，艺术作品要由技术来完成，但在绘画上是技术和审美（感觉）可同时成长的，甚至是审美领着技术成长，这从喜欢画画的小孩就看出来了，先是乱涂鸦，渐渐就一面口中念念有词，一面画出了妈妈，其实，有才能的孩子，少年时就能掌控一些技术，只要一点鼓励，教一点方法，临摹学习一下，进步就很快，所以技术没有想象中那么难，那么重要，而个性的自由成长才是最重要的。因此，西方现代美术教育才没有那么重视基本功，而是培养审美，而文化传承此时就开始了。所谓耳濡目染，就是一个人在上学之前的文化熏陶，哲学家说的『先验』，我看就是这个，这其实是非常重要的。一个人在读书识字之前，看到的和听到的才是最根本的文化基础。再说，写实的技术也不是功夫下得越多就越好，有人搞了一辈子『写实』，也写不起来，为什么呢？就是脑筋僵在技术上了。有在学院里基本功特别好的，后来也不一定能搞出东西来，而基本功不好也不见得画不好写实。有一个有趣的例子，19世纪中国工匠的外销写实画，画得很实在，而且还很有特色，是后来学院式写实不能比的，就是因为在前面他们有中国的审美传统，后来顾客要求画洋画，那就学一下方法，就搞出来了，无非是挣钱养家，并无救国的宏大志愿，也不是要向先进接轨。

文化传统就是那么厉害，一旦形成，就是体系，不可取代，它是由最基本的人种性格和长期的历史形成的，又和文化各领域密切

仰止，190×275cm，布面丙烯综合材料，2012

山水五，240×408cm，布面油画，2018

（下页图）36人像联作，45.5×38cm ×36，亚克力剪贴，画布，2002

1968 年“五月风暴”，法国巴黎。

WHOLE EARTH CATALOG 1968

Understanding Whole Systems

Shelter and Land Use

Industry and Craft

Communications

Community

Nomadics

Learning

1968 年《全球概览》首期封面与目录。这个目录所显示的主题——理解整个系统、庇护所与土地实用、工业与手工业、信息交流、社群、游牧、学习，精确的抓住了这个时代的技术与社会的关键议题。一方面，《全球概览》把资本主义的整体系统进化、高度发达的军工技术巧妙地隐含在地球美学的图像之中，另一方面，显示了这个系统之下，个人利用技术的双向度机制所能展开的潜能。

从事实来看，六十年代经济生产领域的产能过剩压力，是通过两种方式集中表现出来的。对内就是社会危机与文化危机，对外就是通过战争政治与太空技术来消化过剩资本。前者如法国版本，后者如美国版本（英国、德国、意大利等其他国家，大都在这两个版本之间）。[09] 当然，更无法忽视的原因是，反资本主义的激进技术经过五十年代到六十年代的发展，至少在文化与社会领域，已经积累到与可以与资本主义进行抵抗的程度。引发“1968”反资本主义的文化激进技术，正是在资本主义工业化进程内部同时发展起来的，因此这次文化激进技术的重新兴起在三个层面意义重大。

09 对于法国而言，1968 正是“二战”后经济高速增长 20 年的历史节点。在 1960 年代的戴高乐时期，法国虽然在经济上一直高歌猛进，但已经无法像 19 世纪末那样通过扩张殖民地消化过剩资本积累，只能面对矛盾在自身社会内部爆发。对美国而言，1968 正是越战突然失利导致资本消耗出现障碍，从而引发国内反战情绪积累到无法弥合阶段的产物。

马尔库塞的《单向度的人》(*One-Dimensional Man: Studies in the Ideology of Advanced Industrial Society*)。这本书可被理解为对战后资本主义激进技术意识形态本质的分析。技术无法是“中立性”的概念，它“不能独立于对它的使用；这种技术社会是一个统治系统，这个系统在技术的概念与逻辑中已经起着作用……在技术的媒介作用中，文化、政治和经济都并入了一种无所不在的制度，这一制度吞没或拒斥所有历史替代性选择。”马尔库塞的分析可以作为六十年代意大利建筑视窗小组“无止尽城市”理论项目的意识形态批判图解。

第一，“1968”在意识形态维度，继承了可以追溯到19世纪的社会主义、无政府主义与马克思主义思想遗产，特别是吸收了大量20世纪前期法兰克福学派的诸多思想。1964年出版的马尔库塞的《单向度的人》，从意识形态维度充分揭示了战后发达资本主义的极权本质。在马尔库塞看来，在新的控制形式下，极权逻辑超越了以往的简单暴力镇压方式，允许社会拥有反对面，但这种反对面是假的，只会在不触及制度本质的前提下被允许，以至于整个社会都成为了单向度的存在，即一个被彻底格式化的社会。同样，1967年出版的德波(Guy Debord)的《景观社会》(*La Société du spectacle*)，则对资本主义正在兴起的消费主义意识形态作了深刻的批判，指出商品的符号景观已经超越商品本身，成为了异化所有大众的新工具。实际上，马尔库塞与德波，分别从生产与消费两个角度，理论化了“1968”的结构模型。

情境主义国际，比利时，1962年。以德波为核心的情境主义国际的成立与解散(1957–1972)，可被视为马尔库塞所说的发达工业社会内部抵抗。情境主义国际继承了20年代历史先锋派的反资本主义意识形态立场和美学形式语言，通过对马克思主义和超现实主义的辩证性吸收，情境主义重塑了艺术和政治的社会介入实践。

二、暂别了，华尔兹

前一阵发出的小曲《小华尔兹》，不少朋友表示喜欢，其中几位甚至鼓励我在这个体裁上继续发挥。我一向看重朋友的建议，但续写华尔兹的事却没往心里去。

那之后，我去写了些别的东西，关注了些别的事情。再之后，有一天我突然发觉心里有什么在隐隐作痒。哦，华尔兹，你又回来了！这种内发的冲动有时像阴影一样缠住我，不得不设法处理。于是，朋友的建议所埋下的种子便这样不由自主地生长成形，结果呢，就是这首《暂别了，华尔兹》。

世上没有任何一种节拍可以替代三拍带来的跌宕和爽意。一个重拍激活随后的两个弱拍，每一小节都像朝空中抛射出一朵烟花。三拍的音乐，尤其是华尔兹，往往通向旋转带来的迷醉感，是陶醉的眩晕，眩晕的陶醉。

当然，二拍系列的节奏也大有魔力，但那种方正、短劲的脉动带来的不是迷醉，而更接近于麻醉，想想那些所向披靡的进行曲之类。华尔兹之所以迷人得益于它摆荡的天然优势。著名的摇摆舞（swing），却是两拍的，摆是摆得生猛，但毕竟步法局促，亢奋有余，潇洒不足。

可与华尔兹相媲美的，我倒觉得是与乐、舞无关的一样东西：秋千。这两件事的运力之道殊无二致，而其快感也更是相通。根据各自的偏好和能力，这两件事都能屈能伸，几乎众人咸宜。如果意在淡泊，可取轻摇之趣，冥想之时也有流转飞舞的可能；但若是气壮神旺，那撒开了来嗨一竭也未尝不可。秋千上的少男少女个个像奥运冠军，广场上脚踩“蹦－嚓－嚓”的大哥大姐对对不输神雕侠侣。

（文章在微信上发出后，有朋友微信告诉我，朝鲜音乐里三拍子很常见，而众所周知，秋千则是他们偏爱的娱乐项目。这两者间是不是存在着某种潜在联系？如果有朋友对此有见解，我愿洗耳恭听！）

浩瀚的华尔兹曲库中，样式之多不可胜数，个别极致之作容易被想起，有两例值得一提：阴郁之最要属西贝柳斯那首《忧郁圆舞曲》（*Valse Triste*），而极尽奢华的则非拉威尔《圆舞曲》（*la Valse*）莫属。后者把华尔兹的所有品相搜罗了个齐全，无不纳入这一单曲之中，优雅，华丽，香艳，魔性，这支圆舞曲义无反顾地穷尽自身，一路恣意旋转，所及之物皆被裹挟，直至毁灭。

这是华尔兹的极品、异端。但无论如何，华尔兹的底色是生命的喜悦，即使最悲伤的华尔兹也掩饰不了底层的一丝愉悦。

说了半天，自己这首华尔兹倒避而不谈。其实是没有什么可谈的。用一种过时的语言写一首过时的曲子，这是我偶尔乐衷的游戏罢了。过去的一些专长于音乐会音乐的作曲家，在戏剧或电影配乐中难得露一手平日少于触碰的“类型音乐”，让人们听到他们的另一面。我想，这里面除了命题所限，是不是多少也藏着那么点儿对“另一种生活”或者“另一个时代”的向往？

对我来讲，写一首华尔兹确能带来些许疏离现实的况味。换句话说，《暂别了，华尔兹》是我的个人化装舞会。

曲子的表情和性格决定它的标题。除了一些旋舞纷飞的片段，全曲透露的是回想与离别的滋味。这似乎又映照了今年的特殊。在这些日子里，无论人事、物事都免不了得承受一些暂别的情形。

我不知何时再会去写一首华尔兹，但我相信心里痒痒的感觉一定还会回来。曲子诞生了，它就在那里等待着听者，而华尔兹更会寻觅与它默契的舞友。所以，我刚才说错了，这不是我个人的化装舞会，而是你们的！此刻它正恭候着你们的到来，盼望收获更多的舞者。

2020 年 5 月

关于《白内障 - 保鲜》

尚扬

从 2017 年开始，我以《白内障》为题，进行了一系列创作。我采用一种化工产品作为作品的主要媒材，正是今天唾手可得的这类物质，浸漫在当代人类生活的几乎所有范畴。它们无所不在，覆盖一切。它们覆盖了风景，覆盖了食品和每一个家庭，也覆盖了我们的思想，几至我们无法去真正看见和正确判断我们所处的现实世界。《白内障 - 保鲜》即是这一系列的延续和扩展。

早在 1991 年，我即在一张蒙娜丽莎肖像上，贴上了各种在商店购物所得的食品包装袋。这些五颜六色的、印着各种图案和文字的塑料袋，像一件美丽而奇特的婚纱，将这位著名的女人包裹了起来。这是我最早的用塑料这种工业材料对画面进行覆盖的尝试。1996 年 4 月，美国《艺术新闻》刊发了琼·莱伯德·柯恩女士关于我的评论文章，文章的标题即是《尚扬：贴有食品标签的蒙娜丽莎》。

《白内障 - 保鲜》也在用这种方式讲一个惯常的故事，这个故事既来自当下这个时代，也来自我个人及众多人的日常生活。这件作品就是我在当下体验到的现实。在今天，当代生活呈现这样一种普遍现象：就像一次日常点餐或网购，所有的欲望在点击中被下载为商品，同时，这些商品在电子空间中被标注上一段时间，然后，这些商品被包裹上一层层透明或半透明的“塑料皮肤”，传递到快递小哥手上，并重叠在他们穿越城市路障的身影中。最后，这些“塑料皮肤”中的物，无论是食物、衣物、用具与活物，都在空间中移动，从一个地点到另一个地点，永不停歇。这是在 1991 年、在 20 世纪末无从想象的景象。今天，所有当代生活都在这种“塑料皮肤”的包裹中流动，我们把这种流动，称为“保鲜”。

今天的人们，毋庸我多加言说，即能从作品中读出它应有之义，因为基于通感。

今天的艺术品，也无法独立于这种不停的流动状态，或者说，恰恰处于这种状态之中。一方面，是在现实空间中作为物质的流动，另一方面，是在数字空间中资本增值的流动。即使今天的艺术品已经进入到画廊、收藏家、博物馆等系统，它们还会以某种特殊的方式，经由保险及各种法律制度的保证，漂洋过海，穿越各种民族国家的疆域与意识形态的边界，在飞机、码头与集装箱中，在不断反复的包裹与拆装后，重新进入新的美术馆或画廊、拍卖会空间，参与到无止尽的新的流动。在这种状态下，没有一个地点能够稳定停留。今天的艺术品越是处于物理空间的流动状态，在数字资本空间中就越是升值。越是在不同场景中不断地开幕与展示，就会越是加速艺术品在数字资本世界的升值频率。就这样，艺术品从一个某人到另一个某人，从一个数字资本账户到另一个数字资本账户，以至于流动状态占用的时间，往往超过了临时性停留的时间。艺术品今天在流动过程中呈现的状态，成为它新的本质。具体地说，艺术品就是使得资本在流动中增值的工具，在不断曝光中使资本“保鲜”的载体。

因此，我所展示的不是处于工作室 / 美术馆中静止状态下的作品，而是处于运动状态中的作品。今天的艺术品，恰恰以表面的静止状态掩盖了在实际空间中的流动状态，掩盖了当代艺术品以这种状态，在谈判中不停穿越社会空间中那些看不见的边界的事实。其次，我想展示的，并非当代艺术品早已具有的本质，而是它新的呈相——这个时代裹挟出的新本质，是去蔽，是对今天艺术品以商品形态存在的本质的揭示，也是对今天艺术品在美术馆系统中被审美化展示的批判，提示人们，他们所观赏的艺术品，并非作品完整的本相。最后，我想把艺术品运输过程中的媒介工具与操作状态，提炼、转化为一种当代艺术的新语言。悖论的是，这种语言的答案显然就存在于艺术流通体系与机制本身——越是司空见惯的，它的深层体系就隐藏得越深，我们也就越是忽略它。这也许就是这件作品的些许意义。

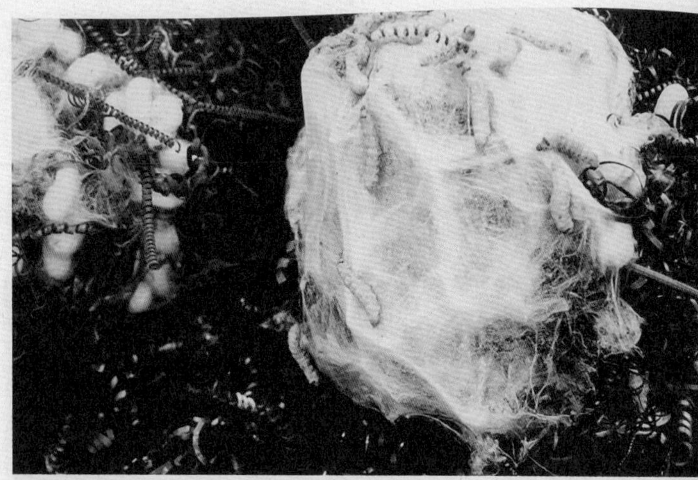

自然系列No.4，1992

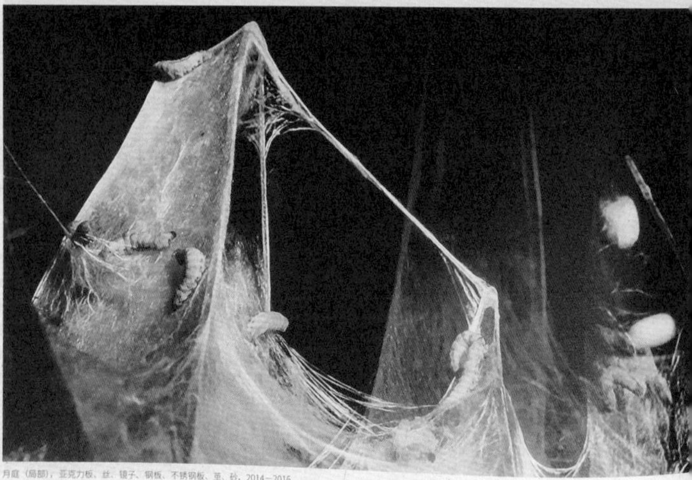

月庭（局部），亚克力板、丝、镜子、铜板、不锈钢板、蚕、砂，2014—2016

甚极，就地卧躺，半夜醒来只见自己的颈项旁有一个"半透明"的蚕茧的雏形，显然是蚕于我不由自主熟睡时织就的，我蓦然醒悟道："疲于奔命的我不就是一条蚕吗？"

8 残 - 蚕 - 禅三者为谐音

"残"为作品直观呈像，"蚕"为艺术家领悟自然、生命、科学、历史、社会独特的艺术契入点，"禅"为精神镜像。

"残"作为形容词——残破、残缺、残剩、残酷；

"残"作为动词——剥蚀殆尽、消解的过程，涅槃的轮回之道；

"残"作为哲思——物之"存在"即"有"通过"残"的解构而达到"虚无"而"澄明"。海德格尔最终言到"无是有的特征"，"存在；虚无；同一"。

残像——历史遗留、自然破败、生命痕迹，思想记忆、物质亏空……

9 我把蚕生命运动的全过程称之为"生命的游丝描"。在长长的丝卷网层中覆盖着其生命变形记运动的痕迹，并隐含着生命释放的一切排泄物：蚕卵，丝结，蚕茧，蚕蛹，蚕蛾，蚕砂，蚕尿的黄渍及其他特殊的气味。这些生命原始的"自然态"遗存，构成了一幅蚕（禅）画，一道中国人文的风景线，写照着生之历险，蜕变的阵痛和重生的顽强，沧桑满目的残山水卷。

10 我思考着老子"虚至极，守静笃"的含义。

我品味着八大山人水墨画中充满诗意的灵性的虚境。

我捉摸着莫兰迪绘画中"信号的孤独"和贾克梅蒂雕塑中瘦长剥蚀的形体显示的四周空间的压迫感及其反弹之力。

"虚"是一种悲怆、悠远、幽思，一种内敛、静虑、谦和、超验，一种漠视生死的淡然和坚定，一种宇宙新秩序诞生前的庄严与期待。浸淫于透明的丝箔呈现了东方朦胧美，而几抹轻轻的丝迹则"见微而知天下"，它是一部考古史、一张记忆卡，是人类思维、行为的遗物及未知世界存在的证明，是宏大历史篇章如蚕丝般欲断还连的索引。

11 当艺术之"虚"不滞于视觉感官审美，而作为虔诚的追问——"思"，作为一种审视的态度、怀疑的目光时，便释放出批判的利矢和迸发出开天辟地的创造力，虚静萌动，虚生万物，虚抵无极。

12 作品"碑"初拍于2008年，2009年复拍并第一次剪辑，后不断调整至2014年完稿，唏嘘之声由我自己配音。

我凝视着蚕影读史。

史如蚕丝，绵绵不断。

史如云丝，漂移流逝。

而缓慢蠕动之蚕簇，或聚或散，其影迹投映如变幻无穷的书法——中国古代的蚕虫文，似铭刻于岩壁，刺纹于肌肤。以活蚕蠕动之影作的蚕虫书法极富表情，蚕的百般的动态；或活跃地昂头探身；或艰辛地匍匐扭摆；或惊乎险乎地滑落……成为史的寓言：英史，伟史，痛史，乱史。当丝箔渐渐增厚至光线难以通过之时，蚕虫文遁灭，唯留下无字碑和唏嘘之声。言不尽言，史不尽史，无字碑见证的存在者的存在，逝者如斯夫的感叹隐喻着对时间流的领悟，万物万象归空，归元。

中国自古尚史，尚文，尚乐，尚诗。文罢诵，诵罢歌，歌罢吟。我以吟颂史（曹操"观沧海"、刘邦"大风歌"、陈子昂"登幽州台歌"，皆隐于唏嘘之中），其实验音像别样淡然而深沉，别样苍凉而博大，意味隽永。

13. 核

它是美容师，它是封藏库，

它是信息器，它是春丝迹，

它深谙层层秘史的铁幕，

它抹平消解岁月的皱纹，

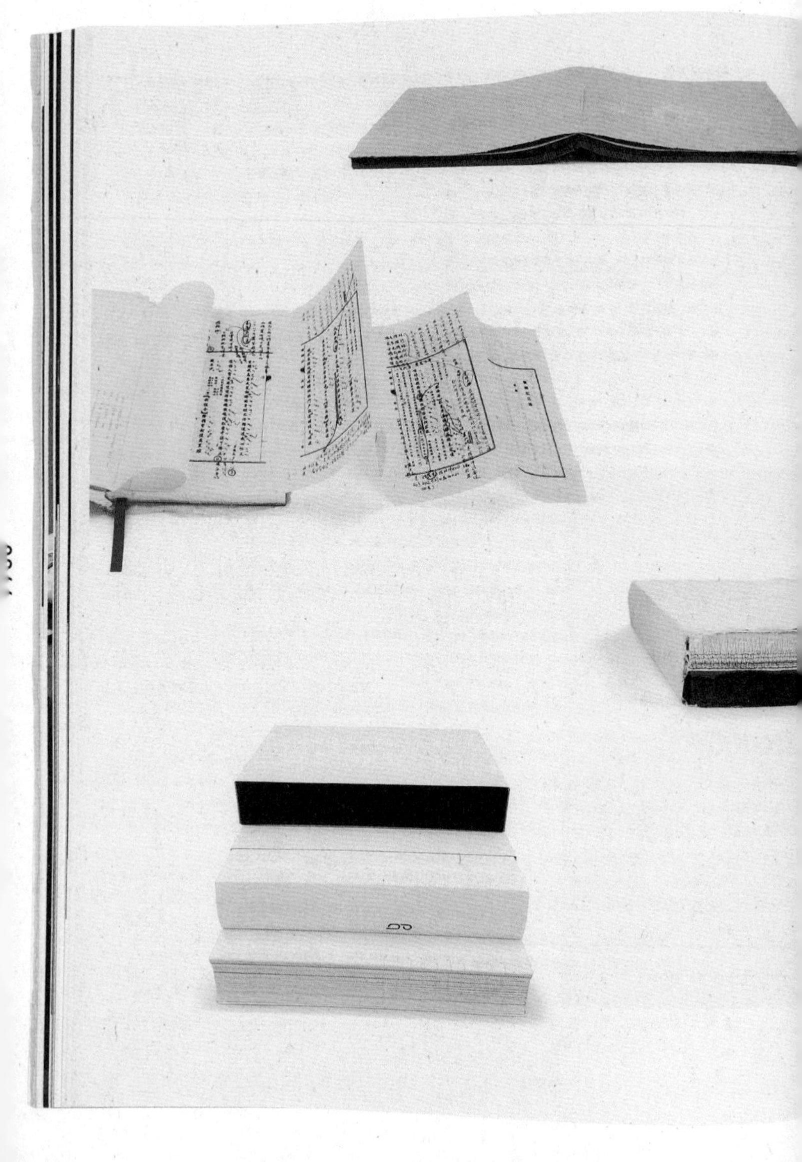

《夜奔》参照了明朝剧作家李开先创作的《宝剑记》，讲述的是《水浒传》中林冲雪夜上梁山的故事。那白茫茫的天地山水，便成了我设计的基调，而文字版式按照"一桌二椅"的形态进行排布：中文横向，英文纵向。开篇以《宝剑记》的昆曲工尺谱细说来由，中间贯穿手工纸，以纸卷打开的形式，增添古典气氛。《夜奔》中有大量剧照，排布方式是"一页一帧"，将林冲形象与工尺谱结合，在纸面上奔走，每一页都像是电影中的一帧，随着纸张的翻动形成连贯而完整的表演。

相比之下，《朱鹮记》比《夜奔》更具备实验性与概念性。如果《夜奔》是传承，那么《朱鹮记》就是颠覆。这种颠覆不仅仅在于方式，更在于内核。《朱鹮记》是一本偏重于文本的书。在这本书里，荣念曾邀请了不同领域的艺术家，包括能剧、昆剧、当代剧场及当代舞蹈等，以一桌二椅为主题，用相同的舞台设置进行创作。在这个过程中，他们被分成了七组，与昆剧青年演员共同创作七个富有实验性的二十分钟短编，最终被记录在《朱鹮记》之中。

在《朱鹮记》的设计中，我运用了中国传统"朱"色，表现象征庄严的"正色"，暗投从亚洲出发，向世界辐射的"朱鹮计划"。拉页则记载了计划的大事记，气势顺畅，也比较符合东方意趣。

第九届全国书籍设计艺术展览优秀作品集

这本作品集是在重压之下诞生的。从着手到出版，前后只花费了一个月。其设计与"九展"的视觉展现有着密不可分的关联。以"九展"LOGO镌刻于封面，营造出立体的交互氛围。从视觉的角度理解书籍与设计的本质，幻化到纸上，是抽象的阿拉伯数字 9；拆分图形，又是字母 B 与 D 的组合。B 代表 BOOK，D 即为 DESIGN，书籍与设计所产生的化学反应，便是艺术。

尽管封套、护封与内封都呈现出温润的杏白色，各层之间的质感却不尽相同。肌理的白、细腻的白、柔光的白，个中巧妙之处，凭的全是细节上的功夫。唯独在书脊顶端有一袭印黑，画龙点睛似的，勾勒出一派抽象的诗韵风骨。事实上，这完全是一厢情愿：黑白对照，目的是模拟江南典型的民居建筑，私心里揣着家乡南京。

为了方便查阅，书封外侧特别设置了引导栏。十条横线，分别代表获奖书籍的十种不同门类，每条横线又跟随书口形成平行的直角，依次向内延伸，直指每个门类的页面起点。

获奖作品以不同的色块依次排列，一目了然。色块的形状则是缩小的"九展"奖杯形状，按照线条与颜色浓淡渐变，呈现出"B"的规则组合，仿佛一本本精巧别致的袖珍诗集。另外，获奖作品都以原书的大小等比例缩放，可根据比例推算出原书籍的大小。

在纸张的选用上也有讲究，通过纸张的运用突出厚薄对比。为了减轻书体的重量，大部分的书页都采用了薄纸印刷，涉及统计信息与文字评选的部分，则采用厚纸印刷。

设计一本书，从来都不仅是浮于表象的装帧，而是一场驾驭时间与信息的旅程，要深入文本的核心境界中，通过微妙的体会表达出隐秘的情绪。我期望每本书对于阅读者来说也是如此：在于设计，在于书，更在于心。

美学桃花源：一场假想的学术盛会

刘夏凌

开场｜这是一场假想的美学盛会，古今中外的美学家会聚一堂，漂浮游弋于时空之外。从此刻开始，请你进入这场想象、享受这份天真。

第一场：西方美学：从形式到生活

主持人 何为美？美从何处来？美的历史是什么？为什么西方世界里的美神（阿芙洛狄忒或维纳斯）形象一变再变，美的标准是什么？如何理解丑？……这一系列与美有关的问题，请在此盛会中寻找答案吧。

现在西方美学会议正式开始，下面就有请我们的嘉宾学者按照从古至今、从西方到东方的顺序，依次分享他们与美学相关的研究成果。此外，我们还特别邀请到了撰写《西方美学史》的中国学者朱光潜先生参与会议，其他的学者、听众也可针对美学观点随时提问。

毕达哥拉斯学派（公元前600－公元前500） 我们学派里都是数学家、天文学家、物理学家，我们的原则统治着宇宙中的一切现象。而我们对美的研究始于音乐，音乐之所以产生美的效果是因为音和音调数量比例的和谐，而声音的高低、轻重本质上由发声体的数量差别决定的，这种“数”的和在建筑、雕塑等其他艺术领域也同样成立，我们做的就是研究到底什么样的数量比例才会产生美的圆球形是最美的。美学的对象也不仅限于艺术，而是整个自然界，人体内在的和谐会受到外在和谐的影响，我们要努力实现“小宇宙（人）”和“大宇宙”的和谐。所以，美就是和谐。

阿斯木斯 音乐和谐的概念原来只是对一种艺术领域研究的结果，毕达哥拉斯学派把它推广到全体宇宙中去……因此，连天文学即宇宙学在这派看来，也具有美学的性质。

赫拉克利特（公元前544－公元前480） 你一定听过我的这句名言：“人永远也不能踏进同一条河流。”世界的一切都在变动之中，连美也不是绝对永恒的东西。和人相比，最美的猴子也还是丑的（这是美的标准相对性的简短例证。）

德谟克里特（公元前460－公元前370） 音乐是最年轻的艺术，因为音乐并不产生于需要，而是产生于正在发展的奢侈（或余力）。近代的席勒和斯宾塞有和我很像的看法，不过他们称之为“余力说”，人在满足了生存需求和生活需求之后，用余力所进行的艺术活动，具有超功利的美。而且我的原子说为美学打下了唯物主义的认识论基础。

苏格拉底（公元前469－公元前399） 美的事物是变动的、相对的，这取决于效用标准。举个例子：盾从防御看是美的，矛则从射击的敏捷和力量看是美的。如果把它们使用者的立场交换，用盾射击、用矛防御，它们本身的效用消失了，也就不美。所以美不是独立于事物本身的，和人也有关系。美和善是统一的。

主持人 自苏格拉底开始，美学成为社会科学的一部分，与伦理学、政治学产生了联系。

柏拉图（公元前427－公元前347） 你们知道吗，在理式世界里存在一种最高的美，它高于自然物质的美，高于描摹的美，这种美是永恒的，无始无终、不生不灭、不增不减的。要达到最高的美，需要经过多重考验，从只爱感性客观世界的某一个形体开始，学会了解此一形体的美与一切其他形体的美是贯通的，然后把心灵的美看得比形体的美更珍贵，由行为和制度的美，到各种学问知识的美，最后达到理式世界的最高美。

亚里士多德（公元前384－公元前322） 要我说和谐不仅仅是形式上的比例和谐，而是要建立在有机整体之上的和谐。要想感受到美，我们要在文艺中寻找情绪的净化，不同的情绪带来不同的快感，悲剧有哀怜和恐惧带来的“悲剧的快感”，滑稽的剧情则带来“喜剧的快感”，认识事物也有快感，这种快感就是你们常说的美感来源，不同比例的快感分配就带来不同的美感。所以，美不仅仅和事物本身特质相关，也受到观者的认识能力影响。

普洛丁（204－270） 你们说美在于比例的对称和谐，我有一个问题，太阳的光芒难道不美吗?但它没有所谓的对称比例，物体美不在于物质本身，而在于它可以分享神“放射”出来的光辉理式，真实就是美，美和丑的对立就像善恶的对立不容混淆。感官所能接触到的美是最低级的，其次是事业、行动、风度、学术和品格，要想达到最高的美，就要拒绝接受易受物质引诱污染的感官美，用纯粹的心灵去观照。

圣·奥古斯丁（354－430） 我所认为的美是整一、是和谐，物体美是各部分的适当比例，再加上一种悦目的颜色。看见世界的美，在美里看见图形，在图形里看见尺度，在尺度里看见数，数就是美的基本要素，至美是神。

北海道

自然总是美的！在自然面前，我们要谦卑下来！没有任何人的创造能够超过自然的美！我们要向自然学习，一切都是那么和谐，那么雄浑，那么朴素，那么精美，那么有力！

逄小威

我理解的“真、善、美”，是一个递进的关系（犹如一座金字塔），真诚是基础（塔的底善良是核心（塔的中间部位），而最高层（塔尖上）才是美。没有真诚和善良就不会产生美

在摄影创作的领域里，其范围是广泛的，比如有新闻摄影、体育摄影、人像摄影、风光摄影、战地摄影、广告摄影等等

为创作动机不同，采用的方法不同，结果也就不同。而我感兴趣的总是离不开对美的发现，这已经是我自觉与不自觉的下

我的摄影创作过程应该是发现之后的感动，感动之后的记录，记录之后的传播（让更多人看到美）……

北海道白金

二、余象：多重时间的洗涤与叠印

古意斑驳，古旧的时间痕迹，接纳时间又抵御时间，形成一层“包浆”的虚色，中国古代绘画，接受时间的洗涤，这是多方面与多重时间性的“洗涤”：

自然的时间性——所描绘的自然对象经过了风霜之“冲洗”。
绘画的时间性——画家运用了“笔洗”法使之枯旧又淡雅。
历史的时间性——在后续历史展读中被手气心绪题写所“心洗”。
材质的时间性——材质损耗重新装裱接受补笔添笔之“改洗”。
复制的时间性——高仿复制技术保留时间之印迹的“印洗”。

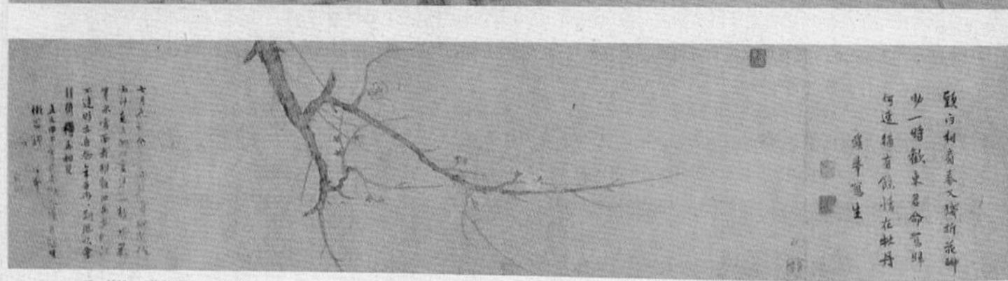

元，钱选，《花鸟图》三段卷，316.7×38cm，天津艺术博物馆藏

所谓有余韵才是至美！每一重的时间性，在静寂的层层聚集中，都是“余象”的“韵化”（rhythm）生产，都是余象的“晕化”（auralizing）生成，是韵化与晕化的叠印。

1. 自然的时间性

中国绘画乃是“捕风捉影”，是去捕获自然植物或者山水天机清妙之变化的余影（shadow-image），画家以各种独特手法去捕获形姿变化的余影，或是时间之痕迹，如同西方静物画表明虫孔，比如钱选《瓜茄图》右边的叶子。或是画出余影，比如《八花图》上“海棠”的负影，盛开的海棠与尚未盛开的，形成微妙的对比，如同昼夜同在，雪里芭蕉的寓意。

2. 绘画的时间性

水墨之为水墨，水必然带来冲淡与泼墨之感，从王维即已开始，钱选自觉运用水洗之法，所谓“洗去铅华”，褪尽艳俗，还其淡雅，因此留下的斑驳痕迹，也是一种残影。这在钱选《花鸟图》的牡丹画法上已经被广泛注意到，不同牡丹叶子呈现出不同的色彩浓淡，尤其是一些叶瓣洗涤后的斑驳感，更为具有时间的余味，吞噬后的残影与余留下的余影，暗示诗意的隽永。

钱选晚期的《白莲图》几乎就是水墨勾线，似乎已经彻底洗涤尘缘，洁净纯粹，更显得沉静高贵，聚集时间的静气，其被置于坟墓千年而再出世，更显静谧。而洗笔之后留下的“残意”，其“残影”还暗示南宋故国的不再，试图洗涤亡国的屈辱记忆但又不可能彻底遗忘，此洗涤之法也暗示个体记忆本身的悖论困境。洗涤之法，不仅仅是技法，也是心法，洗笔也是洗心。

元，钱选，《白莲图》，90.3×32cm，山东省博物馆藏

在牡丹花图上，还有题诗：“头白相看春又残，折花聊助一时欢。东君命驾归何速，犹有余情在牡丹。”一方面，自己的白头面对盛开的繁花，却仅仅看到残春之剩余；而另一方面，哪怕死亡在催逼，而余情却不可消除，因为有牡丹花可以寄托！此“残余”与“余情”的诗意回响，就体现在牡丹的盛开描绘与残叶洗涤的差异触感上，在其痕迹的细微处理上。

元，钱选，花鸟图卷，牡丹局部

《诗学》与《原本》

蔡天新

受过教育的雅典人大多致力于哲学，就像今天的社会名流注重于夜晚的聚会一样。

——（美）莫里斯·克莱因

亚里士多德的《诗学》和欧几里得的《原本》分别是古典时代文艺理论和自然科学的最高理论结晶，各自影响了后世两千多年。亚里士多德和欧几里得都是柏拉图学园的学生，虽然他们两人并不认识，甚至可能不属于同一个时代。而从本质上讲，他们的著作都是对三维空间的模仿，只不过前者是对形象空间的模仿，后者是对抽象世界的模仿。

一、柏拉图学园

公元前500年，毕达哥拉斯在塔兰托附近的梅塔蓬图姆遇害。第二年，世界历史上第一次欧亚大陆之间的大规模战争——波希战争爆发了。这场战争的起因是，强大的波斯阿契美尼德王朝为扩张版图入侵希腊，不料持续了将近半个世纪。结果恰好相反，在经历了马拉松战役、温泉关战役和萨拉米湾海战之后，希腊城邦国家和制度得以幸存下来，而波斯帝国却从此一蹶不振。这场战争是人类历史上前所未有的文化大融合，其影响力远远超出波斯和希腊两国，促进了东西方文明的交流和发展，推动了科学、艺术和人类社会的发展进步。希腊文明得以保存并发扬光大，成为日后西方文明的基础。

波希战争结束那年，苏格拉底刚年满二十岁，雅典正处于伯里克利的黄金时代。苏格拉底出身贫寒，父亲是雕刻师，母亲是助产士，他自己也做过雕刻师和石匠，据说曾参与雅典卫城的建造。苏格拉底有着扁平的鼻子、厚厚的嘴唇，眼睛凸出，身材矮小。虽说容貌平凡，但他言语朴实，头脑里有着神圣的思想。那会儿智者从全国各地云集雅典，给民主制度带来许多新知和自由论辩的新风尚，苏格拉底向诸位智者学习，也受到俄耳甫斯教和毕达哥拉斯学派的影响。

苏格拉底青少年时代很好学，后来熟读《荷马史诗》，靠自学成为一名很有学问的人。他一生过着艰苦的生活，无论严寒酷暑，都穿一件普通的单衣，经常不穿鞋，吃喝更不讲究。苏格拉底对学问专心致志，并以传授知识为生，不设馆也不取报酬，生平事例，思想成就，任由弟子记录，其中最出色的两位弟子是柏拉图和色诺芬。苏格拉底的学说带有神秘主义，他反对研究自然界，认为那是亵渎神灵的。他喜欢提出异议，爱讽刺人，其主要武器是反驳论证，也叫反诘，借此指出别人观点中潜在的混乱和荒谬，被后人称为苏格拉底方法。

公元前429年，伯里克利在再度当选为首席将军之后，被瘟疫夺去了生命，雅典盛极而衰。此时的苏格拉底已成为远近闻名的人物，许多有钱人家和穷人家的孩子聚集在他周围，向他讨教。苏格拉底却常常说，“我只知道自己一无所知”，“只有神才是智慧的”。他以自己的无知而自豪，并认为人人都应承认自己的无知。然而，公元前399年，苏格拉底却被控犯有“渎神”罪，被处以传统的极刑——饮鸩。他的罪名是：腐蚀青年，藐视城邦崇拜的诸神以及从事稀奇古怪的宗教活动。

由于苏格拉底以不屑一顾的态度对待这种指控，同时又作了相当于承认确有其事的“辩护”，因此（或许是）以二百八十票对二百二十票被判有罪。当时如果苏格拉底同意支付一笔数目不太大的罚金，是可以不被判处死刑的。然后他却采取强硬立场，说自己其实是社会的大恩人，应该作为杰出人士享受国家供养的待遇。结果这个说法激怒了法庭，死刑判决被更多票数通过了。接下来的一个多月，每天有朋友来狱中看他，有的设法帮他越狱，但被他拒绝，最后他选择饮下毒堇汁，缓慢而痛苦地死去。

苏格拉底之死，尤其是临死前表现出来的大无畏气概，给予弟子柏拉图深深的刺激，虽然他的家庭出身显赫，却放弃了从政的想法，终其一生投入哲学研究，他称他的导师是“我所见到的最智慧、最公正、最杰出的人物”。苏格拉底死后，而立之年的柏拉图离开了雅典，开始了漫长的游历，先后造访了小亚细亚、埃及、昔兰尼（今利比亚）、南意大利和西西里等地。大约在那个时候，柏拉图开始写作对话录，多数以苏格拉底为中心人物，其他人物也大多是真实存在的。但他的写作究竟是在苏格拉底去世之前还是之后开始的，已无法确定。

正是在旅途中，柏拉图接触了多位数学家，包括西西里岛上毕达哥拉斯学派的一位传人，并亲自钻研了数学。返回雅典之后，柏拉图与人合作，在城东北创办了一所颇似现代私立大学的学园（academy，这个词是为纪念一位战斗英雄，如今的意思是科学院或高等学府）。学园里有教室、饭厅、礼堂、花园和宿舍，柏拉图自任园（校）长，他和他的助手们讲授各门课程。除了两次应邀重返西西里讲学以外，他在学园里度过了生命的后四十年，而学园本身则奇迹般地存在了九百年，犹如传说中的毕达哥拉斯学派。

作为哲学家，柏拉图对欧洲的哲学乃至整个文化、社会的发展有着深远的影响。他一生共撰写了三十六本著作，大部分用对话的形式写成，内容主要关于政治和道德问题，也有的涉及形而上学和神学。例如，在《国家篇》里他提出，所有的人，不论男女，都应该有机会展示才能，进入管理机构。在《会饮篇》里这位终生未娶的智者也谈到了爱欲，“爱欲是从灵魂出发，达到渴求的善，对象是永恒的美”。用最通俗的话讲就是，爱一个美人，实际上是通过美人的身体和后嗣，求得生命的不朽。

虽然柏拉图本人并没有在数学研究方面作出特别突出的贡献（有人将分析法[01]和归谬法[02]归功于他），但他的学园却是那个时代希腊数学活动的中心，大多数重要的数学成就均由他的弟子取得。例如，一般整数的平方根或高次方根的无理性研究（包括由无理数的发现导致的第一次数学危机的产生和解决），正八面体和正二十面体的构造，圆锥曲线和穷竭法的发明（前者的发明是为了解决倍立方体问题[03]），等等。

01 分析法是把复杂的事物或现象分解成若干简单的组成部分，分别进行研究的方法。分析法是综合法的对称，后者是把各个组成部分、各个方面和各种因素联系起来，从总体上认识和把握事物或现象的方法。

02 归谬法是反证法的一种形式。用反证法证明时，如果命题只出现一种情况，那只需将它驳倒就可以，这种反证法叫“归谬法”。如果有多种情况，那必须将它们一一驳倒，才能证明命题成立，这种反证法叫“穷举法”。

03 倍立方体是所谓古希腊三大几何问题之一，另外两个问题是化圆为方、三等分角，都要求只用直尺和圆规作图。直到19世纪，随着伽罗华理论出现和林德曼证明 是超越数以后，数学家们才弄清楚，这三个问题实际上是不可解的。

对数学哲学的探究，也起始于柏拉图。在他看来，数学研究的对象应该是理念世界中永恒不变的关系，而不是感觉的物质世界的变化无常。他不仅把数学概念和现实中相应的实体区分开来，也把它和在讨论中用以代表它们的几何图形严格区分。举例来说，三角形的理念是唯一的，但存在许多三角形，也存在相应于这些三角形的各种不完善的摹本，即具有各种三角形形状的现实物体。这样一来，就把起始于毕达哥拉斯的对数学概念的抽象化定义又向前推进了一步。

在柏拉图的所有著作中，最有影响的无疑要数《理想国》了。这部书由十篇对话组成，核心部分勾勒出形而上学和科学的哲学。其中第六篇谈及数学假设和证明。他写道：“研究几何、算术这类学问的人，首先要假定奇数、偶数、三种类型的角以及诸如此类的东西是已知的……从已知的假设出发，以前后一致的方式向下推，直至得到所要的结论。”由此可见，演绎推理在学园里已经盛行。柏拉图还严格把数学作图工具限制为直尺和圆规，这对于后来欧几里得几何公理体系的形成有着重要的促进作用。

谈到几何学，我们都知道那是柏拉图极力推崇的学问，是他构想的要花费十年学习的精密科学的重要组成部分。柏拉图认为创造世界的上帝是一个“伟大的几何学家”，他本人对（仅有的）五种正多面体的特征和作图有过系统的阐述，以至于它们被后人称为“柏拉图体”。从公元6世纪以来广为流传的一则故事说，在柏拉图学园门口刻着，“不懂几何学的人请勿入内”。无论如何，柏拉图充分意识到了数学对探求人类理想的重要性，在他的遗著《法律篇》中，他甚至把那些无视这种重要性的人形容为“猪一般”。

遗憾的是，柏拉图一方面称赞“上帝是位几何学家”，另一方面又要把诗人逐出“理想国”。他曾历数艺术家的两大罪状，“艺术不真实，不能给人真理；艺术伤风败俗，惑乱人心。”但柏拉图并非反对诗歌，他在《国家篇》里写道：“消遣的、悦耳的诗歌能够证明它在一个管理良好的城邦里有存在的理由，那么我们非常乐意接纳它，因为我们自己也能感受到它的迷人。但是要背弃我们相信是真理的东西而去执迷于诗歌，这总是不虔诚的，因为诗歌和诗人干扰了我们宁静的灵魂和对世界的理性判断。”换句话说，柏拉图是从理性出发，站在政府的立场上。

柏拉图学园培养了无数杰出的学生，包括全才

光之隧道

马岩松

第七届日本大地艺术祭，越后妻有三年展

空灵

第一次去这个地方，很深，很深，是个山中的管道，到头，是个空，不知道为什么进来，是为了出去么，还是为了知道自己出不去？反正，里面什么都没有，空的。外面，还是原本的外面，只是自己换了一个角度去看，改变的是自己。

洞口

所有的洞口都是为了离开，所以它很明亮，充满远方的诱惑和想象，让人下决心告别最熟悉和安全的地方，这是多么大的勇气啊。我能做的，只是短暂地陪伴，他们离开之前的徘徊。

反射

我觉得镜子是可悲的，它能做的只是复制，但是现实，没有必要再复制。我们真想清楚地看见自己么？我们能真正的看清楚么？梦里看不清楚任何东西，又是最深刻的感受，眼见并不为实的话，还是让现实变模糊吧，让天地都模糊。

水

山之间是清津峡的雪水，四季川流，色彩形态万千，但我想，它最好就停在我的脚下，安静下来，我把脚放进去，让刺骨的冰冷提醒我。日常的麻木。

极少

最好没有人，连自己也不在。

人

一个人走近天地之间的那条线，和我距离 20 米，就好像去了另一个世界，我也想进入那个世界，我也想只相隔这 20 米，欣赏在另一个世界的他们。

自然

在来清津峡的路上，看尽了绿色、山水、天空，和奇妙的光线，好美，觉得自己不能再增添什么了；能做的，就是把自己内心的感动描述出来。自然是客观的，感受是主观的。

清津峡，摄影：十日町市观光协会

光之隧道入口，摄影：马岩松

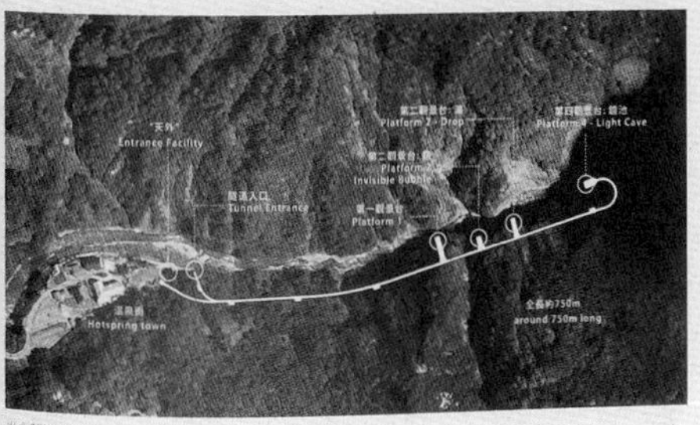
"天外"
Entrance Facility
隧道入口
Tunnel Entrance
Platform 1
Invisible Bubble
Platform 2 - Drop
Platform 4 - Light Cave
around 750m long
Hotspring town

光之隧道区位图

一堆碎片

王怀庆

再读弗洛伊德：

把人当动物画；把活人当死人画；把肉体当灵魂画；把贵族情结当囚犯意识画。

所以，看他的作品总有一种深刻无比的恶心与冷峻而有秩序的错乱，是肉体对灵魂的拷问，还是灵魂对肉体的鞭挞？

买几张浮世绘版画学习，只看画面，不认名头，管它是不是北斋、广重、哥麿，也不管它是丹绘红绘还是漆绘锦绘，更不问它是什么“极印”还是“改印”，只要是江户的原版，真品，都不会坏。我相信当年凡·高、莫奈对浮世绘的了解没我好，但浮光掠影攻其一点不计其余的学习与借鉴，也很成功。学“皮毛”很重要。皮毛可以移植还可以延伸，“精神”学不来，那是血统。

练字所得：一字当一笔写，一行当一字写，全篇当不是字写。

我对“潮流”不感兴趣，潮流是趋同性的结合，虽能产生力量，也可把成千上万人变成一个人。

我看见了四美神：

乔治·欧基芙

皮娜·鲍什

奥莉亚娜·法拉奇

扎哈·哈迪德

宋影青碗，口沿薄如刀，不敢触碰。谁用这碗就餐，极易破相，但不到这“薄”，够不着“美”。功能只好让位给“色欲”，就像贾科梅蒂的“瘦”，布特罗的“胖”。“过正”是艺术的一条通理，“正”是离艺术最远的东西，比“错”还远。

初读“寒山诗集”有感：

尘里尘外尽收眼底，

大事小事全都操心，

不是真和尚，

却是好和尚。

文艺批评决不能成为什么病都敢治，什么病都能治，什么病都治不好的江湖郎中。

要说“一角”，并不是“马一角”，应是“八一角”，八大山人构图奇绝，打破了国人一贯追求的“完整”与“对称”，花是半枝，石是一角，决不多给。“切割”是他的癖好，“对称”“平衡”是他的敌人，在中国画坛，他是第一刀斧手。

新“三多”

大师多，

美女多，

混蛋多。

一字一元押，元人仿汉字，照猫画虎照葫芦画瓢，却格外认真，越不懂，越认真，越有趣。就像凡·高学浮世绘，德里斯顿学景德镇。“误读”常常有种力量。

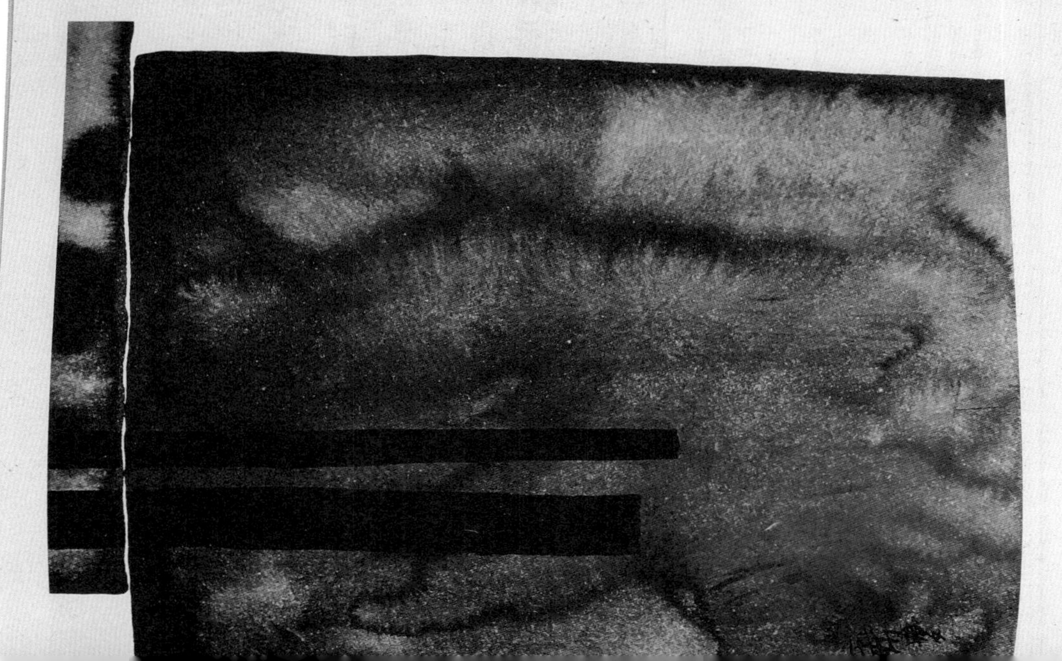

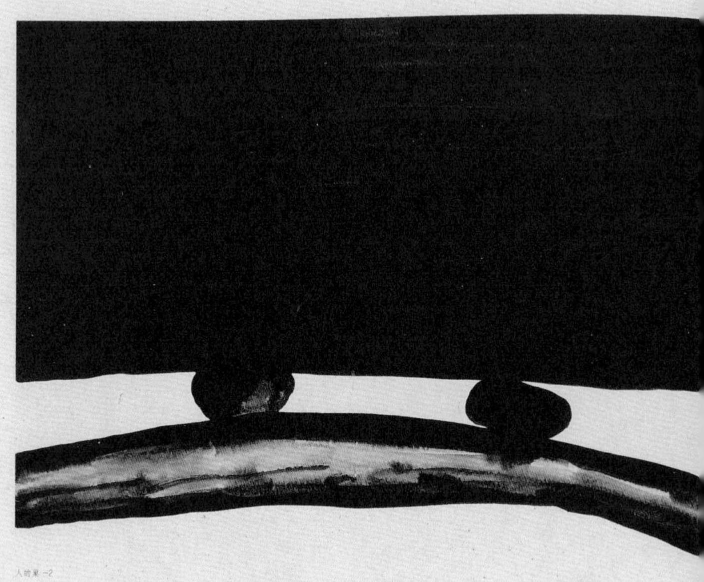

人的巢 -2

诗十首

韩东

心儿怦怦跳

田野离我们很远
去往另一个世界。
兴师动众，还要过江。
那么多的泥巴，他站也站不稳
就像从此以后就都是田野了。

不要离大路太远
就在它的边缘徘徊。
妈妈回过身，招呼他走得更深一些
在妈妈和那条大路之间他犹豫不决。

她那么开心，开始舞蹈
做出他从没有见过的动作
喊出他从没有听过的声音。
和田野里的响动倒很符合
和鸟儿呀、风车呀，和风是一种性质。
他们渐渐地和田野同质
不再是他的父母了。

他在一堵墙壁似的水牛前面停下
爸爸让他摸牛。黑不溜秋的
颤抖的，移动的……难以言喻。
他有一点兴奋，又摸了一下
整张小手都埋在了那片粗砺的乱毛里。

2019.5.24

0381

虞山琴派两个创始人非常有意思，一个是文人严天池，一个是武举徐青山。一文一武，张弛有道。“吴声清婉，若长江广流，绵延徐逝，有国士之风。”（唐·赵耶利）虞山的琴追求什么？严天池说：在“博大”和“博雅”之间，徐青山的《溪山琴况》为虞山琴派构筑了一个完整的美学体系。后人认为虞山琴派风格为清微淡远，所谓清微淡远，清，指环境清，指上清，心中清。徐青山说：“盖静由中出，声自心生，指下扫尽炎嚣，弦上恰存贞洁。”微、淡是手段，微乃微言大义，淡，“冲乎淡也，绝去炎嚣，虚徐其韵，所出皆至音，所得皆真趣”。远，则是目的，追求的境界，“所谓神游气化而意之所之，玄而又玄。盖音至于远，境入希夷，非知音未易知，而中独有悠悠不已之志。”刘勰《文心雕龙》所谓，“文之思也，其神远矣，故寂然凝虑，思接千载；悄焉动容，视通万里。吟咏之间，吐纳珠玉之声；眉睫之前，卷舒风云之色。”想来便是这样。

说来也奇怪，日后生活工作，似乎一直行走在古院名宅的梦中：周庄张厅，南京随园，常熟曾园、赵园、彩衣堂、脉望馆……闲暇流连于汲古阁、绛云楼、旧山楼、铁琴铜剑楼、天放楼、小石山房、燕园、半野堂、菱花馆、拥翠楼……或遗址，或故居，追随先师曹公大铁，翁公之澜，清晨古寺，闭门谢客，鞠通夜抱朱丝静，脉望朝含绿字香。曹公戏谑：东南西北两条腿，春夏秋冬一件衣。这样的地域之美，岁时人事也。

中国古代书法，魏晋书法尚韵，唐代尚法，宋代尚意，明清尚趣，书法是怎么传承的？赵孟頫一语道出天机：“用笔千古不易。”用现代的语言来说就是在体现时代审美的前提下，传统的基因不变。每个时代都有每个时代的文化及审美趋向，在基因纯正的基础上体现时代精神，是书法艺术的基本传承发展脉络，当然也是中国艺术传承发展的基本方法。

虞山的岁月，依旧淡淡，古宅、书画、诗词、传承，淡淡的无倦，淡淡的日子，淡淡的有为。晨钟暮鼓，桂风月下。吾谷枫林，青灯素卷。平时流连于水墨，徜徉于元四家，苏东坡、董玄宰等人的世界之中，文物鉴赏之余，昼了公事，夜接词人，美梦依稀。在山川文脉里，在历史的基因里，那澄澈之美，悠悠不已之志，三十六年，从琴无倦、茶无倦，到竹无倦，从梧叶秋声到琴重虞山，一梦接着一梦，有趣的是，书画诗词，雪泥鸿爪，皆有印痕。而某一天，当这样的牵挂，随着七弦声起的时候，一切却突然释然。

那个期待，原来就是：古琴。它可以将人们内心世界各种隐秘的情感紧密相连，它无须销售自己，只是为了慰藉自己的心灵。语言穷尽之处，它可以表达；思维无法触及之处，它能够揭示。古琴发掘了我们的潜意识，让我们清楚地看见自己的内心世界。虞山派通过小小的一山、一石、一花、一鸟，一缕淡淡的情丝，一丝难察的意绪，含蓄地表达某种远不可测、难以言传的宇宙人生之感，呈现了全新的感觉。虞山派的含蓄与弦外之音，鸿鹄与山川之气，在古琴里得到了淋漓尽致的展现。

七弦里有女性的哀怨：

离别故土，一去不返的凄婉，那是《秋塞吟》；

骨肉分离的伤心悲切，那是《大胡笳》；

子夜抚琴，青灯黄卷，轻轻叹息，世上的事，我怕自己太上心，而你其实不在意。贵妇失宠无奈的怨恨，说的是《长门怨》；

少年情侣的爱情，那是《秋风词》；

失去亲人的痛楚，那是《湘妃怨》……

七弦里也有男性的伤感与愤懑：

《广陵散》，是人性的绝唱；

《离骚》，是志士的失意与追求；

《幽兰》，自怜幽独，伤心人别有怀抱；

《阳关三叠》，君子之交的淡然；

《忆故人》，寂静深夜的自呓……

七弦里，有对人世的透澈，有对自然的眷恋，有人性的宣泄，也有无奈的回归。

丝弦的沧桑与崇高，钢丝弦的微妙和颤动，让我把所有灵魂颤动的片刻倾注其中。

这里没有中外之分，时间之分，空间之分，只有美，曾经的美梦。

每次演奏《阳春》，我分明看到了克里姆特名作，充满生命活力的《金鱼》；

轻抚《流水》，莫奈的光影依稀流转，以至于我把传统《流水》琴谱最后一段，重新编了一段，那是对莫奈的致敬：夕阳下，流水回归大海，闪烁着温情；

每每演奏，多情时，挥之不去的是晏几道、柳三变、周美成、纳兰容纳；

旷达时，依稀又伴随杨景度、苏东坡、黄子久、倪云林；

偶尔，弹奏《高山》，那种崇高之美，总会想到贝多芬；

弹奏《文王操》，德沃夏克《第八交响乐》第一乐章主题史诗般宏伟的气质，又接近于庄严的圣咏，锵锵共鸣；

有时，魂牵梦绕的《渔歌》，眼前分明是春江花月夜，千里江山图。

《平沙落雁》，是岸远沙平、母子温馨的场面；

最有趣的是《酒狂》，古琴曲中唯一一首表达幸福的曲子；

记得月上柳梢，独坐无语时，梦想，知己，山林野逸，诺重君记，这样的心绪，时时会笼上心头……也许，在这个世界上，人们总是梦里追求"虽向往之，实不能之"的生活，比如渔樵；也许，在这个世界上，最悲哀的是没人可和你谈话，于是，鲁迅感叹："人生得一知己足矣！"这样的心态，其实古今皆同的，于是，便有了《渔樵问答》。

情到深处，痛苦化为诗意。烟雾缥缈，南宋水墨之妙，伴随着弘一的悲欣交集与天心月圆，总是弥漫在《潇湘水云》中。

古人会停一停，想一想。在向往"三不朽"的道路上，会不会忽略自己内心最原始的向往？清秋的一个夜晚，窗籁几静，月明星稀，沐浴后一盏清茶，松下听着秋虫缠绵，微风轻轻摇曳，远远禅寺钟声……何人不向往，何人不惬意？那是宁静与淡逸。古琴曲《良宵引》，正是这种心境的描述。

中国古琴经典曲目的传承，既是学习、保存的过程，也是艺术再创造的过程。《广陵散》从十几段发展到四十五段，《潇湘水云》从十段到十八段，这绝不是简单的原汁原味所能做到的。中国古代琴谱记音高而不记节奏旋律，其核心意义也在于古琴是一个开放的系统，它的核心是不变的，而其审美将随着时代的改变而改变。当一个优秀演奏家达到"传神"的艺术境界，体现了当代人的心声，这就是梦想成真，历代琴人从孔子以降，无不遵循这个原则。

艺术之难，在于对自己的无知进行反省，在于不一味追求那些虚无的目标。想要重现历史的艺术，就必须要理解千年前的美梦。要对从古以来的艺术独具慧眼，要能够看到过去的人们所创作的美的本质。对于古代艺术、近代艺术都要有一种敏锐的眼光。我们只有了解所有事物的美，才能通过它理解艺术之美。欣赏事物之美时，不仅仅满足于自己的眼睛，事物当为心灵的朋友，灵魂与灵魂的交流，才能寻找到自己的所爱。

《儒林外史》第55回说："荆元自己抱了琴来到园里……慢慢的和了弦，弹起来，铿铿锵锵，声振林木，那些鸟雀闻之，都栖息枝间窃听。弹了一会，忽作变徵之声，凄清宛转。于老者听到深微之处，不觉凄然泪下。"临窗再鼓，凉指爽肃，而弦中悠悠不已之志，一如荆元，不觉凄然。

《乐记》中说："凡音之起，由人心生也，人心之动，物使之然也。感于物而动，故形于声。"司马迁在评价《离骚》时指出，"劳苦倦极，未尝不呼天也；疾痛惨怛，未尝不呼父母也。"他认为，古来一切不朽之作，如《春秋》《诗经》等，无例外是"意有所郁结，不得通其道"，怨成为一种崇高的情感，它不仅是不朽之作的基本动力，也是审美评价的主要标准。而具有高度发忿特点的《离骚》，自然也成了"兼风雅之美"的作品之冠了。后来，韩愈也提出了"不平之鸣"的文艺观，继承了司马迁的文艺思想，到了明代，李贽提出"琴者，心也"的命题，他们对音乐的发展产生了巨大的影响，我们可以从历代诸多古琴谱集中收有《离骚》《广陵散》等舒忿乐曲这一点上清楚看到。音乐既为心声，当其心欲过度时，儒家认为应以适当的音乐去调整它，这就是"中和之音"。

儒家的"中和之音"有两个不同的侧面，一顺一逆均不失儒家道德规范，它强调的是对人心的反作用，即"逆欲"，这是一个发展的概念。唐代孙过庭说："初学分布，务求平正；既知平正，务追险绝；既能险绝，复归平正。"苏东坡云："大凡为文，当使气象峥嵘，五色绚烂；渐老渐熟，乃造平淡。"虽然是初心，螺旋的上升，是美梦，是人生。

事使我每天想入非非，我对人家吹牛说：幼儿园的游泳池里有很多金鱼，无数只青蛙，并且房上有一百多只猫。

家里床底下有一只大黑箱子，父母从来不许我们动，终于，趁家中没有人，强烈的好奇心使我打开了箱子，原来里面有那么多书！《安徒生童话》《宝葫芦的秘密》《普希金童话诗集》《安娜·卡列尼娜》《战争与和平》，还有《西游记》《水浒传》……当时，看这些书是危险的，但是，那么离奇的故事，那么优美的插图，一个新的、灿烂的世界突然出现，使少年的我立刻疯狂地沉浸其中，我把这些书读了一回又一回，书中的插图临摹了一遍又一遍，卖火柴的小女孩、拇指姑娘、孙悟空、林冲、鲁智深……我甚至模仿《水浒传》写了《四大王》。渐渐的，我长大了。我总是觉得，每时每刻我都生活在童话的世界中，一切的一切都存放在那个大黑箱子中，里面有发掘不尽的财富，讲不完的故事。

十五岁时，我上了一所设计学校，学的是工业设计。设计需要严谨的理性思考，而我却每天沉浸在幻想中。制图课是我最恐惧的课程，你要用蘸了墨水的鸭嘴笔和各种尺子画出笔直的线条，图要画在光滑的硫酸纸上，如果不慎滴上任何一滴墨，都是不合格的。当图完成时，它像机器印刷的一样，那么冰冷。它需要的不是想象，而是准确，它有一种森严的美、理性的诚实。这种训练对任何一个少年都是严酷的，像兵营里的正步走。我强烈地拒绝这种训练，但又对它有一种莫名其妙的迷恋。当完美地完成它时，你真的很兴奋，你感到战胜了手的笨拙，甚至感到超越了自然。后来，在蒙德里安的绘画中，我发现了同样的感情。这是一种严格控制着的激情。当它表达思想，抒发感情时，却显得是那么冷静。今天，计算机把这一切变得那么轻而易举，你还会产生那种兴奋吗？现在，我珍惜留在画布上的每一滴颜色，甚至错误，但我也努力控制着画面的平衡。我这一代的艺术学徒，大都很有徒手的功夫。

弗洛伊德说，世界上有三种事不能完善至美，一是为人父母，二是执掌政权，三是精神分析，对童年和少年时的片段回忆，是无法完美地解释自己的精神世界，也不能仅仅依靠它来搜寻我的艺术线索。我常常害怕人们问我，为什么你的画中出现那么多小孩儿？为什么他们经常穿着水兵服？为什么蒙德里安的画常常出现在你的画中？我的绘画往往只是提供给人们和自己一个线索，意图深深潜在画中，并且陶醉于人们对我的作品的误读。我不可能把自己所有的秘密都告诉别人。

童年时的富于幻想和少年时的理性的训练，基本上决定了我以后的思维方式，越到后来它们越融合在一起。我喜欢冷静地去幻想。

探究一个成人的性格和内心深处，最重要的是了解他或她的十八岁之前，虽然我也经历了这之后的许许多多，上大学、留学……经历了许多深深的幸福和悲伤，但人的一生也几乎在这十八年决定了，以后的人生之时为此添枝、加叶、结果。

从窗望去，街上的汽车真是太多了，我童年时的城市永远成了童话，而我已经游历了童话书中描写的城堡，我也已经从一个胖小孩长成了一个成人，但我一直在画呀画，像过去的日子一样……

2003年10月，于绿荫芳邻

Bauhaus No 1，15×19cm，布面丙烯，2013

白日梦，30×40cm，布面丙烯，1997

人物写生 -1，246×125cm，2015

人物写生 -35，246×125cm，2015

品位决定作为，品位是认识的问题，需要不断修养。要想把自己的品位往高处修，难免要洗心革面，脱胎换骨，在认识上下一番功夫。对每个人来讲，修养品位的过程往往是必须终生追求的。我也经历过很艰难、很痛苦、很纠结甚至很自虐的认识过程，现在想想，在这方面对自己狠一点是很值的。

人物、山水、花鸟、开心、郁闷、兴奋、无聊、清闲、忙碌……都不应该制约一个好画家的创作状态，真正有质量的状态应该是无所不至的，应该是随机应变且淡定超然的。

在画得特别顺手的时候，我往往会鬼使神差地停下来，好像硬是要歇一阵子，暂时不画了。因为在我的心底里有一个禁忌：某一种手上的感觉千万不能快快地熟透，熟透了就完蛋。水墨写意看上去是一种快捷利索的活儿，对速度的内在质量要求却是很高的，快疾的运笔里面一定要有稳定的脉络，迟缓的运笔里面一定要有流畅的行踪。疾与缓，快与慢，起与落，行与住，动与静，张与弛等等与速度有关的东西一定要同在，一定不要偏废，也一定不要在某一种“顺手”的感觉上义无反顾地快活下去。虽然这些看似矛盾的东西之间质量平衡度的变数极大，却总是需要在自然而然、灵活变换的同时精确把握，否则笔墨就不得到位。以“龙飞凤舞”来夸耀快快的行笔速度，实在是一大误区，也是对龙凤这样高贵神兽的大不敬。

心里有真切的创作意识，创作才会有实在的追求。有创作意识的状态应该是崇尚经典、讲求科学、注重研究、彰显个性、励志探索的。在创作状态中画画和在涂鸦状态中画画是大不一样的，前者是研究，可能有价值；后着是胡为，往往没意义。

当形式与内容没有了界限，画里的形式就是内容，内容就是形式的时候，绘画性的价值就纯粹了。

画面图式如果是东拼西凑来的，就不值一提；画面图式如果有新意却赖赖巴巴的，就没有价值。总之，图式水平的高低取决于图式质量观的高低，又新又好的图式才有价值，才不负原创之名。

徐悲鸿画的马往往是阴阳脸，有西画光影素描明暗交界线的影子，与传统中国画造型法则相比，有了翻天覆地的变化，是笔墨造型的一个前无古人的高难度动作，是了不起的原创，值得后人好好研究借鉴。不过，后来出现的许许多多张奔马、李奔马、王二麻子画奔马之流，多是些假冒伪劣的东西，不值一提。

林风眠从西方、传统、民间三块地盘上走过，但他没有停留，而是在一块谁也没想到的地方落了脚，把这块地方建设成了自己的独特家园。给林风眠戴国画、西画、民间中的任何一顶帽子，都是强加于人的。林风眠不是马，不是鹿，也不是龙，他是麒麟。

我就是想以自己的方式把一成不变的东西变一变，我的“水墨雕塑”语言就是一种变的方式。尽管我有时会以躲避绕让或反其道而行的方式求取变径，但我从来没有想过要去颠覆经典，因为经典永远是经典，需要颠覆的总是自己的头脑和习惯，而经典则恰恰是我去颠覆它们的依据。

胸怀经典就能心明眼亮，起步就高，步伐就坚定，脸红而不苟且，淡定而不执迷。

我是一个传统派，我崇尚传统经典，并一贯以我的理解和作为来演绎传统经典精神，但这丝毫不影响我广泛借鉴。对我来说，古今中外任何经典的东西都是值得借鉴的，排斥或忽略它们是自己的损失。

创作状态中，可能先对某种形式语言有感觉，也可能先对某些题材内容有想法，但结果一定要融合一体。创作状态如果与形式语言无关，或是把形式语言当做了题材内容的“副手”，就不是纯粹的绘画状态，因为题材内容如果不能转变成形式语言，就是夹生的东西，创作就不完整。

画里各样东西的主次关系是可以自由转换的，只要整体关系自然了，小的可以是主，大的可以是次；淡的可以是主，浓的可以是次；素的可以是主，艳的可以是次。

语言程式是一把双刃剑，没有程式是夹生饭，构不成语言；有了程式会炒冷饭，语言就没有活力。程式过了容易僵硬死板，程式欠缺则形式质量不到位。如何让程式既到位又灵活，把握好度，要靠画家在感觉方面的修养。

绘画艺术是创造性劳动，探求表现形式，构建绘画语言，那是本分。要尽到这个本分，感性和理性的修养必须完整协调，缺一不可。

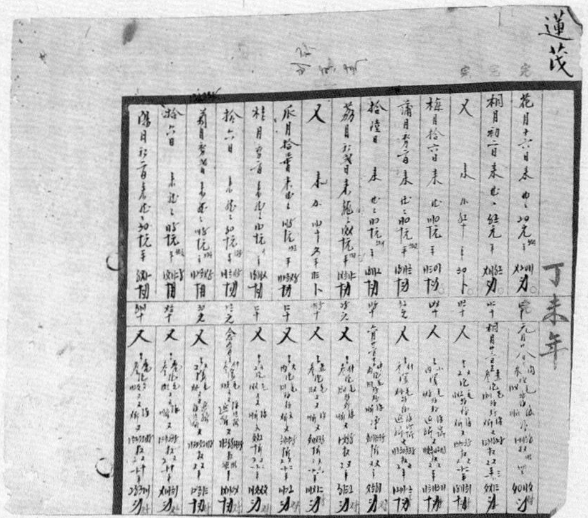

丁未年手抄老账本一页（周晨藏）

扬州八怪、金陵十二钗、十八般武艺、二十四节气、一百零八将、三百六十行。《红楼梦》第一回说，女娲补天时炼成顽石三万六千五百零一块。中国古代，零、一、二、三、四、五、六、七、八、九、十、百、千、万皆是姓氏，只是有些小姓未出过名人而慢慢凋零，被人遗忘。古诗中用到数字之处比比皆是，“七八个星天外，两三点雨山前”，“南朝四百八十寺，多少楼台烟雨中”，“飞流直下三千尺，疑似银河落九天”……还有体现更极致智慧的数字诗，如《山村咏怀》：“一去二三里，烟村四五家。亭台六七座，八九十枝花。”诗歌创作需要创造性思维，数字本是枯燥物，然而两者的结合却能妙趣横生。

同样是数字的表达，市井的商业切口暗语，充满智慧，让人脑洞大开。宋代暗码：丁不勾、示不小、五不直、罪不非、吾不口、交不七、皂不白、分不刀、馗不首、针不金。“丁”去钩而成“一”，“示”去“小”成“二”，“五”去两直笔成“三”，以此类推，拆字删笔成数字。与之相似的还有清代暗码：平头、空工、眠川、睡目、缺丑、断大、皂底、分头、未丸、田心。“平”字的头是“一”，“工”字成空为“二”，“川”字卧眠成“三”，等等。

苏州码子同样是商业环境下的产物，也是中国数字文化演变的产物。阿拉伯数字在中国普及前，苏州码子简便、快捷，是民间最为通用的数字符号，促进了明清以来商贸的流通与繁荣，是明清苏州经济发展成果的一个重要见证。对于当代人，苏州码子有何意义呢？它就像一组密码，需要翻译，需要解读，可以被转译，被创意，也像是一位失联太久的、陌生的亲人，关乎血脉，文化的血脉；也像是一段往事，需要去追忆回想，尽管断断续续，却也能娓娓道来。

当代艺术为什么这么扯？

曾熙

说到当代艺术，一定绕不开的人——杜尚，全名马塞尔·杜尚（1887—1968）。有一天下班回家，他从小卖部买了一个小便池，签上名，然后就成为了20世纪最重要的艺术作品《泉》。有人称其为20世纪现代艺术中最大的骗局，我想说，这是放屁。

马塞尔·杜尚

收藏在 MoMA 的《泉》，复制品，原作已丢失

1917年，"一战"刚刚结束，百废待兴。纽约的一群公知们寻思着，"要不我们整个展览，来体现解放的精神吧！"这个展览不设限，只要提交作品和报名费就保证展出。组委会收到了来自全世界的报名！

1920年代的纽约

杜尚也听到了这个消息。他在卖卫生用具的小卖部里买了一个小便池，匿名提交作品。本来照单全收的十人组委会却投票拒绝了这个作品。然而这不影响《泉》成为了20世纪最伟大的艺术作品，没有之一。它让人们反思，究竟什么是艺术？有意思的是，杜尚是组委会成员之一。

如果仅仅是让人们反思艺术的本质，还不足以让它成为最伟大的作品。撼动整个艺术世界的《泉》被拒绝以后进了地下室，然后被当作垃圾处理掉了。究竟《泉》的重要意义在哪里？达达主义的先锋大师杜尚如何用一个小便池撬动了一个新世界？

杜尚是达达主义的先锋，那么究竟什么是达达主义？"达达"究竟是个什么东西？这是婴儿刚出生时第一个会发的音，dadadada，象征返璞归真的纯天然表达，于是大家决定，咱们就叫达达主义吧！

代艺术”这一术语是先进入“艺术世界”，而后才进入批评和美术史的术语体系的。它不单纯是一个美术史概念，而是一个由社会、政治、经济、博物馆学在内的多重因素杂糅的产物。一个有趣的例子：1947 年，由于某些原因，波士顿现代艺术学院（Boston Institute for Modern Art）被改名为波士顿当代艺术学院。可见在当时看来，“现代”与“当代”是近似的，而“后现代”和“当代”在一定的历史时期也是混用的，只不过前者流行于批评界、学术界，而后者多见于艺术机构的实践中。

近十年以来，更多的理论家将 1990 年代以来的艺术界定为当代艺术。这种划分并非完全以艺术本身作为标准衡量，也不意味着在这之前和之后，艺术的形式有哪些明确的改变，但是它明确了当下我们所探讨的当代艺术是“全球化时代的当代艺术”。

从面貌上看，全球化时代的当代艺术具有如下几个特征。

首当其冲的自然是全球化，金融资本的全球化流动和贸易的全球化促进了不同国家、地区、民族之间的交流。越来越多的人以地球村的角度看待我们今天生活的世界。从西方世界的角度来看，全球化为以美国和欧洲为中心的艺术界带来一种多元的、崭新的艺术生态，打破了现代主义以来相对线性发展的艺术史叙事模式。对于发展中国家的艺术家来说，他们首先得到了向世界展示个人才华的平台，同时也不得不被西方的主流叙事所支配，成为体系之中展现多元性的景观。但是随着全球化的进一步深入，特别是亚洲经济的崛起，发展中国家的艺术机构、艺术家、理论家逐渐开始以更加平等的姿态参与到当代艺术的展示与评价体系之中。

其次是样式的多元化。当代艺术通常不以媒介划分艺术的门类，但是也不代表某种样式就是被禁止的，只不过在现在的各色展览中，装置艺术、行为艺术、媒体艺术通常占据主流。近年来，我们可以看到更多新的样式涌现，诸如声音艺术、生物艺术、编码艺术等，这些新出现的艺术形式进一步模糊了“艺术”与“非艺术”之间的界限，从事这些艺术创作的艺术家很多是掌握某种技术的专业人员，甚至本身就是科学家。可以说，如果从样式多元的角度来审视，当代艺术确实做到了去中心化。

最后，需要指出的是，全球化时代的当代艺术是由艺术机构主导的，不同于现代主义早期，现今任何个体艺术家、批评家的惊艳绝伦都无法对这一体
生决定性的影响。机
通过“项目制”和“文
体现，它以全球范围内
地举办的双年展、三年
展为其表征。应该说这
本全球化流动的必然结
资本总需要扩大规模，
权，使一切因素变得可
总结一下：作为一个艺
概念，“当代艺术”一
来自于艺术史家、理
结，而是先在实践中
而后才被纳入艺术史术
的时候，当代艺术像一
文件夹”，所有新生的
定义的艺术都被一股脑
个文件夹里。当积累
度，或者某一个新的术
出来后，这个文件夹里
内容会被挪出，随后
内容又被添加进来。
也应该意识到，尽管
代的当代艺术如火如
时也面临着某种危机
术》一书的作者斯塔拉
为，当代艺术是“一种
向、彩虹般多色人种
实践和语言组成的碎
杂景观”。如今看来这
种愿望，而并非真实。

注

1 本文为 2019 年度广州美术学院校级科研项目（项目编号：19XSC13）阶段性成果。
2 朱其：《什么是当代艺术？》，载《上海艺术家》，2014 年第 1 期，第 8 页。
3 转引自王端廷：《西方现代、后现代和当代艺术的分期与区别》，载《东方艺术》，2013 年第 1 期，第 165 页。

参考文献

1 卡特琳·米勒．什么是当代艺术？（陈凯译）[J]．世界美术，1998(02):3-5.
2 彭锋．呼唤有中国立场的当代艺术 [J]．美术观察，2007(12):8-11.
3 邹跃进．什么是当代艺术？[J]．中国艺术，2008(01):10-17.
4 Octavian Esanu. What was Contemporary Art? [J].Art Margins，2012(1):5-28.
5 王端廷．西方现代、后现代和当代艺术的分期与区别 [J]．东方艺术，2013(01):164-165.
6 王端廷．什么是当代艺术 [J]．中国美术，2013(04):7-9.
7 朱其．什么是当代艺术？[J]．上海艺术家，2014(01):7-8.
8 彭德．什么是当代艺术 [J]．艺术当代，2017，16(03):94-95.

艺术品市场
——当代艺术价值的一面镜子

马学东

究竟"当代艺术"产生于何年何月?这个问题其实很难有一个准确的答案。但有意思的是，反而艺术品市场却对"当代艺术"的定义或者说产生的时间段有着相对明确的界定。

法国的艺术价格网站 Artprice 从 2002 年以来每年都会出版关于全球纯美术品拍卖市场的年度报告，这份报告是按照线性的时间逻辑对不同时代的艺术进行划分的，界定的参照系是艺术家的出生年份。欧美艺术品拍卖市场上流通的艺术家的作品分成了"古代大师"(The Old Master)"19 世纪艺术"(19th century Art)"现代艺术"(Modern Art)"战后艺术"(Post-war Art)以及"当代艺术"(Contemporary Art)五个版块。

"古代大师"是指在 1759 年之前出生的艺术家的创作，那么无论是我们大家熟悉的文艺复兴时期的达·芬奇、米开朗琪罗还是拉斐尔毫无疑问隶属于这个版块。另外，17、18 世纪的伦勃朗、维米尔、鲁本斯、委拉斯贵兹等各国的绘画大师也属于这个版块。"19 世纪艺术"是指在 1760 年至 1859 年之间出生的艺术家的创作，那么"印象派"的莫奈、雷诺阿，"新印象派"的修拉和"后印象派画家"的凡·高、塞尚和高更就都属于这个版块。"现代艺术"的界定是在 1860 年至 1919 年间出生的艺术家的创作，毕加索、马蒂斯、培根等艺术家都属于现代艺术家的范畴。"战后艺术"的界定是出生在 1920 年至 1944 年的艺术家的创作，代表性的艺术家有弗洛伊德、里希特等。"当代艺术"指的是 1945 年之后出生的艺术家的创作，英国的达明·赫斯特、美国的杰夫·昆斯、日本的村上隆都属于这个版块。

就像学术界对于当代艺术产生的时间和定义很难有一个统一标准一样，欧洲美术基金会每年出版的《全球艺术品市场报告》虽然同样是依据艺术家的出生年份对纯美术品的年代进行划分，但在具体的分类和时间上却与法国艺术价格网站给出的界定有着明显的差别。这份报告将艺术市场中交易的作品分成了"古代大师""印象派和后印象派""现代艺术""战后及当代

纽约

逄小威

2019 年是中美建交 40 周年，年初我们计划在这一年做一场名为《北京 · 纽约》《纽约 · 北京》的展览。我想拍摄北京和纽约这两座城市最著名、最有影响、最具代表性的经典建筑，然后选择一个合适的日子北京和纽约同时举办展览的开幕式。

于是，我和爱人在 2019 年的四五月间，在纽约市里和周边拍摄了一个多月。我们住的酒
市中心 9 · 11 纪念广场的旁边，每天早出晚归，走遍了各条大道，拍摄了 500 多卷 120 f
我喜欢建筑，已经做过几次以建筑为主题的摄影展。2010 年上海世博会开幕前，我用
天时间拍摄了所有国家的 100 多个场馆，加上上海其他地标性的新老建筑，举办了《
2010》摄影作品展。我还做过《人与建筑》《建筑意》等摄影作品展。
每一座好的建筑都是一件好的艺术作品。有些古老建筑，历经数代人的设计、建造、使用、
可以永存，可以不朽！
但我不想“复制”，不想“拷贝”，我对“介绍性”的拍摄没有兴趣，我想做的是“再创
我希望对这些经典的建筑作品进行再观察、再发现、再取舍，最后幻化为一件新的艺术
它不再是立体的、多维的，不再是钢筋的、水泥的、砖瓦的、木头的，它可能已经从彩
成了黑白，从具象变成了抽象，已经从可居住的使用价值，变成了仅供观赏的一张张薄
纸……我为此乐而不疲。
可惜啊，由于种种原因，计划中 2019 的展览未能如愿举办。

2020 开年不久，疫情肆虐，街头无人。我正好利用这一难得时机，拍遍了北京经典的新老建筑。
我相信冬日一过，必有春暖花开。《北京 · 纽约》《纽约 · 北京》影展终会开展。我准备着，期待着。

2020 年 12 月 1 日夜

纽约古根海姆美术馆

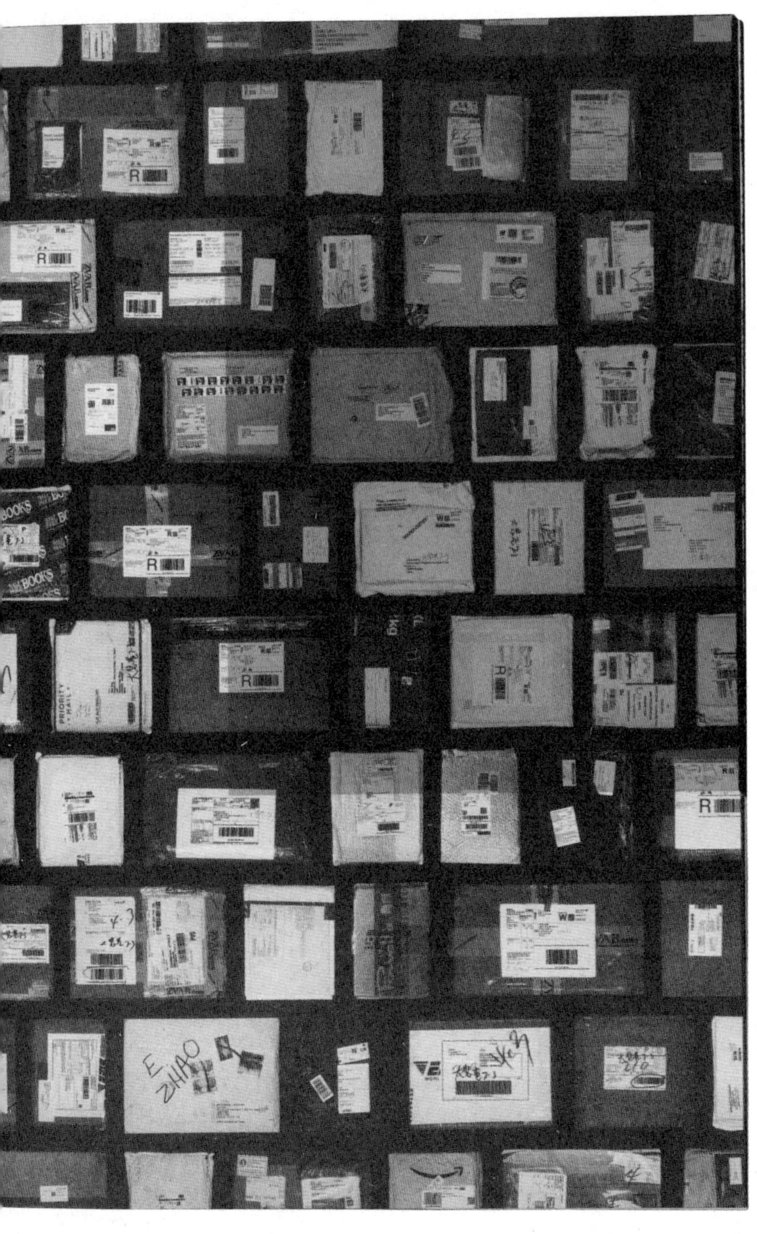
BOOKS
PRIORITY MAIL
E
ZHAO

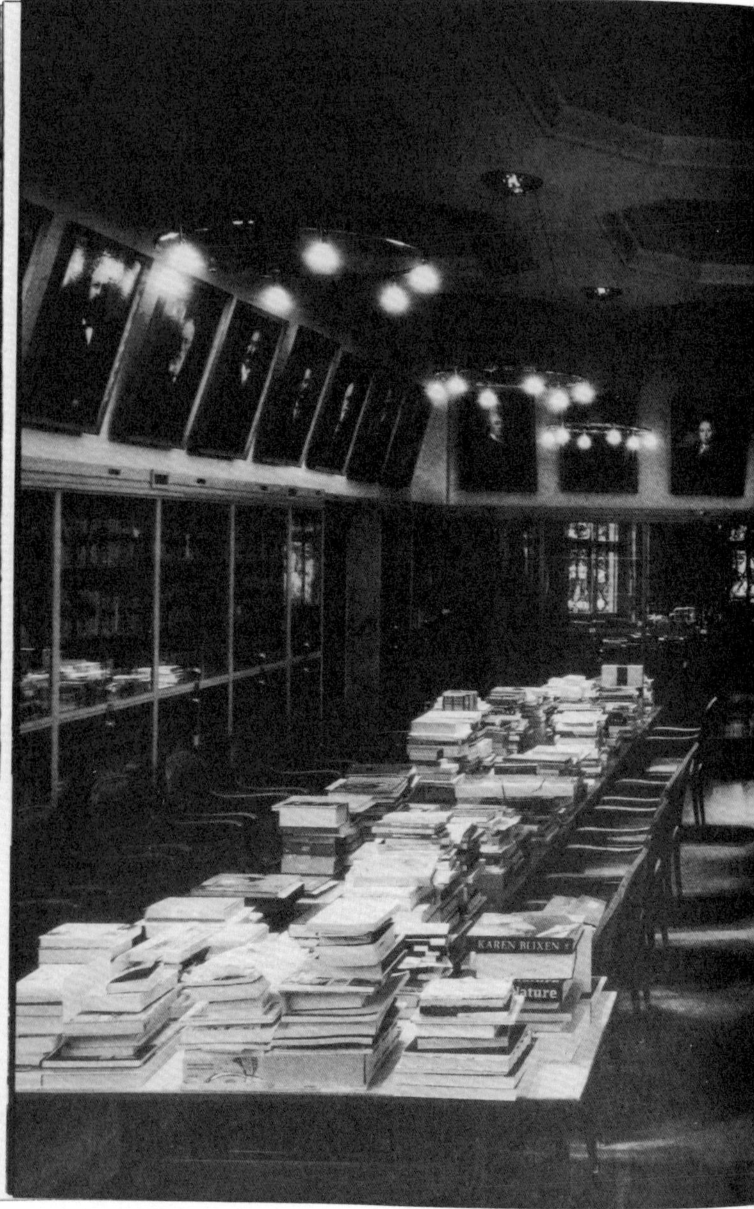
KAREN BLIXEN

Als ich mit der Arbeit von Professor Zhao Qing bekannt wurde, wurde mir ein weiteres Mal deutlich, warum das Grafikdesign in den letzten vierzig Jahren der Designentwicklung in China fast allen seinen Nachbardisziplinen immer einen Schritt voraus war.

Für einen versierten Buchgestalter wie Zhao stellte der Wunsch, Leipzigs „Schönste Bücher der Welt" kennenzulernen, zunächst eine berufliche Notwendigkeit dar, die darauf beruhte, sich von dem Reichtum und der Vielfalt des Verlagswesens außerhalb Chinas und von der internationalen Welt des Designs inspirieren zu lassen. Intuition und unmittelbare sinnliche Wahrnehmung waren an diesem Punkt das Entscheidende. Dies war nachvollziehbar und zunächst ausreichend, denn die Buchbinderkünstler ab der Generation der Neuen Kulturbewegung hatten die visuelle Kommunikation (konfrontiert mit den exzellenten Werken aus Japan) stets auf dieser Grundlage betrieben. Eine Folge davon war, dass es viele Jahre später und nachdem China all die Zeit über von europäischem, amerikanischem und japanischem Buch- oder Grafikdesign profitiert hatte, innerhalb der Gemeinschaft chinesischer Designer immer noch kein einziges Buch gab, das den Wandlungen und Ursprüngen der Entwicklungen anderswo sorgfältig auf den Grund ging. Dies war insofern beschämend, als das alleinige Streben nach Erfolg und der Mangel einer Erforschung der Ursachen für den Erfolg es nahezu unmöglich machte, herausragende Entwicklungen mit entsprechenden Ergebnissen in Gang zu bringen.

Zhao Qings Ausgangspunkt und der Weg, den er in der Forschung einschlug, lassen sich klar und deutlich ausmachen. Nachdem eine erhebliche Anzahl chinesischer Designer 2004 nach der deutschen Wiedervereinigung in Leipzig am Wettbewerb „Schönste Bücher der Welt" teilgenommen hatte, erkannte er die Wichtigkeit der zeitlichen Zusammenhänge. Hatte es sich zuvor weitgehend um eine eigen-

What professor Zhao Qing has done makes me further understand why graphic design has always been leading all the counterparts in the development of designs for nearly forty years in China.

Initially, as an distinguished book designer, he was willing to know "the best designed book all over the world" in Leipzig out of professional needs and take the diversity of publication and design outside China as a source of inspiration. At that time, as a visual expression, it was necessary and enough to make visual and stylistic observation, which have been done by book binding artists since the New Culture Movement – facing outstanding modern Japanese works. Years past, long after the benefits we got from European, American and Japanese book design or graphic design, there has still not been a single book studying "their" evolution, which is a shame. Being a race knowing the hows but not the whys, it was impossible to seek surpassing in development.

Zhao Qing's purpose and study path were very clear. After many Chinese designers taking part in the competition of "the Best Designed Book All Over the World" in 2004, he noted the significance of the time node. It has been developed only in western world but from then on joined by the giant eastern country. But for designers, the more important was the sudden changes of printing technology – the overall promotion from manually plate making, laser phototype setting to digital technology. Under this back-

了解赵清所做的工作，我又一次理解了中国近四十年设计发展中，为何平面设计始终走在几乎所有相邻设计的前面。

作为一位卓有成就的书籍设计师，有愿望去了解莱比锡“世界最美的书”，最初应该是专业的需要。那些非中文世界出版和设计的丰富多样，带来足够的启示。这个时候，直观和风格的体察是必须的——但那也足够，因为作为视觉传达，从新文化运动一辈的书籍装帧艺术家开始（面对近代日本的优秀作品），就在这样做了。多少年以来，我们受惠欧美和日本的书籍设计或平面设计很久之后，中国的设计界仍然没有一本仔细研究“他们”流变的书，这很令人脸红，因为一个只求已然不求所以然的民族，想求得借鉴和发展的超越，几乎不可能。

赵清的出发点和研究轨迹很清晰，在 2004 年中国设计师成规模参加两德合并后的莱比锡“世界最美的书”评选后，他注意到了时间结点的意义，此前是中国以外的欧美世界独自发展，此后融汇了这个东方书籍大国的参与，但是这前后的变化，对设计师而言，更重要的还是印刷技术的突变——从手工制版、

1991

Country / Region

Germany 5
U.S.A. 2
The Netherlands 2
Japan 2
Switzerland 1
Czech Republic 1

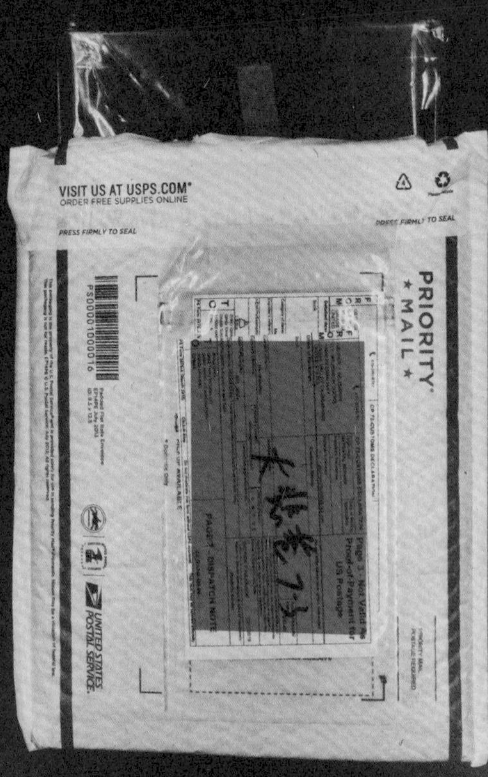
VISIT US AT USPS.COM®
ORDER FREE SUPPLIES ONLINE
PRESS FIRMLY TO SEAL
PRESS FIRMLY TO SEAL
PRIORITY
★ MAIL ★
PS00001000016
UNITED STATES
POSTAL SERVICE.

415-200-8707

GEORGE F WILKINSON
G.F. WILKINSON BOOKS
10440 KEENAN WAY
GRASS VALLEY CA 95949-6895
UNITED STATES

CP 72-CUSTOMS DECLARATION

Origin Post: US POSTAL SERVICE

Date of Mailing: 12/17/2019

Importer's Reference:

Importer's Contact: momoko960430@163.com

Page 3 - Not Valid A
Proof-of-Payment fo
US Postage

...ce of Exchange

Customs Stamp

Please affix labels here when requested

...k

Postage Charge Fees $33.60

大悲巷7-3

I certify the particulars given in this customs declaration are correct. This form does not contain any undeclared dangerous articles, or articles prohibited by legislation or by postal or customs regulations. I have met all applicable export filing requirements under federal law and regulations.

...gory of Items: Merchandise

Customs Duty:

...rter's reference:

Exporter's contact: wilkinso@mindspring.com

Total Dimensions: L: 0 W: 0 H: 0

Sender's Signature and Date

GEORGE F WILKINSON 12/17/...

...ITN/Exemption: EEL_3037a

Invoice/License/Certificate No(s)

Return to Sender Instructions in case of nondel...

Return to Sender

...laration by ADDRESSEE: I have received the parcel described on this note.

...DRESSEE's Signature and Date

ZHAO QING
QING TANG DESIGN CO.
DABEI XIANG 7-3 NANJING HAN
210000 NANJING
CHINA

PAGE 3 - DISPATCH NOTE

CJ 174 343 495 US

China

U.S.A.

U.S.A.

258mm

16mm

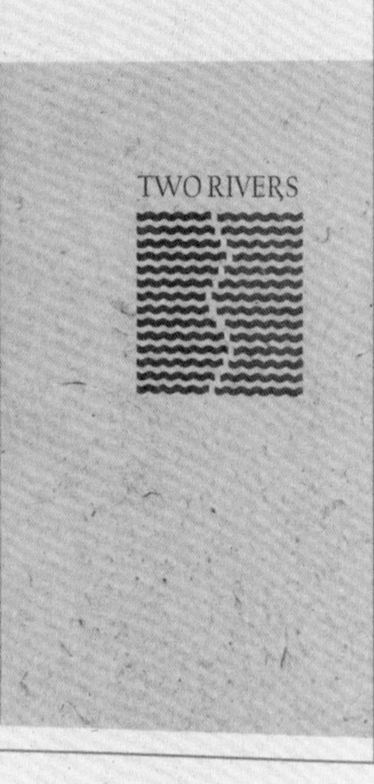

191mm

金字符奖
两条河流
美国

Golden Letter
Two Rivers
U.S.A.
James Robertson, Carolyn Robertson
Wallace Stegner
The Yolla Bolly Press, Covelo
258 191 16mm
454g
118p

这是美国历史学家、小说家华莱士·斯特格纳（Wallace Stegner）的短篇小说集，书名《两条河流》是其中7篇短篇小说的第2篇。本书是收藏版本，总计只印刷了255本。书籍的装订形式为锁线胶平装。函套选用中灰色艺术纸裱覆白卡，轻薄但具有较好的保护作用。护封手工艺术纸张夹带大量絮状杂质，蓝绿黑三色印刷。内封选用墨绿色艺术纸，无印刷和工艺。内页主要使用胶版纸印单黑，并通过四种冷灰色艺术纸作为各部分之间的隔页。从封面起，波纹就作为贯穿全书的图案被使用，在各篇小说起始页和隔页上均通过波纹线条的粗细、峰值、波距等变化形成丰富的纹样肌理。字体方面选用了具有经典数字和标点符号的California，具有非常舒适的阅读体验。

This is a collection of short stories by Wallace Stegner, an American historian and novelist. The title of the book *Two Rivers* is the title of the second short story. This book is a collector's edition, with only 255 copies printed in total. The book is perfect bound with thread sewing. The bookcase is made of medium gray art paper and mounted with white card, which is light and thin with good protective effect. There are a lot of flocculent impurities in the art paper, which is used for the jacket. It is printed in blue, green and black. The inner cover is made of dark green art paper without printing and other technology. The inner pages mainly use offset paper printed in single black. Four kinds of cool gray art paper are used as the separation page between each part. The ripple is used as the pattern throughout the whole book starting from the cover. On the beginning page and the separation page of each short story, rich textures are formed by the thickness, peak value, wave distance and other changes of the ripple lines. Font California, which has the classic numbers and punctuation marks, is selected for the comfortable reading experience.

WALLACE STEGNE

TWO RIVERS

THE YOLLA BOLLY PR

IMPASSE

ped down off the heights, the reluctant sun, which ha
the Col de Vence and forced Louis to dodge and shield h
he Citroën around the curves, had finally been dragg
glare of the day was taken off them. Along the gratef
ey bounced through the streets of Nice and onto the hig
the coast.

it was still full afternoon. Sails passed like gulls; clo
d with the water-bug tracks of paddle boats. But whe
l quieted, and in the confined car the bickering seemed
aightening out with the traffic toward Monte Carlo,
appraised the lengthening silence and grew halfw

; the quiet was too pleasant. Only in the sloping win
ction of his wife's face, the mouth drawn down ruefull
nd from the wheel to cover hers. That got him a wa

is back quietly, letting comple
t dangled on a golden, shinin
he spider came down in tiny j
the beam of sun. From the othe

I'd give every man in the army a qu
ey'd all take a shot at my mother-i

out of bed and yanked the nig
's face poking around the doo
' He didn't want to be joked wit
e had been avoiding his fathe
yet ready to accept any joking
ting a person for nothing, and y
whistle and sing out there, pre
iness yesterday was the matte
he whole lost Fourth of July w

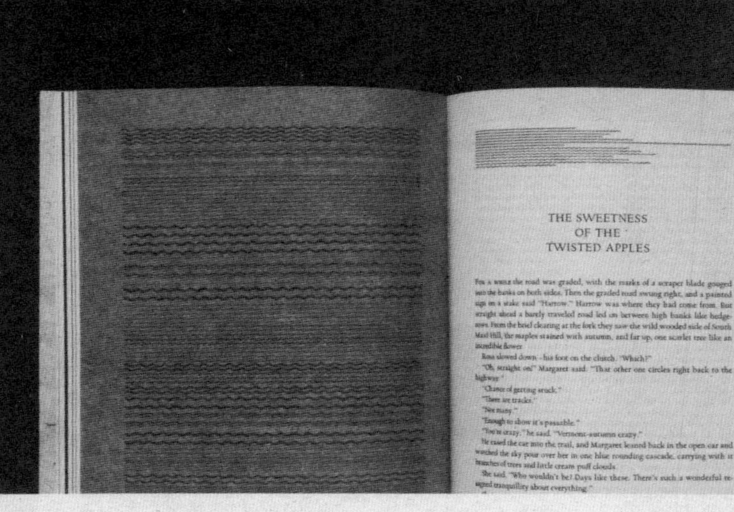

THE SWEETNESS
OF THE
TWISTED APPLES

For a while the road was graded, with the marks of a scraper blade gouged into the banks on both sides. Then the graded road swung right, and a painted sign on a stake said "Harrow." Harrow was where they had come from. But straight ahead a barely traveled road led on between high banks like hedgerows. From the brief clearing at the fork they saw the wild wooded side of South Mad Hill, the maples stained with autumn, and far up, one scarlet tree like an incredible flower.

Ross slowed down, his foot on the clutch. "Which?"

"Oh, straight on!" Margaret said. "That other one circles right back to the highway."

"Chance of getting stuck."

"There are tracks."

"Not many."

"Enough to show it's passable."

"You're crazy," he said. "Vermont-autumn crazy."

He eased the car into the trail, and Margaret leaned back in the open car and watched the sky pour over her in one blue rounding cascade, carrying with it branches of trees and little cream puff clouds.

She said, "Who wouldn't be? Days like these. There's such a wonderful resigned tranquillity about everything."

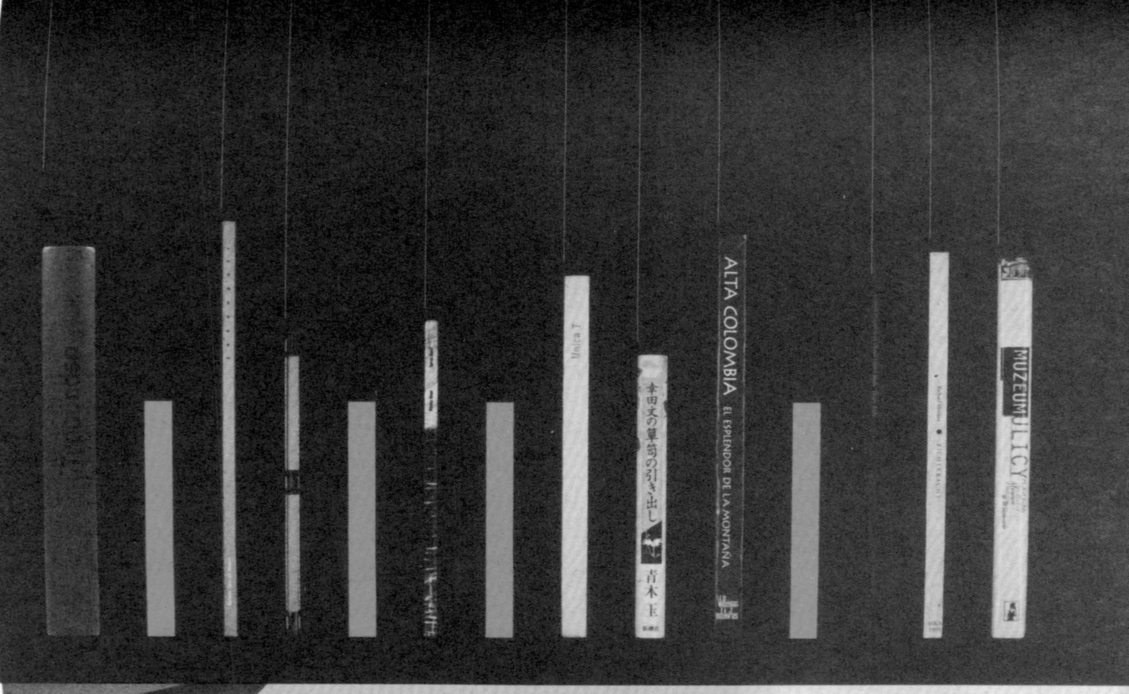
Unica T
幸田文の箪笥の引き出し
青木玉
ALTA COLOMBIA
EL ESPLENDOR DE LA MONTAÑA
MUZEUM ULICY

0617

Designer

Hans-Rudolf Lutz

Mieke Gerritzen, Janine Huizenga

Kaspar Mühlemann

Kerstin Weber, Olaf Schmidt

Stefanie Harms

Wiebke Oeser

0627 Hans Peter Willberg, Friedrich Forssman

Anja Harms, Ines v. Ketelhodt, Dois Preußner, Uta Schneider, Ulrike Stoltz (Unica T)

0635 Akio Nonaka

Benjamin Villegas

Mohiedden El-Labbad

Bureau Piet Gerards

Richard Menken

Michał Piekarski

0643

0651

0661

0669

0677

0687

0699

1997 Gl

ZVAB.com
ZENTRALES VERZEICHNIS ANTIQUARISCHER BÜCHER
PVG
CNNKGA (CNA)
Nanjing
CHINA POST
CY 283 038 789 DE
Paket bis 5 kg
ZHAO QING
Dabei xiang 7-3
210000 Nanjing
Volksrepublik China

Switzerland

Germany

China

0617

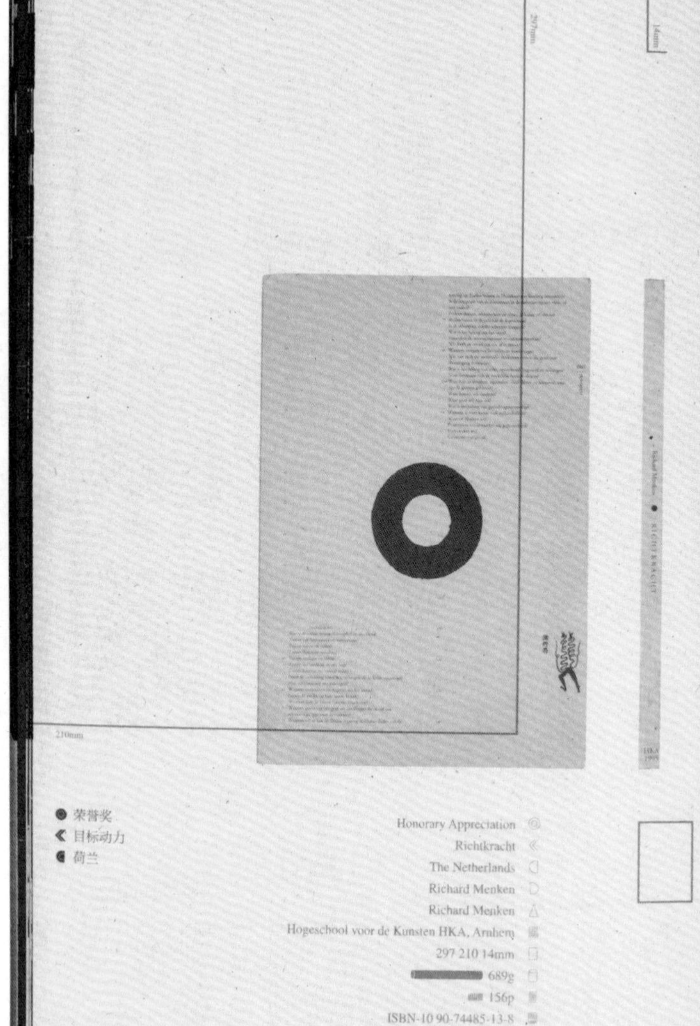

● 荣誉奖
« 目标动力
◖ 荷兰

Honorary Appreciation
Richtkracht
The Netherlands
Richard Menken
Richard Menken
Hogeschool voor de Kunsten HKA, Arnhem
297 210 14mm
689g
156p
ISBN-10 90-74485-13-8

术家里查德·门肯（Richard
）擅长装置、绘画、摄影
的混合表达。由于受到爱尔
萨缪尔·贝克特（Samuel
）和美国作曲家约翰·凯
n Milton Cage Jr.）的影响，
式通过形式去消解意义，探
中的随机性。本书便是基于
理念创作和设计完成的一本
书"。书籍的装订形式为无
装。封面单面白卡纸灰面朝
油黑。内页胶版纸，绝大部
黑，只在局部穿插其间的英
话"处使用紫红色，另有红
色两页满版隔页。内容方面
、科技、社会、政治、宗教、
全部混合在一起，有些只
有些自问自答，更多的是
短的观点和平常的对话。这
之间没有任何联系，也并无
向。艺术家试图将它们随机
在一起，消解统一的意义，
外的解读和联系。封面虽然
与内页不同的纸张，但页码
从封面开始，这样就消解了
内页两栏，以5的倍数标记
内容随机排布。

rtist Richard Menken is good at the mixed expression by installation, painting, photography and graphics.
ed by Irish writer Samuel Beckett and American composer John Milton Cage Jr., he also tried to eliminate
ificance through the form and explore the randomness in form. This book is such an 'encyclopedia' created
igned based on this concept. The paperback book is perfect bound. The cover is made of white cardboard
ingle side printed in gray facing outward. The inner pages are made of offset paper, printed mostly in black,
red is used only for the English 'dialogue' interspersed in the book, and there are two full pages printed
nd yellow as the interleavs. In terms of content, it covers everything, such as science, technology, society,
religion and arts. They're all mixed up – asking questions, answering questions, short opinions and ordi-
nversations. There is no connection or unified direction between these contents. The artist tries to combine
ndomly to eliminate the unified meaning and produce unexpected interpretation and connection. Although
er uses different paper from the inner pages, the page number and the content start from the cover, thus
ing the cover. The inner pages are typeset to two columns, and the contents are arranged randomly.

0689

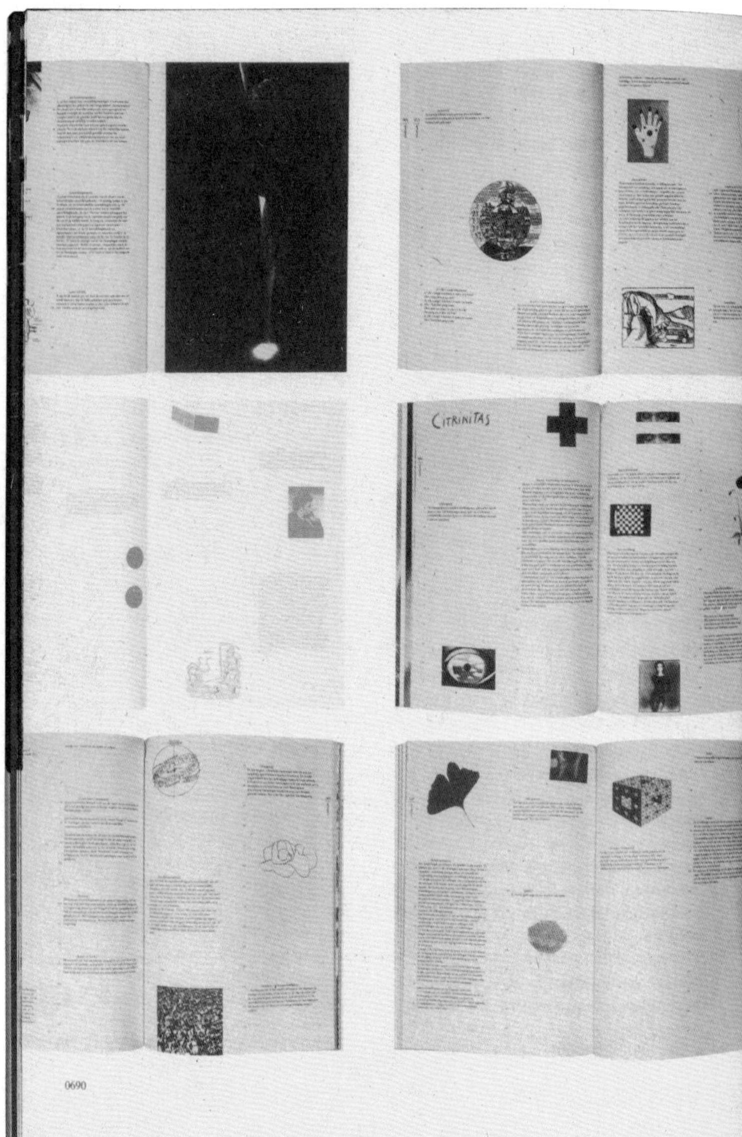
CITRINITAS

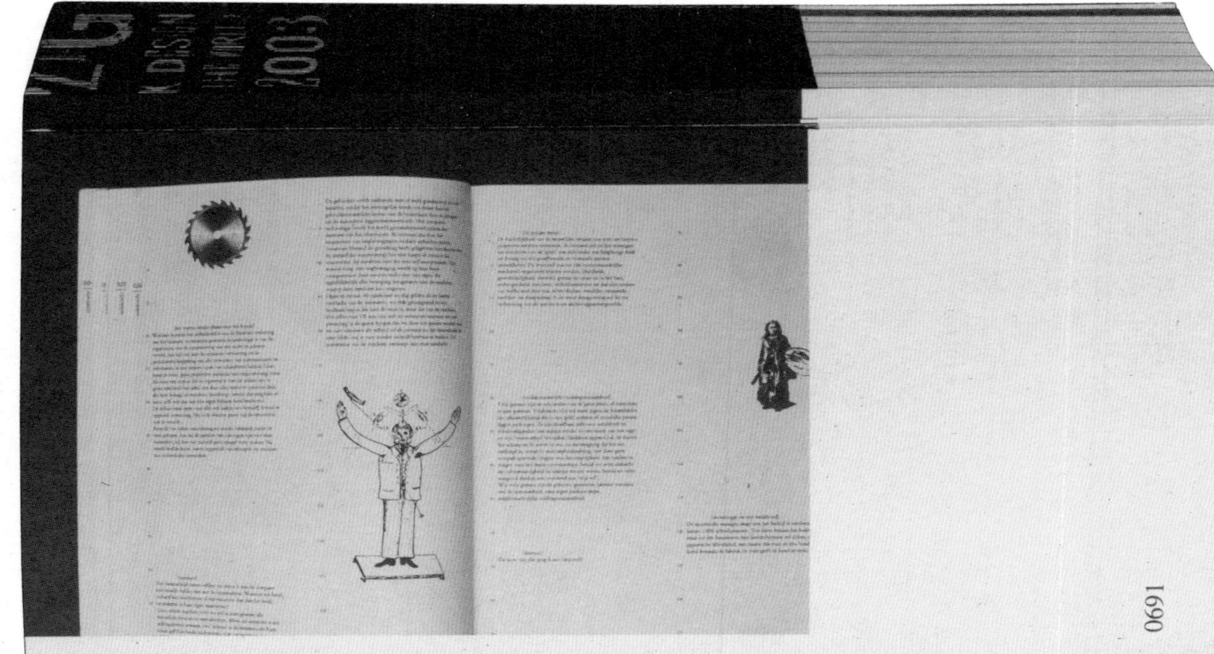

1690

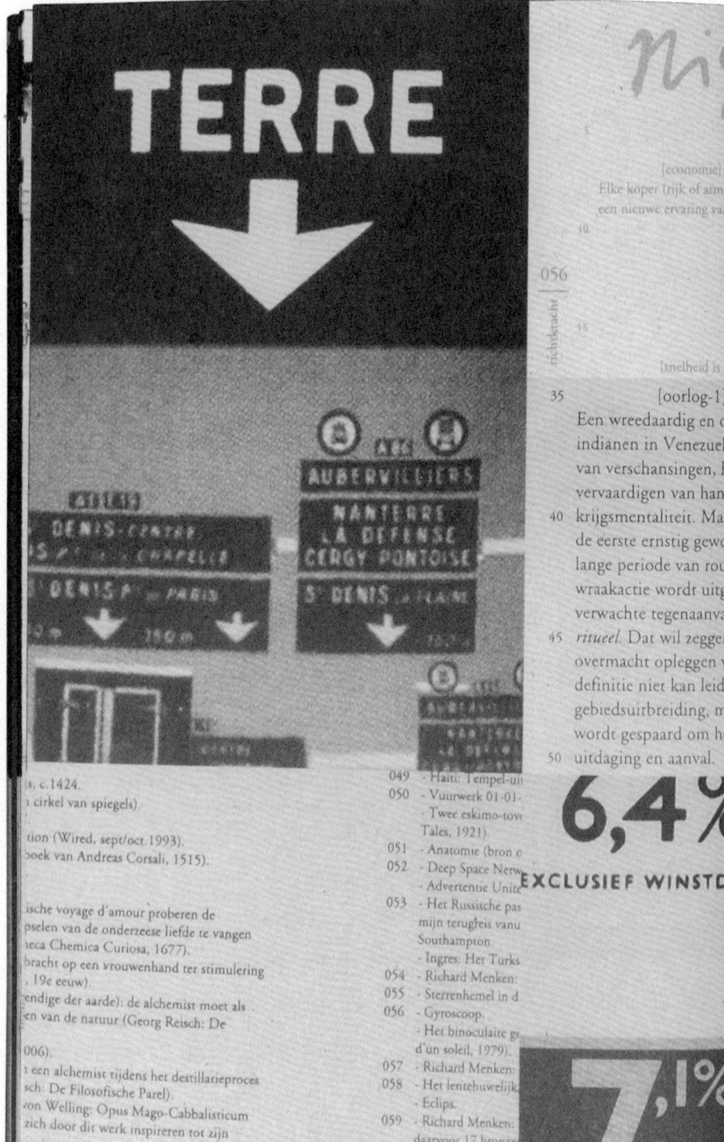
TERRE
AUBERVILLIERS
NANTERRE
LA DEFENSE
CERGY PONTOISE
St DENIS
DENIS-CENTRE
[economie]
Elke koper (rijk of arm)
een nieuwe ervaring van
056
richtkracht
[snelheid is p
[oorlog-1]
Een wreedaardig en oo
indianen in Venezuela
van verschansingen, h
vervaardigen van hand
krijgsmentaliteit. Maa
de eerste ernstig gewor
lange periode van rouv
wraakactie wordt uitge
verwachte tegenaanval
ritueel. Dat wil zeggen
overmacht opleggen w
definitie niet kan leide
gebiedsuitbreiding, ma
wordt gespaard om he
uitdaging en aanval.
6,4%
EXCLUSIEF WINSTD
7,1%
s, c.1424.
cirkel van spiegels).
tion (Wired, sept/oct.1993).
boek van Andreas Corsali, 1515).
ische voyage d'amour proberen de
pselen van de onderzeese liefde te vangen
heca Chemica Curiosa, 1677).
bracht op een vrouwenhand ter stimulering
, 19e eeuw).
endige der aarde): de alchemist moet als
en van de natuur (Georg Reisch: De
006).
een alchemist tijdens het destillatieproces
sch: De Filosofische Parel).
von Welling: Opus Mago-Cabbalisticum
zich door dit werk inspireren tot zijn
anya Maria-Salomé Menken,20.03.1985).
049 - Haiti: Tempel-ui
050 - Vuurwerk 01-01-
- Twee eskimo-tov
Tales, 1921).
051 - Anatomie (bron c
052 - Deep Space Netw
- Advertentie Unite
053 - Het Russische pas
mijn terugreis vanu
Southampton.
- Ingres: Het Turks
054 - Richard Menken:
055 - Sterrenhemel in d
056 - Gyroscoop.
- Het binoculaire g
d'un soleil, 1979).
057 - Richard Menken:
058 - Het lentehuwelijk
- Eclips.
059 - Richard Menken:
daarvoor 17 bronze
060 - De ziggurat-temp
A History of Archit

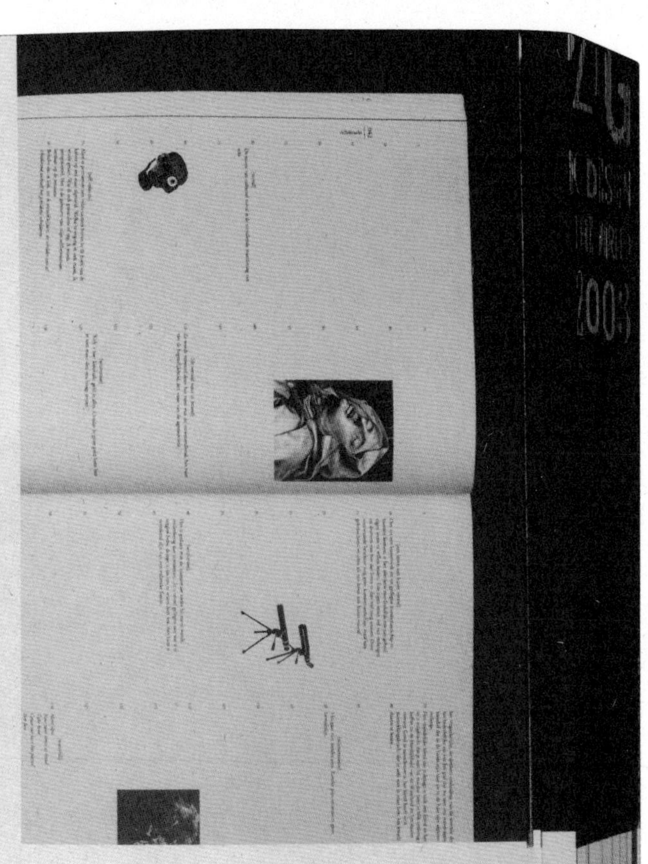

0693

2003
0695

A
Num 54
ad Cap IV.

0697

1991

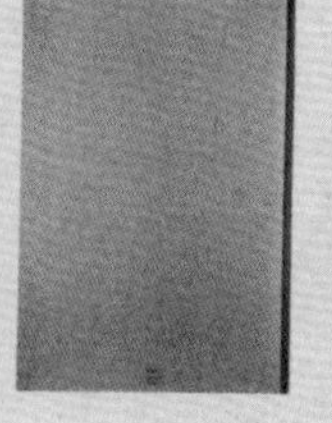

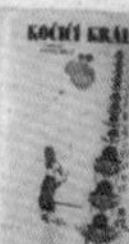

1992

Gl
P 0127

Gm
P 0133

Sm[1]
P 0143

Sm[2]
P 0151

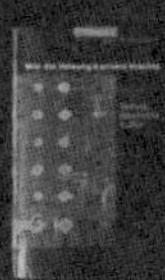

Bm[1]
P 0161

Bm[2]
P 0171

Bm[3]
P 0179

Bm[4]

Bm[5]
P 0189

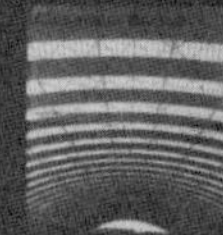

Ha[1]
P 0197

Ha[2]
P 0203

Ha[3]
P 0211

Ha[4]
P 0217

Ha[5]
P 0225

1253

铜奖 ||| 非洲 ‖ 美国
Bronze Medal ||| Africa ‖ U.S.A. // *Betty Egg, Sam Shahid* // Herb Ritts ‖ Bulfinch Press; Little, Brown and Company, Boston ‖ 312 363 25mm ‖ 2002g ‖ 136p ‖ ISBN-10 0-8212-2121-3

荣誉奖 ‖ "看不见的" 电影选集 ‖ 法国
Honorary Appreciation ‖ Anthologie du cinéma invisible ‖ France // *Bulnes & Robaglia* // Christian Janicot ‖ Éditions Jean-Michel Place; ARTE Éditions, Paris ‖ 300 230 55mm ‖ 2195g ‖ 672p ‖ ISBN-10 2-85893-233-6

荣誉奖 ‖ 情色 ‖ 波兰
Honorary Appreciation ‖ Erotyki ‖ Poland // *Grażyna Bareccy, Andrzej Bareccy* // Stasys Eidrigevi ius ‖ Wydawnictwo Tenten, Warschau ‖ 248 218 10mm ‖ 374g ‖ 64p ‖ ISBN-10 83-85477-85-3

荣誉奖 ‖ 软糖树 ‖ 美国
Honorary Appreciation ‖ The Gumdrop Tree ‖ U.S.A. // *Julia Gorton* // Elizabeth Spurr ‖ Hyperion Books for Children, New York ‖ 256 208 9mm ‖ 332g ‖ 32p ‖ ISBN-10 0-7868-0008-9

1997 年

金字符奖 ||||| Typoundso ‖ 瑞士
Golden Letter ||||| Typoundso ‖ Switzerland // *Hans-Rudolf Lutz* // Hans-Rudolf Lutz ‖ Hans-Rudolf Lutz, Zürich ‖ 300 237 43mm ‖ 2602g ‖ 440p

银奖 |||| 贾汉吉尔 ‖ 瑞士
Silver Medal |||| Jahanguir ‖ Switzerland // *Kaspar Mühlemann* // Galerie Jamileh Weber, Zürich ‖ 320 240 11mm ‖ 720g ‖ 76p ‖ ISBN-10 3-85809-100-X

银奖 |||| 至亲至疏夫妻 ‖ 德国
Silver Medal |||| Sehr nah, sehr fern sind sich Mann und Frau ‖ Germany // *Kerstin Weber, Olaf Schmidt* // Hanne Chen ‖ Edition ZeichenSatz, Kiel ‖ 235 173 11mm ‖ 332g ‖ 68p ‖ ISBN-10 3-00-000733-4

铜奖 ||| 贝尔塔的船 ‖ 德国
Bronze Medal ||| Bertas Boote ‖ Germany // *Wiebke Oeser* // Wiebke Oeser ‖ Peter Hammer Verlag, Wuppertal ‖ 244 305 10mm ‖ 447g ‖ 32p ‖ ISBN-10 3-87294-755-9

铜奖 ||| Unica T——10 年的艺术家书籍 ‖ 德国
Bronze Medal ||| Unica T: 10 Jahre Künstlerbücher ‖ Germany // *Anja Harms, Ines v. Ketelhodt, Dois Preußner, Uta Schneider, Ulrike Stoltz (Unica T)* // Unica T, Oberursel i. Ts./Offenbach am Main ‖ Unica T, Oberursel i. Ts./Offenbach am Main ‖ 279 214 19mm ‖ 1103g ‖ 228p ‖ ISBN-10 3-00-000854-3

铜奖 ||| 幸田文的五斗柜 ‖ 日本
Bronze Medal ||| Koda Aya No Tansu No Hikidashi ‖ Japan // *Akio Nonaka* // Gyoku Aoki ‖ Shincho-Sha Co., Tokyo ‖ 217 157 22mm ‖ 476g ‖ 208p ‖ ISBN-10 4-10-405201-9

荣誉奖 ‖ 壮美的哥伦比亚高山 ‖ 哥伦比亚
Honorary Appreciation ‖ Alta Colombia: El Esplendor de la Montaña ‖ Colombia // *Benjamin Villegas* // Cristobal von Rothkirch ‖ Villegas Editores, Bogotá ‖ 311 234 21mm ‖ 1598g ‖ 216p ‖ ISBN-10 958-9393-22-5

荣誉奖 ‖ 布雷达的沙塞剧院 ‖ 荷兰
Honorary Appreciation ‖ Chassé Theater Breda ‖ The Netherlands // *Bureau Piet Gerards* // Herman Hertzberger ‖ Uitgeverij 010, Rotterdam ‖ 270 211 7mm ‖ 377g ‖ 72p ‖ ISBN-10 90-6450-277-3

荣誉奖 ‖ 目标动力 ‖ 荷兰
Honorary Appreciation ‖ Richtkracht ‖ The Netherlands // *Richard Menken* // Richard Menken ‖ Hogeschool voor de Kunsten HKA, Arnhem ‖ 297 210 14mm ‖ 689g ‖ 156p ‖ ISBN-10 90-74485-13-8

荣誉奖 ‖ 街头博物馆——维拉诺夫海报博物馆中的波兰海报 ‖ 波兰
Honorary Appreciation ‖ Muzeum Ulicy: plakat polski w kolekcji muzeum plakatu w wilanowie ‖ Poland // *Michał Piekarski* // Mariusz Knorowski ‖ Krupski i S-ka ‖ 293 222 25mm ‖ 1347g ‖ 240p ‖ ISBN-10 83-86117-60-5

1998 年

金字符奖 ||||| 卡雷尔·马滕斯的印刷作品 ‖ 荷兰
Golden Letter ||||| Karel Martens printed matter / drukwerk ‖ The Netherlands // *Jaap van Triest, Karel Martens* // Karel Martens ‖ Hyphen Press, London ‖ 233 173 16mm ‖ 527g ‖ 144p ‖ ISBN-10 0-907259-11-1

金奖 ||||| 运动之魂 ‖ 美国
Gold Medal ||||| Soul of the Game ‖ U.S.A. // *John C. Jay* // Jimmy Smith, John Huet ‖ Melcher Media; Workman Publishing, New York ‖ 324 235 19mm ‖ 1070g ‖ 144p ‖ ISBN-10 0-7611-1028-3

银奖 |||| 难民的对话 ‖ 德国
Silver Medal |||| Flüchtlingsgespräche ‖ Germany // *Gert Wunderlich* // Bertolt Brecht ‖ Leipziger Bibliophilen-Abend e.V., Leipzig ‖ 219 138 26mm ‖ 584g ‖ 152p

铜奖 ||| 蓝色奇迹——传真小说 ‖ 德国
Bronze Medal ||| Die blauen Wunder: Faxroman ‖ Germany // *Matthias Gubig* // Christoph Keller, Heinrich Kuhn ‖ Reclam Verlag, Leipzig ‖ 220 133 23mm ‖ 409g ‖ 236p ‖ ISBN-10 3-379-00761-7

铜奖 ||| 针对数字媒体进行设计 ‖ 德国
Bronze Medal ||| Zur Anpassung des Designs an die digitalen Medien ‖ Germany // *Sabine Golde, Tom Gebhardt* // form + zweck, Berlin ‖ 298 190 14mm ‖ 517g ‖ 160p ‖ ISBN-10 3-9804679-3-7

铜奖 ||| 处理厂 ‖ 瑞典
Bronze Medal ||| Reningsverk ‖ Sweden // *HC Ericson* // HC Ericson ‖ Carlsson bokförlag, Stockholm ‖ 297 241 23mm ‖ 1068g ‖ 160p ‖ ISBN-10 917-203-033-X

铜奖 ||| 比尔·维奥拉 ‖ 美国
Bronze Medal ||| Bill Viola ‖ U.S.A. // *Rebeca Méndez* // Whitney Museum of American Art, N York; Flammarion, Paris ‖ 291 242 19mm ‖ 12 216p ‖ ISBN-10 0-87427-114-2

荣誉奖 ‖ 库鲁·芒金——埃及梦 ‖ 德国
Honorary Appreciation ‖ Kullu mumkin: Ein ägyptischer Traum ‖ Germany // *Matthias Beyr Marion Wagner* // Werner Döppner ‖ Beyrow, V ner, Berlin ‖ 239 169 11mm ‖ 298g ‖ 64p ‖ IS 10 3-00-002924-9

荣誉奖 ‖ 爷爷穿西装吗? ‖ 德国
Honorary Appreciation ‖ Hat Opa einen Anzug a Germany // *Claus Seitz* // Amelie Fried, Jacky C ‖ Carl Hanser Verlag, München ‖ 225 294 8mm 390g ‖ 32p ‖ ISBN-10 3-446-19076-7

荣誉奖 ‖ 1996 年布达佩斯美术馆指南 ‖ 匈
Honorary Appreciation ‖ Budapest Galériák 1996 Gallery Guide of Budapest 1996 ‖ Hungary // *Jo na Bárd* // Budapest Art Expo Alapítvány, Budape 179 114 12mm ‖ 228g ‖ 146p ‖ ISBN-10 936-6417-9

1999 年

金字符奖 ||||| 委内瑞拉历史词典 ‖ 委内瑞拉
Golden Letter ||||| Diccionario de Historia de Venezuela ‖ Venezuela // *Álvaro Sotillo* // M. Perez Vila, M. Rodriguez Campo (Hrsg.) ‖ Fundación Empres Polar, Caracas ‖ 254 176 42mm / 254 176 38mm / 254 176 44mm / 254 176 40mm ‖ 1390g / 1257g / 1447g / 1282g ‖ 1176p / 1064p / 1232p / 1096p ‖ ISBN-10 980-6397-38-X / ISBN-10 980-6397-39-8 ISBN-10 980-6397-40-1 / ISBN-10 980-6397-41-X

金奖 ||||| 朱塞佩·特拉尼——合理架构的模型 瑞士
Gold Medal ||||| Giuseppe Terragni: Modelle einer rationalen Architektur ‖ Switzerland // *Urs Stuber* Jörg Friedrich, Dierk Kasper (Hrsg.) ‖ Verlag Niggli AG, Sulgen ‖ 280 208 11mm ‖ 697g ‖ 104p ‖ ISBN-10 3-7212-0343-7

银奖 |||| 之间——观察与辨别 ‖ 瑞士
Silver Medal |||| Dazwischen: Beobachten und Unterscheiden ‖ Switzerland // *François Rappo* // André Vladimir Heiz, Michael Pfister ‖ Museum für Gestaltung Zürich ‖ 246 186 25mm ‖ 874g ‖ 272 ‖ ISBN-10 3-907065-79-4

银奖 |||| 1932－1936 年的《艺术公报》‖ 西班
Silver Medal |||| Gaceta de Arte y su Época 1932-19 ‖ Spain // *Raimundo C. Iglesias* // Centro Atlántico de Arte Moderno, Las Palmas de Gran Canaria; Edición Tabapress ‖ 279 241 31mm ‖ 2032g ‖ 36 ‖ ISBN-10 84-89152-11-X

铜奖 ||| 女巫的数字咒语 ‖ 德国
Bronze Medal ||| Das Hexen-Einmal-Eins ‖ Germany // *Claus Seitz* // Johann Wolfgang v. Goethe, Wolf Erlbruch ‖ Carl Hanser Verlag, München ‖ 185 310 8mm ‖ 324g ‖ 32p ‖ ISBN-10 3-446-18863-0

铜奖 ||| 百年品牌 Palmin ‖ 德国
Bronze Medal ||| Palmin: eine Jahrhundertmarke ‖

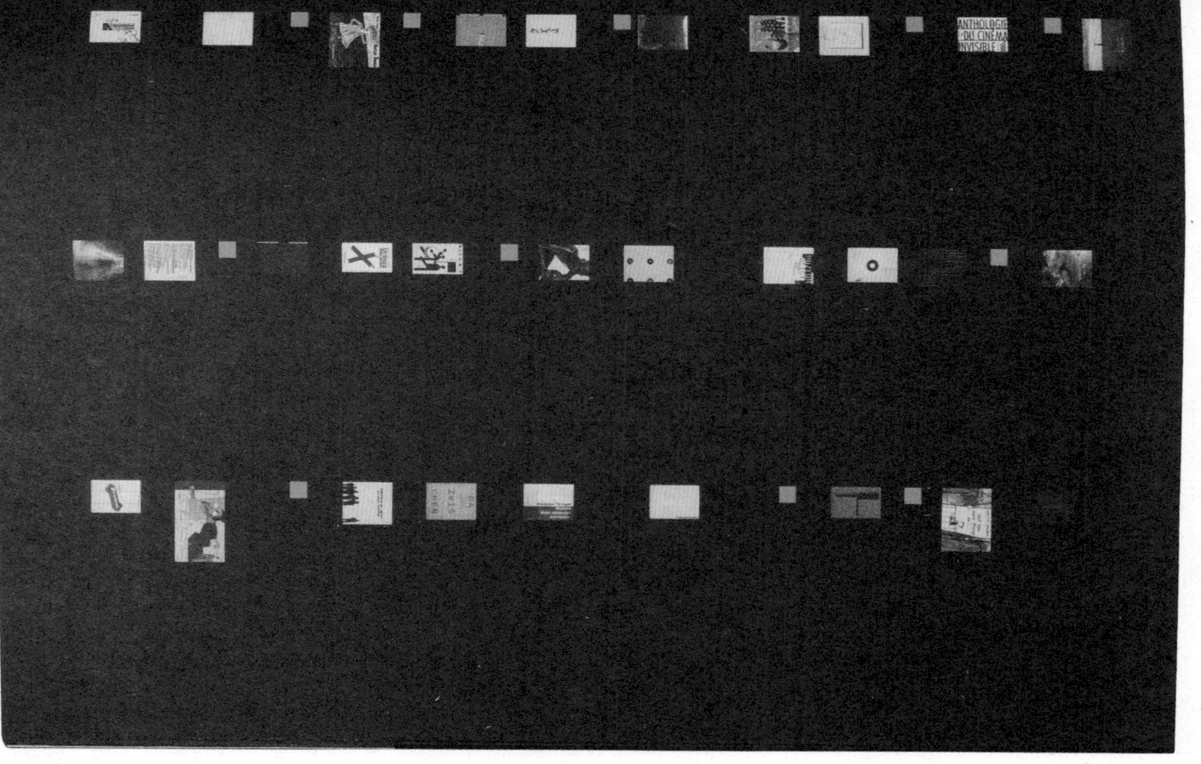
ANTHOLOGIE
DU CINÉMA
INVISIBLE
DA
ZWIS
CHEN

Die erste Auswahl von 「Schönste Bücher Chinas」 erschien

im Jahre 2004.

Mit dieser Auswahl beteiligte

sich China im darauffolgenden Jahr erstmalig an dem in Leipzig

ausgetragenen Wettbewerb 「Schönste Bücher der Welt」

– damit begann die Bücherreise nach Leipzig.

In 2004, 「the most beautiful books in China」 were selected to participate in the competition 「best book design from all over the world」 held in Leipzig the following year.

A journey of beautiful books to Leipzig began.

二〇〇四年

中国首次选出『中国最美的书』

以参加次年举办的莱比锡『世界最美的书』评选

开始了一段莱比锡美书之旅

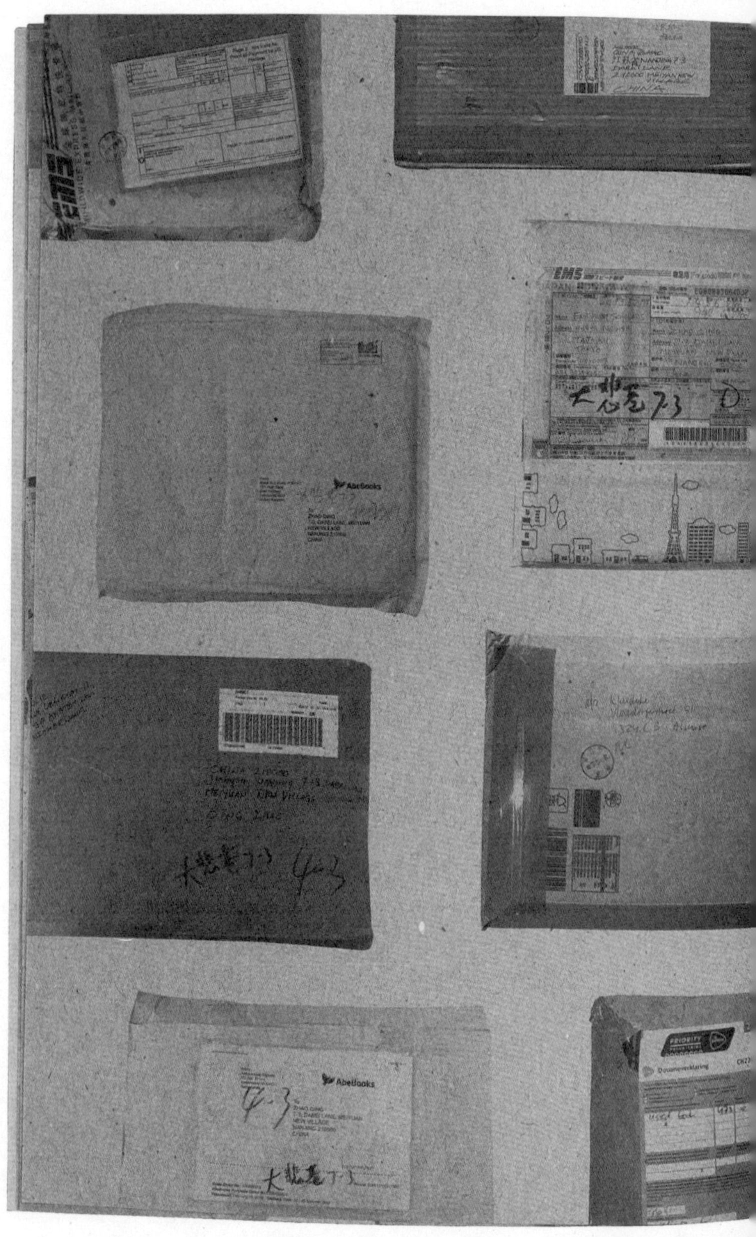
EMS
AbeBooks
EMS
大悲巷7-3
CHINA 210000
DING ZANG
大悲巷7-3
AbeBooks
大悲巷7-3
PRIORITY
Douaneverklaring

customs documents

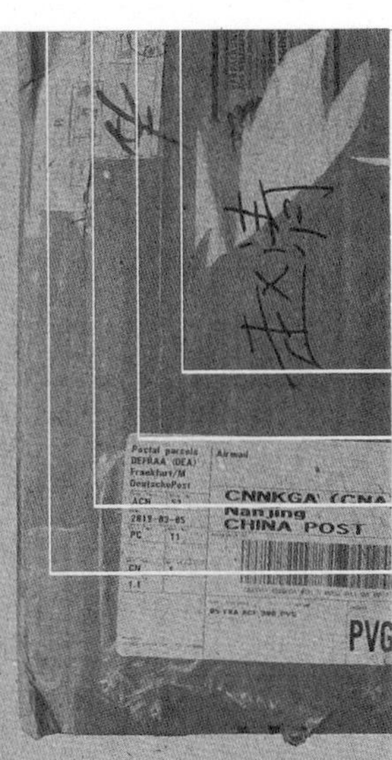
Postal parcels
DEFRAA (DEA)
Frankfurt/M
DeutschePost
Airmail
CNNKGA (CNA
Nanjing
CHINA POST
PVG

Nanjing
210000
China

R
CN

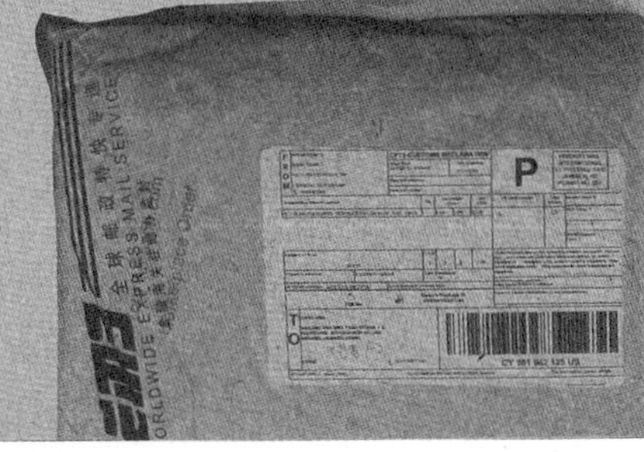
全球邮政特快专递
WORLDWIDE EXPRESS MAIL SERVICE
P

Wir haben diese schönen Bücher gesammelt ,

◎ geordnet ,

abgefilmt , «

bearbeitet und gestaltet ,

~~um daraus eine Sammlung anzufertigen~~ ,

die all jenen gewidmet ist ,

die das Buch lieben . △

We collected these beautiful books and put them together,

photographed,

edited and designed into a compilation,

which is dedicated to all book lovers .

我们收藏了这些美丽的书

把它们整理·拍摄·编辑·设计做成一本合集

献给所有爱书的人

20 世纪 50 年代初德国的政治分歧引致两个图书设计竞赛几乎同时设立：

1952 年西德在美因河畔法兰克福设立竞赛，

1965 年起由德国图书艺术基金会赞助并组织评选，

而“德意志民主共和国最佳图书奖”1953 年设立于莱比锡。

10 年后，

随着 Messehaus am Markt 的成立，

莱比锡书展进入了一个新的历史阶段，

“世界最美的书”国际比赛正式启动。

莱比锡书商协会将其作为国际书展之间的纽带，

从 1959 年起每隔五年举办一次。

自 1968 年以来，

该展览因为一个附属的主题特别展览而进一步升级。

“金字符奖”Goldene Letter 最初作为主题展览的最佳贡献奖颁发，

后来被提升为竞赛的最高奖项。

随着 1989 年 11 月柏林墙的倒塌，

组织两场平行的图书艺术竞赛已经不合时宜。

自 1991 年以来，

德国图书艺术基金会负责在莱比锡举办“世界最美的书”竞赛和展览。

In den *frühen fünfziger* Jahren führte die politische Spaltung Deutschlands zur Gründung zweier Buchgestaltungswettbewerbe. Parallel zum westdeutschen Wettbewerb, erstmals in Frankfurt am Main *1952* ausgerichtet, ab *1965* unter der Leitung der Stiftung Buchkunst, wurden »Die schönsten Bücher der DDR« ab *1953* in Leipzig geehrt.

Ein Jahrzehnt später begann in Leipzig mit der Einweihung des Messehauses am Markt ein neuer Abschnitt der Geschichte der Buchmesse Leipzig, der internationale Wettbewerb »Best Book Design from all over the World« wurde aus der Taufe gehoben. Ost-Börsenverein und Kommune planten es als Bindeglied zwischen den internationalen Buchausstellungen, die ab 1959 in Fünfjahresabständen stattfanden.

Seit 1968 wurde die Ausstellung weiter ausgebaut, indem sie von einer thematischen Sonderschau begleitet wurde. Die »Goldene Letter« wurde erstmals als Preis für die beste Einreichung in dieser thematischen Ausstellung vergeben, später wurde sie zur bedeutendsten Auszeichnung des Wettbewerbs. Mit dem Fall der Mauer im November 1989 vereinigten sich auch die beiden parallel laufenden Buchkunst Wettbewerbe. Seit 1991 richtet die Stiftung Buchkunst den Wettbewerb und die Ausstellung »Schönste Bücher aus aller Welt« aus.

In the early fifties Germany's political division led to an almost simultaneous establishment of two book art competitions: parallel to the West German vote, begun in Frankfurt am Main in 1952 and organised from 1965 under the auspices of the Stiftung Buchkunst, »Die schönsten Bücher der DDR« / »The Best Books of the GDR« were honoured in Leipzig from 1953 on.

One decade later, when a new phase in the history of the Leipzig Book Fair began with the inauguration of the Messehaus am Markt, the international competition »Best Book Design from all over the World« was founded. The Ost-Börsenverein/Leipzig Book Traders' Association and the commune planed it as a link between the international book art exhibitions reinvested from 1959 on in five-year intervals.

Since 1968 the exhibit was further upgraded by an affiliated thematic special show. The »Goldene Letter«, first given as a prize for the best contribution of these thematic exhibitions, later advanced to become the highest award of the contest. With the fall of the Berlin Wall in November 1989 the organisation of two parallel book art competitions had become obsolete. Since 1991 the Stiftung Buchkunst holds the competition and exhibition »Best Book Design from all over the World« in Leipzig.

1991

Golden Letter

*US

A Wallace Stegner

T Two Rivers

V The Yolla Bolly Press, Covelo

G James Robertson, Carolyn Robertson

TWO RIVERS

1995
Golden Letter
*CH
A Kathrin Fischer
T Nachtflügge
V Kranich-Verlag, Zürich
G Kaspar Mühlemann

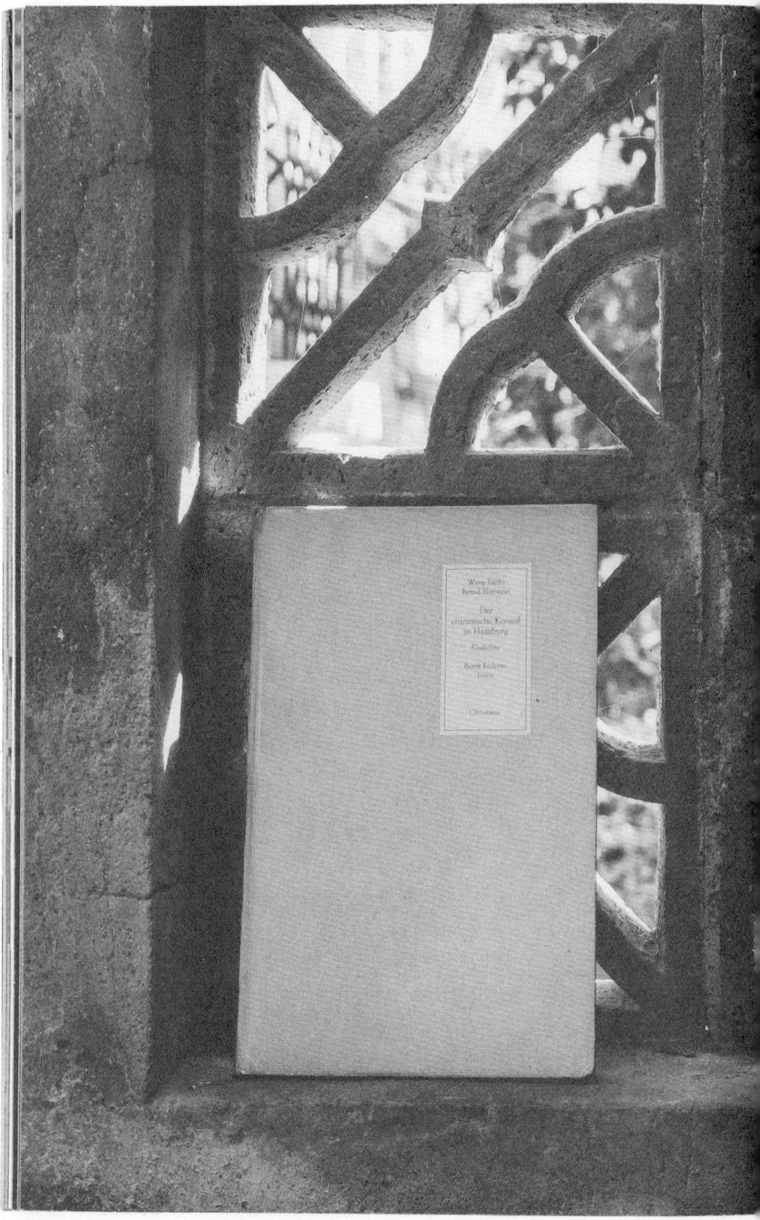
Der
chinesische Konsul
in Hamburg
Gedichte

1996

Golden Letter

*DE

A Wang Taizhi, Bernd Eberstein

T Der chinesische Konsul in Hamburg

V Christians Verlag, Hamburg

G Andreas Brylka

0445

Wörterbuch der Redensarten
Karl Kraus
Die Fackel

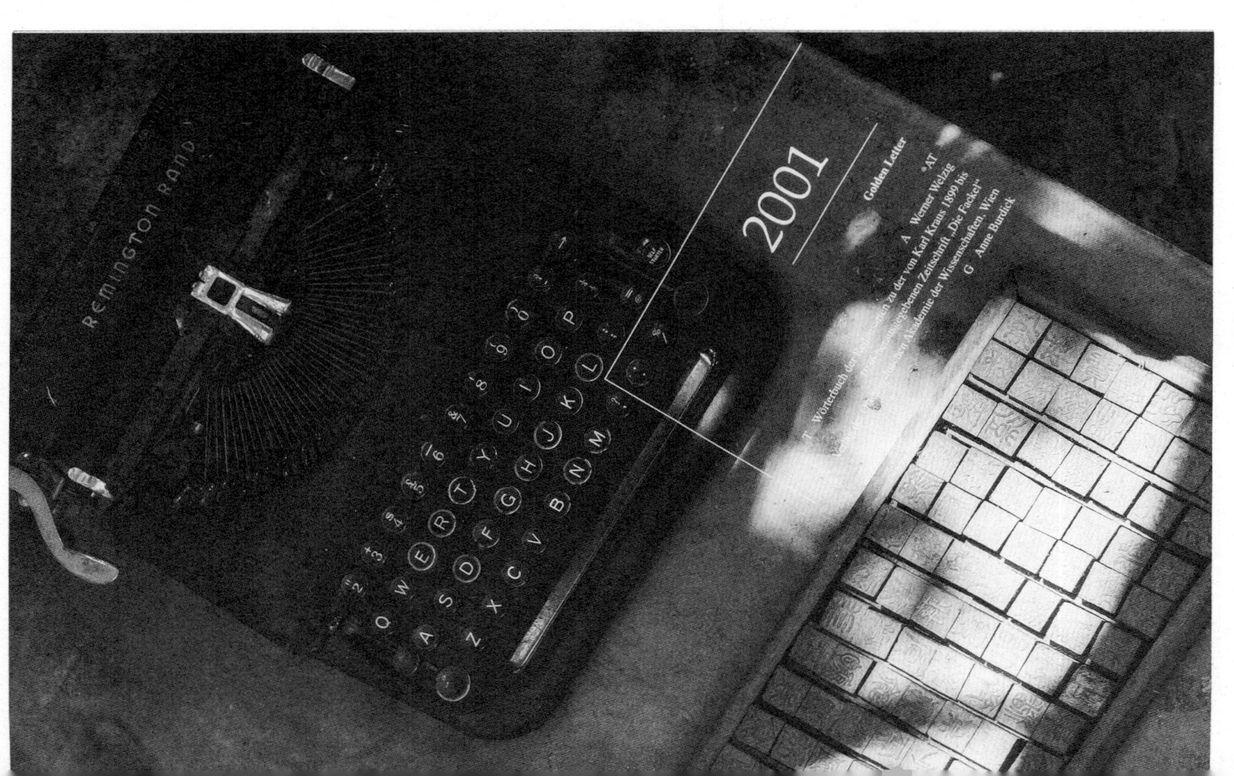
REMINGTON RAND
2001
Golden Letter
*AT
A Werner Welzig
T Wörterbuch der
zu der von Karl Kraus 1899 bis
herausgegebenen Zeitschrift „Die Fackel“
Akademie der Wissenschaften, Wien
G Anne Burdick

2019—2004

莱比锡的选择

「世界最美的书」

Chief Editor

Zhao Qing

主编 赵 清

江苏凤凰美术出版社

Jiangsu Phoenix Fine Arts Publishing House

Schönste Bücher aus aller Welt 2019–2004

The Choice *of* Leipzig

Best book design from all over the world

2 0 1 9 – 2 0 0 4

Was ist schön? Das, was gefällt? Oder das, was unseren Augen schmeichelt? Wie empfinden wir Schönheit? Und wie wollen wir diesen so vagen Begriff über Kulturen hinweg anwenden, wenn zum Beispiel eine Jury ihre Entscheidungen zur Qualität von Buchgestaltung treffen soll?

Das ästhetische Gefühl brauche Reflexion, schrieb Immanuel Kant, ein deutscher Philosoph der Aufklärung. Nicht dass ich kognitive Leistung höher bewerten würde als eine subjektive Erfahrung. Aber eine Diskussion um Ästhetik, um Gestaltung, um gute Buchgestaltung oder gar ‹Schönste Bücher aus aller Welt› kann nicht ohne ein Nachdenken darüber geführt werden, welche Kriterien oder Anteile in die Beurteilung von ‹Schönheit› einfließen. Wir reagieren auf das was wir sehen, lesen und anfassen — mit allen Sinnen. Ist es nicht so, dass jedes Buch, egal wie es gestaltet oder ob der Inhalt verständlich ist, durch die Wahrnehmung unserer Sinne eine un(ter) bewusste Reaktion auslöst? Wir fühlen die Oberfläche des Materials, wir spüren das Gewicht oder wir setzen das Format in Bezug zu unserer Umgebung. Der Tastsinn, die Augen, vielleicht sogar der Geruchssinn reagieren auf das Objekt, das ich in Händen halte. Diese Wahrnehmung haben auch Laien, jene, die vielleicht nicht erklären können, warum sie ein Buch ‹schön› finden, aber deren wenige Quadratzentimeter Fingerspitzen etwas berühren, ertasten, anfassen und dadurch begreifen. Etwas durchs Begreifen verstehen. Nun können Impuls und Kognition in Wechselwirkung treten. Je mehr jemand mit Buchgestaltung zu tun hat, umso präziser kann sie oder er

What does "beautiful" mean? Is it what we like? Or is it what flatters our eyes? How do we perceive beauty? And how can we use this vague concept through cultures when, for example, a jury has to make a decision on the quality of book design?

Immanuel Kant, a German philosopher of the Enlightenment, wrote that the aesthetic feeling needs reflection. Not that I would value a cognitive capacity more highly than a subjective experience, but a discussion about aesthetics, about design, about book design, or even the competition *Best Book Design from all over the World* cannot take place without reflecting about which criteria or aspects have an influence in judging beauty.

We react to what we see, read, and touch — with all our senses. Doesn't every book, independently of how it is designed or whether its content is understandable, unleash a un/subconscious reaction through the perception of our senses? We feel the surface of the material, we feel the weight, or we relate the format with our environment. The sense of tact, the eyesight, maybe even the sense of smell react to the object that I hold in my hands. Laymen also have these perceptions. They may not be able to explain why they find a book "beautiful", but their square-centimetre fingertips touch, feel, and hold something. And, through this, they can comprehend. They can grasp something with their understanding. So can impulse and cognition influence each other. The more a person

什么是美？它是我们所喜爱的东西，还是吸引我们眼球的事物？我们如何感受到美？我们该如何跨越不同的文化，使用这个模糊的概念？例如，评审团应当如何在来自不同国家的书籍设计作品中做出选择？

德国启蒙哲学家康德曾说过：美学感受需要内省。这并不意味着认知感受就一定高于主观体验，但一场关于美学、设计、精美书籍设计乃至“世界最美的书”的讨论，自然离不开对“美”之标准的思考。我们调动一切感官，对我们所见、所读和所接触的事物做出反应。只要我们感知到一本书，无论其设计如何，内容是否易懂，它总会引发我们的下（潜）意识反应。我们可以触摸到图书封面的材质，感受它的重量，或是把它与周围的环境联系在一起。我的触觉、视觉乃至味觉，都会对我手中拿着的这个物件做出反应。即便外行人士也有这种感受：虽然没法解释自己为何觉得一本书很美，但他们的指间总能触碰到点东西，从而促使他们做出判断，知晓前因后果。实际上，冲动和认知总在交替起着作用。一个人对书籍设计了解越多，就越能在评审会这类场合中准确地说出什么是高品质的作品。评委的职责，不是说出自己个人的喜好，不是朝自己喜欢的作品竖起

Zum Ton schöner Bücher

– geschrieben anlässlich der Veröffentlichung von „Die Leipziger Auswahl – die schonsten Bucher der Welt 2019-2004"

Geht man in eine unweit des „Präsidentenpalastes" der Stadt Nanjing gelegene Gasse namens Meiyuan, dann kommt man am „Repräsentationsbüro der KP Chinas" vorbei, in dem zur Zeit der Kooperation von Kuomintang und KPCh Zhou Enlai residierte. In diesem Viertel gibt es eine Anzahl von Villen im westlichen Stil, die Atmosphäre im Schatten der graziösen Platanen verströmt etwas Geheimnisvolles und Ruhiges. Nach kaum mehr als 10 Metern biegt man in einen abgelegenen Winkel, an dessen Ende sich ein dreistöckiges Gebäude im westlichen Stil der Republikzeit befindet. Der Hof ist nicht groß, ein leichter Wind weht durch den Bambushain, das Sonnenlicht, das durch die Blätter der Bäume dringt, wirft helle Flecken auf den steinernen Boden, es macht einen freundlichen und anheimelnden Eindruck. Steigt man die hölzerne Treppe nach oben, so ist jeder Raum anders strukturiert. Die Ausstattung ist exquisit, der Tritt vor jedes Fenster bietet eine schöne Aussicht. Man befindet sich im Atelier von Herrn Zhao Qing, dem Gründer der „Han Qing-Galerie". Dieses Wohnzimmer ist in China zu etwas geworden, das ich den Lesesaal des Museums „Die schönsten Bücher der Welt" nennen möchte. Hier wird für die Fachkollegen und jungen Liebhaber der Kunst „Hof gehalten", und hier versammelt man sich, um sich an den Köstlichkeiten der schönsten Bücher der Welt zu laben.

Zhao Qing findet in allem, was er tut, einen bestimmten Ton – in seiner Einstellung gegenüber dem Leben ebenso wie in der Behandlung der Kollegen oder in Fragen des Designs... Gleich, ob es um die Herstellung von Büchern, den Entwurf von Plakaten, die Planung einer Ausstellungen, die Abhaltung von Unterricht oder um etwas Gemeinnütziges geht, alles ist akribisch und bis in kleinste Detail hinein durchdacht und verfehlt nie einen bestimmten Ton. Diese tonale Lage ergibt sich einerseits aus dem Buch als eine Art von „Behältnis" und andererseits aus der Abstimmung eben des Inhalts auf den Lese-

The Melody and Tune of the Best Book Design

Written on the occasion of th publication of The Choice of Leipzig

Not far from Nanjing's Presidential Palace there is the sma Meiyuan Alley, once the plac where Zhou Enlai established office for the Communist Part during the First United Front. this area all are western-style buildings arranged in a charmi disorder. Covered by the grace forms of plane trees, they have a mysterious and tranquil air. few metres away, we turn and enter in a secluded, tortuous alley. Inside there is a small three-storey building built in t style of the republican period. The court is not big, a cool breeze goes through the bamb forest, and sunlight shines through the leaves of the trees, creating a myriad of light spots on the stone — how pleasing. Going up the wooden stairs, t structure of every room is diffe ent and exquisite, every windo frame and porch seems a good place to see the scenery. This building is Hanqing Hall, Zhao Qing's working studio. Its livin room is China's only reading space that I can call a museum of *The Best Book Design from over the World*. It has already become a "temple for art" worshiped by the scholars of th trade, for whom the beautiful books of the world are a feast for the eyes.

Zhao Qing has a special way of doing everything, a personal tune in the way he treats life, h colleagues, and design. Whether in creating books, designing posters, preparing exhibitions, teaching, or doing charitable work, he always puts attention to detail, acting meticulously — he has both a melody and a tune. The "melody" refers to the style and can become the container of books, but the "tune" represents the content, the musicality of reading. Zhao

美书的腔调——

写在《莱比锡的选择——世界最美的书 2019–2004》出版之际

走进南京“总统府”不远的一条称之为梅园的小巷，经过曾经是国共合作时期周恩来驻扎过的“中共代表处”，这一带都是错落有致的西式洋房，在婀娜多姿的法国梧桐树的遮隐下，显得有些神秘而宁静。没过十几米，拐进曲巷幽径，最里面有一栋民国风格的三层小洋楼，庭院不大，竹林清风，阳光透过树叶的缝隙在石板地上落下流星般的亮点，甚是惬意。踩着木质的楼梯拾级而上，每一个房间结构都不同，精巧玲珑，每一个窗棂门廊都是借景的好去处，此楼便是“瀚清堂”堂主赵清先生的工作室。如今客厅已是中国唯一的，我称之为“世界最美的书”博物馆的阅读空间，现已成为业界同行学子热衷于“朝拜”的艺术殿堂，人们在这儿尽享美轮美奂的世界美书大餐。

赵清兄做什么都有腔调，对待生活，对待同道，对待设计……无论做书、做海报、做展览、做教学、做公益，做所有的事都一板一眼、一丝不苟、有腔有调。“腔”为样式，可比作书籍的容器；“调”即蕴涵，阅读的调性也。与赵兄因书结缘，在很多年前的评选中，他做的科技类图书《世界地下交通》，以及

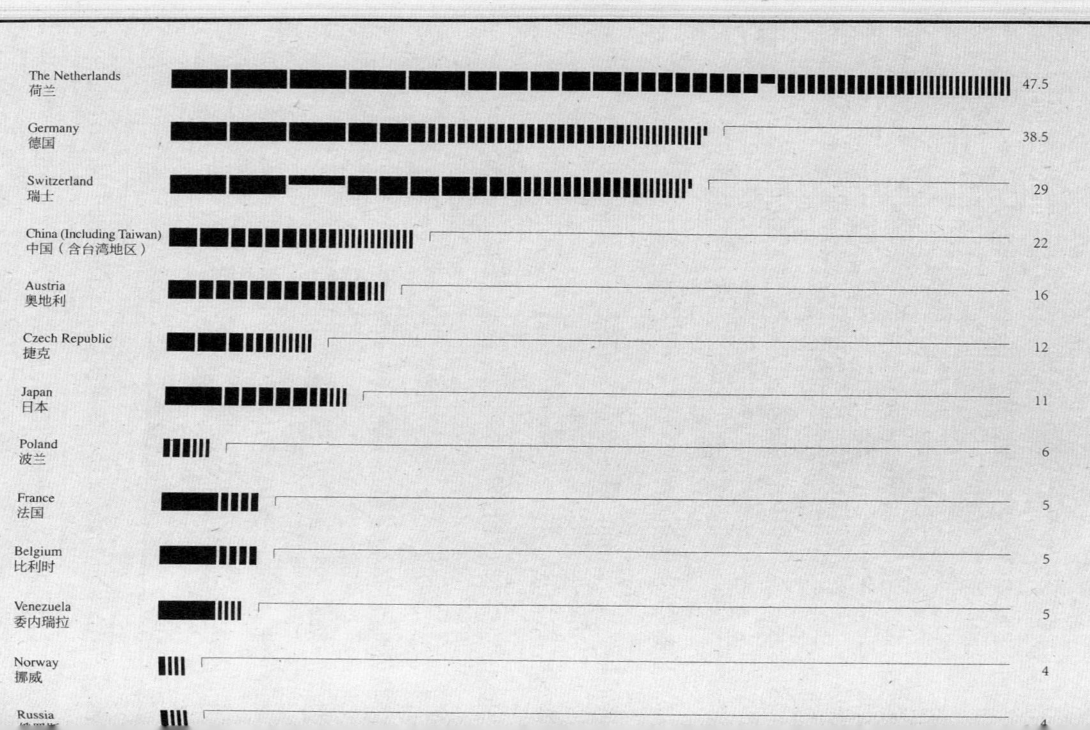
The Netherlands
荷兰
47.5
Germany
德国
38.5
Switzerland
瑞士
29
China (Including Taiwan)
中国（含台湾地区）
22
Austria
奥地利
16
Czech Republic
捷克
12
Japan
日本
11
Poland
波兰
6
France
法国
5
Belgium
比利时
5
Venezuela
委内瑞拉
5
Norway
挪威
4
Russia
4
0120

Sweden
瑞典
3
Denmark
丹麦
2
Canada
加拿大
2
Estonia
爱沙尼亚
2
Portugal
葡萄牙
2
USA
美国
1.5
Finland
芬兰
1
Israel
以色列
1
Ukraine
乌克兰
1
Lithuania
立陶宛
1
Iran
伊朗
1
Romania
罗马尼亚
1
Flanders
弗兰德斯地区
0.5

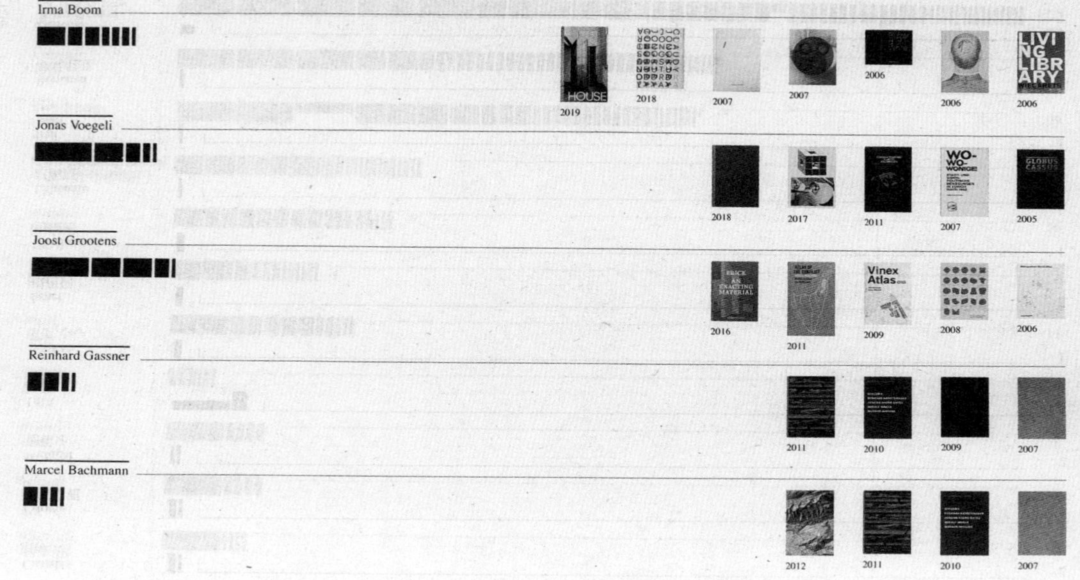

Irma Boom
HOUSE
2019
2018
2007
2007
2006
2006
LIVING LIBRARY
2006
Jonas Voegeli
2018
2017
2011
WO-WO-WONIGE!
2007
GLOBUS CASSUS
2005
Joost Grootens
BRICK AN EXACTING MATERIAL
2016
2011
Vinex Atlas
2009
2008
2006
Reinhard Gassner
2011
2010
2009
2007
Marcel Bachmann
2012
2011
2010
2007

Álvaro Sotillo
2016
2008
2004
Gaston Isoz
2013
2010
2004
Georg Rutishauser
2015
2010
2006
Liu Xiaoxiang
2014
2012
2010
Ludovic Balland
2014
2011
GLOBUS CASSUS
2005
-SYB-
UTIL ITÉ
2012
Gomorrah Girl
2012
2005
0123

年份	书名	奖项
2019	《江苏老行当百业写真》	荣誉
2018	《园冶注释》	银
	《茶典》	荣誉
2017	《虫子书》	银
	《冷冰川墨刻》	荣誉
2016	《订单：方圆故事》	金
	《学而不厌》	铜
2014	《刘小东在和田 & 新疆新观察》	铜
	《2010—2012 中国最美的书》	荣誉
2013	《坐火车的抹香鲸》（中国台湾）	银
2012	《剪纸的故事》	银
	《以有机为名》（中国台湾）	铜
	《文爱艺诗集》	荣誉
2011	《漫游：建筑体验与文学想象》	荣誉
2010	《诗经》	荣誉
2009	《中国记忆——五千年文明瑰宝》	荣誉
2008	《之后》	荣誉
2007	《不裁》	铜
2006	《曹雪芹风筝艺术》	荣誉
2005	《朱叶青杂说系列》	荣誉
	《土地》	荣誉
2004	《梅兰芳（藏）戏曲史料图画集》	金

Old Trades of Jiangsu: A Glimpse	Honorary Appreciation
The Art of Gardening	Silver Medal
Tea Canon	Honorary Appreciation
Bugs' Book	Silver Medal
Ink Rubbing by Leng Bingchuan	Honorary Appreciation
Order–The Story of Fangyuan Bookshop	Gold Medal
Pleasure of Learning	Bronze Medal
Liu Xiaodong's Hotan Project & Xinjiang Research	Bronze Medal
The Beauty of Books in China 2010–2012	Honorary Appreciation
A Cachalot on a Train	Silver Medal
The Story of Paper-cut	Silver Medal
Zoom in, Zoom out	Bronze Medal
Poems by Wen Aiyi	Honorary Appreciation
Odyssey: Architecture and Literature	Honorary Appreciation
The Book of Songs	Honorary Appreciation
The Chinese Memory: Treasures of the 5000-year Civilization	Honorary Appreciation
The After Concept & Works Book	Honorary Appreciation
stitching up	Bronze Medal
Cao Xueqin's Art of Kite	Honorary Appreciation
The Philosophy of Mist / The Sensation of Wateriness / Look up at the Sky / The Ism of Antique / Consommé and Water	Honorary Appreciation
Antony Gormley–Asian Field	Honorary Appreciation
A Picture Album. Historical Materials of Mei Lanfang's Theatrical Performances	Gold Medal

Code
编码
2019
Gl

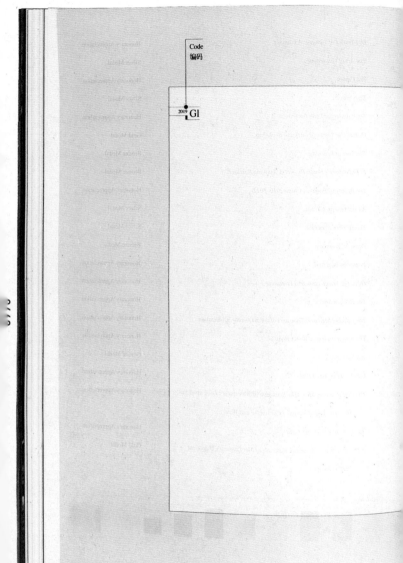

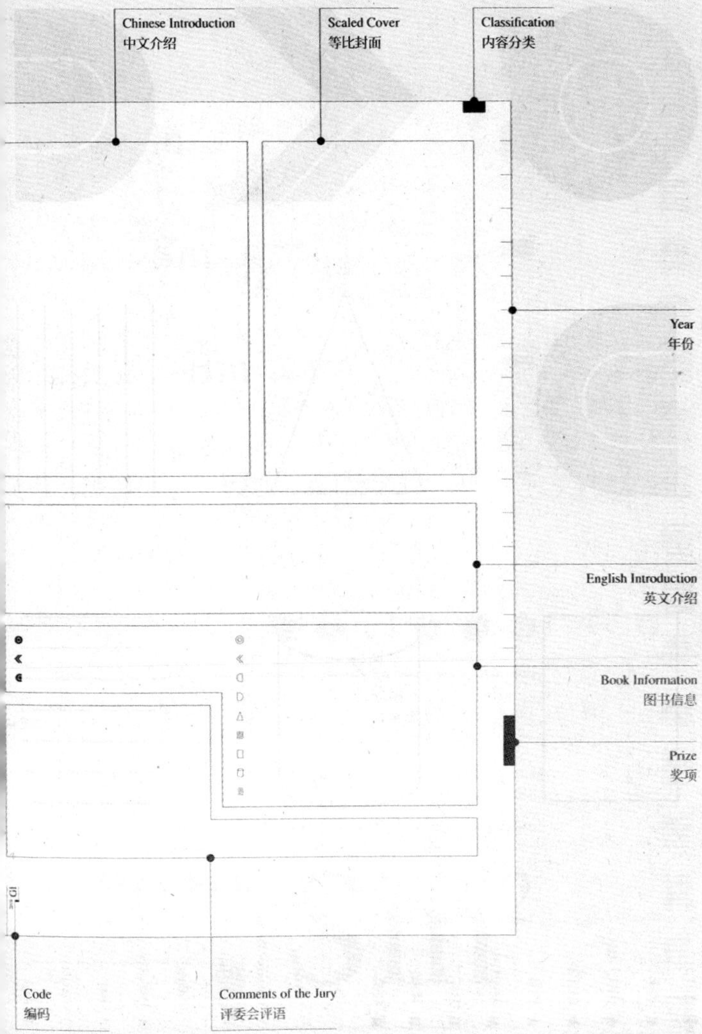

Chinese Introduction
中文介绍

Scaled Cover
等比封面

Classification
内容分类

Year
年份

English Introduction
英文介绍

Book Information
图书信息

Prize
奖项

Code
编码

Comments of the Jury
评委会评语

奖项

书名

国家 / 地区

设计者

作者

出版机构

尺寸

重量

页数

Award

Title

Country / Region

Designer

Author

Publisher

Size

Weight

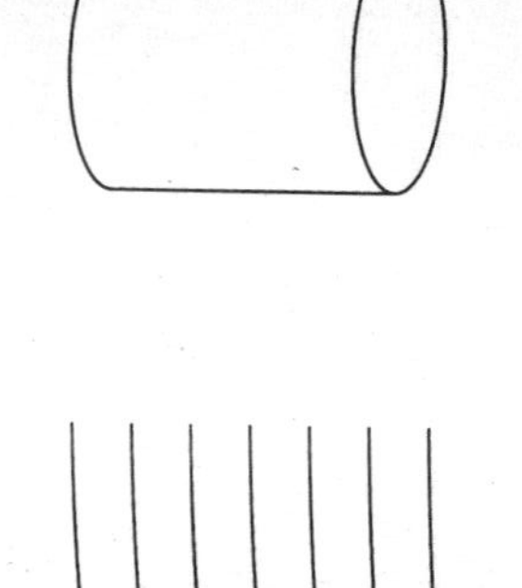

Gl Golden Letter 金字符奖

Gm Gold Medal 金奖

Sm Silver Medal 银奖

Bm Bronze Medal 铜奖

Ha Honorary Appreciation 荣誉奖

Binding Style 装订方式

Printing and Technologies 印制与工艺

S G

Code 编码

Year 年份

Award 奖项

Number 编号

2019 Sm2

Art & Design
艺术与设计

43%

Literature & Fiction
文学与小说

12%

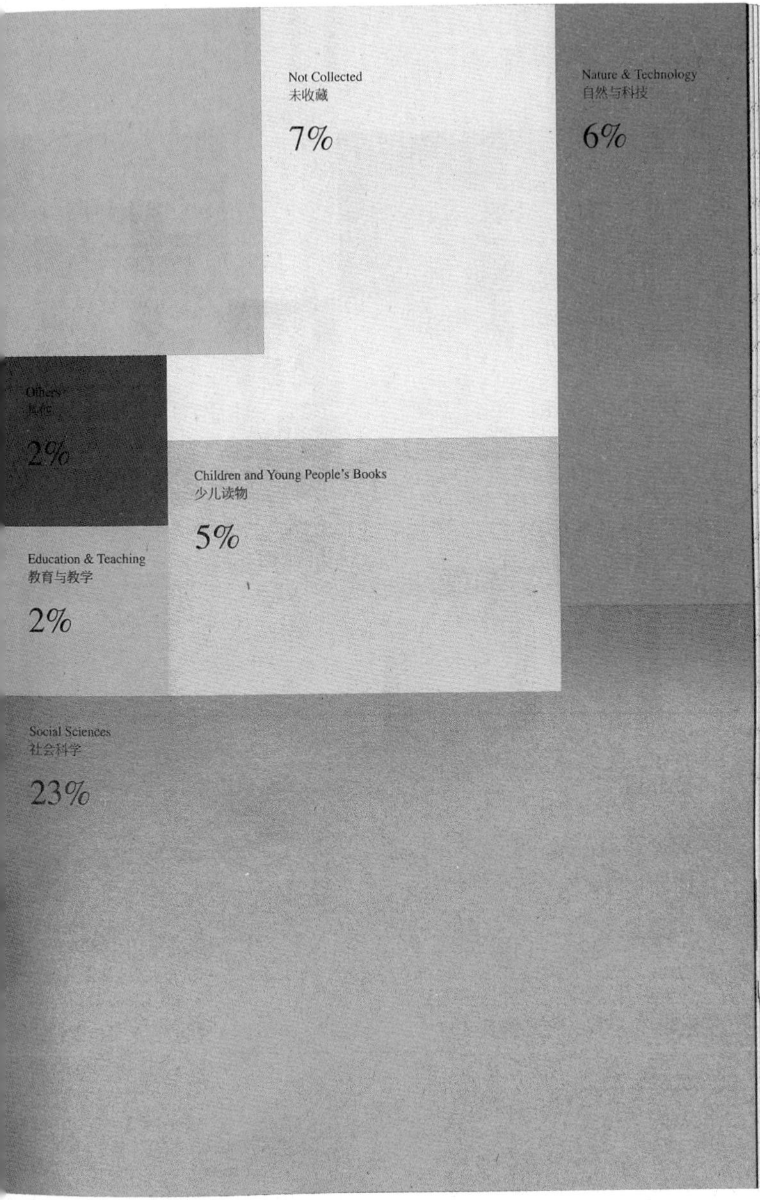

Not Collected
未收藏

7%

Nature & Technology
自然与科技

6%

Others
其他

2%

Children and Young People's Books
少儿读物

5%

Education & Teaching
教育与教学

2%

Social Sciences
社会科学

23%

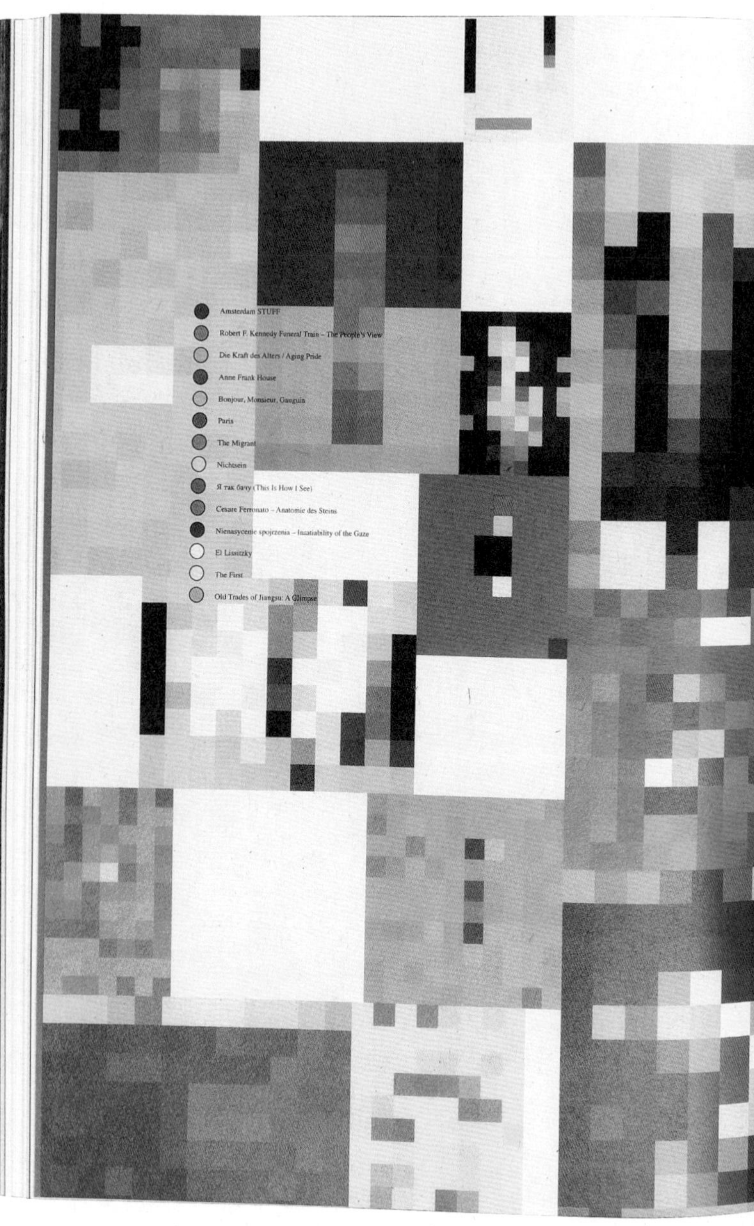

Amsterdam STUFF
Robert F. Kennedy Funeral Train – The People's View
Die Kraft des Alters / Aging Pride
Anne Frank House
Bonjour, Monsieur, Gauguin
Paris
The Migrant
Nichtsein
Я так бачу (This Is How I See)
Cesare Ferronato – Anatomie des Steins
Nienasycenie spojrzenia – Insatiability of the Gaze
El Lissitzky
The First
Old Trades of Jiangsu: A Glimpse

2019

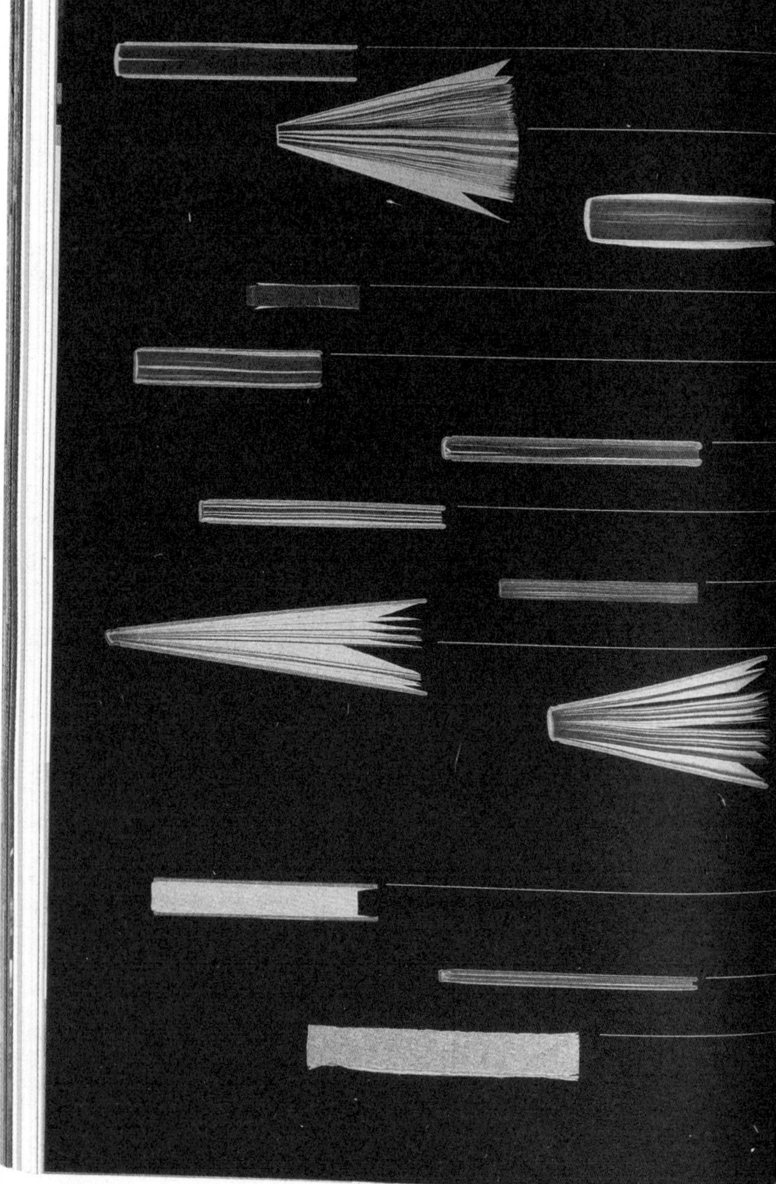

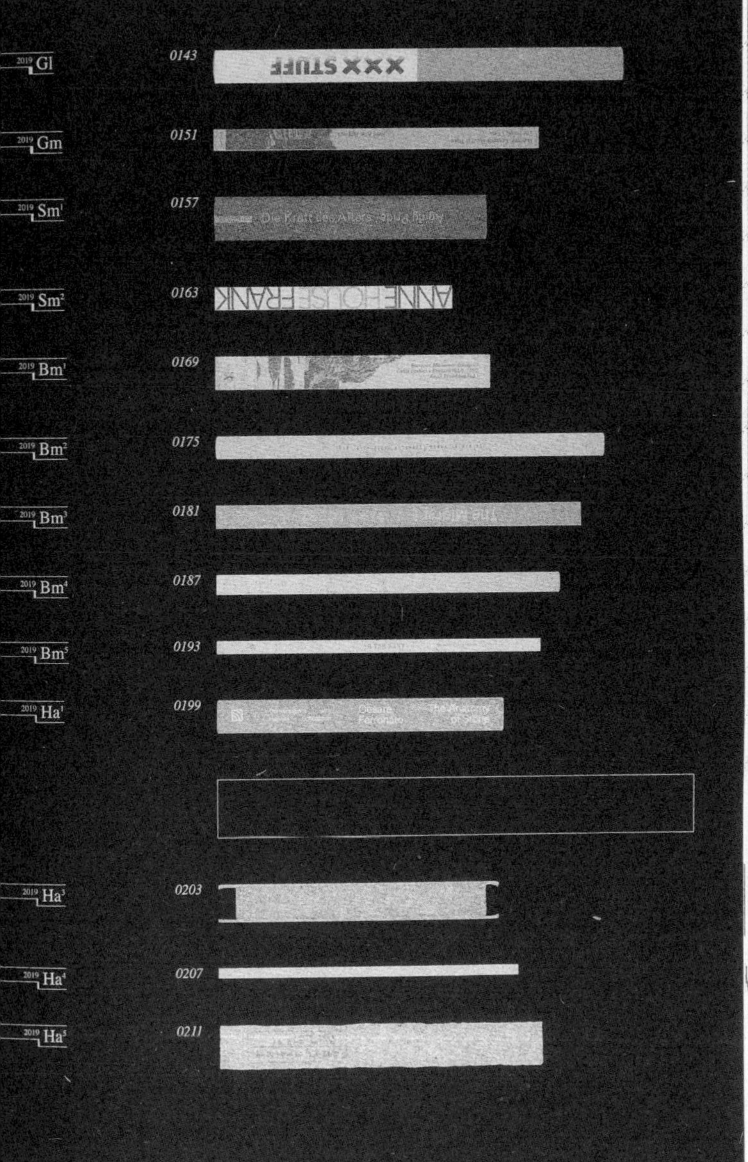

2019 Gl
0143
XXX STUFF
2019 Gm
0151
2019 Sm1
0157
Die Kraft des Alters
2019 Sm2
0163
ANNE FRANK HOUSE
2019 Bm1
0169
2019 Bm2
0175
2019 Bm3
0181
2019 Bm4
0187
2019 Bm5
0193
2019 Ha1
0199
2019 Ha3
0203
2019 Ha4
0207
2019 Ha5
0211

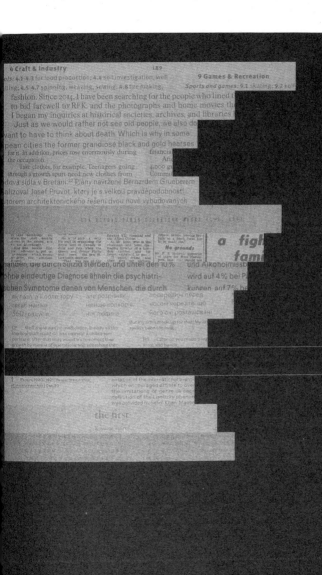

4 Craft & Industry
189
9 Games & Recreation
ols: 4.1-4.3 for food production; 4.4 soil investigation, well
lling; 4.5-4.7 spinning, weaving, sewing; 4.8 fire making;
Sports and games: 9.1 skating; 9.2 kol
fashion. Since 2014, I have been searching for the people who lined t
to bid farewell to RFK, and the photographs and home movies th
I began my inquiries at historical societies, archives, and libraries
Just as we would rather not see old people, we also do
vant to have to think about death. Which is why in some
pean cities the former grandiose black and gold hearses
for it. In addition, prices rose enormously during
the occupation.
Take clothes, for example. Teenagers going
through a growth spurt need new clothes from
financia
Aft
4,000 gr
Commit
dová sídla v Bretani.22 Plány navržené Bernardem Grueberem
alizoval Josef Pruvot, který je s velkou pravděpodobností
utorem architektonického řešení dvou nově vybudovaných
No grounds
a figh
fami
handen, die durch Suizid sterben, und unter den 10 %
ohne eindeutige Diagnose ähneln die psychiatri-
schen Symptome denen von Menschen, die durch
und Alkoholmissb
wird auf 4% bei P
kungen auf 7% be
як пазл, а й поле зору
сягає майже
360 градусів
але розрізняє
менше кольорів,
ніж людина
посередині перед
носом через те, що
його очі розташовані
But my arms made up for that! My ar
always been too long.
RS Later on you made thin
arms and hands
1 Proun, 1920–1921 | Russian State Archive of Literature and Arts | Cat. 30
entation of the international avant-
which encouraged artists to over
the limitations of genre. A cap
definition of the Lissitzky phenom
was provided by Selim Khan-Magom
the first

Golden Letter
Amsterdam STUFF
The Netherlands
Willem van Zoetendaal
Jerzy Gawronski, Peter Kranendonk
Van Zoetendaal Publishers & De Harmonie, Monumenten & Archeologie Gemeente Amsterdam
365×243×32mm
2198g
600p

2019 Gl

Gold Medal
Robert F. Kennedy Funeral Train – The People's View
The Netherlands
Jeremy Jansen
Rein Jelle Terpstra
Fw: Books, Amsterdam
287×214×21mm
922g
140p

2019 Gm

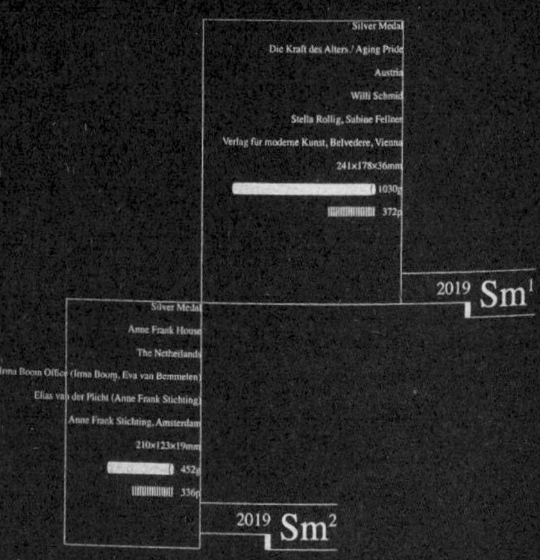

Silver Medal
Die Kraft des Alters / Aging Pride
Austria
Willi Schmid
Stella Rollig, Sabine Fellner
Verlag für moderne Kunst, Belvedere, Vienna
241×178×36mm
1030g
372p
2019 Sm1
Silver Medal
Anne Frank House
The Netherlands
Irma Boom Office (Irma Boom, Eva van Bemmelen)
Elias van der Plicht (Anne Frank Stichting)
Anne Frank Stichting, Amsterdam
210×123×19mm
452g
336p
2019 Sm2

2019 Ha⁵

Honorary Appreciation
Old Trades of Jiangsu: A Glimpse
China
Zhou Chen
Pan Wenlong, Gong Wei (photographer)
Jiangsu Phoenix Education Publishing, Ltd
288×284×38mm
1817g
646p

2019 Ha¹

Honorary Appreciation
Cesare Ferronato – Anatomie des Steins
Austria
Raphael Drechsel
Hannes Schüpbach
Verlag für moderne Kunst, Vienna
255×207×27mm
1042g
224p

2019 Ha³

Honorary Appreciation
El Lissitzky
Russian
Evgeny Kornzev
Tatyana Goryacheva, Ruth Addison, Ekaterina Allenova
Tretyakov Gallery, Jewish Museum and Tolerance Center
250×235×29mm
1084g
336p

2019 Ha⁴

Honorary Appreciation
The First
Japan
Hideyuki Saito
Kentarou Tanaka
Bonpoint Japon
267×216×8mm
418g
46p

2019 Ha²

2019 Bm³

Bronze Medal
The Migrant
The Netherlands
Teun van der Heijden
Anais López
Self-Published
325×246×20mm
1048g+33g
124p+16p

2019 Bm⁴

Bronze Medal
Nichtsein
Germany
Katharina Schwarz
Katharina Schwarz in co-opera-
tion with Ellen von den Driesch
Wissenschaftszentrum Berlin für
Sozialforschung, UDK Berlin
305×174×16mm
553g
160p

2019 Bm⁵

Bronze Medal
Я так бачу (This Is How I See)
Ukraine
Art Studio Agrafka (Romana Romanyshyn, Andrii Lesiv)
Art Studio Agrafka (Romana Romanyshyn, Andrii Lesiv)
Видавництво Старого Лева (Old Lion Publishing)
287×267×10mm
552g
56p

2019 Bm¹

Bronze Medal
Bonjour, Monsieur, Gauguin
Czech Republic
20YY Designers (Petr Bosák, Robert Jansa)
Adam Macháček
Anna Pravdová
Národní galerie v Praze (National Gallery Prague)
245×173×32mm
879g
308p

2019 Bm²

Bronze Medal
Paris
Sweden
Sandberg&Timonen
Ola Rindal
Livraison Books, Stockholm
347×235×18mm
1095g
140p

2019

The International Jury

Ricardo Báez (Venezuela)

Valeria Bonin (Switzerland Sascha)

Fronczek (Germany)

Simon Hessler (Sweden)

Rob van Hoesel (The Netherlands)

Country / Region

The Netherlands 4

Austria 2

Czech Republic 1

Germany 4

Sweden 1

Ukraine 1

Poland 1

Russia 1

Japan 1

China 1

Designer

Willem van Zoetendaal
Jeremy Jansen
Willi Schmid
Irma Boom Office (Irma Boom, Eva van Bemmelen)
20YY Designers (Petr Bosák, Robert Jansa, Adam Macháček)
Sandberg&Timonen
Teun van der Heijden
Katharina Schwarz
Art Studio Agrafka (Romana Romanyshyn, Andrii Lesiv)
Raphael Drechsel
Ryszard Bienert
Evgeny Korneev
Hideyuki Saito
Zhou Chen

Literature & Fiction
文学与小说

Nature & Technology
自然与科技

Social Sciences
社会科学

Art & Design
艺术与设计

Children and Young People's Books
少儿读物

Education & Teaching
教育与教学

Others
其他

Not collected
未收藏

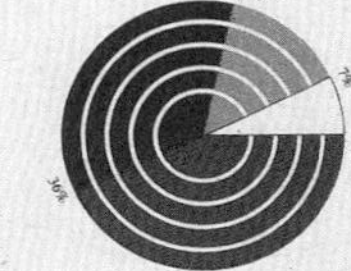

5 Food Processing & Consum

6 Science & Technology

6.9.4.3
Dial (brass, enamel) 1950-2005 Σ=1(1)

阿姆斯特丹市政府于 2018 年开通了南 / 北地铁线。2003-2010 年的地铁隧道挖掘过程，很大一部分工作有考古队参与。本书便是这次发掘工作的成果，收录了 70 万件发掘物中精选的 13000 件物品。书籍的装订形式为锁线硬精装。封面采用黄黑双色布面裱覆卡板，压烫 3 个银色圣安德鲁十字为阿姆斯特丹市徽的中心图案，指代阿姆斯特丹。护封采用土红色布纹纸烫黑色字，护封高度约为封面的一半，在位置和颜色上暗含城市的“镜像”即地下挖出的“东西”之意。内页采用超薄纸张五色印刷，体现考古发掘过程即剥开地层和历史。书籍最开始简述了阿姆斯特丹的历史、地铁工程的始末，以及针对当地独特松软地层的研究。之后分为 11 个部分展示发掘物，其中自然地理和早期文明部分的发掘物被划分为“0”，之后便是 10 个城市人造物分类。书中采用红色标注分类编号，配合专色蓝横排文字呈现更多信息；而专色蓝竖排文字则为发掘区域、物件材质、序列数字、尺寸和年代等物件信息编码。内页设置为 5×8 的网格系统，根据物件的形状大小占据相应的网格。最后则是一些形质分析和索引。

The Amsterdam City Council opened the South/North Metro Line in 2018. A large part of the subway tunnel excavation process from 2003 to 2010 was attended by archaeological teams. This book is the result of this excavation work, with 13,000 items selected from 700,000 excavations. The binding form of the book is hard and hard-locked. The cover is covered with a yellow-black two-tone cloth cover, and the three silver St. Andrew's Crosses are pressed to the center of the Amsterdam emblem, referring to Amsterdam. The protective cover is made of black-colored cloth paper, and the height of the protective cover is about half of the cover. The position and color of the city imply the "mirror" of the city. The inner pages are printed in ultra-thin paper in five colors, reflecting the archaeological excavation process that strips the formation and history. The book begins with a brief description of the history of Amsterdam, the beginnings and ends of the subway project, and research on the unique soft layers of the area. It was then divided into 11 parts to show excavations, in which the excavations of natural geography and early civilization were classified as "0", followed by the classification of 10 urban man-made objects. The book uses red to mark the classification number, with the special color blue horizontal text to present more information; and the special color blue vertical text for the excavation area, object material, serial number, size and age and other object information coding. The inner page is set to a 5x8 grid system, occupying the corresponding grid according to the shape and size of the object. Finally, there are some qualitative analysis and indexing.

- 金字符奖
- 阿姆斯特丹的“宝藏”
- 荷兰

Golden Letter

Amsterdam STUFF

The Netherlands

Willem van Zoetendaal

Jerzy Gawronski, Peter Kranendonk

Van Zoetendaal Publishers & De Harmonie, Monumenten & Archeologie Gemeente Amsterdam

365×243×32mm

2198g

600p

Some years ago the city of Amsterdam took the opportunity to approach the major construction site for its new Metro line from an archaeological perspective. Scientists brought up countless items from the Amstel riverbed; 700,000 finds were recorded. Among these, 13,000 artefacts appear in this unique treasure trove that ranges from prehistoric times to the 20th century; they are all things that had sunk to the bottom of the Amstel. For instance, the chapter Food Processing & Consumption includes a pitchfork from around 1800 on the same double page as a chip fork from the outgoing 20th century. Despite its size, the use of India paper for the 600 pages makes this volume easy to handle. The paper's opaque quality has its own charm: it is reminiscent of the layering principle identified by archaeologists during excavations. Painstakingly extracted illustrations are presented according to category in an image area of 5 × 8 squares per page. If necessary, singular shapes are given extra space. This creates perfectly sorted displays that show a fascinating hotchpotch of items. The conspicuous cover reveals astonishingly little about the meticulously documented contents. It makes you feel quite curious. A paper half-cover bears the laconic title: Stuff. Above it, the three silver crosses of the Amsterdam coat of arms sit resplendent on the shimmering bicolour fabric — these shouldn't be confused with three "X"s, as any expectation of finding explicit material inside would be mistaken.

es t

tise

e gratefully c

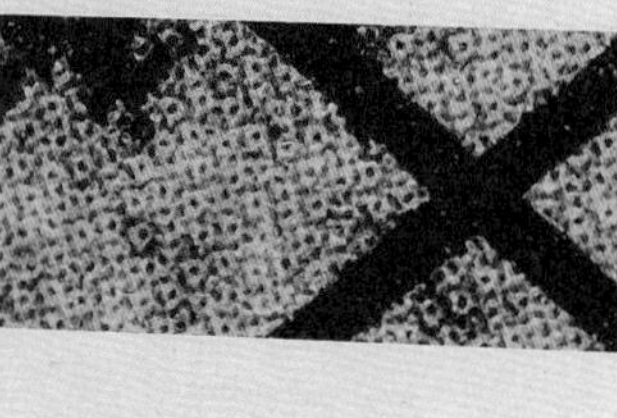

0.1.4.5

12-6 m -NAP 11

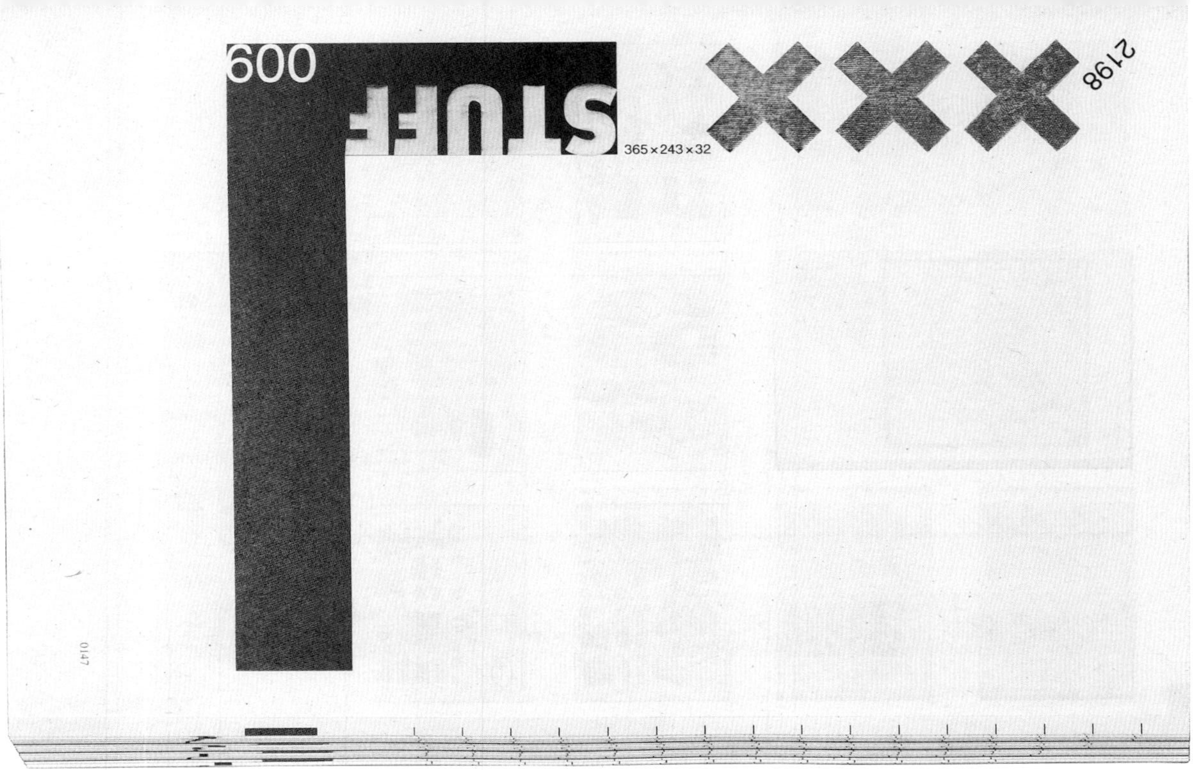

2198

365 × 243 × 32

STUFF

600

0147

Appendix

Diverse typologies

Nail (1.9, 1.10)
Nails are subdivided in eight main types on the basis of the shape and manufacturing of the nail head. 0-5+ = number of recognisable facets on the head (fig. 1) (typology: Jan Dirk Bindt). The type code is composed of the row number and column number, separated by a dot. A chrono-typological subdivision is deducted from the nail head typology (fig. 2).

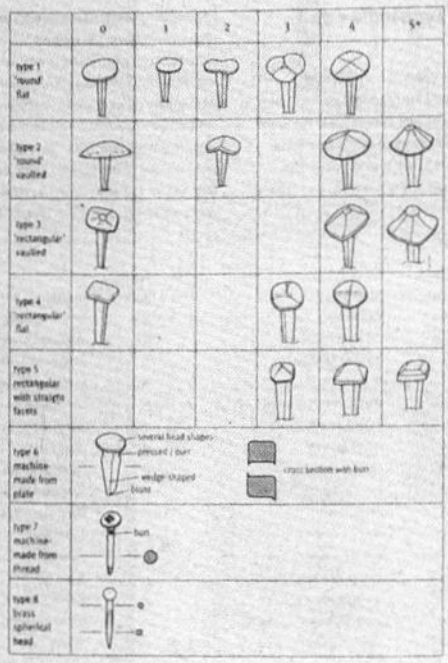

Fig. 1 Typology of n
(typology: Jan Dirk

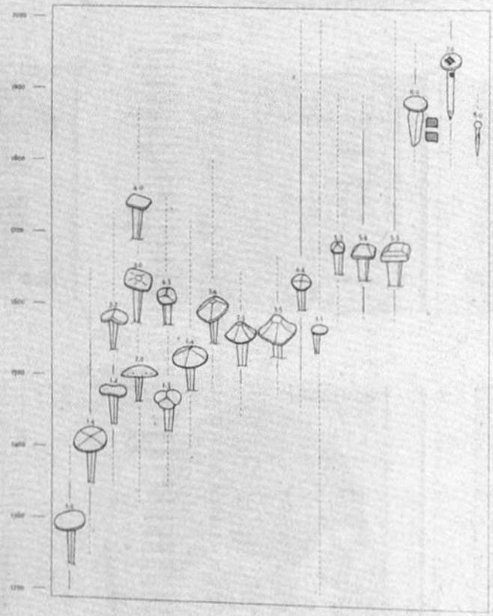

Fig. 2 Chrono-typology of nail heads (typology: Jan Dirk Bindt)

Fig. 3 Forelock keys are morphologically subdivided into three basic categories (typology: Jan Dirk Bindt)

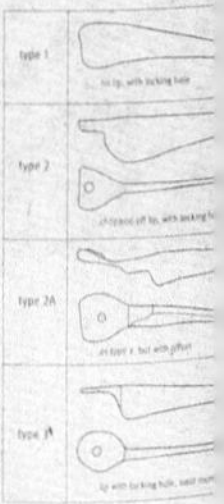

Forelock bolt and forelock key (1.12.1)
Forelock bolts are chrono-typologically subdivided into eight categories according to the section and shape of the shaft (typology: Jan Dirk Bindt); no drawing.
Type 1 Very irregular section (1300-1650)
Type 2 Irregular oblique rectangular section (1300-1650)
Type 3 Irregular rounded hexagonal section (1300-1650)
Type 4 Very irregular octagonal section (1300-1650)
Type 5 Rounded octagonal section (1500-1825)
Type 6 Round section with facets (1600-1825)
Type 7 Round section without facets (1600-1825)
Type 8 Square section (1500-1875)

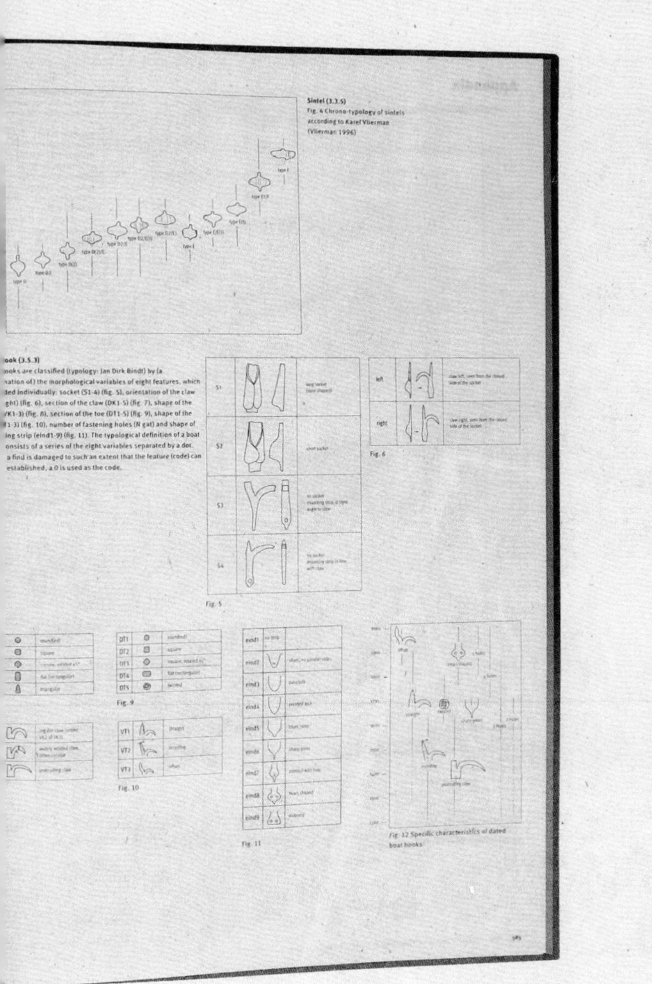

Sintel (3.3.5)

Fig. 4 Chrono-typology of sintels according to Karel Vlierman (Vlierman 1996)

ook (3.5.3)

ooks are classified (typology: Jan Dirk Bindt) by (a
nation of) the morphological variables of eight features, which
ded individually: socket (S1-4) (fig. 5), orientation of the claw
ght) (fig. 6), section of the claw (DK1-5) (fig. 7), shape of the
/K1-3) (fig. 8), section of the toe (DT1-5) (fig. 9), shape of the
T1-3) (fig. 10), number of fastening holes (N gat) and shape of
ing strip (eind1-9) (fig. 11). The typological definition of a boat
onsists of a series of the eight variables separated by a dot.
a find is damaged to such an extent that the feature (code) can
established, a 0 is used as the code.

Fig. 5

Fig. 6

Fig. 9

Fig. 10

Fig. 11

Fig. 12 Specific characteristics of dated boat hooks

birds, Aristotle
ct on ornitholog

334
666
240×171×26

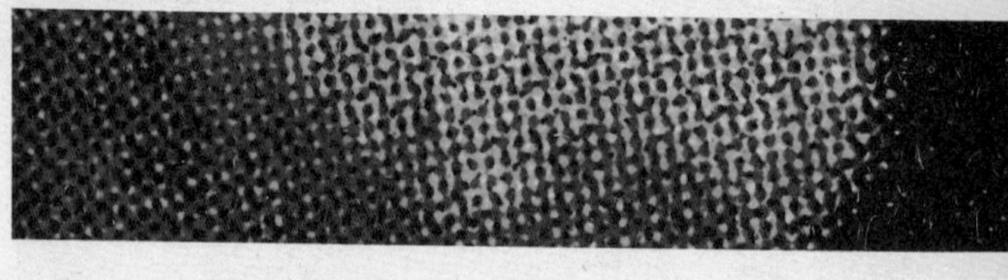

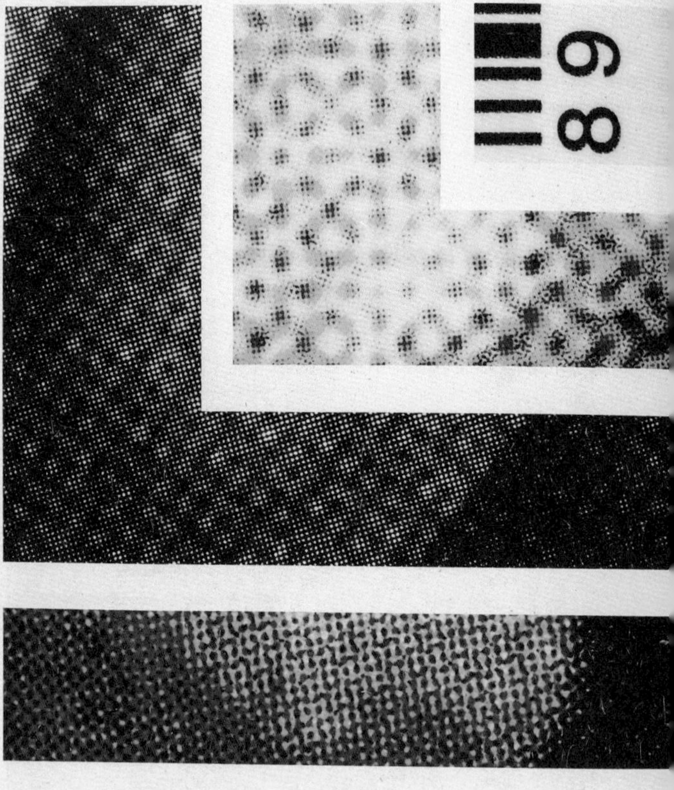

liman, 2013;

51
1595 285×219×22

, also

Mutte

t; MOs Spitz-

könnte aus

e Stunde

asel

weil
gan-
tern
tro-
wars
wie
roh,
iges
der
uto-
Hol-
iym-
er es
und
Herr

Buch
das,
ver-
r am
wohl
run-
nder
lese
imer
dem
dan-

hell
u da
ies[5].
Bitte
wort
be es

men
tin?
ieim
dem
nmt
s ist
ider

s Du
mir,
ides
rau,

nen
ner.
... es. Man konnte
Grösse reicht gar
iana hat ein Kind.
r Freude. Ich sah
achte ihm schöne

r, dass Du gesund

von Januar 19
bis April 1969.

2
Schweizerdt.
für hinauf.

3
Wahrscheinlic
Band 4 von *We*
in vier Bänden
Heinrich Hein
hrsg. von Paul
Stapf, Birkhäu
Basel 1956.

4
Wahrscheinlic
Der Schrei (H
oder *Der grün*
Zuschauer (H
beide 1959.

5
Vielleicht *Sch*
ze Form mit To
köpfen (H 47),
Garten (H 47 a
oder *Garten* (
b), alle von 195

6
Wahrscheinlic
Irene Zurkind

7
Prodör, kleine
Ort oberhalb v
Faido.

8
Alfred Bühler,
Schwiegersoh
von EO.

9
Am 1. Februar
1959 hatte die
erste Abstimm
für die Einführ
des Frauenstir
rechts auf eidg
nössischer Eb
stattgefunden
die Vorlage wu
von den Schwe
Männern mit e
Zweidrittels-
mehrheit abge
lehnt; erst am
Februar 1971 w
das Frauen-
stimmrecht en
lich mit 66 %
Ja eingeführt.

330 × 220 × 38

da war. Dass du auch sonst zu tun hast mit restaurieren freut mich für Dich wegen Geld.[11] Du wirst mir dann erzählen ob Du mit dem Geld besser auskommst in L.

Ruthi schreibt mir viel, und ich ihr auch so alle 3 Wochen. Ich schicke ihr auch mancherlei. Mit ihrem verdüsterten Gemüt lebt sich's halt schwerer. Sie hat auch wenig Geld nachdem sie ein Vermögen verpulvert, u. wieder verpulvern würde. «Wer kann dafür, wer kann

2018

474

E

DREES

ns Star

atte, w

Mrs

Coun

d ab

0632

0635

ann stünden sie wied
ɔben, stand da, nackt
als einziges Relikt n
nz leise in die Wolke
der Himmel über T

var da, solange ich zu
Staumauern, die Schl
enster: Immer schon
asse durchs Gebirge
en, wann immer uns
später, auf der Dacht

72

au
hier raus
auf das Spiel.
»Was krieg ich d
Spiellaune.
»Nichts! Du sollst mich raus
agte nichts, stand auf und gin
lem Kindergartengelände, in
in Pferd, sogar ein überdimen
ten. Die Spitze war ein klein
ür zwei bis drei Kinder. Wer
en im Hofbaum auf Augen-
n Kopf spucken und sich
en Dauer im eigenen
en aus dem Sand des
ne zu überwinden.
ne Luftballons an der Rake-
uden. Sie waren vom Kinder-
am vergangenen Wochen-
ig geblieben, der Haus-
ster hatte sie dort oben angekno-
tet. »Ich lasse dich raus, wenn
du mit mir die Ballons holst«.

190

bishe
machen
Moment
sel und Ge
Gebühr strap
Links von i
sie in die Kapsel
ist längst getrennt,
telbar vor ihr zeigt si
und diffus im Schwarz
mehr von ihr wegfällt. I
Bedeutungslosigkeit, er
Sie aber bleibt regung
jeden Gegenstand geräu
bei sich, nichts befindet
Schub und keine Brems
Es gibt nur sie, Tom, in
Raumfähre fällt weg von
wie ein Sandkorn, und au
Das ihn umgebende Sch
Screen.
Hier will ich bleiben,
bricht in ein lautes Lach
aus. Scherzhaft spricht s
es in das längst

205 × 130 × 12

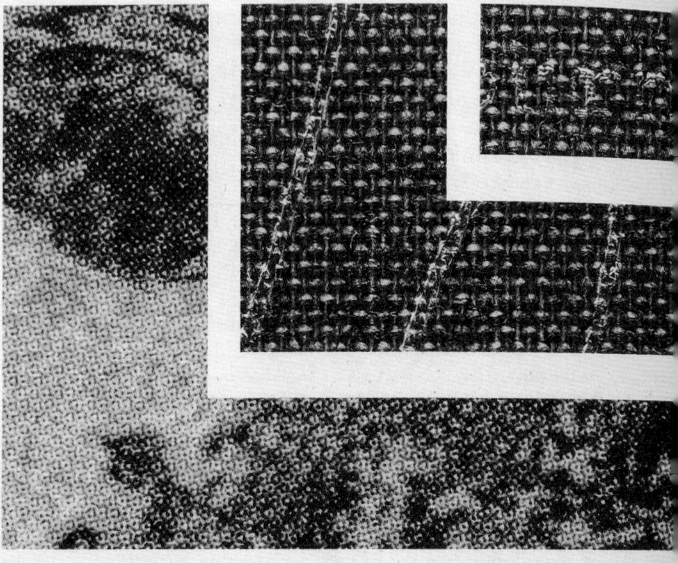

därvid, för or

oms bilder. Sär

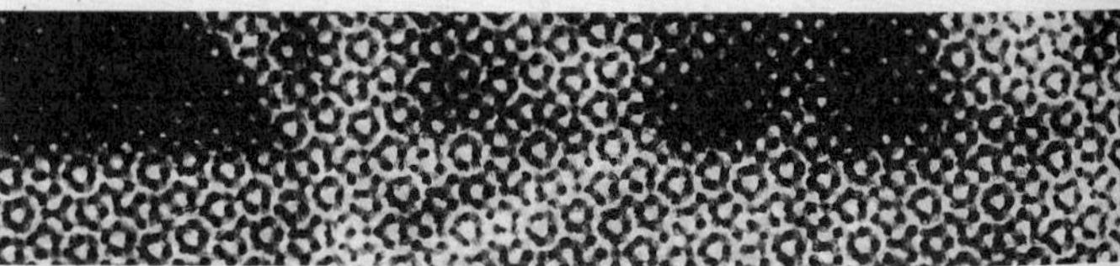

247×186×24

La Résidence JH Engstrom

journal

823

180

0717

e, ma

Dok

m Sc

als

e1

zerbrechliche, gl

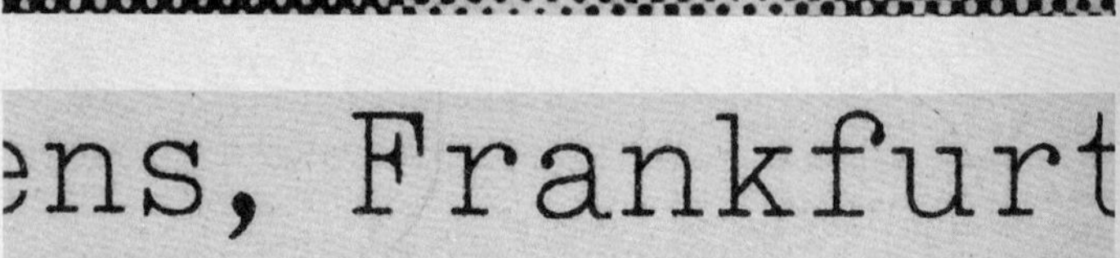

ens, Frankfurt

324
1190

314×227×22

0869

La t

zos

738) En el M

Presentación
Introito
Liminar

285×220×71

ıla- **I.**
no- **II.**
ıal- **III.**
ca- **IV.**
os- **V.**
as- **VI.**
os- **VII.**
os- **VIII.**
ón- **IX.**
tir- **X.**
ria- **XI.**
os- **XII.**
ca- **XIII.**
as- **XIV.**
ial- **XV.**
da- **XVI.**
es- **XVII.**
os- **XVIII.**
ón- **XIX.**
no- **XX.**
os- **XXI.**
as- **XXII.**
ría- **XXIII.**
os- **XXIV.**
os- **XXV.**
ñil- **XXVI.**
do- **XXVII.**
os- **XXVIII.**
os- **XXIX.**
os- **XXX.**
os- **XXXI.**
ıia- **XXXII.**
es- **XXXIII.**
lla- **XXXIV.**
ós- **XXXV.**

1618+1638 528

XXIII Costumbres ancestrales y modas en la utilización de la plumería-
XXIV La sensibilidad odorífera y del colorido tropical. Los verdes inéditos-
proveedores de materias primas odorantes. Moda decimonónica de baños termales y marítimos-
color. Los mágicos paisajes del palo brasil y de la orchila. El purpurar de la grana y el azular del añil-
urtientes y cueros venezolanos. Del zapato margariteño a la protoindustria integrada del calzado-
medicinales euroamericanos. La esperanza de curación en espacios de yerbateros y curanderos-
remedios crípticos para enfermedades de sensibilidad extrema. La territorialidad de los venenos-

を得る
るに
是を銅板に打
を鋳込み以て
八米太人以
彼亞中之近古利

心同
人之
而来
言者、
攔人、

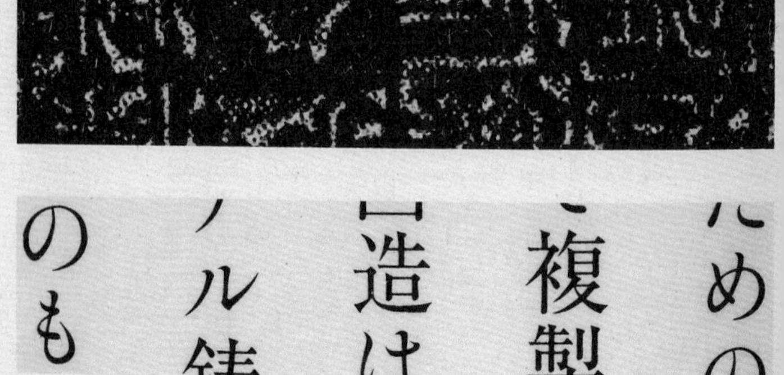

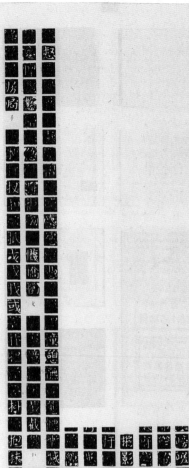

304×216×35

2220

453

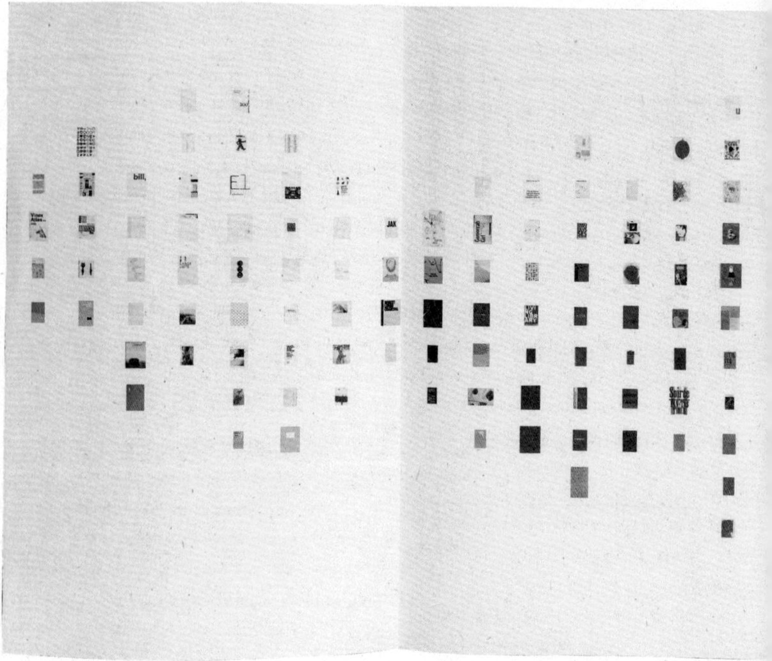

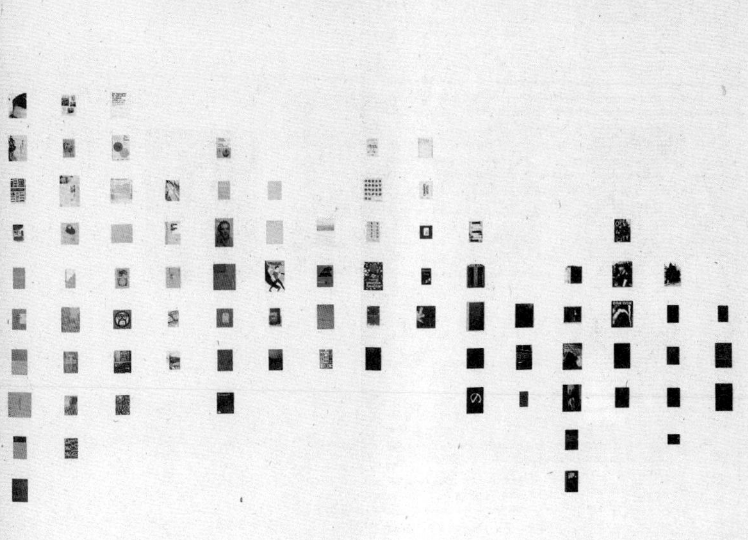

2019 Gl
P 0143
The Netherlands
荷兰

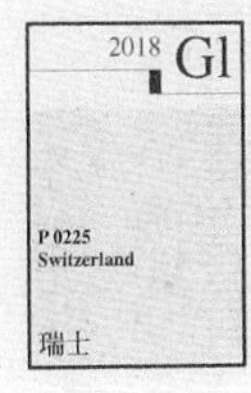
2018 Gl
P 0225
Switzerland
瑞士

2017 Gl
P 0307
The Netherlands
荷兰

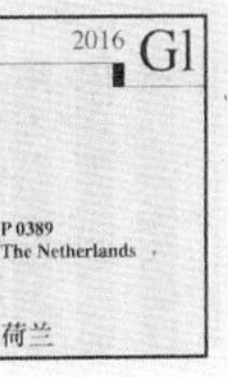
2016 Gl
P 0389
The Netherlands
荷兰

2015 Gl
P 0475
Belgium
比利时

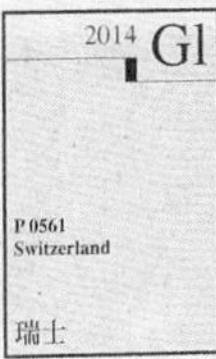
2014 Gl
P 0561
Switzerland
瑞士

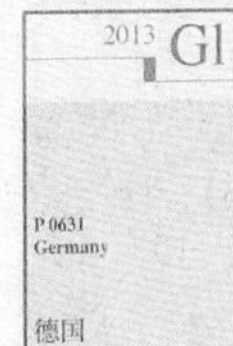
2013 Gl
P 0631
Germany
德国

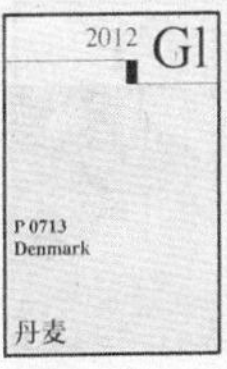
2012 Gl
P 0713
Denmark
丹麦

2011 Gl
P 0787
The Netherlands
荷兰

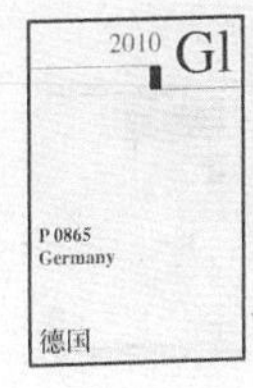
2010 Gl
P 0865
Germany
德国

2009 Gl
P 0951
France
法国

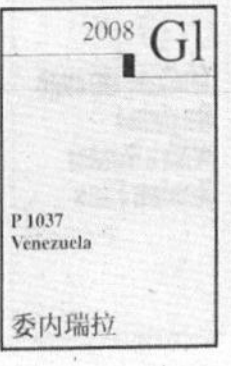
2008 Gl
P 1037
Venezuela
委内瑞拉

2007 Gl
P 1115
Switzerland / USA
瑞 士 / 美

2006 Gl
P 1197
The Netherlands
荷兰

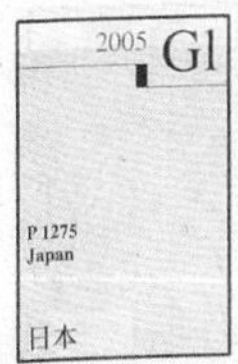
2005 Gl
P 1275
Japan
日本

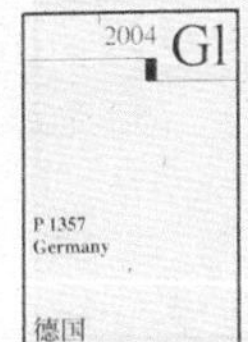
2004 Gl
P 1357
Germany
德国

P 0225

金字符奖 ||||| 家、工艺和日用品的乌托邦 || 瑞士
Golden Letter ||||| HEIMAT, HANDWERK UND DIE UTOPIE DES ALLTÄGLICHEN || Switzerland // *HUBERTUS, Jonas Voegeli, Scott Vander Zee, Kerstin Landis* // Uta Hassler || Hirmer || 265×202×48mm || 1897g || 568p

P 0233

金奖 ||||| 迷幻的夜晚 || 德国
Gold Medal ||||| Soirée Fantastique || Germany // *Pierre Pané-Farré* // Pierre Pané-Farré || Institut für Buchkunst Leipzig || 328×275×12mm || 616g || 120p

P 0239

银奖 |||| 园冶注释 || 中国 || 张悟静 || 计成（原著）、陈植（注释） || 中国建筑工业出版社
Silver Medal |||| The Art of Gardening || China // *Zhang Wujing* // Ji Cheng (Ming Dynasty), Chen Zhi China || China Architecture & Building Press || 260×175×29mm || 645g || 424p

P 0245

银奖 |||| 成为一只小熊的过程 || 日本
Silver Medal |||| Process for becoming a little bear || Japan // *Akihiro Taketoshi (STUDIO BEAT)* // Nana Inoue || be Nice Inc. || 216×257×10mm || 383g || 34p

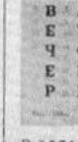
P 0251

铜奖 ||| 黄昏 || 荷兰
Bronze Medal ||| Avond || The Netherlands // *Michael Snitker* // Anna Achmatova / Hans Boland || Stiching De Ross || 242×152×15mm || 388g || 128p

P 0257

铜奖 ||| 第14届卡塞尔文献展：日记账 || 瑞士
Bronze Medal ||| documenta 14: Daybook || Switzerland // *Julia Born & Laurenz Brunner, Zürich* // Quinn Latimer und Adam Szymczyk || Prestel, München || 293×204×20mm || 938g || 344p

P 0263

铜奖 ||| 0:0 || 以色列
Bronze Medal ||| EFES:EFES || Israel // *Dan Ozeri* // Dan Ozeri || Self expenditure || 310×264×20mm || 1044g || 192p

P 0269

铜奖 ||| 每分钟敲键200次 || 俄罗斯
Bronze Medal ||| 200 keystrokes per minute || Russia // *Igor Gurovich* // Narinskaya Anna || Moscow Polytechnic Museum || 297×211×20mm || 699g || 208p

P 0275

铜奖 ||| A4上的自主权 || 瑞士
Bronze Medal ||| Autonomie auf A4 || Switzerland // *Atlas Studio (Martin Angereggen, Claudio Gasser, Jonas Wandeler)* // Peter Bichsel und Silvan Lerch || Limmat Verlag, Zürich || 318×241×24mm || 1156g || 288p

P 0281

荣誉奖 || 重中之重 || 瑞士
Honorary Appreciation || First things first || Switzerland // *NORM, Zürich* // Shirana Shahbazi || SternbergPress, Berlin || 326×245×9mm || 379g || 24p

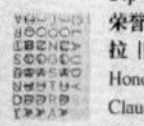
P 0285

荣誉奖 || 克劳迪·扬斯特拉 || 荷兰
Honorary Appreciation || Claudy Jongstra || The Netherlands // *Irma Boom* // Louwrien Wijers, Lidwejì Edelkoort, Laura M. Richard, Marietta de Vries, Pietje Tegenbosch || nai010 publishers || 350×260×20mm || 960g || 178p

P 0289

荣誉奖 || 茶典 || 中国 || 潘焰荣 || 陆羽（唐）等 || 商务印书馆
Honorary Appreciation || Tea Canon || China // *Pan Yanrong* // Lu Yu (Tang Dynasty) and others || The Commercial Press || 211×140×29mm || 665g || 772p

P 0293

荣誉奖 || 孟山都：摄影调查 || 委内瑞拉
Honorary Appreciation || Monsanto: A Photographic Investigation || Venezuela // *Ricardo Báez* // Mathieu Asselin || Verlag Kettler (English), Actes Sud (Français) || 300×270×21mm || 1266g || 148p

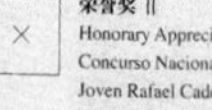

荣誉奖 ||
Honorary Appreciation || II Concurso Nacional de Poesía Joven Rafael Cadenas || Venezuela // *Juan Fernando Mercerón, Giorelis Niño (Assistent)* // Autores Vzlanos, Team Poetero Ediciones, Libros del Fuego (Editorial Production)

金字符奖 ||||| 鸟类学 || 荷兰
Golden Letter |||| Ornithology || The Netherlands || *Jeremy Jansen* || Anne Geene, Arjan de Nooy || de HEF publishers, Rotterdam || 240×171×26mm || 666g || 336p
P 0307

金奖 |||||
Gold Medal |||| Palimpsest || Czech Republic || *Petr Jambor* || Petr Jambor || 4AM Fórum pro architekturu a média

P 0315
银奖 |||| 虫子书 || 中国 || 朱赢椿、皇甫珊珊 || 朱赢椿、皇甫珊珊 || 广西师范大学
Silver Medal |||| Bugs' Book || China || *Zhu Yingchun & Huang Fu Shanshan* || Zhu Yingchun & Huang Fu Shanshan || Guangxi Normal University Press || 200×141×25mm || 493g || 298p

P 0321
银奖 |||| (未)预料到的 || 荷兰
Silver Medal |||| (un) expected || The Netherlands || *Rob van Hoesel Peter Dekens* || The Eriskay Connection, Amsterdam || 290×208×4mm || 357g || 144p

P 0327
铜奖 ||| 扣押原因：|| 瑞士
Bronze Medal ||| Withheld due to: || Switzerland || *typosalon, Christof Nüssli* || Christof Nüssli || cpress || 224×167×19mm || 600g || 408p

P 0333
铜奖 ||| 拔地而起——约翰内斯堡的高楼故事 || 德国
Bronze Medal ||| UP UP – Stories of Johannesburg's Highrises || Germany || *Huber / Sterzinger, Zürich (CH)* || Nele Dechmann, Fabian Jaggi, Katrin Murbach, Nicola Ruffo || Hatje Cantz Verlag, Ostfildern || 270×192×24mm || 926g || 336p

P 0339
铜奖 ||| 交织的新鲜 || 荷兰
Bronze Medal ||| DWARS VERS || The Netherlands || *Team Thursday (Simone Trum & Loes van Esch)* || Emily Dickinson, Edna St. Vincent Millay || Ans Bouter en Benjamin Groothuyse || 210×150×20 mm || 469g || 272p

P 0345
铜奖 ||| 贝尔纳·夏德贝克——友好的警示 || 瑞士
Bronze Medal ||| Bernard Chadebec – Intrus Sympathiques || Switzerland || *Olivier Lebrun and Urs Lehni in collaboration with Simon Knebl, Phil Zumbruch, Saskia Reibel and Tatjana Stürmer (HfG Karlsruhe)* || Olivier Lebrun and Urs Lehni || Rollo Press, Zürich || 191×135×21 mm || 470g || 272p

P 0351
铜奖 ||| 伊娃·黑塞日记 || 瑞士
Bronze Medal ||| Eva Hesse – Diaries || Switzerland || *NORM, Zürich / Johannes Breyer, Berlin* || Eva Hesse / Barry Rosen || Hauser & Wirth Publishers / Yale University Press || 204×136×50 mm || 1190g || 900p

P 0357
荣誉奖 || 错误的线索 || 德国
Honorary Appreciation || Falsche Fährten || Germany || *Jonas Voegeli, Kerstin Landis, Scott Vander Zee – Hubertus Design, Zürich* || Peter Radelfinger || Edition Patrick Frey, Zürich || 296×213×42mm || 1756g || 584p

P 0363
荣誉奖 || 冷冰川墨刻 || 中国 || 周晨 || 冷冰川 || 海豚出版社
Honorary Appreciation || Ink Rubbing by Leng Bingchuan || China || *Zhou Chen* || Leng Bingchuan || Dolphin Books || 260×184×39mm || 1622g || 642p

P 0367
荣誉奖 || 21世纪运动百科 || 日本
Honorary Appreciation || Encyclopedia of Modern Sport || Japan || *Shin Tanaka, Sozo Naito* || Toshio Nakamura, Takeo Takahashi, Tsuneo Sougawa, Hidenori Tomozoe || TAISHUKAN Publishing Co., Ltd. || 270×204×60mm || 2556g || 1378p

P 0371
荣誉奖 || 真的吗？ || 葡萄牙
Honorary Appreciation || VERDADE?! || Portugal || *Pato Lógico* || Bernardo P. Carvalho || Pato Lógico || 256×200×9mm || 325g || 36p

P 0375
荣誉奖 || 信号突然中断 || 德国
Honorary Appreciation || Plötzlich Funkstille || Germany || *Benjamin Courtault* || Benjamin Courtault, Paris (FR) || kunstanstifter verlag, Mannheim || 305×187×9mm || 333g || 32p

SHEILA HICKS
2 kilo
JAMES JOYCE ULYSSES
Ein Tag im Leben von
Found Footage
PUMP
DANIEL VAN DICHT
BRICK

2666
NEW
HORIZONS
Vinex Atlas
L'IMAGIER DES GENS
Beuys. Die Revolution
sind wir
Birkhäuser
LIVING LIBRARY

SHEILA HICKS
NEW
HORIZONS

2017
2016
2013
2012
2009
2008
2005
2004
BRICK
2666

0164-017

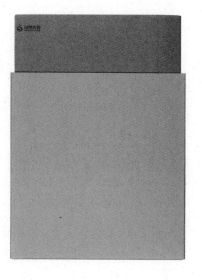

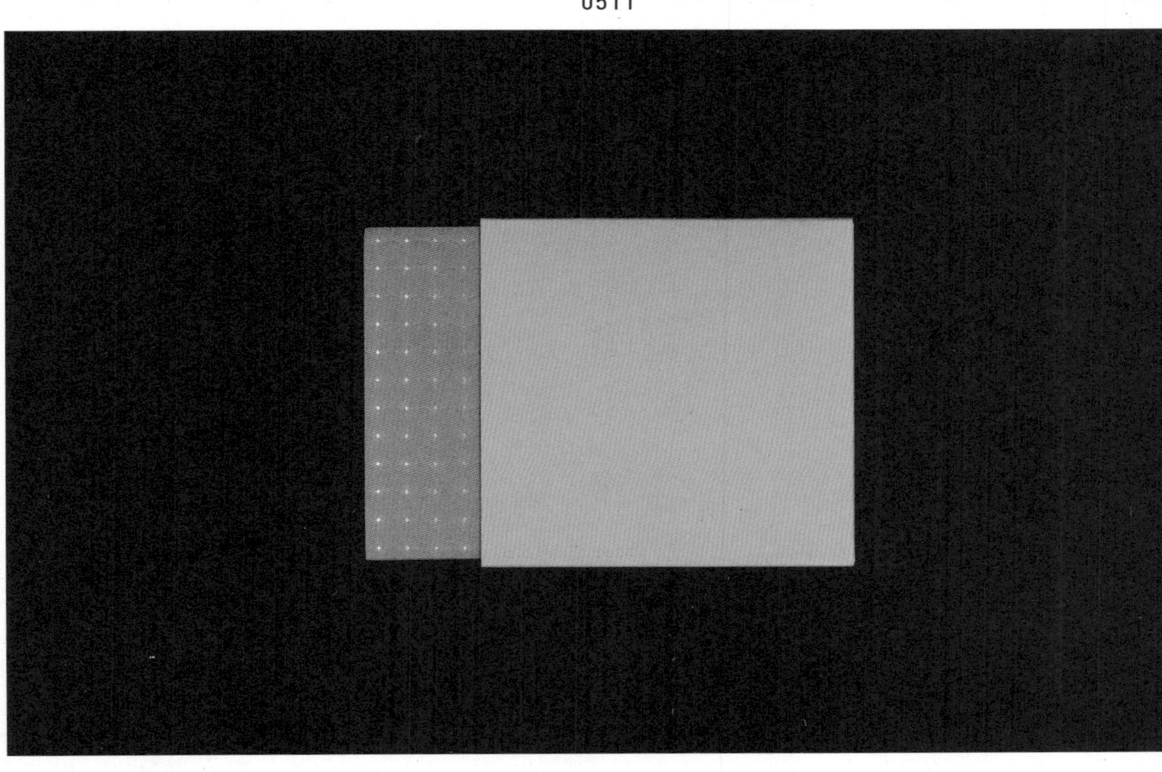

Interpretation of Botanical Illustration

第一篇

解读植物科学画

解读植物科学画

✦

马　平
杨建昆
穆　宇
文

一 植物科学画的起源

植物科学画（Botanical Illustration），是以植物为对象，以绘画为手段，对植物物种整体形态或局部形态特征进行精确描绘的特殊艺术表现形式，服务于植物分类学研究、各类植物学著作及论文，有着明确的描绘对象和科学目的。植物科学画是随着西方植物学的确立而起源于西方的特殊艺术门类。

17 世纪中叶，植物研究取得重大进步，显微镜的发明为通过科学仪器延伸肉眼观察提供了思路。最早的显微镜是 16 世纪末期由荷兰人制作出来的，放大倍数 10 ~ 30 倍。将显微镜运用于科学并有重大发现的，当属后来的英国科学家罗伯特·胡克（Robert Hooke，1635—1703）与荷兰人安东尼·范·列文虎克（Antonie van Leeuwenhoek，1632—1723）。1665 年，时任英国皇家学会实验部主任的罗伯特·胡克出版了影响深远的《显微图谱》（*Micrographia*）一书。该书共 66 个专题，书中 38 幅插图皆由胡克本人绘制，其中最大的一幅《人蚤》（*Pulex irritans*）成为显微绘图的经典作品。这本书的成果，基于他与人合作研制的能放大 140 倍的光学显微镜。他观察了软木薄片，发现许多小室，并将之命名为细胞（cell），开启了细胞领域的研究。列文虎克对细菌学和原生动物学研究起到了奠基作用。他虽未受过正统的学院教育，但自幼喜欢磨制透镜，技术精湛。他一生磨制了 400 多个透镜，最小的只有针头那样大，有的放大率可达 270 倍，适当的透镜配合起来最大放大倍数可达 300 倍。他的显微研究成果有许多发表在英国《皇家学会哲学学报》（*Philosophical Transactions of the Royal Society*）上，1683 年，由他绘制的世界上第一幅细菌图也在该学报刊出。

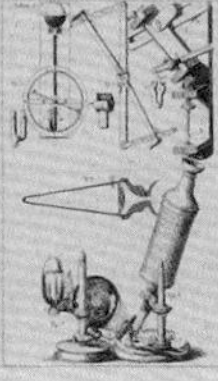

显微镜
罗伯特·胡克 / 绘
《显微图谱》插图

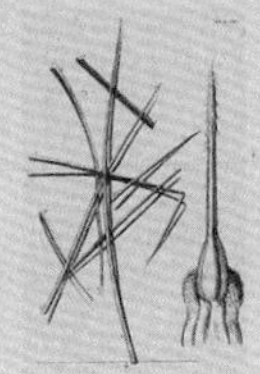

异株荨麻 *Urtica dioica*
罗伯特·胡克 / 绘
《显微图谱》插图

列文虎克 像

罗伯特·胡克 像

版，艾雷特首次采用二名法命名系统及提供花部构造的方式绘制图版，这是运用林奈植物分类系统正式出版的第一部著作，影响深远。

奥地利人弗朗兹·鲍尔（Franz Bauer，1758—1840）对花粉粒的刻画，是首次尝试刻画植物解剖细节的图版。弗朗兹·鲍尔和他的弟弟费迪南德·鲍尔（Ferdinand Bauer，1760—1826）的绘画影响了19世纪后期的植物画画家，对于后来植物学著作中大量使用的黑白钢笔墨线图有着重要的影响。虽然林奈的性分类系统在19世纪逐渐被其他植物学家提出的新分类架构所取代，但花及果的特征仍是重要的分类特征，一直保留为重要元素，并随着显微技术的发展有更多的细节被呈现出来。早期的植物图谱多为彩色绘画，黑白钢笔素描图的大量使用是在后期出现的。从19世纪开始，全世界植物分类学志书中全部采用黑白植物科学画作为插图画种，并且一直沿袭至今。

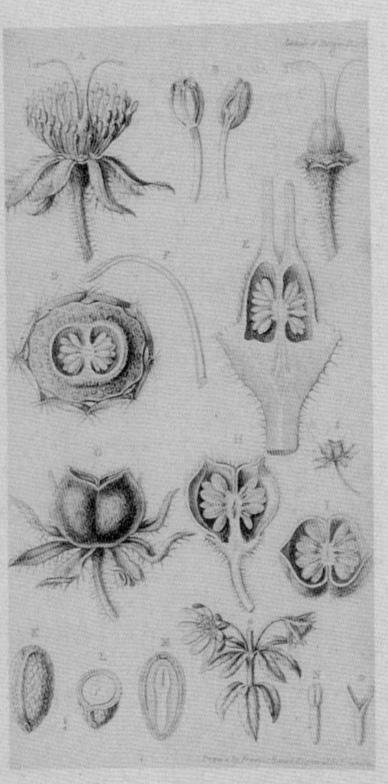

Bauera rubioides　弗朗兹·鲍尔 / 绘

1805年首次发表于《植物志》（*Annals of Botany*），现藏伦敦自然历史博物馆

与以往插图相比，这幅图的图注是一大进步。图中标注从A到O，达到14个，用大写字母表示放大，用小写字母表示未经放大。更具重要意义的是图中几个细节：花药的背面观和腹面观，胚胎与胚乳分离，这种处理在此前描绘该物种的插图中未出现过。此作品也充分展现了弗朗兹·鲍尔的特长——他善于使用锋利的小刀和针头对植物的细小部位进行刻画，并对构造进行详细、精微地记录。

木棉标本

采集者：尹文清

采集地：云南省双柏县

采集时间：1957年3月29日

中国科学院植物研究所植物标本馆藏

科学性是第一属性

二 科学性是第一属性

植物分类学的出现，规范、完善了描述植物形态的科学术语，专业人员应用这些术语共享、传递科学研究信息，准确了解植物的具体形态特征。但是，文字描述无法直观呈现植物基本形态和性器官细部特征，这还得仰赖植物绘画图像。植物科学画结合研究者的文字描述，通过形象的方式客观展示该物种的形态特征，区分不同物种间的差别，以供鉴定和识别植物。植物新分类群的发表，除了需要有对该植物性状详细的文字描述外，另一个必须的工作便是新种线条图的绘制。在植物学研究中，对新种图的要求非常严格，植物各个器官的细微结构都要求描绘得准确无误，突出其种类特征，以区别于近缘类群。在绘制图版之前，分类学专家会给植物科学画画师们提供标本及物种描述。这些标本由植物分类学者以严肃缜密的态度加以选择，并以专业术语对物种加以文字描述。

一般来说，植物科学画只选取植株的某一部分加以绘制，尽量在同一图版内完整表现植物花枝、果枝等主要生长阶段的形态。此外，还有一项非常重要的内容，画师们需要对标本中的根、茎、叶、花、果实和种子等部分根据需要进行解剖，并借助解剖镜或显微镜放大观察。如对花的解剖包括花萼、花瓣、雄蕊（包括花药和花丝）、雌蕊（包括花柱、柱头、子房和胚珠）等细部，也常包括子房横面、纵面的解剖；对叶的观察包括叶片的背腹面、叶缘、毛被、腺体等。这些都是分类学的重要依据。

标准的植物科学画图版上还需要标注各部分的序号、放大倍数（或线性比例尺），并在图版外依序标注各部分种物种追溯和连线的拓扑结构，如果画在一张纸上，加上一个时间轴，那就是一棵演化之树，每一个分支的节点就代表了时间轴之后所有物种在这一时间节点的共同祖先。

如果分类的目的是让亲缘关系更近的物种能放在一起，那么演化之树就是天然的分类学基石。在达尔文之前，系统学家们根据自己对“自然”的理解各自建立所谓的自然分类系统。达尔文之后，演化生物学的影响渗透到了分类学，系统学家们渐渐开始使自己的分类系统反映演化历史。但在已建立的诸多植物分类系统以及与之相应的图解表达中，都不可避免地指向混杂的网状进化，或者暗示某个现生类群是原始的而衍生出其他的现生类群——这些是基于对进化的错误理解。即使这些系统提供了大量宏观性状特征，很多时候体现了实用价值，但它们仍缺乏预见性。举一个显著的例子，哈钦松系统把所有的双子叶植物分为草本和木本两大类。这种违反系统发育原则的处理无疑限制了这个系统的延续和应用。

要获得一个自然的分类系统，第一步，我们要了解类群、物种亲缘关系的顺序结构，即系统发育信息（phylogeny）；第二步，如果我们确认

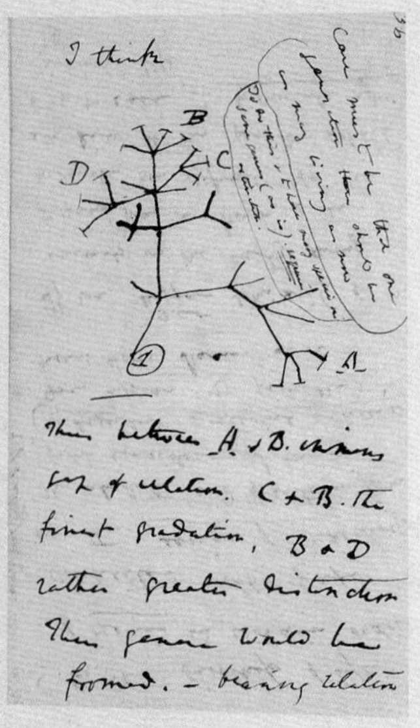

物种演化的树状结构图

这张图出自查尔斯·达尔文1837年的手稿。在根本没有分子手段，甚至遗传学还没有诞生的19世纪初，他清晰地写明了演化的共祖概念和树状结构。

地知道了演化树的结构，那还要给演化树上的分支命名——这看上去很简单，但事实上，直到人类能够大规模进行DNA测序之前，我们在“创造一个‘自然’分类系统”这件事上的进展，长期被困在第一步。

根据生物的中心法则：在所有的生物体的细胞结构里，脱氧核糖核酸（DNA）自我复制，所包含的信息转录给核糖核酸（RNA），RNA翻译为蛋白质，蛋白质和其他部分物质决定了生物体的一切，包括细胞结构、外观形态、生理行为等；一旦包含有遗传信息、可以表达的DNA序列（基因）发生变化，则由它决定的这一切也随之发生变化；在种群一级上，则是基因频率的变化——这就是可以看得到的演化。系统学家们试图构建世间万物的系统发育树，可用的数据就在这些演化所改变的东西上，如DNA序列、RNA序列、蛋白质序列、细胞结构、微观形态数据、宏观形态数据、行为学数据等，这些可以统称为“性状”。从某种意义上，任何一级的“性状”都对系统学家推断演化历史有重要意义。当然不同的是，分子序列可用的数据在数量上较之宏观形态要多很多。

在过去，尽管系统学家们努力还原演化历史，但苦于工具所限，从宏观结构到微观结构，再到化学成分，几乎止步于此。20世纪后期的科技成就——包括计算机和大通量的DNA序列测序技术，为分类系统的建立开拓了一片新天地。随着大量关于系统学的文章不断发表，近乎颠覆性地改变了人类对现有生命类群及其亲缘关系的理解。

例如，在今天地球上最繁盛的植物类群——被子植物（即“有花植物”）领域，一些系统学家们组成了APG组（Angiosperm Phylogeny Group，被子植物系统发育组），共同讨论、推进、建立一个基于系统发育（即演化历史）的被子植物分类系统——APG系统。构成这个分类系统有三个重要原则：一是单系（monophyly）原则——每一个被命名的分类阶元或类群应该是单系的，即包含一个共同祖先和它所有的后代；二是稳定性原则——尊重已有的类群名称，维持类群大小的稳定和适中，即如无必要，不增加新的分类阶元或更改现有类群名称；三是易用性原则——各被命名类群应有明显的形态特征。三者之中，第一个原则最为重要。

此外，与演化树和单系息息相关的还有另外一对重要概念：单系群（Monophyletic Group）和并系群（Paraphyletic Group）。单系群即是一个包含共同祖先和它所有后代的类群。这意味着，一个单系群内部成员间的亲缘关系，应近于单系群外成员间的关系。有效的分类阶元必须是单系群，这是现代分类系统的基本原则。举例说明，“双子叶植物”这个分类群，各个旧的被子植物分类系统中几乎都有，其核心性状是“两片子叶”，与单子叶植物的“一片子

琼枝

Betaphycus gelatinum (Esper) Doty　冯明华 / 绘

红藻门 Rhodophyta

杉藻目 Gigartinales

红翎菜科 Solieriaceae

红藻门物种多为古老的藻类，仅红藻纲一纲，绝大多数海产，少数生于淡水；藻体一般较小，高约 10 cm，少数可达到 1 m 以上。

琼枝是一种多年生的热带红藻，多分布于海南岛、西沙群岛和台湾一带的暖海区域。生长在珊瑚礁上面，低潮线至浅海都有。藻体圆柱形或扁平，软骨质，肥厚多肉，紫红色，具刺状或圆锥形突起。富含胶质，可提取卡拉胶，供食用和作工业原料。（王永强 / 文）

鸭毛藻

Symphyocladia latiuscula (Harvey) Yamada　　冯明华 / 绘

红藻门
Rhodophyta

仙菜目
Ceramiales

松节藻科
Rhodomelaceae

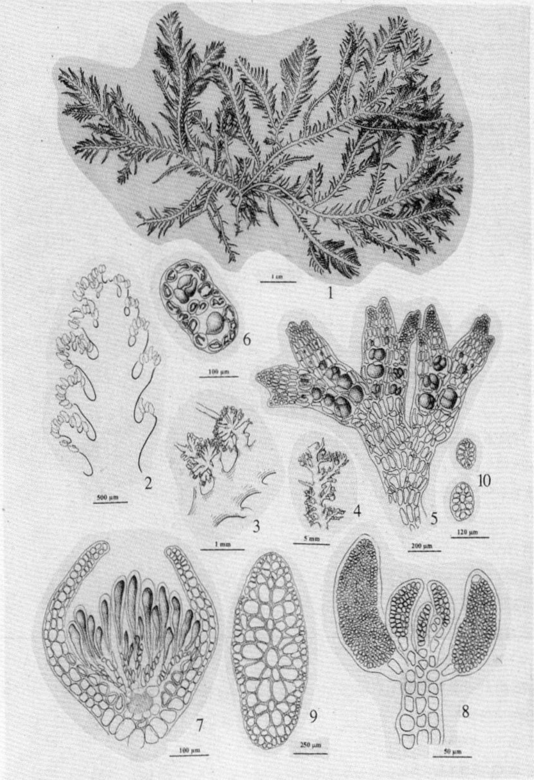

鸭毛藻藻体直立、丛生、细线形；固着器为纤维状的假根；藻体基部生有数条主枝，枝扁压，主枝两缘生有不规则数回互生羽状分枝，分枝下部长、上部短，因此藻体常呈塔形或扇形；藻体厚膜质，脆而易断。（王永强 / 文）

1. 藻体外形图；2. 精子囊小枝；3. 四分孢子囊小枝；4. 囊果小枝；5. 四分孢子囊小枝纵切面观；6. 四分孢子囊小枝横切面观；7. 囊果纵切面观；8. 精子囊小枝纵切面观；9. 主枝横切面观；10. 小枝横切面观

条斑紫菜

Porphyra yezoensis Ueda　冯明华 / 绘

红藻门
Rhodophyta

红毛菜目
Bangiales

红毛菜科
Bangiaceae

条斑紫菜藻体鲜紫红色或略带蓝绿色，卵形或长卵形，一般高为 12 ~ 70 cm。基部圆形或心脏形，边缘有皱褶，细胞排列整齐，平滑无锯齿。色素体星状，位于中央，基部细胞延伸为卵形或长棒形。雌雄同株。叶状体能形成单孢子进行营养生殖。该种为我国北方沿海常见种类，也是长江以北的主要栽培藻类。富含蛋白质、多糖和维生素，可供食用或药用。（王永强 / 文）

这幅水彩画作中绘者用色淡薄，表达了物种在水中轻盈的生长状态。（马平 / 评）

珊瑚藻科种类

Species of Corallinaceae | 邢军武 / 绘

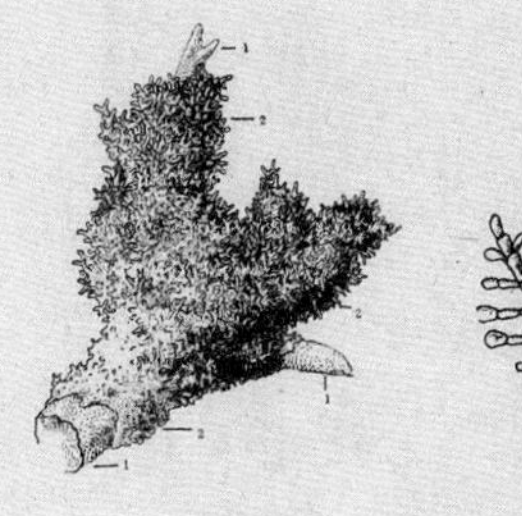

A

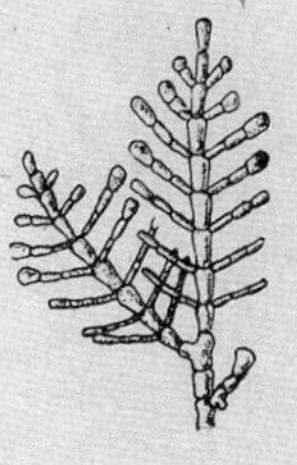

B

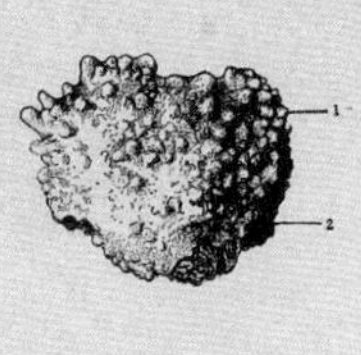

C

A. 生长在动物鹿角珊瑚上的珊瑚藻：1.鹿角珊瑚 *Acropora austera*；2. 珊瑚藻 *Corallina officinalis* L.。B. 珊瑚藻属 *Corallina* sp.。C. 枝藻属 *Lithothamnium* sp.：1. 幼枝；2. 老的藻类

红藻门
Rhodophyta

隐丝藻目
Cryptonemiales

珊瑚藻科
Corallinaceae

珊瑚藻广泛分布于全球海域。珊瑚藻化石曾在内陆地区被广泛发现。这些化石泛着橘黄、紫红、粉红等色彩，又因其藻体活体本身便充满钙质，非常坚硬，以至于连生物分类学的奠基者林奈都曾将珊瑚藻认定为动物。之后的科学研究发现，这种海洋生物含有叶绿素及藻红素，依靠光合作用生活，珊瑚藻这才正式被归为藻类。分类学家将珊瑚藻划归为红藻门、红藻纲、真红藻亚纲、隐丝藻目，珊瑚藻科是该目最丰富、种类最多的一个科，全部生活在海洋中。这几幅黑白线绘呈现了这一类群的多样形态。（邢军武 / 文）

毛曼陀罗

Datura innoxia Mill.　江苏省中国科学院植物研究所 / 图

真双子叶植物
Eudicots

核心真双子叶植物
Core Eudicots

超菊类分支
Superasterids

菊类分支
Asterids

唇形类植物
Lamiids

茄目
Solanales

茄科
Solanaceae

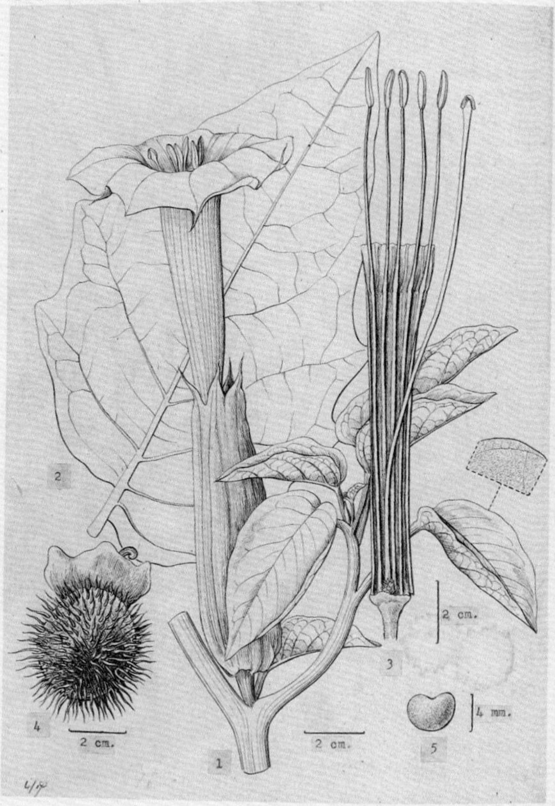

1.花枝一段；2.叶；3.花纵剖，示雄、雌蕊；4.蒴果；5.种子

曼陀罗属有约11种，分布于南北美洲，我国有3种，均为引进并逸为野生。与曼陀罗相比，毛曼陀罗的特别之处在于它的茎密生细腺毛及短柔毛，蒴果横生或俯垂生，不规则4瓣裂，表面密生着有韧性的细针刺和灰白色柔毛。毛曼陀罗的叶和花所含莨菪碱和东莨菪碱有毒，但有药用价值。（李珊 / 文）

这幅画用线到位，构图大气，合理地运用了构图的程式。绘者的毛笔画法掌握得巧妙，用线讲究，充分显示了毛笔运用于科学画中的美感。（马平 / 评）

天仙子

Hyoscyamus niger L.　江苏省中国科学院植物研究所 / 图

真双子叶植物
Eudicots

核心真双子叶植物
Core Eudicots

超菊类
Superasterids

菊类分支
Asterids

唇形类植物
Lamiids

茄目
Solanales

茄科
Solanaceae

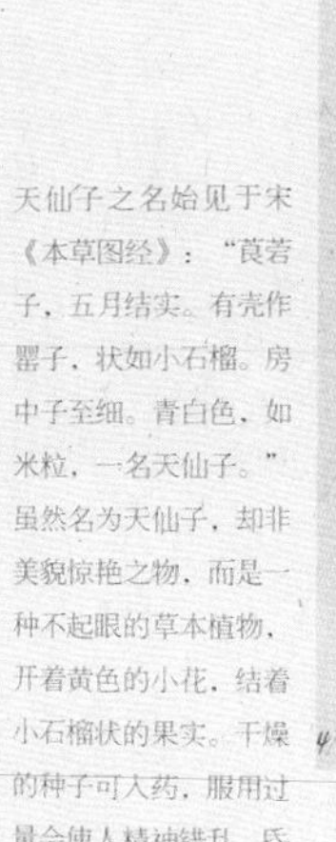

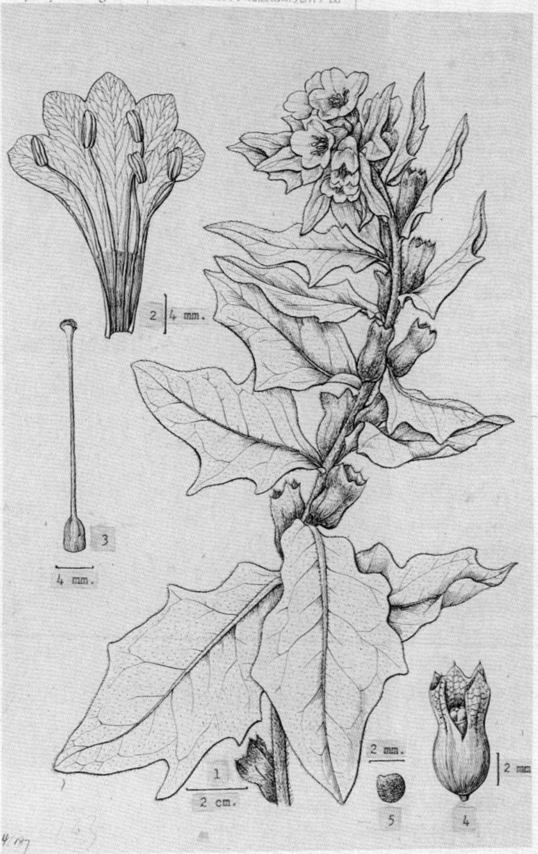

1.植株上部；2.花冠展开；3.雌蕊；4.蒴果；5.种子

天仙子之名始见于宋《本草图经》："莨菪子，五月结实。有壳作罂子，状如小石榴。房中子至细，青白色，如米粒，一名天仙子。"虽然名为天仙子，却非美貌惊艳之物，而是一种不起眼的草本植物，开着黄色的小花，结着小石榴状的果实。干燥的种子可入药，服用过量会使人精神错乱，昏昏欲"仙"，这大概才是天仙子名字的最真实解读吧。天仙子原称"莨菪子"，全株含有影响神经系统的莨菪碱，具有解痉平喘、安神止痛所需的有效活性成分。（汪劲武 / 文）

这幅作品在构图上体现出气质与风骨，并且很完美。这一枝由下部直立，向上两个弧形画得非常劲道；叶片偏向重心并有律动感。（马平 / 评）

中国植物科学画史略

穆　宇

等

文

19 世纪中叶，中国开始出现近代植物科学的萌芽。清末民初，在新学救国的时代背景下，包含植物学在内的博物学曾短暂兴起，在一定程度上起到了生物学社会启蒙的作用。但是，中国近代植物学作为成熟的独立学科，是在 20 世纪 20 年代随着中国近代植物学研究机构、相关高校院系的创建而建立的，真正意义上的中国植物科学画也在这一时期随之发展起来。

（一）清末民初：萌芽与启蒙

1.《植物学》的译介

现代植物学起源于西方。18 世纪，瑞典植物学家林奈的《植物属志》和《植物种志》两部著作的出版，标志着近代植物分类学达到成熟阶段。中国近代生物科学是在西方发展了二三百年之后才开始发展起来的。近代西方植物学传入中国的标志，是李善兰翻译的《植物学》。1858 年，上海墨海书馆出版了我国科学家李善兰（1811—1882）与英国传教士韦廉臣（Alexander Williamson，1829—1890）和艾约瑟（Joseph Edkins，1823—1905）合作翻译的《植物学》。《植物学》一书的内容主要基于英国植物学家约翰·林德利（John Lindley，1799—1865）所著的《植物学纲要》（*Elements of Botany*），其中 200 多幅植物插图也取自《植物学纲要》。《植物学》创译了一系列植物学术语，如植物学、心（雌蕊）、须（雄蕊）、细胞、萼、瓣、心皮、子房、胎座、胚、胚乳、唇形科、伞形科、石榴科、菊科、蔷薇科、豆科等，对后来中国植物学的发展影响巨大。例如，对菊科的描述为：

菊科乃外长第一部第七小部八科之一也，草本、小木本、单子房、瓣附萼末，含蕊时相并不相叠，或作带状，或分四五齿，落者多，须囊围绕作圆柱形，花聚生一台上，或分雌雄，或兼雌雄，有若干抱花叶，四面环绕之，萼在上，与子房相附，萼末生毛，或若羽，单子房，卵顺生，胚无浆，果小，壳干无裂缝，顶有萼之毛。凡菊类皆归此科，共一千有五族、九千种。

《植物学》是我国第一部介绍西方近代植物学知识的译著。但是，在它面世后的半个世纪里，由于我国还没有开展过近代植物分类学的采集与研究活动，故影响力有限。直到 20 世纪 20 年代，才在知识分子群体中产生了较大影响力。1914 年，钟观光正是在这本书的影响下，开始由理化转向研习植物分类学，并最终成为我国植物采集学的

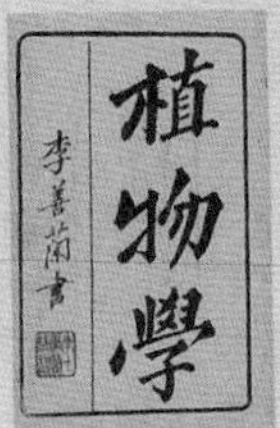

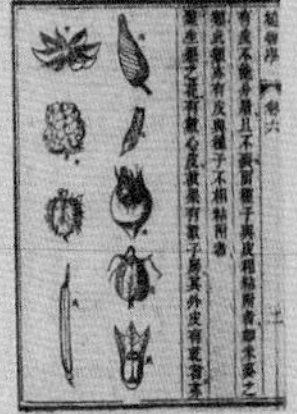

李善兰译《植物学》书影

中国植物学会的成立和上述植物分类学研究机构的建立，标志着中国植物分类学已发展到成熟阶段，表明中国已建立了植物分类学研究的体系，从而保证了自主地从事这门学科研究工作的开展，推动了这门学科在中国的发展。

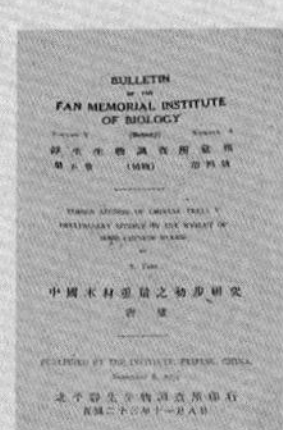

《静生生物调查所汇报》第5卷第4号（1934）

《中国植物学杂志》第2卷第2期（1935）书影

该杂志为季刊，中国植物学会编，静生生物调查所印，于1934.3—1937.3共印行12期

参加第5届国际植物学大会的中国代表合影（胡宗刚/供图）

1930年，中国植物学家出席在英国剑桥大学召开的第五届国际植物学大会。这是中国学者第一次正式参加国际植物学大会。

前排左起：秦仁昌　陈焕镛　林崇真

后排左起：张景钺　斯行健

冯澄如（1896—1968）像

1928年10月静生生物调查所成立时，该所同仁合影（胡宗刚/供图）
前排左起：何　琦　秉　志　胡先骕　寿振黄
后排左起：沈家瑞　冯澄如　唐　进

2. 开创中国科学画新天地——冯澄如

学成归来的留洋学者带来西方植物科学绘画的新观念和新技法，中国植物科学画也随之诞生。开创中国生物绘图新天地的是冯澄如。

冯澄如（1896—1968），中国生物科学画的奠基人、开拓者、教育家。江苏宜兴人。1916 年秋毕业于江苏第三师范学堂。1920 年受聘于南京高等师范学校（下称“南高师”）预科，担任图画手工课教师。此时，秉志、胡先骕、邹秉文任教于南高师，冯澄如与这些生物学家的合作由此开始。他为陈焕镛于 1922 年出版的英文著作《中国经济树木》（*Chinese Economic Trees*）绘制了全部插图；从 1922 年在南高师绘制生物教学挂图起，冯澄如从一名美术教师逐渐走上了生物科学画家的职业道路。之后，胡先骕在北平创办静生生物调查所，冯澄如北上任植物部研究员兼绘图员，同时负责该所印刷厂的工作。冯澄如有扎实的中西画基础，又同海外留学归国学者有密切交往，逐渐创立了植物科学画的个人风格和新技法。在静生生物调查所期间，冯澄如为胡先骕、陈焕镛的《中国植物图谱》（1927—1937，全 5 册）绘制了 250 幅图版，为秦仁昌《中国蕨类植物图谱》绘制了 200 余幅图版。此间，冯澄如还为周汉藩所著的《河北习见树木图说》（1934）绘制了 145 幅黑白图版。后来又为胡先骕主编的《中国森林植物图志》（1948）绘制图版。在中国植物学萌芽之初，植物科学绘画是一片空白。从绘图的技法到印制的技术，都经历了殊为不易的探索。冯澄如尝试以“毛石套印彩色图法”印制彩图，达到很好的效果，除保持线条流畅清晰之外，色彩浓淡合适，鲜艳如真，在《中国植物学杂志》（1931—1937）上，每期都有一幅冯澄如所绘的植物彩图。

3. 民国时期主要植物图谱记略

在一个地区采集标本后，对标本进行鉴定分类，列成名录，进而编纂成图谱或植物志，这是植物分类学研究的第一步。然而，中国植物学建立之初，在当时缺乏模式标本与文献资料的情况下，要迈出这第一步是相当困难的。到20世纪20年代，我国植物分类学的研究成果主要表现在植物名录的编纂上，如《江苏植物志略》（吴家煦，1914）、《中国树木志略》（陈嵘，1917—1923）、《江苏之菊科植物》（郑勉，1918）、《广东植物名录》（韩旅尘，1918）、《江苏植物名录》（祁天锡、钱祟澍，1919—1921）、《湖南植物名录》（辛树帜、曾锡励，1919—1922）、《浙江植物名录》（胡先骕，1921）、《江西植物名录》（胡先骕，1922）、《北京野生植物名录》（彭世芳，1927）等。至20世纪30年代及以后，各地的植物名录就更多了。从20世纪20年代后，特别是三四十年代后还编纂了一些图谱，如《中国经济树木》（陈焕镛，1922）、《陕西渭川植物志》（刘安国，1924）、《直隶植物志》（刘汝强，1927）、《中国蕨类植物图谱》（胡先骕、秦仁昌，1930—1958）、《中国北部植物图志》（刘慎谔，1931—1936）、《河北习见树木图说》（周汉藩，1934）、《中国树木分类学》（陈嵘，1937）、《中国植物图鉴》（贾祖璋、贾祖珊，1937）、《中国森林植物志》（钱崇澍，1937—1950）、《兰州植物通志》（孔宪武，1940）、《峨眉植物图志》（方文培，1942—1946）、《中国森林树木图志（桦木科与榛科）》（胡先骕，1948）等。

《中国植物图谱》，胡先骕、陈焕镛编纂，这部图谱共5卷，分别于1927年、1929年、1933年、1935年、

《中国植物图谱》第2卷（1929）书影（刘启新/供图）

《中国植物图谱》插图，冯澄如/绘（李沅/供图）

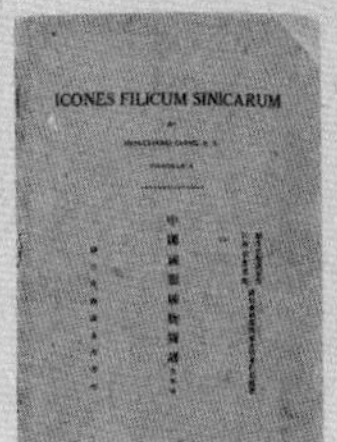

《中国蕨类植物图谱》第4卷书影，秦仁昌主编，静生生物调查所印行

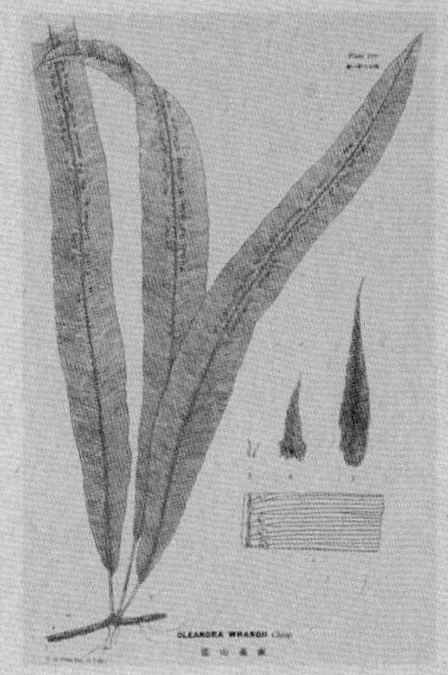

高山条蕨 *Oleandra wallichii* 冯澄如／绘
《中国蕨类植物图谱》第2卷插图

1937 年由静生生物调查所印行出版。这部 8 开大图谱的所有插图都由冯澄如绘制，并由其监印，插图精细科学，印制精美，细节清晰可辨，加之内容精详，中外学界评价甚高。张孟闻在《中国科学史举隅》一书中评价道："（我国）自来无精审详密之图鉴，唐宋图经本草多采用旧籍，袭诸前记，图既粗率失真，记亦纷纭少序，李时珍所谓'图与说异，两不相应，或有图无说，或有物失图，或说是图非'，而此书图说兼备，实属史所未有。"

《中国蕨类植物图谱》，秦仁昌编著，是有较大国际影响的蕨类植物分类学权威著作。这部图谱共 5 卷，分别于 1930 年、1934 年、1935 年、1937 年和 1958 年出版，8 开，共 251 幅图版，描述了 252 种重要的中国蕨类植物。图版根据植物自然大小绘制，并附有放大的主要器官解剖图，每种植物用中英文两种文字进行描述，不仅有很高的分类学价值，也有很高的艺术价值。2011 年北京大学出版社出版了该书全 5 册的修订影印版。

《中国北部植物图志》，刘慎谔主编。全志共 5 册，8 开，1931—1936 年陆续出版，国立北平研究院印行。各册内容、执行编者及出版时间分别为：第 1 册旋花科，林镕编（1931）；第 2 册龙胆科，林镕编（1933）；第 3 册忍冬科，郝景盛编（1934）；第 4 册藜科，孔宪武编（1935）；第 5 册苋科，孔宪武编（1936）。第 1 册插图由冯澄如绘制并监印，余 4 册绘图全部由冯澄如的外甥、也是其学生的蒋杏墙绘制。冯澄如在其所著《生物绘图法》（1957）一

《四部医典系列挂图》第29图 药物（5）

引自《四部医典·曼唐画册》（青海民族出版社，2011）

公元8世纪末，宇妥宁玛·元丹贡布等著成《四部医典》。其中共收藏药物1 002种，分为珍宝药、石类药、土类药、木类药、膏汁药、汤剂类、草药类、禽畜类等八类。17世纪末，第司桑结嘉措组织洛扎丹增诺布和黑巴格涅等画家共同绘制《四部医典系列挂图》。至1704年，79幅挂图才被绘成。6幅药图中，共收载药物900余种。有些药物，如乌奴龙胆、矮莨菪、瑞香狼毒等，形象颇逼真，使人见图即可识药。（《藏药志》前言，1991）

2）林木植物类图谱

a. 分类志

《中国树木志》：共4卷，分别于1983年、1985年、1997年和2004年由中国林业出版社出版，郑万均主编。全国有23个省市地区共500余人参加了以上两部著作的编写工作，并且按区域分为东北、华北、西北、华东、西南、华南6个编写组。部分插图由中国科学院林土所、北京市农科院林研所、浙江丽水林校、吉林松江河林业局、北京市农校协助绘制，部分图版借自《中国植物志》《中国高等植物图鉴》《海南植物志》《云南植物志》《秦岭植物志》等书。

《中国树木学》：由郑万钧主编，第一分册由江苏人民出版社1961年出版。这本书收录了各省区造林用乔木、灌木树种和天然林的主要树种，也收录了部分习见树种、建群灌木以及部分形态上有代表性的树种。本书每属至少有一个树种的形态图，部分树种附幼苗形态图，插图多仿绘或选自有关图书，少数为新绘图。绘图者有施自耘、王昌、刘岳炎、胡长龙等。

《中国树木志》书影

《中国树木学》书影

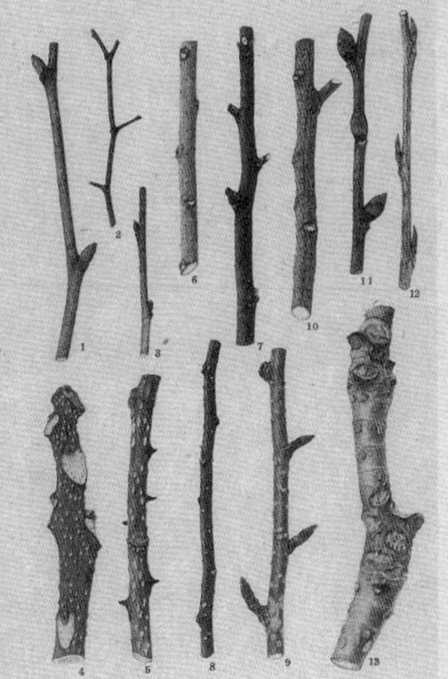
各种小枝形态（示小枝颜色及皮孔的类型）
《中国树木学》（第一分册）插图

金叶含笑 *Michelia foveolata* 邓盈丰 / 绘
《中国树木志》（第一卷）插图

1988 年 4 月 9 日至 7 月 31 日，由美国亨特植物学文献研究所（Hunt Institute for Botanical Documentation）主办的第 6 届国际植物艺术插画展在美国宾夕法尼亚州匹兹堡市（Pittsburgh）卡内基·梅隆大学（Carnegie Mellon University）举行。同年出版《第 6 届国际植物艺术插画展画集》（6th International Exhibition of Botanical Art & Illustration），由詹姆斯·怀特（James White）和唐纳德·温德尔（Donald Wendel）共同编纂。画集展示了来自英国、美国、加拿大、捷克、马来西亚、巴西、日本、澳大利亚、印度、以色列、苏联、中国等多个国家的 93 位绘者的 97 幅画作。其中半数以上为水彩画作，其余则为钢笔墨线图、铅笔黑白图。中国共有 7 位植物科学画画师的作品受邀参展，其中 7 幅作品被收入画集，分别为冯晋庸的《杜仲》、郭木森的《栾树》、冀朝祯的《苦瓜》、刘春荣的《西府海棠》、王金凤的《芍药》、吴彰桦的《玉兰》以及张泰利的《银杏》。

1992 年，南非帕克兰茨埃非拉得美术馆举办了世界植物绘画展。冯晋庸绘制的《浙江红花茶》被选为画展的唯一海报宣传画，并被该美术馆收藏。

《第6届国际植物艺术插画展画集》书影（张泰利/供图）
封面图：Corkscrew Swamp，水彩，59.7 cm×80.5 cm
McCarty，Ronald R./绘

杜仲，水彩，冯晋庸 / 绘
《第6届国际植物艺术插画展画集》书影（张泰利/供图）

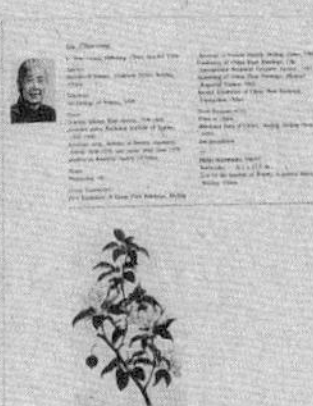

西府海棠，刘春荣 / 绘

水彩+油画

玉兰，吴彰桦 / 绘

水彩+油画

银杏，张泰利 / 绘

水彩+油画

栾树，郭木森 / 绘

水彩+油画

芍药，王金凤 / 绘

水彩+油画

苦瓜，冀朝祯 / 绘

水彩+油画

1992 年 4 月，陈月明参加了在美国匹兹堡大学举办的第 7 届国际植物画展，同年 8 月在美国加利福尼亚州圣贝纳迪诺市（San Bernardino）举办个人药用植物科学画画展，被授予该市荣誉市民证书，9 月参加美国洛杉矶师范学院画展。

1997 年，陈月明等的画作参加了韩国顺天大学举办的植物画展。

1997 年，英国著名植物艺术画收藏家雪莉·舍伍德（Shirley Sherwood）来中国访问，她造访了中国科学院植物研究所植物园，得到冯晋庸、许梅娟、吴彰桦接待。她收藏了冯晋庸的《金花茶》《浙江红山茶》、张泰利的《银杏》《兰考泡桐》等中国植物科学画画家的多幅作品。后来部分作品被收在由她编著、英国皇家植物园邱园出版的《当代植物艺术家》等图书中。在邱园，2012 年以其名字命名的雪莉·舍伍德植物艺术画廊（Shirley Sherwood Gallery of Botanical Art）建成开放，这是全世界第一座以植物艺术为主题的美术馆，成为全世界植物艺术爱好者朝圣的殿堂。

王幼芳（1953— ）

江苏无锡人。苔藓植物学专家，华东师范大学教授，博士生导师。上海市植物学会理事、中国植物学会苔藓专业委员会委员、中国孢子植物编委会委员。主编《中国苔藓志》（第7卷 灰藓目）参编《西藏苔藓植物志》《隐花植物科属辞典》等著作。

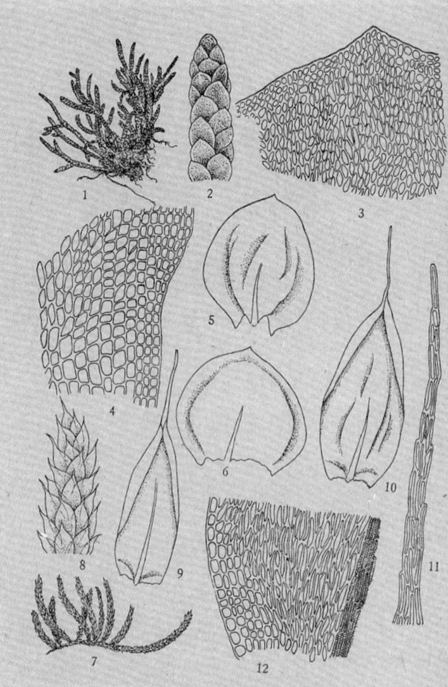

1～6. 鼠尾藓 *Myuroclada maximowiczii*；7～12. 毛尖藓 *Cirriphyllum piliferum*

王幼芳／绘

左：程式君
右：唐振缁

程式君（1935—2012）

原籍广东中山，出生于澳门。自幼喜爱诗词、绘画和植物。1956 年毕业于北京农业大学园艺系造园专业（现中国林业大学园林学院）。大学期间就在素描和水彩方面出类拔萃，还跟随宗维诚先生学习了画植物标本的理法。先后在中国科学院北京植物园和中国科学院华南植物园负责兰科及其他温室植物和阴生植物的研究和管理工作达 45 年。在 1962—1986 年这段时间里，利用繁忙工作的间隙和业余时间共绘制植物标本画手稿 300 多幅。与唐振缁合著《中国野生兰手绘图鉴》一书。

唐振缁（1934— ）

北京人，籍贯江苏无锡。自幼喜欢画画，热爱花鸟虫鱼。1956 年毕业于北京农业大学园艺系造园专业（现中国林业大学园林学院）。先后在中国科学院北京植物园和中国科学院华南植物园负责创园、建园规划设计和兰科、天南星科等植物的研究工作 45 年，曾任华南植物园主任。1980 年初，以中国科学院与英国皇家学院学者交换名义在英国皇家植物园邱园进修 3 年，在该园标本馆的兰科植物标本部进修兰科植物分类并合作研究。1986 年赴美国加州大学（额文分校）学习 2 年，以研究教授身份合作研究兰科分类。几十年来，与夫人、大学同学兼终身同事程式君，合力克服种种障碍，发表了 15 个兰科新物种。2016 年两人共同合著的《中国野生兰手绘图鉴》一书出版，书中收录二人 200 多幅兰科画作。

兰科植物由于肉质多汁，在制作腊叶标本的过程中容易腐烂。而且由于压制时往往各部分互相粘连，位置改变，颜色更是与新鲜时大不相同，使得活植物清晰易辨的一些形态特征也变得难以区分。这就是以往兰科植物分类识别难度非常大，种类鉴别混乱易错的主要原因。除标本外，描绘兰科植物形态和构造解剖的图是分类鉴定的一个重要工具，然而，要观察描绘正在盛花的活植物机会难得，所以绝大部分供分类参考的兰科植物图都是以腊叶标本为描绘对象。用这样的图，最多只能与观察干标本差不多。而根据活植物解剖并绘制的兰科植物图，虽然对分类鉴别最有帮助却极为珍贵、难得。自1961年以来近50年，程式君不论在多么艰难的条件下，不论是在野外还是在引种栽培场地，只要见到正在开花且比较特别的兰科植物，就一定要立即描绘记载下来。但由于和丈夫唐振缁一起研究兰花分类并非她的主要工作，她只能挤出自己有限的就餐和休息时间，夜以继日地工作，有时为了趁花朵尚未凋萎时及时将它们描绘下来（有的兰花寿命只有几十分钟），只好在野外采集营地昏暗的灯光下，在当时唯一能够得到的一小片废纸上，把这株兰花及其花的细部解剖仔细画下来。这片废纸也因而由腐朽化为神奇。（唐振缁 / 文）

通过《宣和画谱》的记录，可知北宋时期画院创作了大量优秀的花鸟画作品。这一时期植物并不多单独呈现，而常是配合禽鸟一起出现在画面中。这实际展现了中国古老的美学观念：鸟类好动为阳性，植物静止为阴性，动静相交、阴阳相融，使人在欣赏画面定格的瞬间美丽时，感觉到自然中孕育的勃勃生机。现今传世的《芙蓉锦鸡图》为徽宗画院的代表性花鸟画之一。这幅作品虽被归于赵佶名下，然而现在研究界倾向于认为此画应为当时画院其他高手所作。这幅作品采用“黄筌富贵”式的艺术手法，展现出锦鸡（杂交种）栖于芙蓉花枝上的唯美意境，加上赵佶题写的诗句，向观者呈现出中国花鸟画艺术与文学交互融合的特征。崔白的《双喜图》中，兔与灰喜鹊的互动生动有趣，土坡上槲栎树在秋风的吹拂下枝叶披离。画家很好地展现出了槲栎树衰败黄焦的叶子、苍老粗糙的树干。北宋传世的数幅花鸟画中，植物均在画面中占据较大的面积，通过植物的衬托，展示出禽鸟的灵动与活泼。

北宋 赵佶/绘 芙蓉锦鸡图
故宫博物院藏

北宋 崔白/绘 双喜图
台北“故宫博物院”藏

南宋 佚名/绘 出水芙蓉图
故宫博物院藏

南宋 冯有大/绘 太液荷风图
台北"故宫博物院"藏

北宋 赵昌/绘 岁朝图
台北"故宫博物院"藏

北宋还出现了一种被称为"铺殿花"的装饰性绘画。北宋郭若虚《图画见闻志》载："江南徐熙辈有于双缣幅素上画丛艳叠石，傍出药苗，杂以禽鸟蜂蝉之妙，乃是供李主宫中挂设之具，谓之铺殿花，次曰装堂花，意在位置端正，骈罗整肃。多不取生意自然之态，故观者往往不甚采鉴。"赵昌的《岁朝图》正是这类铺殿花风格绘画的代表。画面中水仙、山茶、蜡梅、月季、碧桃等各类鲜花纷繁密布，赭色坡地与太湖石分置前景与中景，背景不做留白处理而补之以蓝色衬底。这类画作虽不为鉴赏家所重视，但确是当时用植物形象装饰室内空间的典型代表。

靖康二年（1127）北宋灭亡，南宋朝廷偏安江南。南宋虽然承继了北宋文化，但气质更加内敛深化。南宋画院是在北宋徽宗朝画院旧制的基础上建立起来的，建立之初也画过一些鼓舞河山收复意寓的画作，但随着政治环境渐趋和缓稳定，画院逐渐创作出一些展现优裕精致生活的画作。这个时期花鸟画的画幅缩小，植物的形象大量以折枝花的形式出现在团扇或方斗式的小型页面之上。南宋的植物绘画大多刻画精致、设色典雅，有些植物绘图的细腻程度甚至可与现代科学绘图媲美。

佚名画师创作的《出水芙蓉图》中，画作中央描绘了一朵盛放的荷花，花瓣层层渲染，甚至可以看到清晰的花脉，荷花子房半露，周围环列着繁密的雄蕊群，嫩黄的花丝、乳白的花药层叠而不乱。画家对荷花花冠的把握准确到位。在花冠的后部，一片侧展的荷叶将粉嫩的花瓣包围烘托得恰到好处。

另一幅由南宋画家冯有大创作的《太液荷风图》则展现了一幅生气勃勃的夏日荷塘生态图景。满池舒展翻卷的荷叶间点缀着红白两色的荷花，水面上浮满浮萍，数只赤麻鸭和绿头鸭在水中安逸地觅食。有限的留白处，画家也仔细绘出两只红蛱蝶和一只燕子。画作尺幅虽小，但内容丰富、气韵生动，深得宋画精微之实。

南宋 佚名/绘 百花图卷（局部）
故宫博物院藏

南宋 佚名/绘 百花图卷（局部）
故宫博物院藏

南宋 佚名/绘 百花图卷（局部）
故宫博物院藏

南宋画家除了采用小幅画面表现植物的局部美感外，《百花图卷》也说明当时的画家已经具备了创作大型植物画卷的能力。《百花图卷》是一幅采用墨线勾勒各种花卉的长卷。画中由梅花起始，以油点草止，共描绘植物达 60 余种。不仅描绘了常见的园林观赏植物，如牡丹、芍药、海棠、芙蓉、蜀葵等，甚至还描绘了许多不常入画的野生植物和蔬菜，如鳢肠、决明、大火草、油点草等。有专家依据画幅末端的切割痕迹推断，此幅画卷应该是按季节描绘四季花卉，最末的冬景花卉被人为截取，由此推断画家在如此长卷上描绘植物近百种。完成如此画作，不仅需要画家具有精湛的绘画技法，更需要拥有充足的植物学知识。画面中的植物均是淡墨勾勒而成，在花瓣局部和叶片部分用淡墨晕染，虽然画中未用色彩点染，但每一种植物的结构都准确而生动，充分展示了宋人对植物精准的观察和描绘。

南宋 佚名/绘 百花图卷（局部）
故宫博物院藏

南宋 佚名/绘 百花图卷（局部）
故宫博物院藏

对植物的观察细致不仅仅体现在对植物的外观方面，时期的画家也更细腻地观察并记录植物的物候变化。在杨咎的《四梅图卷》中可以感受到画家对梅花由开放到凋落仔细观察。这幅画卷由四幅画面组成，分别是现蕾、初绽盛放和凋落。画家在创作梅花时并没有采用同时期画院画勾勒晕染的技法，而是以意笔圈点出梅花、墨笔直接皴擦枝干。这种写意画法在后世文人花鸟画中很盛行，虽在表物象上稍逊工细笔法，但却很容易通过笔墨情趣展现出植的生机和神韵。

宋代印刷术的流行直接推进了植物图像的传播。宋仁嘉祐二年（1057），朝廷下令编写一部官方的本草学著作令所有地方郡县长官将本区域内重要的药用植物绘制成图呈朝廷。之后，各地共上交 1 000 余幅药用植物的绘图。这些绘图的基础上，苏颂于嘉祐六年（1061）编辑成《本图经》一书。该书以图配文的形式对宋朝疆域内的药用植

南宋 杨无咎/绘 四梅图卷（局部）

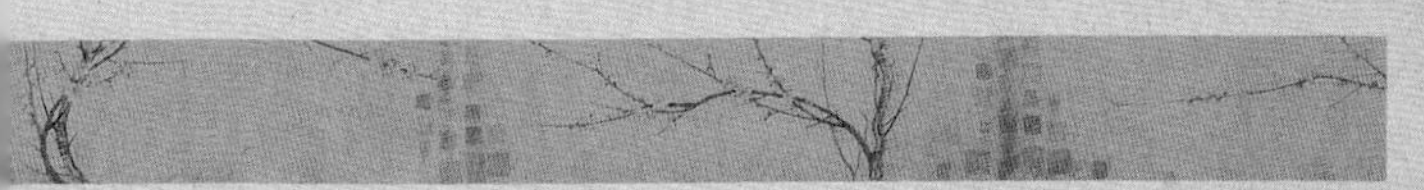

南宋 杨无咎/绘 四梅图卷
故宫博物院藏

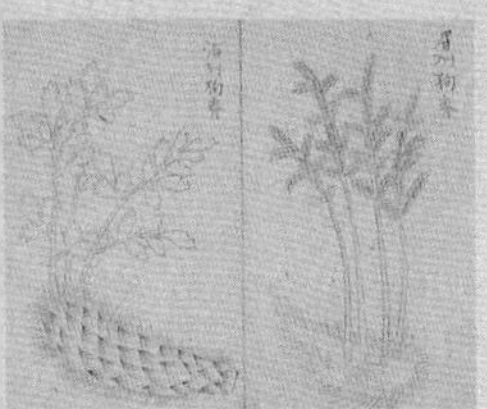

南宋 《绍兴校定经史政类备急本草》摹本

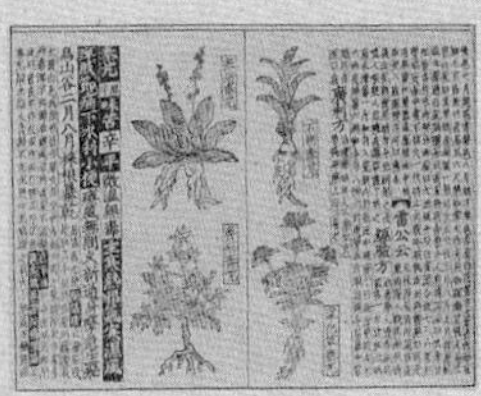

《重修政和经史政类备急本草》插图

进行了系统记录。借助印刷术的便利，陈承在元祐七年（1092）将《本草图经》和另一本《嘉祐补注神农本草》合为一书，取名为《重广补注神农本草图经》。自此，这些药用植物图像就以木刻版画的形式广为流传。至绍兴二十九年（1159），南宋官方在北宋徽宗时期修订的《大观经史政类备急本草》和《政和经史政类备急本草》两书基础上，重新编纂了一部本草著作《绍兴校定经史政类备急本草》。这部著作绘有精美的木刻植物版图。李约瑟认为，这是中国古代同类著作中最为精美清晰的绘图。在同时期的蒙古族地区，出版商张存惠于1249年编辑出版了《重修政和经史政类备急本草》，该书是后世流传最广的本草著作，书中附有的植物刻图成为后来许多本草著作摹刻的范本。

此外，古老的手绘彩色草药图像的传统在宋代也被继承了下来。曾为宫廷内侍的画家王介在嘉定十三年（1220）绘制了一部地区性草药图鉴《履巉岩本草》。该书收录的本草植物均源自画家生活的杭州凤凰山慈云岭附近。全书共有彩色植物绘图202幅，同时配以简单药方，目的在于"或恐园丁野妇，皮肤小疾，无昏暮叩门入市之劳，随手可用"。现存本据考证为明代转绘版本。书中绘图多用矿物类石绿颜料，颇似南宋院体花鸟画中的植物绘画风格。在描绘一些植物的关键部

明代

明代，汉人重新夺回统治权，宫廷从南宋故地招募许多画家进宫服务。这些画家以宋代院体画的风格创作了许多精美的花鸟画作品，其中最著名的莫过于吕纪。吕纪擅长描绘植物与禽鸟搭配的大型装饰性画作，其创作的《秋景珍禽图》展示了许多美丽的鸟雀停歇在象征秋季的芙蓉和桂花周围，技法上仍然保持着宋代精致的院体画风格。另一方面，吕纪也受到了元代文人意笔绘画的影响，在其《残荷鹰鹭图》一作中，就用简略的枯笔皴擦点染和书法性的墨线描绘出干枯多皱的残败荷叶。

明代绘画的主流依然是文人写意画。一些文人画中的植物形态已经被简化到极致，成为某种象征性符号。这种好尚使得可以描绘的植物范围缩小，文人们都以同样的范式描绘着诸如梅、竹、松等少数几种被赋予君子情操的植物。明代中叶的画坛以江南地区的吴门画派最有影响力，代表性画家有沈周、文徵明和唐寅。他们都擅长中正雅和的文人花鸟画，画家不用观察自然，只需要内心的思索就可以默写绘制。三人之中沈周算是擅长观察生活的大师，他常以“写生图”的形式描绘所观察到的自然世界，画作更具生活气息。

明 吕纪/绘 秋景珍禽图

私人藏

明 吕纪/绘 残荷鹰鹭图

故宫博物院藏

明 沈周/绘 写生册页之秋葵

故宫博物院藏

明 周之冕/绘 百花图卷

故宫博物院藏

明 仇英/绘 水仙蜡梅图
台北"故宫博物院"藏

明 陈洪绶/绘 荷花鸳鸯图
故宫博物院藏

明 周之冕/绘 百花图卷局部

吴门画派另一位画家仇英是专业画师，绘画承宋代院体画风格，而又融入文人画的优长，作品雅致，颇受时人推崇。其所绘《水仙蜡梅图》精细地描绘了两种冬日开放的应景花卉：高挑舒展的水仙绽露出雅致的花朵，单瓣为"金盏银台"，重瓣为"玉玲珑"，上方一枝蜡梅横斜入画，稀疏的淡黄色的花蕾与水仙繁盛的花序形成鲜明对比。画面设色淡雅，物象刻画准确，在线条的勾勒上也展示出其骨法用笔的技巧。

明中后期除了主流画坛的文人绘画外，许多画家都在装饰性的植物绘画方面不断摸索。画家周之冕开创了"勾花点叶"的植物画画法，且经常将几十种花卉描绘于一幅长卷之上，如《百花图卷》。他用线条来勾勒花朵，而后或施以淡色，再用点染方式直接画出叶片。这种具有小写意风格的"勾花点叶"画法很适合快速展示各类花卉的形象，之后也成为传统绘画表现植物形象的主要方法。

另一位明末版画大家陈洪绶，也在植物绘画方面形成了鲜明的个人风格。他用圆润的线条描绘出夸张而又不失物象特征的植物形象，如《荷花鸳鸯图》中充满了个性化的变形画法：荷叶波纹式的褶皱、规律化的叶脉、莲座般的荷花、

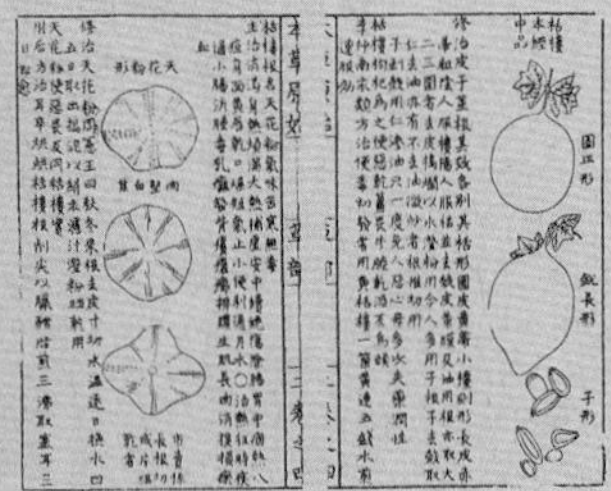

明 李中立 《本草原始》中的植物结构图

明 李中立

《本草原始》中的药物比对插图

明 朱橚 《救荒本草》插图

不多，所以这类“荒政”书籍多附大量植物图像，可以直观地指导人民依据植物图像寻找与识别可食用的野生植物。这类书籍在明代多次出现，现存最早也最为有名的当属明代皇子周定王朱橚在永乐四年（1406）主持出版的《救荒本草》。这部书是朱橚在其封地开封创作完成。他在自己的花园中种植具有食用价值的野生植物，观察其形态、品尝其滋味，再聘请画师按照植物形态对其进行准确的描绘。书中所附的植物图像接近实物，多数都可以作为物种鉴定的依据。《救荒本草》开创了中国传统植物学的新领域，对后世农学和植物学都有很大影响。此书之后，明代又陆续出版了此类极为重视植物图像描绘的书籍，如鲍山的《野菜博录》和王槃的《野菜谱》等，使得传统本草图书的物种鉴别功能的工具性和实用性大为增强。

清代

1644 年清军入主中原，汉族知识分子开始反思晚明流弊，他们认为正是空疏浮华的学风导致明代灭亡。故而自清初几位思想家起，学界一直都讲求经世致用的实学。实学要求知识分子不能只沉醉于书籍中空虚的意理，而需面对现实世界，为实际生活贡献自己的才智。这种思潮也影响到了艺术领域，尤其在花鸟画方面，以恽寿平为代表的常州画派开创了崭新的绘画风格。恽寿平等画家受北宋徐崇嗣绘画技法的启发，开创了以没骨法描绘植物的新技法，更注重观察现实中植物的美感和生机。常州画派力求规避院体画讲求精细刻画却易拘谨，文人写意画疏于造型的缺陷，而是结合了两者之优点，在仔细描绘植物的同时，保持文人画重视气韵生动的写生风格。恽寿平需要在仔细观察之后描绘植物，他善于用水来控制画面中植物色彩的变化，画成的植物色彩明净，给人以清爽生动的感觉。这种新的植物画法很快流行了起来，当时的《国朝画征录》载"近日无论江南江北，莫不家家南田，户户正叔，遂有'常州派'之目。"

恽氏花卉画技法也随着江南文官和画师进入了清宫。从康熙时代开始，宫廷就采用恽氏没骨法创作了许多植物绘画作品，除了大量用于宫室装饰外，许多作品都是为了记录新发现的植物。康熙时代的翰林学士蒋廷锡在陪同康熙帝塞外巡幸的途中，对生长在草原上的野生花草进行了描绘记录，他在康熙四十四年（1705）为皇帝献上了一幅《塞外花卉图》长卷。画作展示了 66 种塞外花卉，以四五种植物为一个组合，在长卷上将各种植物穿插搭配，形成了具有律动感的波浪线式构图。画中植物大多描绘准确，很容易就能辨识到属，通过植物科属统计，与北温带草原植物科属分布比例完全契合。此后，塞外花卉题材陆续出现在清宫绘画中，如乾隆时文臣张若澄绘有《塞外花卉二十四种》册，钱维城也在进献乾隆的画作中经常融入塞外花卉元素。

清代

清 恽寿平/绘 花卉册页之一开
故宫博物院藏

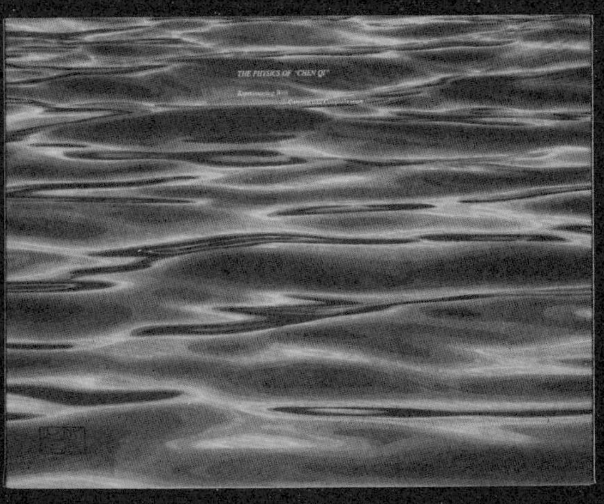
THE PHYSICS OF "CHEN QI"

陳琦格致

目 录

10

陈琦格致

邱志杰

雅致的控制者和疯狂的实验者

陈琦是谁?

本质上，陈琦的绘画是用来凝视和冥想的，而不是用来谈论的。什么样的文字，能够像他的套版那么准确精微?什么样的话语，能够像水印的色调一样亲密和温润?又有什么样的展示，能够穷尽一个理性而自控的探索者不动声色的绵长激情?

思及陈琦，我不得不意识到：人们是多么容易陷入类型化和非黑即白的思考：人们是多么容易把内心的自省、幽冥的体察与兴致勃勃的好奇心对立起来；他们又是多么容易把对品质和技艺的追求与激烈的情感割裂开来，把细腻的感受力与严谨的逻辑力分离开来。特别是，把理性精神和横冲直撞的实验态度对立起来。幸好每一代都有这样的艺术家，他们会一再地颠覆这种割裂与对立，刷新我们的成见。

陈琦曾经以略带忏悔的口吻谈到自己在 20 世纪 80 年代改革开放初期受现代主义影响所进行的疯狂实验，并且把回归沉静而精致的版画制作过程叙述为一种觉悟，一种“告别五花八门的艺术新潮回归内心”的过程。这种浪子回头的故事总是为人们所津津乐道，并愿意引用来告诫今天热衷折腾的青年。我却始终认为，对任何一个艺术家而言，所有曾经付出关怀的东西，都将以长久的、令人意想不到的方式，潜伏在未来的工作里，甚至还将以始料未及的方式重新从底色中翻腾起来，重新占据心灵和行动。

因此，陈琦回归自己内心的叙述并没有如普遍存在的东方神秘主义者那样走向虚无，而是在单刀直入和追求极致的过程中越来越宽阔。这是因为那个作为回归目的地的自我或内心，并非一开始就已经完成，不是作为一个被反复再现的镜映对象，而是在这么一个走向自我或者回归自我的过程中，正在不断地生成和建构。

就他的题材而言，陈琦的工作明显地存在着一个由清晰可辨的具体物象逐渐向象征性迁移的趋势。早期的明式家具和器物等系列中，我们甚至可以嗅到一丝照相写实主义的影子，甚至有一些炫耀技巧的成分，因为那些乐器的细节、丝弦的细节对水分和墨色的要求极高。这种极高难度技艺的掌握对一个职业艺术家来说，无疑带来征服的快感。但随着工作的进展，这种炫技的成分渐渐退去，图像本身的象征性慢慢提升。

作为一个技术的精益求精者，陈琦是极端的。木版水印这种本来用于印制民间年画的传统技术，被驱使着服务于几乎是照相写实主义的细腻的光影效果，陈琦在技术上获得了巨大突破。这些精美的画面对外行来说是赏心悦目的，从内行的技术角度来说，则是不可思议的。这种震撼性的力量是从技巧到趣味的各个角度发下来的一份挑战书，让所有企图一较高下的同行感到焦虑和折服。这是一

1. 1969年，摄于南京玄武湖公园

1 Chen Qi was at Xuanwu Lake Park in Nanjing (1969)

1963 生于南京，祖籍湖北武汉。从四岁起喜欢涂鸦，善用黄泥巴制作小枪，拥有众多粉丝。

1970 就读于南京市大光路小学。二年级期间绘画才能被班主任赵老师发现，遂始包揽年级黑板报美术设计，常在校级比赛中获奖。

1976 就读于南京市大光路中学（后改为53中学），9月9日，毛主席逝世，为班级绘制主席像。

1979 就读于南京第53中学（高中），加入美术兴趣小组，正式学习绘画。同时结识一批同道好友，如林逸鹏，沈勤等，常结伴去南京中央门汽车站写生。

2014　创作《云图》系列作品。

作品《时间简谱·蚀》获"第十二届全国美术作品展"优秀作品提名奖。

参加台湾"版画激流——两岸版画工作室交流展暨学术研讨会"。

参加中国美术馆举办的"第十二届全国美术作品展"。

2015　3月调任中央美术学院研究生处处长。

4月亚洲艺术中心举办"沈勤＆陈琦艺术作品展"。

参加中国美术学院举办的"后印刷——第一届CAA国际版画双年展"。

参加"我在——2015海峡两岸版画艺术工作室作品展"。

参加"中国首届综合材料双年展"。

9月被聘为中央美术学院博士生导师。

参加"四维向度——梁铨、沈勤、朱建忠、陈琦作品展"。

11月艾米李画廊举办"数字时代复数艺术——陈琦艺术作品展"。

2016　2月组建中央美术学院研究生院，任常务副院长。

4月参加中国美术馆在墨西哥举办的"中国写意——来自中国美术馆的艺术"。

6月18日在上海半岛美术馆举办"陈琦时间1983—2016作品展"。

8月参加全国专业学位研究生教育指导委员会学术研讨会。

8月22日参加中国国家画院在莫斯科中国文化中心举办的"中国风格——中国国家画院版画作品展"，并举办"延展与超越——中国当代版画观念与技术"学术讲座。

9月参加四川美术学院举办的全国高校版画教学年会。

9月4日在台北亚洲艺术中心举办"零度——陈琦、沈勤作品展"。

10月参加中国国家画院版画院年展。

10月12日参加四川美术学院全国高等美术院校版画教学年会。

12月参加中国版画博物馆"中国当代版画名家文献展"。

12月参加中俄高等教育论坛，参观列宾美术学院。

19. 2014年，台湾艺术大学"版画激流——两

20. 2014年，《时间简谱·蚀》获"第十二届

19 The "Printmaking Torrent - Cross-Strait Print

and Symposium" at Taiwan University of Arts (20

20 The "Notations of Time. Corrosion" won

Excellence at the "12th National Art Exhibition" (

21

22

23

21. 2015年，艾米李画廊举办"数字时代的复数艺术——陈琦艺术作品展"
22. 2015年，中国美术学院举办"后印刷——第一届CAA国际版画双年展"
23. 2016年，海半岛美术馆举办"陈琦的时间 1983—2016 作品展"
24. 2016年，台北亚洲艺术中心举办"零度——沈勤、陈琦作品展"

---

21. "The Plural Art of *Digital Era*: Chen Qi" exhibition at Amy Li Gallery (2015)
22. The "Post-Print: the 1st CAA Printmaking *Biennial*" exhibition at China Academy of Art (2015)
23. "The Time of Chen Qi: 1983-2016" exhibition at Shanghai Peninsula Art Museum (2016)
24. "Shen Qin & Chen Qi: Zero Degree" exhibition at Asia Art Center in Taipei (2016)

文震亨作《长物志》，沈春泽序曰："夫标榜林壑、品题酒茗、收藏位置图史、杯铛之属，于世为闲事、于身为长物，而品人者、于此观韵焉，才与情焉，何也？挹古今清华美妙之气于耳目之前，供我呼吸；罗天地琐杂碎细之物于几席之上，听我指挥。挟日用寒不可衣、饥不可食之器，尊逾拱璧，享轻千金，以寄我之慷慨不平，非有真韵、真才与真情以胜之，其调弗同也。"

一本深刻的书，解决不了饥寒，但对你来说，可能不可或缺，对我来说却可能可有可无。哪些东西必须被凝视？它们为什么要如此唯美？它们的美，真的是必要的而不是多余的吗？精心绘制它们，尤其是一种繁复的木版水印技术，层层叠印、细腻地重现它们所有的结构与光泽，真的是必要的吗？

这些被"抠像"的器物，从日常语境中被抛出来。这种净化自己空白背景的行动本身就是将日常物品形而上学化的技术。形而下者谓之器，形而上者谓之道。但道与器之间，并没有不可以逾越的鸿沟。器物之为用，本是利益日常生活。伟大的制作，始于这种有用之性，因为穷理而成就上手之性。于是在天成像，在地成形，于是器宇轩昂，于是器度不凡。冉冉物华，溢彩流光。

《长物志》本是江南之书。造访陈琦的旅行，正应从这里开始。瓷器，家具，琴，例外的是文震亨所未及谈论的烟灰缸。烟灰缸的透明，把自身的结构完全清晰地呈现出来。需要阐释的是，这四个烟灰缸其实是一种曼陀罗。

长物志

Treatise on Superfluous Things

Shen Chunze's preface to Wen Zhenheng's *Treatise on Superfluous Things states*: "Some admire rocks and woods; some appraise wine and tea; some collect paintings, classics and antique objects. Those are things incidental to the world, things superfluous to the self, yet one can measure people's degree of elegance, talent and sensibility from them, why is that? Ladle out time's fine and rich air before my eyes and ears, for my breathing; display the world's fragments on a mat, for my command. Every day, I carry these objects that give no warmth in coldness, no food for hunger, yet I value them much more than treasures. On them, I entrust my resentment. For if no true elegance, talent or sensibility exists to accord with them, the strain will not be the same."

An insightful book cannot dispel hunger and coldness, yet it is indispensable to you. Nevertheless, such indispensable things might be negligible to me. What has to be gazed at? Why are they so beautiful and elegant? Is the beauty necessary and not superfluous? Is it necessary to have them portrayed meticulously? Especially when using an intricate technique of woodblock printing, layers over layers, to revive all their textures and lustre. These objects are "keyed out" and cast out from daily contexts. Such an act of purifying its background is itself a technique of metaphysicizing daily objects. "Dao" is simply said to be "above forms," (to translate "metaphysics" into Chinese in literal terms), while "Qi" (tool) is what is "below forms". But the gap between Dao and Qi is not unbridgeable. Essentially, the tools are used to assist daily life. The greatness of artefacts is thus born out of such usefulness, as easy operability could only be attained by investigating its principles. Images are formed in heaven, shapes are made on the ground. Dignified and extraordinary as Qi, sceneries are fine, passing in good time.

Treatise on Superfluous Things was originally a book of Jiangnan (the area south of the lower reaches of the Yangtze River). A visit to Chen Qi's journey begins here – porcelain, furniture and musical instruments. The exception is an ashtray, which Wen Zhengheng didn't mention in his book. Ashtray's transparency allows it to define its own structure. It needs to be clarified that these four ashtrays are in fact a Mandala.

長物誌

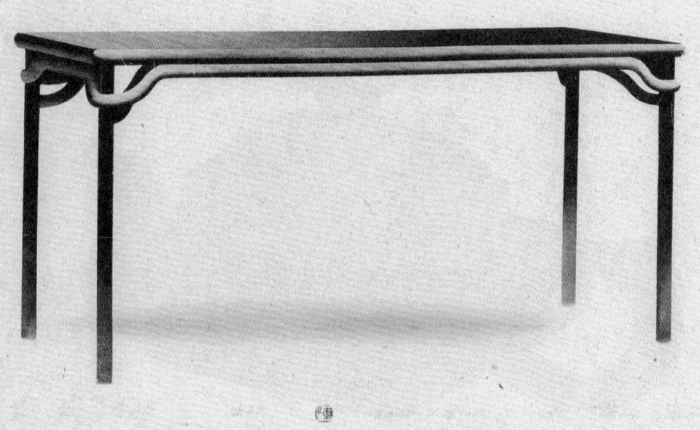

桌之一 • 水印版画 • 28cm×60cm • 1989

Table No.1

Woodblock Print

桌之二 • 木印版画 · 73cm×95cm · 1989

Table No.2

Woodblock Print

荷 No.6 • 水印版画 • 63cm×81cm • 1994

Lotus No.6

Woodblock Print

彼岸之一 • 水印版画 • 180cm×180cm • 2001

Paramita No.1

Woodblock Print

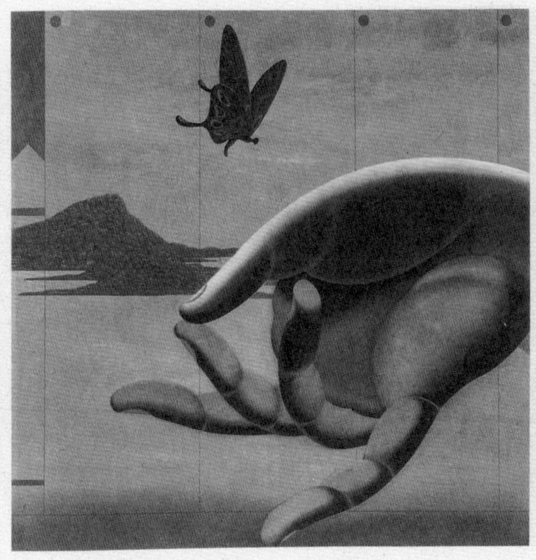

彼岸之二 • 水印版画 · 180cm × 180cm · 2002

Paramita No.2

Woodblock Print

The Born and Expansion of 2012
Woodblock Print

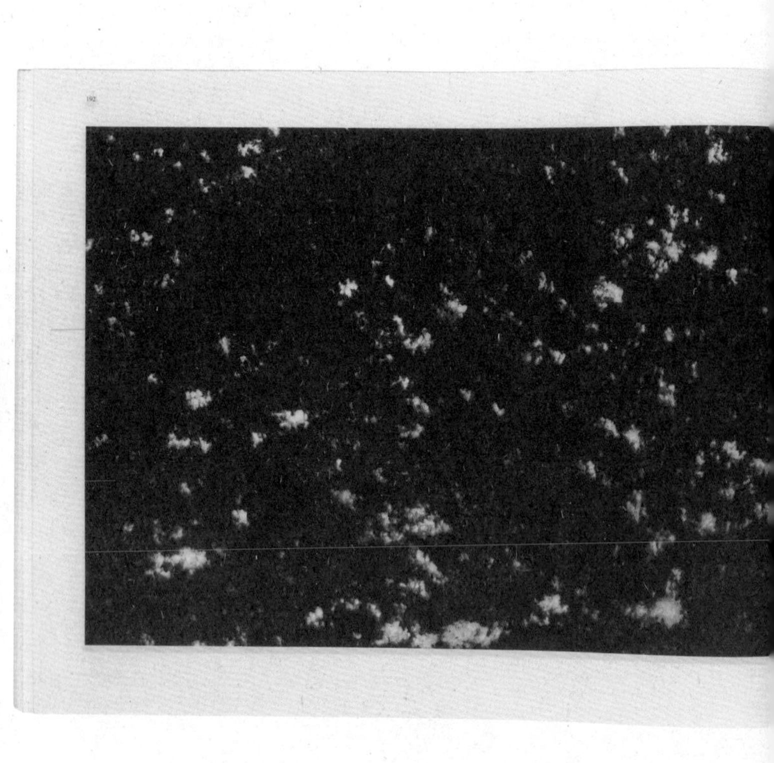

失联 · 水印版画 · 85cm×85cm×21 · 2015

Lost Connection

Woodblock Print

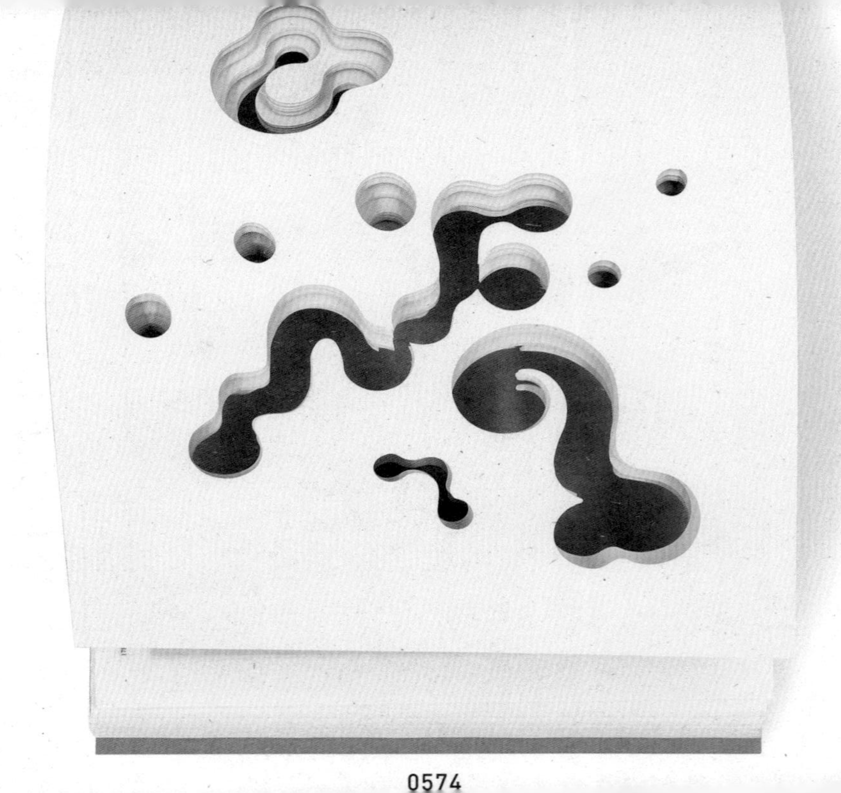

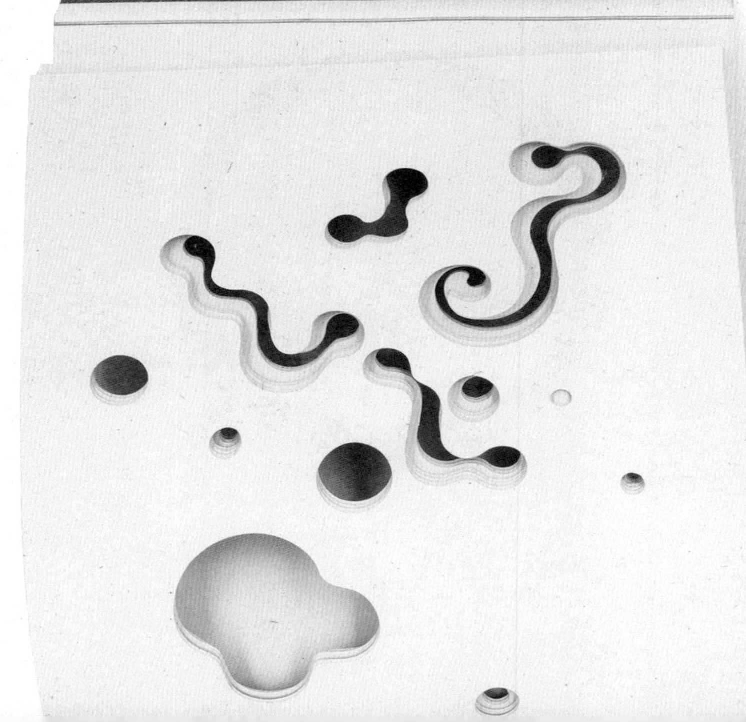

时间简谱 No. 12 • 水印版画 • R: 87.5cm • 2010

Notations of Time No.12

Woodblock Print

时间简谱 No. 12 • 印版装置 ◦ R: 87.5cm • 2010

Notations of Time No.12

Plate

300

时间简谱·红尘 • 手制书 · 60cm×50cm×4cm · 2013

Notations of Time · The World of Mortals

Handmade Book

双椅图 • 水印版画 • 90cm×83cm • 2018

Two Chairs

Woodblock Print

90cm×120cm · 2018

在掏沉出一批早期作品之后，我们看到，作为抽象画家的陈琦，其实一直潜伏在精致的趣味管控者的陈琦的背后。

绘画是图像生产，而图像，既可以受制于明晰的物理世界，也可以在图像与图像之间自我碰撞、自我消解、自我反刍、自我增殖。此刻物象只需要半露半显，在貌似混乱的遭遇中毫不损耗其完整性，反而是在与其他物象，甚至与它自己的遭遇中，不停地脱胎换骨。这是绘画的自我生产。

陈琦的绘画历程，既是不断地与物象对话的历程，也是不断地与绘画自身争辩的历程。而对话和争辩，正是哲学的缘起。抽象的冲动和哲学的冲动始终都在，始终是高产的图像生产者陈琦背后两股秘密的引力。不但物象始终在牵引着他，抽象的冲动也始终在牵引着陈琦。

在巨大的水面和虫洞的宇宙漫游之后，今天的陈琦依然是一个格物穷理的行动者。只是今天他所格致之物，由外物返归自身，变为版画本身，变为木纹，而木纹也是水纹，变为工作室中所存放的一套套相关的印版。什么是制版，什么是复数，什么是控制，什么是偶然，一笔狂乱的涂抹有多大的合法性自我证明？成与败，善与恶，可与不可，在混沌一片的能量的翻滚中，左右计较、反复咀嚼，尚未为我们所理解的新秩序，正在其中酝酿。

混沌

Chaos

After a batch of early works, we find Chen Qi the abstract painter has always been lurking behind Chen Qi the exquisite controller of taste.

Paintings are productions of images, and images can either be defined by an honest physical world or collide, disintegrate, ruminate and propagate with other images. In such circumstances, physical appearance only needs to half reveal itself while still maintaining its completeness in superficially chaotic encounters. It could only persistently metamorphose when confronted by the other physical appearances or even itself. This is painting's self-production.

The journey of Chen Qi's painting is both an everlasting dialogue with physicality and a continuous debate with itself. Dialogue and debate give birth to philosophy. The impulses for abstraction and philosophising have always been accessible, always the two secret forces of attraction guiding Chen Qi the image maker. He is led by both physical appearances and the impulse for abstraction.

After a cosmic voyage to wormholes and the vast surface of water, Chen Qi is after all a doer who investigates things to extend his knowledge to an extreme. The only difference is that the things he examines are no longer from the external but the internal self. This change is manifested in his printmaking process, in wood grains and in water ripples that were turned into sets of printing plates. What is platemaking? What is plurality? What is control? What is contingency? How can scribbles justify itself? Success and failure, good and evil, yes and no. In the chaotic fuss of energy, think over and mull over. New order is in the making, yet to be understood.

混沌

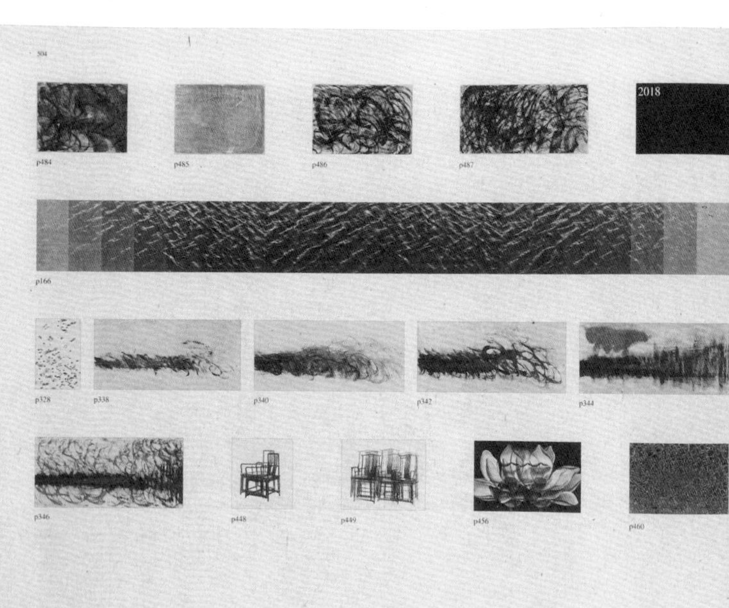
504
2018
p484
p485
p486
p487
p166
p328
p338
p340
p342
p344
p346
p448
p449
p456
p460

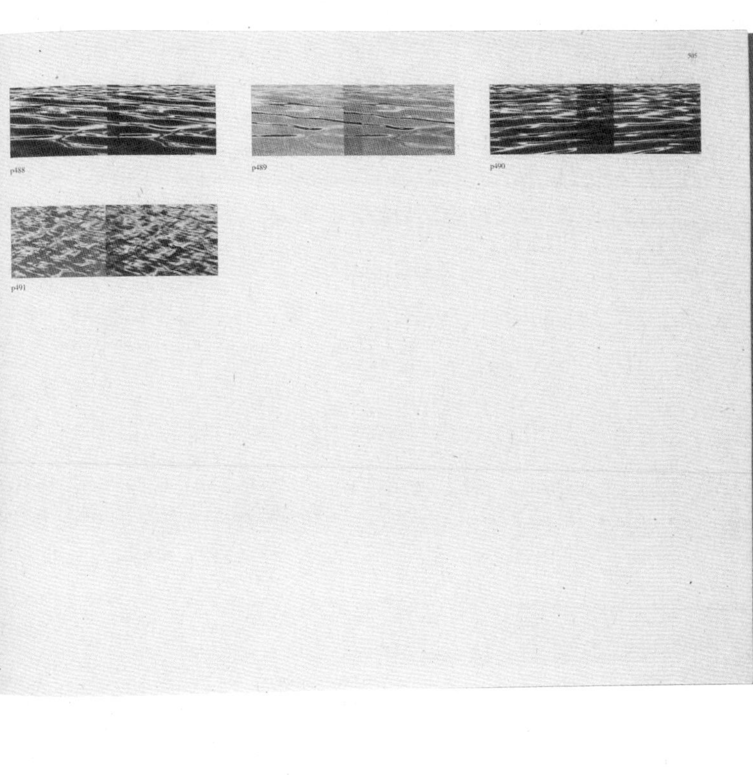

p488

p489

p490

p491

艺术的意义

陈　琦

诗起于在沉静中回味过来的情绪

——华兹华斯

20 世纪 80 年代初，我上大学时正值中国改革开放前期，禁锢已久的国门洞开，西方各种艺术思潮狂飙涌入，此消彼长，光怪陆离，令我们这些初习绘事的学生目不暇接。当时虽看不懂那些新奇古怪的画面，心中却有一种莫名的激情在涌动，于是疯了般画了许多很“现代”的油画。日子久了反觉空荡荡的，不知自己在做什么，也不知这样做的意义。于是，心中慢慢萌生出一个疑团：绘画是什么？我为什么绘画？那是我最早对于艺术的思考。

绘画是什么？绘画的意义何在？似乎是个不着边际的话题，不同的人有不同的答案，也许没有人能说得清。但对我来说，是一个必须厘清的问题。否则，我绘画便毫无意义。带着这个疑虑，我请教过许多人，也试图通过阅读找到答案，结果都很失望。后来逐渐明白，这个命题别人无法帮你，必须由自己来解答。此后我便不再盲从于新潮的艺术流派，也不被新奇眩目的艺术形式所诱惑，而是沉静下来体验生命，倾听自己的心声，并将这种心声幻化为胸中的意象，再通过视觉形象创造呈现出来。

从 1986 年至今，我的艺术活动基本在这种状态中持续进行。许多作品随着我生活的旅程迁徙自然而成，尽管存有缺陷，却是内心最真实的情感映射，是寻常生活中的片段感悟或是深藏意识底层的影像。它们经大脑酝酿、剪裁、编织而成，其基础是流动的意识与凝固的情感，是心灵深处抽象意识的外化。

绘画在不同的历史时期、不同的地域、不同的文化环境以及现实语境下有着不同的现实功能与精神指向，艺术史的书写与评价角度也各不相同。绘画对每个艺术家来说也有不同的意味与含义。2017 年，我在太原郊外 30 公里北齐徐显秀墓室里，借助考古队微弱的灯光仔细观摩甬道双壁和主墓室墙面的壁画，我的眼光徜徉在那些出行仪仗队列中英姿勃发青年人的脸上，心里在想当年那些画师的模样，他们的身世、家庭、性格和才气，也许他们是被请来的民间画师抑或是北齐时期赫赫有名的宫廷画家。在漫长的历史图景中，绘画被赋予了不同的人文内涵与当下现实需要。对欧洲许多古典画家来说，绘画就是一门手艺，一门和其他谋生手艺一样可以养家糊口的技能。不管是服务于皇家、宗教或贵族的宫廷御用画师，还是在市井开店的画家，他们本质都是要依靠客户订单才能生存下去。中国古代还有些酷爱绘画的人，他们是社会文化精英士大夫阶层，他们不以绘画为生而是以此来消解精神困境，诚如罗樾所说“绘画成了一种修身养性和彼此沟通的工具或是一种人文锤炼”。几百

箋譜小引

余素耽繢事在蘇蘆中即聞曰從氏清秘之雅久之宦游白門始相與把臂其為人醕穆遊湛研綜六書若蒼籀鼎鐘

ck. Nevertheless, those parts are equally valuable, so they will be discussed separately in the future.

Some materials are not selected in this book because of the limitation of the contents. However, they also have [illegible] ural and esthetic value. For example, there are ten kinds of "yulin", which means adapting to a seclusive life. This group of ting-paper featured by bamboo in different natural environment is the metaphor of seclusion. It depicts bamboo's spring growth, aving bamboo in the wind, green bamboo under the moon, bamboo branches covered by snow, bamboo in the morning dew, rain, ods or mist, and bamboo in the sunshine after rain. They resemble ten fairies living in the forest, beautiful and happy.

As we all know, the name of the Ten Bamboo Studio originates from Hu Zhengyan's love for bamboo as he had [illegible] anted ten bamboos in front of his door. So perhaps bamboo's changes in different seasons actually reflects the mood of the mas[illegible] who lives in seclusion.

Another example is "inyou" that includes ten painting. This group of paintings was named by "you", "friend" [illegible] Chinese. However, it actually depicts ten kinds of flowers. Zeng Duanbo, a poet of the Song Dynasty, named ten flowers as ten [illegible] nds: orchids as fragrant friends, plum blossoms as pure friends, daphne odora as special friends, lotus as pure friends, Gardenia [illegible] Chanyou", winter sweet as peculiar friends, chrysanthemum as good friends, cloudbom as immortal friends, crabapple as famous [illegible] ends, tea as rhyming friends. Later, some people wrote a poem about each of the ten friendships, which had received wide recog[illegible] ion. At the same time, there is another saying that the ten friends in the flower are: camellia as rhyme friend, jasmine as "yayou", [illegible] phne odora as "Shuyou", lotus as "jingyou", rock cinnamon as fairy friend, begonia as famous friend, chrysanthemum as good [illegible] end, peony as gorgeous friend, plum blossom as clear friend and gardenia as "chanyou", collectively known as ten friends in the [illegible] ower.

Then, there are "eight kinds of yunsou" that means the elegant old man. The painter draws the happy scenes of the [illegible] ely with simple ink lines, either writing books, exploring plums, playing instruments, listening to waves, visiting chrysanthe[illegible] ums, talking about old things, inscribing walls, or facing streams. They are happy and satisfactory when sitting, lying and playing.

Again, there are eight kinds of painting called "thushi", painting poems. As the name implies, it is painting with [illegible] ems. This group of writing-papers inscribing poetry fragments are all Chinese ink paintings. Painting and poetry are in harmony, [illegible] achieve a perfect artistic conception, such as Wang Wei's "A silvery moon is shining through the pines, the limpid brooks are [illegible] ngling over the stones." Although the painter only selects several sentences of the poetry, it already reflects the whole image of the [illegible] ainting.

All in all, there are many cultural and artistic treasure in The Decorated Writing-Paper of the Ten Bamboo Studio, [illegible] hich are reserved to those who are especially interested in oriental culture and Ten Bamboo Writing-Papers.

Mr. Wang Cowguang once wrote a special article to interpret some of the paintings, which inspired the editing [illegible] nd publishing of this book. In the past four hundred years, many enthusiasts from all over the world, such as China, Japan, the [illegible] nited States and Europe, have consistently published various types of researches that largely facilitate the promotion of the Ten [illegible] amboo writing-paper.

The whole editor group has devoted themselves to the re-engraving of the valuable writing-paper and this book. [illegible] n the future, we will continue to explore the artistic culture and promote the oriental culture. We also pay tribute to those who love [illegible] riental civilization and who research and love ten bamboo studio.

[illegible] Feb, 2019

目錄

卷一

卷二

卷三

卷四

目录

卷一

卷二

卷三

Volume 4

卷一

Volume 1

Yinyi (Living in seclusion)

隐逸

隐逸十种

Yinyi (Living in seclusion)

Yinyi means living in seclusion, and also refers t
people who were not willing to associate themselve
with the rulers and chose the life style of seclusion i
feudal society. Historical books often wrote biographie
for those people with integrity in order to keep them a
good examples.

隐逸十种

隐逸指隐居不仕，遁匿山林，也指封建社会里，不愿意跟统治者同流合污，隐居避世的人。古代史书中常为这些节行高逸之士编写传记，以为垂范。

隠逸

封建社会において、統治者とつるんで悪事をする気がなく、山や森に隠遁する人を指す。古代の史書に、よく隠遁者の伝記があり、節操さの模範として後世に伝えている。

陶潜
青山烟霭暝扶筇
一醉归
十竹斋

壹 陶潜

东晋·陶潜《五柳先生传》

先生不知何许人，不详姓字，宅边有五柳树，因以为号焉。闲静少言，不慕荣利。好读书，不求甚解，每有会意，欣然忘食。性嗜酒，家贫不能常得。亲旧知其如此，或置酒招之，造饮辄尽，期在必醉。既醉而退，曾不吝情去留。环堵萧然，不蔽风日，短褐穿结，箪瓢屡空，晏如也。常著文章自娱，颇示己志，忘怀得失，以此自终。

赞曰：黔娄之妻有言：『不戚戚于贫贱，不汲汲于富贵。』其言兹若人之俦乎？衔觞赋诗，以乐其志，无怀氏之民欤？葛天氏之民欤？

笺画释义

笺画作策杖采菊之状，题字云："青山烟欲瞑，扶筇一醉归。"表现东晋诗人陶渊明采菊醉酒的情景。陶渊明，即陶潜，字元亮，私谥"靖节"，世称靖节先生，浔阳柴桑（今江西省九江市）人。东晋末至南朝宋初期伟大的诗人、辞赋家。曾任江州祭酒、建威参军、镇军参军、彭泽县令等职，最末一次出仕为彭泽县令，八十多天便弃职而去，从此归隐田园。他是中国第一位田园诗人，被称为"古今隐逸诗人之宗"，有《陶渊明集》等。

在田居生活中，陶渊明安贫乐道，自称"五柳先生"，一面读书为文，一面躬耕陇亩，从飞鸟、白云、稼禾中体会着生命的真谛。他在名作《桃花源记》中勾画出一幅千百年来人们神往的"桃花源"景象，在那里生活的人们通过自己的劳动享受着和平、宁静、幸福，比世人多保留了一份天性的真淳。这正是陶渊明所塑造的一个与污浊黑暗社会相对立的美好世界，其中寄托着他的政治理想和美好愿望。陶渊明酷爱饮酒，亦尤爱菊花，在结束了一天的劳作以后，采菊盈筐，扶醉而归，何等惬意心境。正如《饮酒》中的诗句，"采菊东篱下，悠然见南山"，寥寥数字，勾勒出一派静穆、淡远的境界，道出隐逸的真意。

一　陶潜

箋画の中に、陶潜が杖をついて菊の花を採っているものがあり、「青い山に煙、ほろよい機嫌で帰途につく」という内容の漢詩も書かれている。

陶潜いわゆる東晋の詩人陶淵明で、字は元亮、送り名は靖節で、尋陽（今の江西省九江）生まれで、貴族出身であった。また博識で才能豊かで、彭澤県の県知事になったことがあるが、官界の腐敗に不満を感じ、「吾れなんぞ五斗米のためにぺこぺこと腰を折り、自分の主張を曲げて意に反して、小役人どもにおべんちゃらをいわんならんのや」と言って職を辞し、故郷の田舎に帰り、俗世間を離れ、晴耕雨読、悠々自適の生活を始めたという。

陶淵明は田園詩人とか隠逸詩人といわれたように、「五柳先生」と自称して、自然の風光を好み、地位名誉からも離れて酒と菊花を愛したという。「桃花源記」という文の中では、安らかで幸せな桃源郷を描き、この桃源郷に彼自身の憧れと政治理想を託している。「飲酒」という詩の中に「采菊東籬下　悠然見南山　　菊を采（と）る東籬（とおり）のもと　悠然として南山を見る」という句があり、まさに彼の静かで世俗を超越した心境を描き出している。

01 Tao Qian

The painting describes Tao Qian's picking up chrysanthemum with a stick at hand and there was an inscription saying "The mountain stands in fog; the sky is getting dark; staggering back slowly after drink; leaned the body on the fence". Tao Qian, who was born in Xunyang (a place in today's Jiangxi Province), is also known as Tao Yuanming, a poet in the Eastern Jin Dynasty and his courtesy name is Yuan Liang, posthumous title, Jingjie. Tao Yuanming, born from a distinguished family, was a brilliant man of wide learning and was a county official in Pengze, but he retired to the pastoral world because he was dissatisfied with the decay of the power at that time and was reluctant to lose dignity for money.

Though the condition in village was not good, Tao still enjoyed his life a lot and called himself "Sir Wuliu". Usually he read books, did some farming and thought about the meaning of life from birds, clouds as well as seedlings of cereal crops. In his masterpiece "Story of the Peach Blossom Valley", he sketched a scene of "Peach Blossoms" that people have been fascinating for thousands of years. People living there have achieved peace; tranquility and happiness through their own labor, and have retained more natural truth than others in the world. The scene in the article is exactly the beautiful world that Tao Yuanming has created opposing to the filthy dark society by which to reflect his political ideals and good wishes. Tao Yuanming loved to drink alcohol very much and loved chrysanthemums especially. After finishing the day's work, he picked up the baskets of chrysanthemums and got drunk. How comfortable his life was! As the famous sentence in "Drinking" writes: "While picking asters 'beneath the Eastern fence, my gaze upon the Southern mountain rests." The words are simple but it outlines a quiet and far-reaching state of mind, and reveals the true meaning of seclusion.

十竹斋笺谱图像志

十竹斋笺谱図像志　卷一　隐逸

Volume 1

Yinyi (Living in Seclusion)

披裘公
料為負薪老寧是
取金人 十竹齋

空缺 Vacancy

GDC Best Work Award

最佳奖

Possibilities of Design – 2018 Shenzhen Design Week Theme Exhibition
设计的可能 – 2018 深圳设计周主题展

我们在接受策展团队的项目委托时，就已确定采用中性的视觉设计来呈现展览的主角即来自世界各地的16组参展作品。在展览中英文标题之间交相穿插“!?”“?!”目的是为了激发观者对“可能”的更多想象。此外基于一张白纸延伸开的九种不同格式，最终观众也可以在系列形象物料与环境应用的不同格式之间来互动表达自己的观展体验与对“设计的可能”的可能想象。

[illegible] the project commission of the curatorial team, we have been [illegible] to present the 16 groups of exhibits from all over the world. [illegible] between the Chinese and English titles for the purpose of inspiring the [illegible] and nine different formats based on a piece of white paper [illegible] can also interactively express their own viewing experience and [illegible] imagination of "Possibilities of Design" between different formats of image materials [illegible] environmental applications.

T　设计的可能 – 2018 深圳设计周主题展　Possibilizies of Design – 2018 Shenzhen Design Week Theme Exhibition
CD　管普查　Guan Pucha

设计的可?能!
EVERYTHING! EVERYTHING?
Possibilities of Design
深圳设计周主题展
2018 SHENZHEN DESIGN WEEK THEME EXHIBITION

01

01

GDC Nomination Award

提名奖

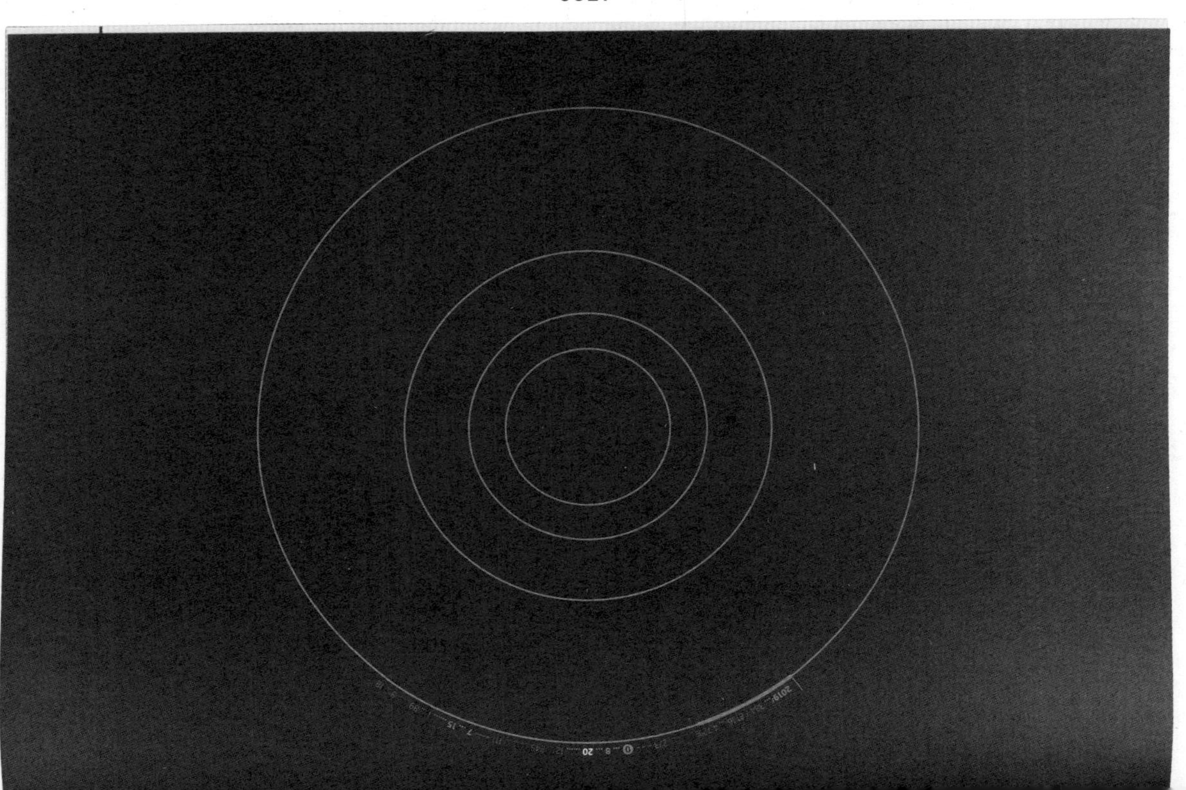

Name card for AGI in China
为中国 AGI 会员设计名片

这是为 "AGI in China" 展览做的一个作品。我邀请全国近 30 个省市的街边名片店为 32 位 AGI 中国区会员（截止 2018 年 4 月）设计制作名片，并对其设计、价格等因素作记录与分析，让中国民间设计平均水平与世界平面设计最高身份进行一次有趣的碰撞，呈现中国民间设计现状，回应此次 "AGI 在中国" 的展览主题。最终的作品呈现保留了中国最常见的塑 名片盒式样，里面包含了 32 张从全国各地设计好并寄回来的名片和近 6 米长的分析折页。

This is a work for the "AGI in China" exhibition. I invited street card stores in nearly 30 prov inces across the country to design and produce name cards for 32 AGI China members, an analyzed their design and price. Let an interesting collision between the average level c Chinese folk design and the highest identity of the world's graphic design, presenting th status quo of Chinese folk design and responding to the theme of the exhibition "AGI in Chi na". The final work retains the most common form of business card case in China, whic contains 32 business cards designed and sent back across the country, nearly 6 meters lon analysis folds.

T　为中国 AGI 会员设计名片　Name card for AGI in China
CD　廖波峰　Liao Bofeng
DT　有料设计 / 廖波峰 + 曾思欣 + SK Studio　LiaoDesign / Liao Bofeng + Zeng Sixin + SK Studio

AGI
IN
CHINA

AGI在中國

GDC Selected Award

优异奖

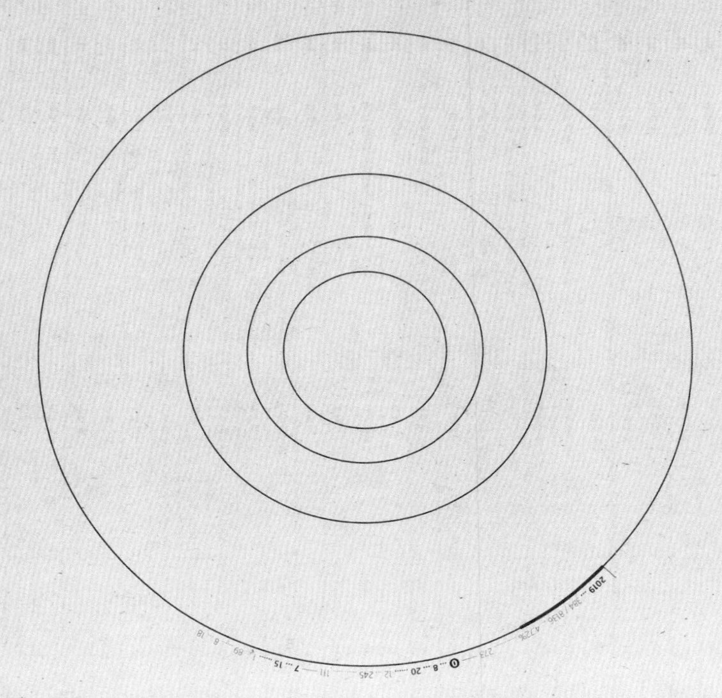

Graphic Design in China

平面設計在中國

背景

GDC 设计奖创立于 1992 年的中国深圳，每两年举办一次。自创立伊始，GDC 设计奖一直通过褒奖和推介最优秀的设计来激励富有创造性的设计师群体。GDC 设计奖吸引了来自全球各地的设计师参加，从“全球华人最顶尖设计奖项”，正逐步迈向“全球最重要设计奖项之一”。

GDC 设计奖所带来的不仅仅是奖项，更是一个不断进化、充满创造力的设计社区，通过竞赛、展览、讲座、访谈等为时两年的系列活动，将最优秀的设计师聚集在一起，探讨设计的价值，推动设计的观念发展。

GDC 设计奖由“深圳市平面设计协会（SGDA）”策划运营，作为一个非营利性的专业设计协会，SGDA 希望通过 GDC 设计奖，不断发掘与激励新生创意力量，朝着更公平、更可持续的未来努力。每两年一次通过选举产生的 SGDA 理事会，负责 GDC 设计奖的运作与管理。

Background

GDC Award runs every other year to praise and recommend the best designs with an aim to encourage creative designers since its foundation in 1992. Attracting designers from all over the world, GDC developed from "a top design award among Chinese designers" to "one of the most important global design awards".

What GDC brings is not only a design award, but a design community that is full of creativity and continuous improvement. Through a two-year series of activities such as competitions, exhibitions, lectures, interviews, etc., GDC gathers top designers together to explore the value of design and promote the concepts of design.

GDC is curated and operated by Shenzhen Graphic Design Association (SGDA), a non-profit professional design association. SGDA expects GDC to continuously discover and motivate new creative forces, making efforts to shape a fairer and more sustainable future. The SGDA Council, which is elected every two years, is responsible for the operation and management of GDC.

'96

1996
212
1532
13.84%
入选总数
参选总数
入选比例
金狮大奖
首次设立金狮大奖
6
9
9
金奖
银奖
铜奖
优异奖

GDC'19

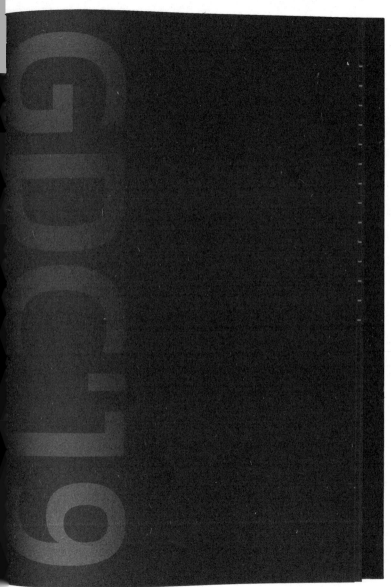

观念与

and

Single Tone
and Reverberation

GDC 设计奖 2019 以“The Value of Design Change：设计改变的价值”为主题，着重关注“设计”与商业发展、生活方式、社会生态、文化表达、沟通方式的深层关系，以及设计介入之后，所带来的具体、真实的成果：更具品质与生命力的商业发展、持续可循环的自然尊重、亲和共生的社群融合、在地文化的发展与表达、更具情感的沟通体验。

我们预设了三个问题：

1. 设计介入试图改变的初衷是什么？
2. 设计的参与带来了什么样的演变？
3. 设计是否为初衷与目标带来更为积极与有效的结果？

评审团围绕这三个问题，
认真审视与评判每项设计工作所带来的能量与价值。

2019

GDC Award 2019 | The Value of Design Change

th the theme of "The Value of Design Change", GDC 2019 focuses on the relations between design and commercial velopment, life style, social ecology, cultural expression, communication methods, and looks into the concrete results at generated by design, to name a few, the commercial development with better quality and vitality, the continuous and stainable respect to the nature, the community integration via affinity and symbiosis, the development of local culture d the communication with more emotional experience.

We propose three questions:

1. What is the original intention of design intervention?
2. What changes are brought by design intervention?
3. Does the design bring more positive and effective results to the original intention and goal?

e jury panel will review and evaluate the energy and value of each piece of design work based on the above ee questions.

评选与细则

参赛类别

A 视觉传达类

A-1 品牌形象
A-1-1 标志
A-1-2 吉祥物
A-1-3 形象系统

A-2 产品与包装
A-2-1 应用包装
A-2-2 文创产品

A-3 商业推广用品
A-3-1 产品画册、机构年报、企业画册、直邮 DM
A-3-2 贺卡、邀请卡、日历、其他

A-4 出版物
A-4-1 书籍、画册、报纸、杂志期刊、概念出版物

A-5 海报
A-5-1 商业海报
A-5-2 社会公益海报
A-5-3 文化海报

A-6 文字设计
A-6-1 字库字形
A-6-1-1 正文字
A-6-1-2 标题字
A-6-2 标识字形
A-6-3 实验字形

A-7 插图
A-7-1 商业类插图[1]

A-8 信息视觉化设计

A-9 环境图形
A-9-1 导视系统设计
A-9-2 空间图形运用

A-10 动画
A-10-1 动态标志
A-10-2 影视片头
A-10-3 动画短片

A-11 交互设计
A-11-1 网站
A-11-2 电子杂志[2]
A-11-3 软件界面[3]

A-12 多媒体创意与发展
A-12-1 数字互动装置
A-12-2 多媒体创意与发展

B 综合类[4]

B-1 综合品牌塑造
B-2 设计的社会性实践

Judgment Rules

Eligibilities & Categoriese

A Visual Communication

A-1 Brand Image
A-1-1 Brand Icon
A-1-2 Mascot
A-1-3 Visual Identity

A-2 Product and Package
A-2-1 Package Design
A-2-2 Cultural and Creative Product

A-3 Commercial Promotion
A-3-1 Product Catalogue, Institute Annual Report, Company Catalogue, Direct Mail
A-3-2 Greeting Card, Invitation Card, Calendar, Others

A-4 Publication
A-4-1 Book, Album, Newspaper, Magazine, Conceptual Publication

A-5 Poster
A-5-1 Commercial Poster
A-5-2 Public Benefit Poster
A-5-3 Cultural Poster

A-6 Typography
A-6-1 Font Library
A-6-1-1 Body Font
A-6-1-2 Headings Font
A-6-2 Logotype
A-6-3 Experimental Font

A-7 **Illustration**

A-7-1 Commercial Illustration ①

A-8 **Information Visualization Design**

A-9 **Environmental Graphic**

A-9-1 Sign System Design

A-9-2 Space Graphics

A-10 **Animation**

A-10-1 Dynamic Logo

A-10-2 Movie, Video Intro

A-10-3 Animated Short Film

A-11 **Interaction**

A-11-1 Website

A-11-2 E-magazine ②

A-11-3 Software Interface ③

A-12 **Multi-media Creativity and Development**

A-12-1 Digital Interactive Installation

A-12-2 Multi-media Creativity and Development

B Mixed ④

B-1 **Overall Branding**

B-2 **Social Practice of Design**

Brand Image	品牌形象	A-1
Product and Package	产品与包装	A-2
Commercial Promotion	商业推广用品	A-3
Publication	出版物	A-4
Poster	海报	A-5
Typography	文字设计	A-6
Illustration	插图	A-7
Information Visualization Design	信息视觉化设计	A-8
Environmental Graphic	环境图形	A-9
Animation	动画	A-10
Interaction	交互设计	A-11
Multi-media Creativity and Development	多媒体创意与发展	A-12
Overall Branding	综合品牌塑造	B-1
Social Practice of Design	设计的社会性实践	B-2

① 学生组可以报非商业类插图参赛。
non-commercial illustrations by students are eligible.

② H5 等基于交互的信息传达设计。
interaction-based information communication design such as HTML5.

③ APP 等软件图标与界面交互设计。
Software icon and interface interaction design such as App.

④ 为了在评审过程中更清晰全面地解读作品，综合类作品提交需包含中英文提案书，建议加入 2 分钟以内的视频。
The submitted works of the mixed category must include a bilingual proposal in Chinese and English for the jury to better understand the work. A 2-minute video is recommended.

GDC 全场大奖 仅限专业组

依据 GDC 设计奖 2019 评审准则，本届评审团从专业组别最佳奖作品中评选出一份最具创新性与影响力的杰作获得“GDC 全场大奖”，颁发象征 GDC 设计奖最高荣誉的黑色奖杯，以及获奖证书。[5]

GDC 最佳奖 专业组 / 学生组

依据 GDC 设计奖 2019 评审准则，本届评审团从所有提名奖作品中评选出各类别的最佳作品获得“GDC 最佳奖”，颁发 GDC 设计奖金色奖杯，以及获奖证书。专业组最佳奖获奖作品还将进入“GDC 全场大奖”的评比环节。[6]

GDC 提名奖 专业组 / 学生组

依据 GDC 设计奖 2019 评审准则，本届评审团从入围作品中评选出具备独特视角、对当下设计观念与价值具有启发性和推动力的典型作品，获得“GDC 提名奖”，颁发 GDC 设计奖银色奖杯，以及获奖证书。提名奖获奖作品还将进入“GDC 最佳奖”的评比环节。

GDC 评审奖 专业组 / 学生组

依据 GDC 设计奖 2019 评审准则，本届评审团从所有参赛作品中选择出每位评委个人最为认可的唯一一件设计作品获得“GDC 评审奖”，颁发 GDC 设计奖铜色奖杯，以及获奖证书。

GDC 优异奖 专业组 / 学生组

依据 GDC 设计奖 2019 评审准则，本届评审团从所有参赛作品中评选出
备优良的创意、表现力及完成度的设计作品，获得“GDC 优异奖
获奖证书。GDC 评审奖、提名奖、最佳奖及全场大奖将在所有优异奖
作品中产生。

GDC 卓越组织奖 学生组 | 卓越教育机构

依据 GDC 设计奖 2019 评审准则，学生组设“GDC 卓越组织奖”，组织奖的获得者为院校机构，颁发获奖证书。

GDC 卓越导师奖 学生组 | 获奖作品导师

依据 GDC 设计奖 2019 评审准则，学生组“GDC 最佳奖”“GDC 提名奖”“GDC 评审奖”的获奖作品的指导老师均荣获“GDC 卓越导师奖”，颁发获奖证书。

Award Setting

GDC Grand Prize For Professionals only

According to the GDC Award 2019 evaluation criteria, the jury will select one Grand Prize, the most innovative and influential work from the Best Work Awards in the group of professionals. The Grand Prize winner will be granted with the Black Trophy, the highest honor of GDC, as well as a certificate of award.

Best Work Award Professionals / Students

According to the GDC 2019 Award evaluation criteria, the jury will select Best Work Award for each category from Nomination Award works. The Best Work Award winners will be granted with a Gold Trophy and a certificate of award. All Best Work Award works in the group of professionals are in the line to the Grand Prize.

Nomination Award Professionals / Students

According to the GDC Award 2019 evaluation criteria, the jury will select works that inspire and promote the value of design from a unique perspective to be the Nomination Award winning works. The Nomination Award winners will be granted with a Silver Trophy and a certificate of award.
All Nomination Award works are in the line to the Best Work Award.

Jury Award Professionals / Students

According to the GDC Award 2019 evaluation criteria, each juror will select one piece of his or her most-recognized work as the Jury Award work. The Jury Award winners will be granted with a Bronze Trophy and a certificate of award.

Selected Award Professionals / Students

According to the GDC Award 2019 evaluation criteria, the jury panel will select the works of great creation, performance and completeness as the Selected Award works. The Selected Award winners will be granted with a certificate of award.
GDC Jury Awards, Nomination Awards, Best Work Awards and Grand Prize will be chosen from the Selected Award works.

Excellent Organization Students | Excellent Organization

According to the GDC Award 2019 evaluation criteria, GDC Excellent Organization Award is set for the group of students. Winners for this award shall be schools, colleges or universities, and will be granted with a certificate of award.

Excellent Mentor Students | Excellent Mentor

According to the GDC 2019 Award evaluation criteria, mentors of student winners of GDC Best Work Award, Nomination Award, Jury Award will be granted with the Excellent Mentor Award Certificate.

'19

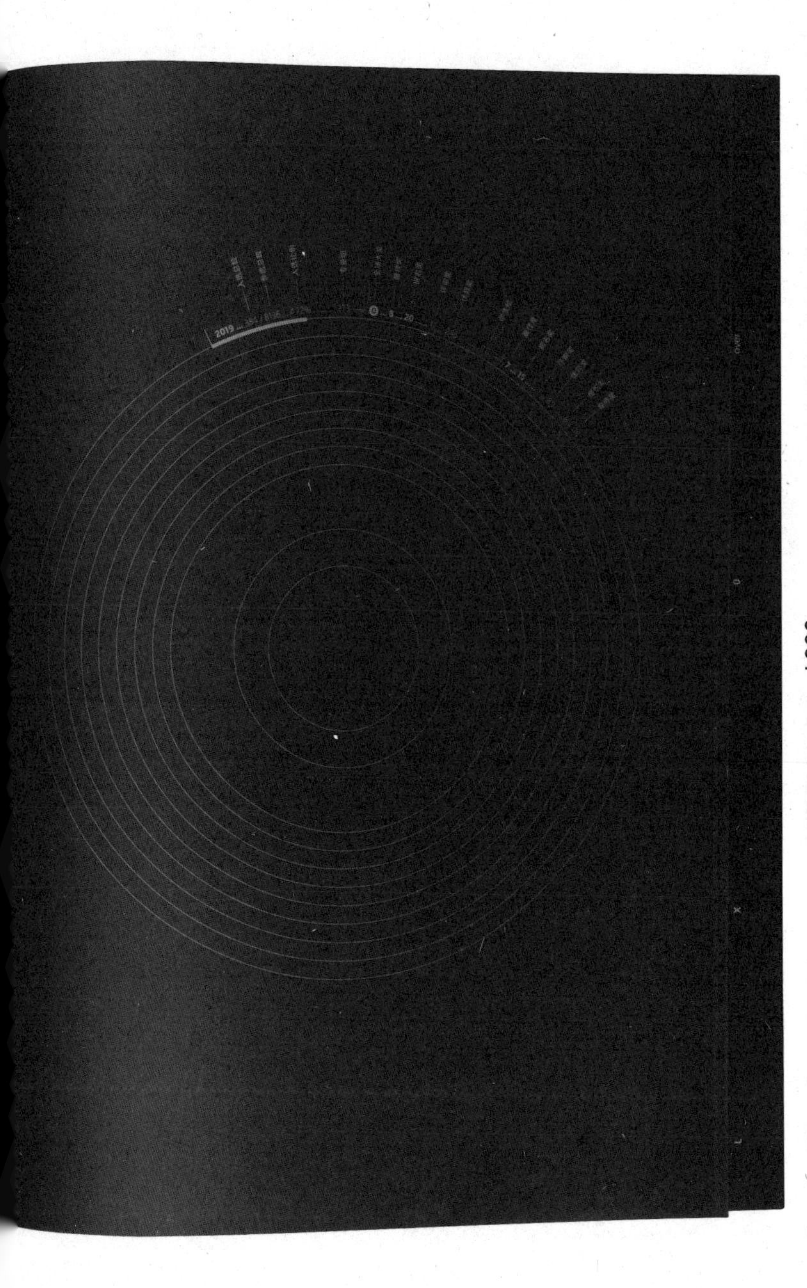

收件及获奖数据

截至 2019 年 10 月 11 日，GDC 设计奖 2019 组委会共征集到来自全球的参赛作品数量 8136 件，创下历史收件记录新高。经评审团对所有参赛作品进行严格、公正的统一评选，共决选出优异奖作品数量 384 件，其中专业组 273 件、学生组 111 件，入选率 4.7%。

384

8136

4.7%

Award facts

)C Awards 2019 Organizing Committee received 8,136 entries from all over the rld by 11th Oct 2019, which sets a new record high. After rounds of strict and selections, the international jury finally chose 384 entries as Selected Awards, ong which 273 were professional works and 111 were student works. The selecn rate was 4.7%.

3

111

布鲁斯·达克沃斯

Turner Duckworth 联合主席 / 设计师

布鲁斯·达克沃斯是一名设计师，也是获奖无数的国际品牌标识设计公司 Turner Duckworth 的联合主席。他在 1985 年毕业于金斯顿理工学院，获得平面设计荣誉学位。他先后任职于 Michael Peters & Partners、Minale Tattersfield 和 Lewis Moberly 三家设计公司，随后于 1992 年，他与 David Turner 在伦敦和旧金山创立了该公司，并于 2016 年在纽约设立分公司。公司拥有约 100 名员工，其中 80 名是设计师。凭借其卓越的设计能力，该公司在国际设计领域享有盛名，并与亚马逊、可口可乐、三星等世界上最具文化意义的品牌展开合作，也与艾丽美（Elemis）及 Metallica 乐队等品牌进行合作。

布鲁斯获得了 500 多项设计奖，包括 D&AD 黄色铅笔奖、DBA 设计效果奖、设计周最佳展览、首届戛纳金狮设计奖、Clio 奖、格莱美设计奖等等。他在国际各类设计书籍和杂志上发表他的作品和观点。从首尔到孟买到巴塞罗那，布鲁斯应邀担任各类设计和营销会议的主旨演讲人，到世界各地演讲。他一直对设计教育非常感兴趣，经常到设计类大学讲课。他还担任了法尔茅斯大学和萨默塞特艺术与设计学院的外部考官。他还是法尔茅斯大学的荣誉教师。

布鲁斯曾担任过许多国际设计大奖的评委，包括 D&AD 奖和戛纳金狮设计奖的评审团主席。他曾在 D&AD 执行委员会和管理委员会任职六年，并于 2016 至 2017 年担任 D&AD 的会长，成为英国皇家艺术学会的会员。

布鲁斯被英国商业杂志《The Drum》评为"2014 年 20 名最具影响力和才华的英国设计师"之一，并被《Creativity》杂志评为"美国 50 名最佳创意人"之一。

Bruce Duckworth

Co-Chairman of Turner Duckworth

Designer

Bruce Duckworth is a designer. He is the Co-Chairman of Turner Duckworth, the award-winning international brand identity design firm he founded with David Turner in 1992 in London and San Francisco, and opened in New York 2016. Bruce graduated from Kingston Polytechnic with an Honours Degree in Graphic Design in 1985. He started his career as a designer at Michael Peters & Partners then Minale Tattersfield and Lewis Moberly before setting up Turner Duckworth in 1992.

The company employs around 100 people of which 80 are designers. The studios work collaboratively on most projects and the company has achieved an international reputation for design excellence. Working with some of the most culturally significant brands in the world from Amazon, Coca Cola and Samsung and entrepreneurial brands such as Elemis and the band Metallica.

Bruce has won over 500 design awards including D&AD Yellow pencils, DBA Design Effectiveness awards, Design Week Best of Show, the inaugural Cannes Design Lions Grand Prix, the first ever design accepted in the Clio Hall of Fame and a Grammy award amongst others. His work and opinions have been published in many design books and magazines all over the world. Bruce is in demand as a speaker for Design and Marketing conferences giving keynote speeches around the world from Seoul to Mumbai to Barcelona. Bruce has always had a keen interest in Design education and often lectures at design universities and has been an external examiner at Falmouth University and Somerset College of Art and Design. He is an honorary fellow of Falmouth University.

Bruce has judged for most of the international design awards competitions including Foreman of judges at D&AD and President of the Cannes Lions design jury. He has been on the executive committee and management board of D&AD for six years, culminating in being president of D&AD from 2016 – 2017 and is a fellow of the Royal Society of Arts.

The Drum Magazine named Bruce as one of the top twenty most influential and talented UK designers in 2014 and Creativity Magazine named Bruce as one of America's fifty most creative people.

Coca-Cola

Shenzhen	深圳
Hangzhou	杭州
Nanjing	南京
Nanjing	南京
Wuhan	武汉
Wuhan	武汉
Wuhan	武汉
Seoul	首尔
Guangzhou	广州
Xi'an	西安
Dongguan	东莞
Ningbo	宁波
Hohhot	呼和浩特
Lanzhou	兰州
Jinan	济南
Fuzhou	福州
Atlanta	亚特兰大
Shantou	汕头
Changsha	长沙
Chaozhou	潮州
Dalian	大连
Guiyang	贵阳
Macao	澳门
Shanghai	上海
Nanchang	南昌
Shanghai	上海
Harbin	哈尔滨
Chongqing	重庆
Ningbo	宁波
Beijing	北京
Shunde	顺德
Guilin	桂林
Nanning	南宁
Nanning	南宁

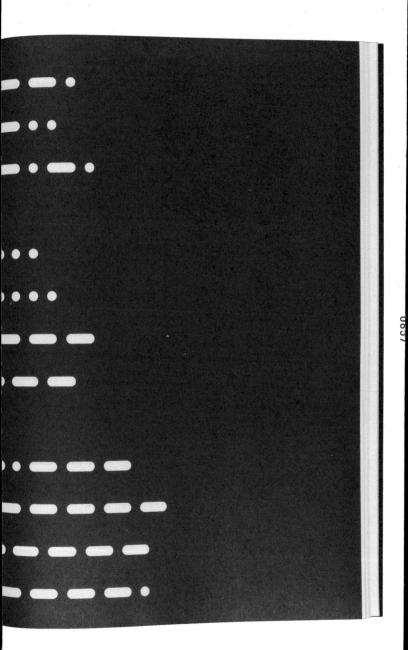

GDC Show：跨地域创意互动

GDC Show 是 GDC 设计奖系列活动中最重要的创意事件之一，是一种跨地域的线下互动集和资源链接平台，以演讲、沙龙、展览、工作坊等多种方式，灵活而多元地开展交流活动将设计价值从学术延伸至文化、产业、生活、教育等更具体而长效的层面，深度激活全球计力量，构建一个超越地理空间、行业壁垒的设计生态共同体。

GDC Show 自举办以来，累计在国内外 30 多个城市开展了 100 余场交流活动，参与人次百万，是中国近年来声势最为浩大的设计运动，直接促进了跨地域设计力量的交叉响应，动了在地文化与前沿观念的深度碰撞，促进了各地设计产业的协同发展和多态共融。

GDC Show 2019 共举办 34 场，从 5 月拉开大到 10 月圆满收官，半年内以燎原之势席卷深圳杭州、南京、武汉、广州、西安、东莞、宁波呼和浩特、兰州、济南、福州、汕头、长沙潮州、大连、贵阳、上海、澳门、南昌、哈尔滨重庆、北京、顺德、桂林、南宁等城市，更次开辟韩国首尔、美国亚特兰大等海外 Show 场

GDC Show is one of the most important events of the GDC Award (Graphic Design in China Award), in forms of trans-city lectures, salon, exhibit, and workshop so on to communicate with diversity events. GDC extends the value of design form the academic to culture, industry, lifestyle, education in long-term growth. It deeply activates the power of design and builds a design ecological community that can ignore space and industry.

Since its launch, GDC Show has organized over 100 activities in more than 30 cities in China, attracting more than a million participants. It was the largest design movement in recent years in China. GDC Show directly promotes the design forces in China and drive the depth collision between local culture and innovative ideal. It prompting the de-sign industry in different regions and developing and integrating.

GDC show 2019 has 34 exhibition which started in May and ended in October. In the past six months, the GDC show has been to Shenzhen, Hangzhou, Nanjing, Wuhan, Guangzhou, Xi'An, Dongguan, Ningbo, Hohhot, Lanzhou, Jinan, Fuzhou, Shantou, Changsha, Chaozhou, Dalian, Guiyang, Shanghai, Macao, Nanchang, Harbin, Chongqing, Beijing, Shunde, Guilin, Nanning ect. It is the first time to open up to Seoul (South Korea), Atlanta (USA) and other overseas exhibit.

西北 Northwest of China 2

西安 Xi'An
兰州 Lanzhou

西南 Southwest of China

贵州 Guizhou
重庆 Chongqing

5 月 May	6 月 June	7 月 July	8 月 - 9 月中 August to Mid-September	9 月中 - 10 月 Mid-September to October
4 场	7 场	3 场	7 场	13 场

东北 Northeast of China 2

大连 Dalian
哈尔滨 Harbin

华北 North of China 2

呼和浩特 Hohhot
北京 Beijing

境外 Outbound 3

首尔（韩国） Seoul（South Korea）
亚特兰大（美国） Atlanta（U.S.A.）
澳门（中国） Macau（China）

华中 Central of China 4

武汉 Wuhan ×3
长沙 Changsha

华东 East of China 10

杭州 Hangzhou
南京 Nanjing ×2
宁波 Ningbo ×2
济南 Jinan
福州 Fuzhou
上海 Shanghai ×2
南昌 Nanchang

华南 South of China 9

深圳 Shenzhen
广州 Guangzhou
东莞 Dongguan
汕头 Shantou
潮州 Chaozhou
顺德 Shunde
桂林 Guilin
南宁 Nanning ×2

"GDC Show 2019" 在深圳 暨 "GDC Award 2019" 启动仪式

27 年，问题与回答

1992 年，中国设计先行者在深圳发起了中国第一个平面设计专业大展"平面设计在中国展"，成为平面设计在中国兴起的标志性活动。

从 1992 到 2019，中国发生了天翻地覆的变化、设计行业蓬勃发展，设计思潮不断更新，而 GDC 也已连续举办了 11 届——每一届 GDC 的议题，及 GDC 本身给出的答案，都成为当下设计价值标准与行业走向的重要参照。

今次，在 GDC 设计奖 2019 启动之时，我们将首场 GDC Show 也安排在了现场，并特别邀请了宋协伟、赵清两位代表性嘉宾赶来深圳，分享他们关于设计的观察、思考与行动。同时，亦专程请出王粤飞、陈绍华、宋博渊参与对谈，聊一聊 27 年来的时代演变、行业发展，也聊一聊 27 年之后，这个时代所面临的新问题，以及可能的答案。

GDC Show 2019 in Shenzhen
GDC Award 2019 Launch Ceremony
Questions and Answers in 27 Years

01

2019.5.18　14:00-18:00

地点

深圳市南山区海上世界文化艺术中心 3 楼 境山剧场

in *Shenzhen*

宋协伟「设计不在」

赵　清「九九归一」

In 1992, China's design pioneers launched China's first graphic design exhibition - "Graphic Design in China" in Shenzhen, marking the rise of graphic design in China.
From 1992 to 2019, in the context of tremendous changes in China, design trends have been constantly updated with the booming development of the design industry. GDC has been held for 11 sessions consecutively. The topics and the answers given by GDC have become a benchmark of design value, standards and trends.
At the launch of the GDC Award 2019, we set the first GDC Show in 2019 as a part of the launch of GDC Award 2019. Two keynote speakers, Song Xiewei and Zhao Qing, were invited to Shenzhen to share their observations, insights and practices on design. Meanwhile, Wang Yuefei, Chen Shaohua and Song Boyuan were invited to have a panel conversation. They talked about the evolution and development of the industry in the past 27 years and the new problems and possible solutions in the future.

VENUE

3rd Floor, Sea World Culture and Arts Center

Song Xiewei: *Where is Design?*

Zhao Qing: *Back to the Start*

Song Xiewei
•
Zhao Qing
•
Wang Yuefei
•
Chen Shaohua
•
Song Boyuan

演讲嘉宾
宋协伟 × 赵清

Guest Speakers
Song Xiewei × Zhao Qing

宋协伟
深圳市平面设计协会（SGDA）| 会员
GDC 设计奖 2015 | 评审
国际平面设计联盟（AGI）| 会员
中央美术学院设计学院 | 院长、教授、博士生导师
中央美术学院学术委员会 | 委员
中央美术学院研究生院 | 副院长

Song Xiewei
Shenzhen Graphic Design Association (SGDA) | Member
GDC Award 2015 | Juror
Alliance Graphique Internationale (AGI) | Member
School of Design, Central Academy of Fine Arts | Dean, Professor, Doctoral Supervisor
Academic Committee, Central Academy of Fine Arts | Committee Member
Graduate School, Central Academy of Fine Arts | Deputy Dean

赵清
深圳市平面设计协会（SGDA）| 会员
国际平面设计联盟（AGI）| 会员
南京平面设计师联盟 | 创始人
中国出版工作者协会书籍设计艺术委员会 | 副主任
瀚清堂设计有限公司 | 创始人、设计总监

Zhao Qing
Shenzhen Graphic Design Association (SGDA) | Member
Alliance Graphique Internationale (AGI) | Member
Nanjing Graphic Designers Alliance | Founder
Book Design Art Committee, Publishers Association of China | Deputy Director
Hanqingtang Design Co., Ltd. | Founder, Design Director

对谈嘉宾
王粤飞 × 陈绍华 × 宋博渊

Guest speakers
Wang Yuefei × Chen Shaohua × Song Boyuan

王粤飞
深圳市平面设计协会（SGDA）| 学术委员
国际平面设计师联盟（AGI）| 会员
纽约艺术指导俱乐部（ADC）| 会员
王粤飞设计有限公司 | 创始人
非同空间艺术工程有限公司 | 创始人

Wang Yuefei
Shenzhen Graphic Design Association (SGDA) | Academic Committee Member
Alliance Graphique Internationale (AGI) | Member
Art Directors Club (ADC) | Member
Wang Yuefei Design Co., Ltd. | Founder
Feitong Space Art Engineering Co., Ltd. | Founder

陈绍华
深圳市平面设计协会（SGDA）| 学术委员
国际平面设计师联盟（AGI）| 会员
中国国家画院公共艺术院 | 副院长
中国美术家协会 | 会员
陈宋品牌设计顾问 | 艺术总监

Chen Shaohua
Shenzhen Graphic Design Association (SGDA) | Academic Committee Member
Alliance Graphique Internationale (AGI) | Member
School of Public Arts, China National Academy of Painting | Vice President
Chinese Artists Association | Member
C&S Design Office | Art Director

宋博渊
深圳市平面设计协会（SGDA）| 主席
陈宋品牌设计顾问 | 合伙人 / 创意总监
日本京都造型艺术大学 | 艺术学硕士

Song Boyuan
Shenzhen Graphic Design Association (SGDA) | Chairman
C&S Design Office | Partner / Creative Director
Kyoto University of Art and Design | Master of Arts

SPONSORS
Shenzhen Municipal Publicity Department
Shenzhen Innovation & Creation Development Office
Shenzhen Bureau of Culture
Tourism & Sports, Shenzhen Federation of Literary and Art Circles
Shenzhen Nanshan District Publicity Department

HOSTED BY
Shenzhen Graphic Design Association (SGDA)
Design Society

GDC PROMOTION
Song Boyuan

EVENT MC
Zeng Lingbo

EVENT PLANNING
Zhanghao, Zhang Tao, Lu Xiaoyong, Zhangbing

EXECUTION TEAM
Event Team + Secretariat

指导
深圳市委宣传部
深圳创新创意设计发展办公室
深圳市文化广电旅游体育局
深圳市文学艺术界联合会
中共深圳市南山区委宣传部

主办单位
深圳市平面设计协会（SGDA）
设计互联

GDC 推介
宋博渊

活动主持
曾令波

统筹策划
张昊、张涛、鲁晓勇、张冰

执行团队
活动组 + 秘书处

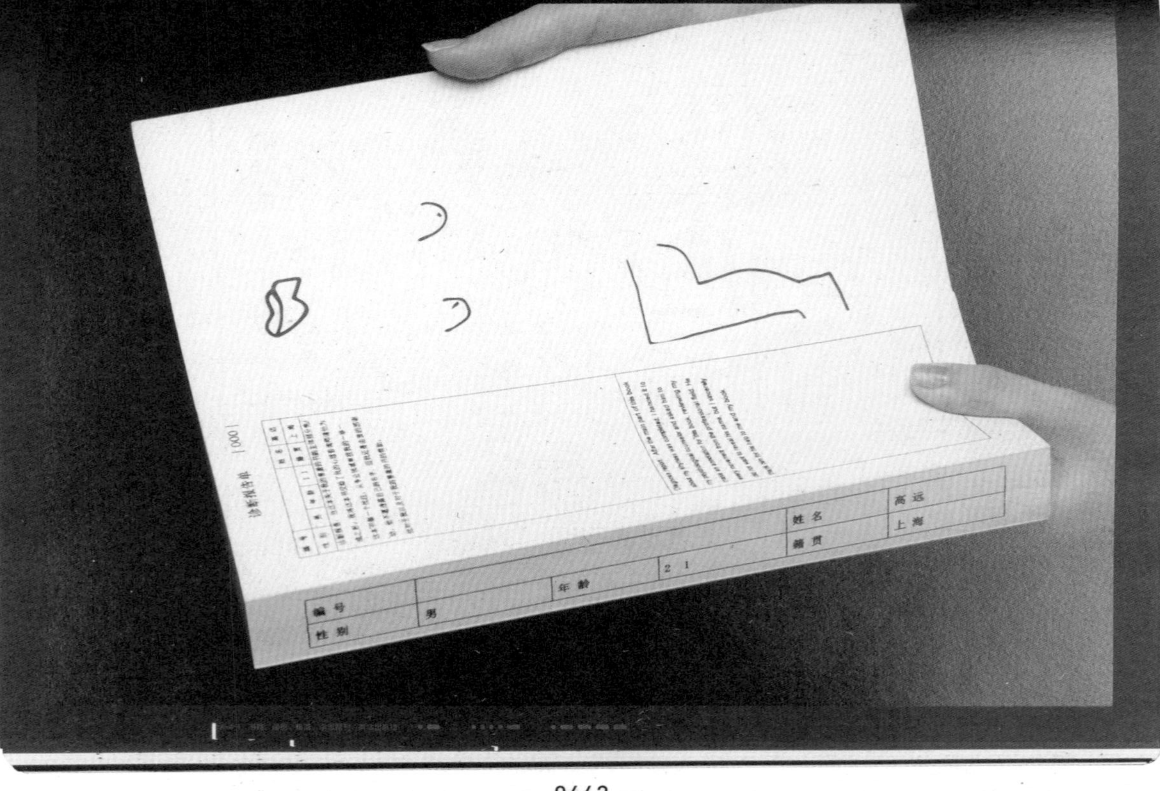
诊断报告单
000
Diagnosis report: After the main part of this book about my shyness was completed, I handed it to my psychological counselor and asked him to make an annotation for this book, reviewing my every movement from the professional field. He did not want to reveal his name, but I sincerely thank him for his help to me and my book.
编号
性别
男
年龄
2 1
姓名
籍贯
高远
上海

The book of shyness
害羞的书

这是一本关于我的害羞的书，是关于我的害羞的分析，也是关于社会，人类的，它也是我的自我陈述。最终，在这本书中我开始追寻我想要的东西。

This is a book about my shyness.I start to analyze my shyness at first, and then the society, the humanity, and myself. Finally, I start to seek what I want.

T 害羞的书 The book of shyness
D 高远 Gao Yuan

0210-022

亚洲铜 1984.10

亚　洲　铜，亚　洲　铜
祖父死在这里，父亲死在这里，我也将死在这里
你是唯一的一块埋人的地方

亚　洲　铜，亚　洲　铜
爱怀疑和爱飞翔的是鸟，淹没一切的是海水
你的主人却是青草，住在自己细小的腰上，守住野花的手掌和秘密

亚　洲　铜，亚　洲　铜
看见了吗？那两只白鸽子，它是屈原遗落在沙滩上的白鞋子
让我们——我们和河流一起，穿上它吧

亚　洲　铜，亚　洲　铜
击鼓之后，我们把在黑暗中跳舞的心脏叫作月亮
这月亮主要由你构成

打钟

1985.5

打钟的声音里皇帝在恋爱
一枝火焰里
　　　　　　皇帝在恋爱

恋爱，印满了红铜兵器的
神秘山谷
又有大鸟扑钟
三丈三尺　　　　　翅膀
三丈三尺　　　　　火焰

打钟的声音里皇帝在恋爱
打钟的黄脸汉子
吐了一口鲜血
打钟，打钟
一只神秘生物
头举黄金王冠
走于大野中央

"我是你爱人
我是你敌人的女儿
我是义军的女首领
对着铜镜
反复梦见火焰"

在昌平的孤独

1986

孤独是一只鱼筐
是鱼筐中的泉水
放在泉水中

孤独是泉水中睡着的鹿王
梦见的猎鹿人
就是那用鱼筐提水的人

以及其他的孤独
是柏木之舟中的两个儿子
和所有女儿，围着诗经桑麻沅湘木叶
在爱情中失败，
他们是鱼筐中的火苗
沉到水底

拉到岸上还是一只鱼筐
孤独不可言说

孤独是海子基本的生命状态，这跟他比较孤僻内向的性格有关，也跟他的生活方式、生活环境有关。海子大学毕业后被分配到京郊昌平教书，平时与外界少有来往，而他的诗歌创作与诗歌抱负在当时又很难得到人们的认可和理解，这种情形使海子陷入了自我封闭的孤独状态。这首诗取名为《在昌平的孤独》，就是对海子当时情绪与精神状态的真实记录。当然，普通人的孤独经验与一位诗人的孤独经验是存在差异的，这种差异便是诗人会在内心里将他的孤独经验转换成一系列的审美意象，进行美学意义上的升华，而普通人缺乏将孤独体验进行审美升华的冲动与能力。在这首表现孤独体验的短诗中，诗人设置了“鱼筐”这一核心意象来传达生命的空虚之感（“鱼筐”盛不下生命的泉水），围绕着“鱼筐”这一核心意象，诗人又设置了“鹿王”、“猎鹿人”、“儿子”、“女儿”、“火苗”等派生性的意象，分别表现了理想抱负的超越世俗（含有自恋成分），现实生活中爱情的挫折与心灵痛苦等情感内容。尽管诗篇中的意象比较奇诡，要想全部弄明白它的含义存在一定难度，但诗人巧妙地运用了重复、渲染的手法，给作品创造了整体的孤独情绪的氛围，达到了感染读者的效果。

感动

1986

早晨是一只花鹿
踩到我额上
世　界　多　么　好
山洞里的野花
顺着我的身子
　　　　一直烧到天亮
　　　　一直烧到洞外
世　界　多　么　好

而夜晚，那只花鹿
的主人，早已走入
土地深处，背靠树根
在转移一些
你根本无法看见的幸福
野花从地下
　　　　一直烧到地面

野花烧到你脸上
把你烧伤
世　界　多　么　好
早晨是山洞中
一只踩人的花鹿

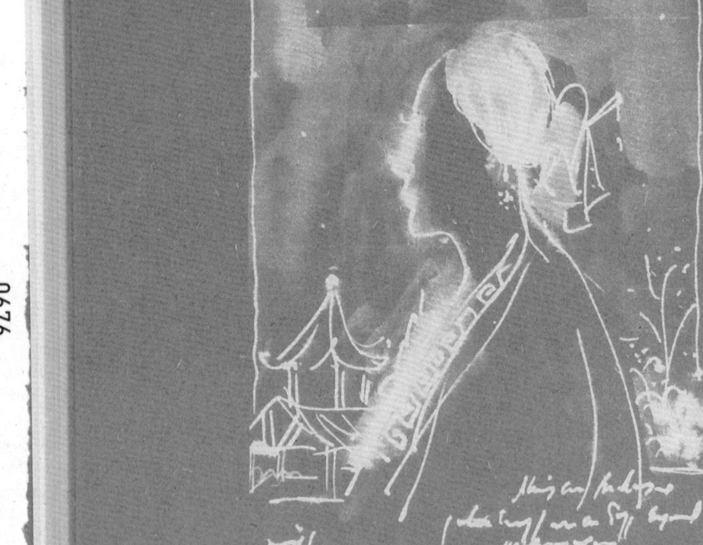

日出

——见于一个无比幸福的早晨的日出

1987.8.30 醉后早晨

　　在黑暗的尽头
　　太阳，扶着我站起来
我的身体像一个亲爱的祖国，血液流遍
我是一个完全幸福的人
我再也不会否认
我是一个完全的人我是一个无比幸福的人
我全身的黑暗因太阳升起而解除
我再也不会否认　天堂和国家的壮丽景色
和她的存在……在黑暗的尽头！

汉俳

1987

1. 河水

亡灵游荡的河
在过去我们有多少恐惧
只对你诉说

2. 王位上的诗人

还没剥开　羊皮举着火把
还没剥开　少女和母亲美丽的身体

3. 打麦黄昏，老年打麦者

在梨子树下
晚霞常驻

4. 草原上的死亡

在白色夜晚张开身子
我的脸儿，就像我自己圣洁的姐姐

在诗人海子那里，"家园"与"村庄"的含义是不一样的，前者是指一种物质化的实体，后者却是一种精神的隐喻。或者通俗一点说，海子笔下的"家园"基本上是指实实在在的村庄，是具体可感的，而他笔下的"村庄"已经成为象征意义上的"精神家园"，被抽象化了。从这首诗的标题来看，似乎这首诗存在一个"家园败毁"的真实故事背景。我们不妨作这样的理解，整首诗采用了直抒胸臆、自我省思的方式来表达诗人"重建家园"的信念。诗人在作品中宣扬了一种非常诚实而朴素的劳动观念："放弃沉思和智慧/如果不能带来麦粒/请对诚实的大地/保持缄默和你那幽暗的本性"，即反对缺乏实际用处的"智慧"和耽于"仰望天空"的冥思幻想，主张"双手劳动/慰藉心灵"。与海子在其他作品中喜欢采用色彩缤纷、丰富繁杂的意象手法相比较，此诗纯粹是运用"白描"手法（没有意象的装饰）写成的，然而由于诗人叙说语调的坦率与真诚，同样给作品带来了很强的艺术感染力。

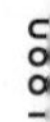

祖国［或以梦为马］ 1987

我要做远方的忠诚的儿子
和物质的短暂情人
和所有以梦为马的诗人一样
我不得不和烈士和小丑走在同一道路上

万人都要将火熄灭 我一人独将此火高高举起
此火为大 开花落英于神圣的祖国
和所有以梦为马的诗人一样
我藉此火得度一生的茫茫黑夜

此火为大 祖国的语言和乱石投筑的梁山城寨
以梦为上的敦煌——那七月也会寒冷的骨骼
如雪白的柴和坚硬的条条白雪 横放在众神之山
和所有以梦为马的诗人一样
我投入此火 这三者是囚禁我的灯盏 吐出光辉

万人都要从我刀口走过 去建筑祖国的语言
我甘愿一切从头开始
和所有以梦为马的诗人一样
我也愿将牢底坐穿

众神创造物中只有我最易朽 带着不可抗拒的死亡的速度
只有粮食是我珍爱 我将她紧紧抱住 抱住她 在故乡生儿育女

和 所 有 以 梦 为 马 的 诗 人 一 样
我也愿将自己埋葬在四周高高的山上 守望平静家园

面对大河我无限惭愧
我年华虚度 空有一身疲倦
和 所 有 以 梦 为 马 的 诗 人 一 样
岁月易逝 一滴不剩 水滴中有一匹马儿一命归天

千年后如若我再生于祖国的河岸
千年后我再次拥有中国的稻田 和周天子的雪山
天马踢踏
和 所 有 以 梦 为 马 的 诗 人 一 样
我选择永恒的事业

我的事业 就是要成为太阳的一生
他从古至今——"日"——他无比辉煌无比光明
和 所 有 以 梦 为 马 的 诗 人 一 样
最后我被黄昏的众神抬入不朽的太阳

太阳是我的名字
太阳是我的一生
太阳的山顶埋葬 诗歌的尸体——千年王国和我
骑着五千年凤凰和名字叫"马"的龙——我必将失败
但诗歌本身以太阳必将胜利

眺望北方

1987.7 草稿

1988.3 改

我在海边为什么却想到了你
不幸而美丽的人，我的命运
想起你　我在岩石上凿出窗户
　　　　眺望光明的七星
　　　　眺望北方和北方的七位女儿
在七月的大海上闪烁流火

为什么我用斧头饮水　饮血如水
　　　却用火热的嘴唇来眺望
　　　　用头颅上鲜红的嘴唇眺望远方
也许是因为双目失明

那么我就是一个盲目的诗人
在七月的最早几天
想起你　我今夜跑尽这空无一人的街道
明天，
　　　　　明天起来后我要重新做人
　　　　　我要成为宇宙的孩子、世纪的孩子
　　　　　挥霍我自己的青春
　　　　　然后放弃爱情的王位
　　　　　　去做铁石心肠的船长

走遍一座座喧闹的都市

我很难梦见什么

除了那第一个七月，永远的七月

七月是黄金的季节啊

当穷苦的人在渔港里领取工钱

我的七月萦绕着我，像那条爱我的孤单的蛇

——她将在痛楚苦涩的海水里度过一生

在海子为数不少的表现爱情主题的诗篇中，这首《晓望北方》显得风味独特，因为在其他爱情诗篇里，诗人通常都是通过一些意象或意象画面来抒发他内心的美好情感，而在《晓望北方》里他却采用了“叙事”的方式来表达爱情主题。诗人在此诗中基本上完整地叙述出了一个悲剧性的爱情故事：诗人爱上了一位北方女子，日夜痴情地“晓望北方”，然而由于命运的残酷（诗中说“或许是因为双目失明”），他最终只能怀着“放弃爱情的王位／去做铁石心肠的船长”的痛苦心情去“一座座喧闹的都市”流浪。不过，诗人在诗中所采取的叙事方式又显得非常特殊，它不是那种口语化、再现性的叙事，而是意象化、主观性的叙事。通俗一点说，诗人采用的叙事是与意象手法、抒情手法紧密结合的。比如，诗人在开篇这样叙述他对于那位北方女子的痴情：“我在海边却为什么想到了你／不幸而美丽的人　我的命运／想起你我在岩石上凿出窗户／晓望光明的七星”。由此见出，诗中的叙事与抒情密不可分，而且叙事是由于抒情的力量所推动的，这也是作品中的叙述带有那么浓厚的情感色彩的原因。此外，诗中的叙事还与意象手法相互交融。比如在诗的结尾，诗人叙述了爱情开始与结束的时间背景时（“七月是黄金的季节啊／当穷苦的人在渔港领取工钱”），随即便运用了“那条爱我的孤单的蛇”这一动人意象来表达诗人因失恋而产生的刻骨铭心的痛楚苦涩。由于与抒情、意象手法的有机结合，该诗的叙述既显得流畅连贯，又显得含蓄生动，极具新鲜、感人的艺术情调。

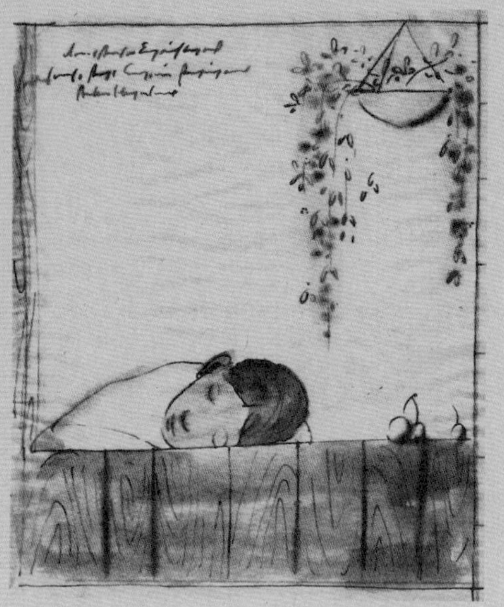

四行诗

1. 思念

像此刻的风
骤然吹起
我要抱着你
坐在酒杯中

2. 星

草原上的一滴泪
汇集了所有的愤怒和屈辱
泪水，走遍一切泪水
仍旧只是一滴

3. 哭泣

天鹅像我黑色的头发在湖水中燃烧
我要把你接进我的家乡
有两位天使放声悲歌
痛苦地拥抱在家乡屋顶上

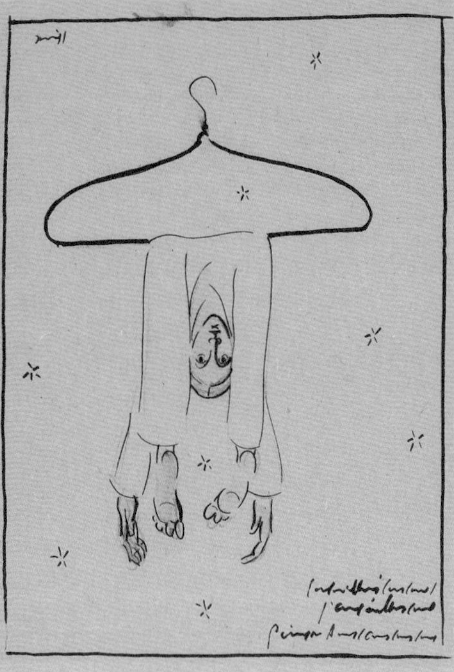

叙事诗

1989.1.17

——一个民间故事

有一个人深夜来投宿
这个旅店死气沉沉
形状十分吓人
远离了闹市中心

这里唯一的声音
是教堂的钟声
还有流经城市的河流
　　　　　　河流流水汩汩

河水的声音时而喧哗
时而寂静，听得见水上人家的声音
那是一个穷苦的渔民家庭
每日捕些半死的鱼虾，艰难度日

这人来到旅店门前
拉了一下旅店的门铃
　　　　　　　　但门铃是坏的
　　　　　　　　　　　　　　没有发出声音，一片寂静

这时他放下了背上的东西
高声叫喊了三声

店里走出店主人
一身黑衣服活像一个幽灵

这幽灵手持烛火
话也说不太清
他说：　　　　　　　　“客人，你要住宿
　　　　　　　　　　我这里可好久没有住人”

客人说：“为什么
　　　　　　这里好久没有住人”
主人说：“也许是太偏僻
　　　　　　　　况且这里还不太平”

“没关系”，那人血气方刚
嗓门洪亮，一听就是个年轻人
说：“主人，快烧水做饭
　　　　　　　　今夜我要早早安顿”

店主人眨着双眼
把客人引入门厅
房子又黑又破
　　　　听得见大河的涛声

河面上吹来的风
　　　　　吹熄了主人手上的蜡烛

他走进里面
把客人留在黑暗中

伸手不见五指
客人等了又等
还是不见主人
他高声叫喊：　　　　　　“主人！主人！”

没人答应
他摸黑走向里屋
　　　　　　一路跌跌撞撞
　　　　　　这屋里乱七八糟，黑咕隆咚

屋子里发出声音
他在窗台上摸到一盏灯
　　　　　　　　　举起来晃了晃，灯里面没有油
他又将灯放回原处

他推开窗户
河水的气味迎面而来
他稍微停顿一下
站在那里发愣

但他还是心神不宁
借河面上渔船的灯光点点

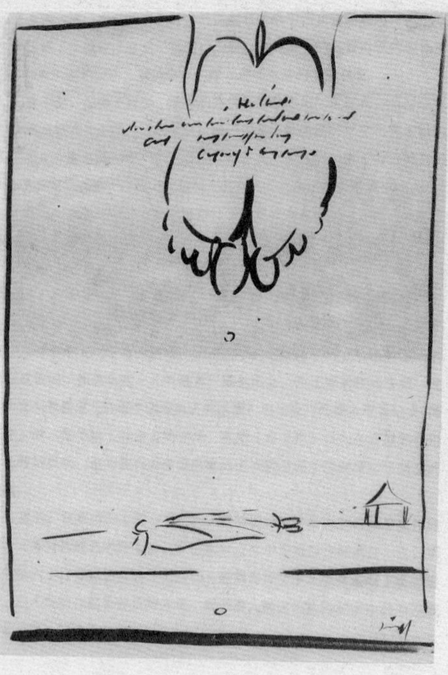

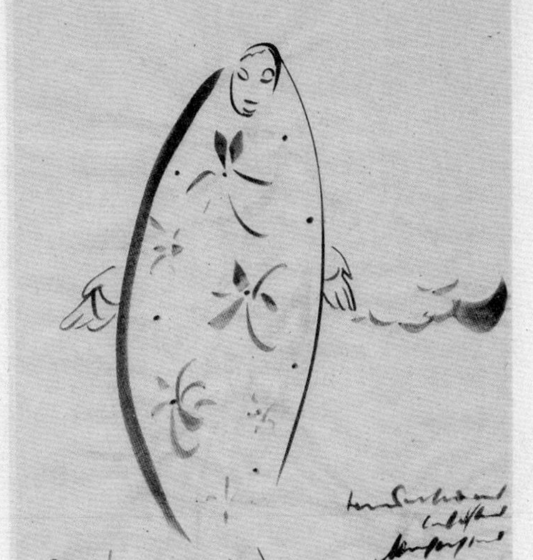

目录 CONTENTS

INFORMATION ON THE 1ST-8TH NATIONAL EXHIBITION OF BOOK DESIGN

第 1 - 8 届信息

第一届全国书籍装帧艺术展览

1

1959.4

北京

1200

中华人民共和国文化部
中国美术家协会

500

60

4

为展示新中国成立以来出版业的成就，由中华人民共和国文化部、中国美术家协会联合举办了第一届全国书籍装帧艺术展览。本届展览共收到送选图书设计艺术作品等 1200 余件，并从中评选出 500 余件书籍设计艺术作品和 60 余件插图艺术作品参加同年在德国莱比锡举办的国际书籍艺术博览会的比赛。其中 4 件书籍设计艺术作品荣获德国莱比锡国际书籍艺术博览会比赛的金质奖章。

第二届全国书籍装帧艺术展览

1979.3

北京

国家出版事业管理局
中国美术家协会

2

本届展览有来自82家出版社的书籍和设计图稿参与展出，共1100余件。1976年以来出版（包括重版）的书籍占整个参展书籍的绝大部分。在本届展览中，有61件展品分别被评选为整体设计、封面设计、插图、印刷装订的优秀作品。

1100

82

61

第 三 届 全 国 书 籍 装 帧 艺 术 展 览

1986.3

北京

中国出版工作者协会
中国美术家协会

本届全国书籍装帧艺术展览，中国出版工作者协会和中国美术家协会联合举办。共评出获奖作品 129 件，其中整体设计奖 2 件，封面设计奖 110 件，版式设计奖 3 件，插图创作奖 14 件，荣誉奖 10 件。

3

129

110

2

3

14

10

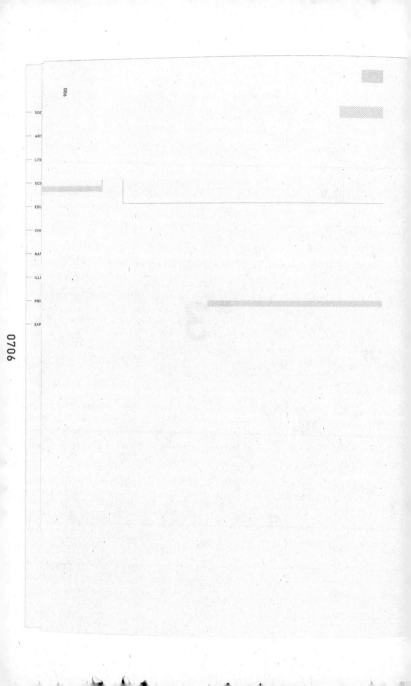

4

第四届全国书籍装帧艺术展览

1995.11

北京

1500

中国新闻出版署主管
中国出版工作者协会
中国美术家协会

28

92

本届展览汇集了从1986年至1995年近10年的优秀作品，展示了我国当时书籍装帧艺术的最新水平。共有1500件作品参加展出，其中包括书籍封面、版式、整体设计、插图。从这些作品中评出一等奖28件、二等奖92件、三等奖180件。从本届展览开始，以《老房子》《动物园的内幕》《民间剪纸精品赏析》以及《接骨学》等为代表的书籍整体设计作品受到广泛关注，设计者所提出的书籍整体设计理念逐步为人们所接受，并开始影响到之后的书籍设计发展潮流。

180

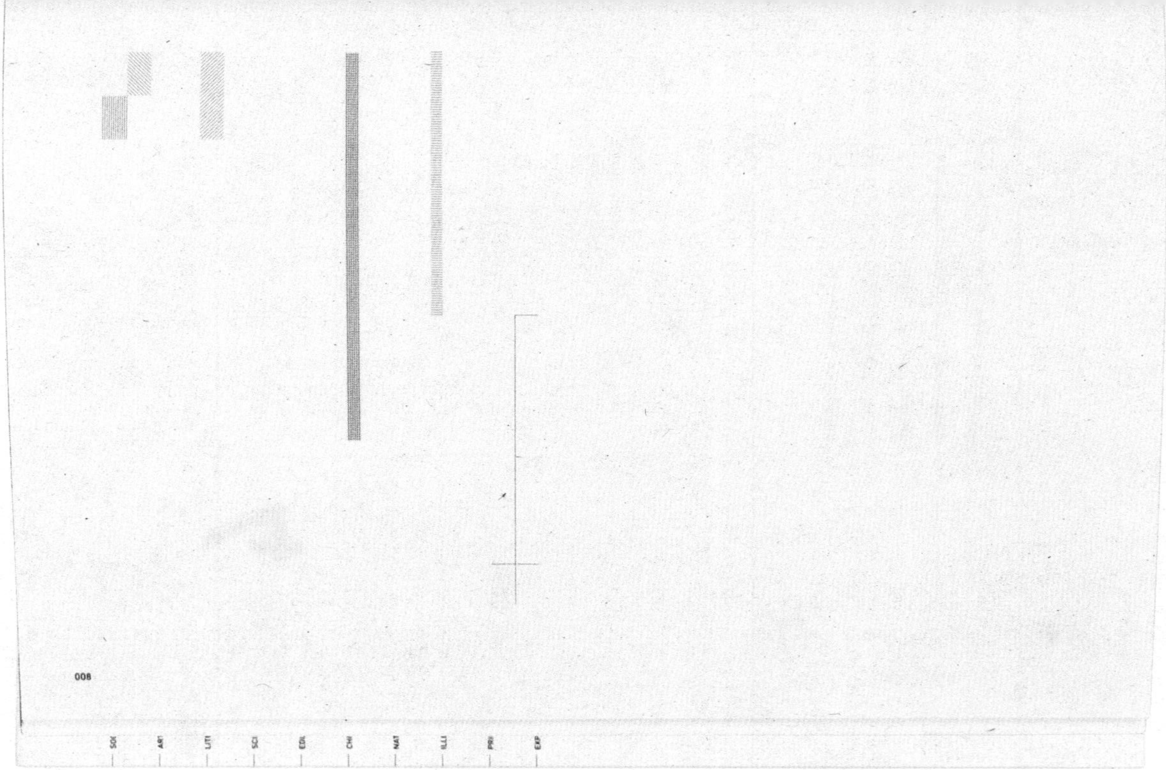

800

SOC
ART
LIT
SCI
EDU
CHI
NAT
ILLU
PRI
EXP

1999.10

5

31

北京

中国新闻出版署主管
中国出版工作者协会
中国美术家协会

本届展览的作品是从全国各省市自治区、中央各部门装帧艺术委员会、全国大学装帧艺术委员会等31个分展场选送的优秀作品共1200件。经评选，评出金奖16件、银奖42件、铜奖71件。本届展览书籍整体设计作品数量比上届展览明显增多，在16件金奖作品中，整体设计占10件之多，超越了往届，显示出书籍整体设计理念正在不断得到人们认可。

16

1200

42

71

10

SOC
ART
LITE
SCI
EDU
CHI
NAT
ILLU
PRI
EXP

第六届全国书籍装帧艺术展览

2004.12

北京

中国新闻出版总署主管
中国出版工作者协会
中国美术家协会

2500

248

6

24

第六届全国书籍装帧艺术展览共收到作品 2500 余件，包括大专院校师生送来近百件教学作品，部分印刷企业也送来了参评“印刷工艺奖”的书籍成品。终评工作按组委会规定以收件作品数量的 10%的比例评出金银铜奖。奖项按国家图书奖的分类方法评选出整体设计、封面设计、版式设计、插图等项目；并对非正规出版物、教学成果作品评出“探索奖”，对优异的印刷品评出“工艺奖”。本届展览共评出金银铜奖 248 件，工艺奖 24 件和探索奖 31 件。评出论文金、银、铜奖 55 篇。期间，在北京人民大会堂举行了隆重的颁奖仪式。全国书籍装帧艺术展览经中共中央办公厅、国务院办公厅正式批准为国家级综合性艺术大展。

本届展览体现出中国的书籍设计艺术整体水平有了很大提高。表现在以下几个方面：书籍整体设计概念增强；观念创新开拓思路；尊重书卷文化和中国本土审美意识的回归；阅读是书籍设计的终极目的，强化功能中体现书籍美感；关注物化书籍的纸材、工艺之美；设计体制多元化，推动中国书籍设计艺术发展。

31

55

第七届全国书籍设计艺术展览

2009.10

北京

2009 年 5 月，第三届中国出版工作者协会装帧艺术工作委员会成立，并承办了第七届全国书籍设计艺术展。为适应书籍艺术的发展趋势，体现书籍设计理念的更新及内涵的扩展，从本届展览起，全国书籍装帧展正式更名为：全国书籍设计艺术展览。

第七届展事受到全国各地出版单位、美术编辑、书籍设计师、设计工作室、印刷业、纸业等的踊跃参与和大力支持。在短短的几个月收到参评的设计作品 2000 余件，论文 100 余篇。评审来自全国业内著名书籍设计家、资深出版人、理论研究学者印制专家，经过初评和终评两个阶段认真严格的评审，根据不同门类（社科、文学、科技、少儿、艺术、教材、辞书、民族等出版物，插图、探索、印装、用材等选项），评出最佳设计 97 件、优秀设计 382 件，入选设计 477 件。评出最佳论文 8 篇，优秀论文 36 篇和百家优秀书籍设计出版单位。

中国出版工作者协会

中国出版协会装帧艺术工作委员会

国家大剧院

雅昌企业集团

“开拓创新”是本届展览的核心追求，在展览组织和评判方面有新的视点。

过去对装帧过多地关注封面设计而忽略了整体的概念，在判断方面把封面和版式进行了切割。如今，要求设计师要注重内容的传达和整体的视觉表现，那就是应该将书籍设计看作一个整体来判断良莠好坏。

通过展评活动，对设计师在市场与文化需求方面探求阅读功能与艺术表现的切入点，关心艺术与技术的结合，认识纸张特性和印制工艺的表现力有了新的思考。对提倡“书籍设计”的概念，要求设计者通过书籍整体设计过程，掌握信息传递的主导性认识，学会从装帧到排版设计的过程，再掌握信息编辑的控制能力，对将书籍设计建设成为一个独立的造型艺术门类或体系有了一个全新的认知，这确实是时代和专业发展的需要。

提倡“书籍设计”概念，推进人们对书籍艺术的特质和功能以及书籍设计语言的认知，改变出版观念相对滞后的现状，并由此观念延伸到社会，传达给作者、出版者、编辑者、售书者以及读者，从而提升受众对书籍艺术的欣赏品位和价值认知，对于设计者来说在原装帧概念上扩大了设计范围，增加了工作强度和责任，更要求设计师提升自身学识、修养以及综合艺术学科的全方位水平，这正是举办七展活动的宗旨。

2000

100

97

382

477

8

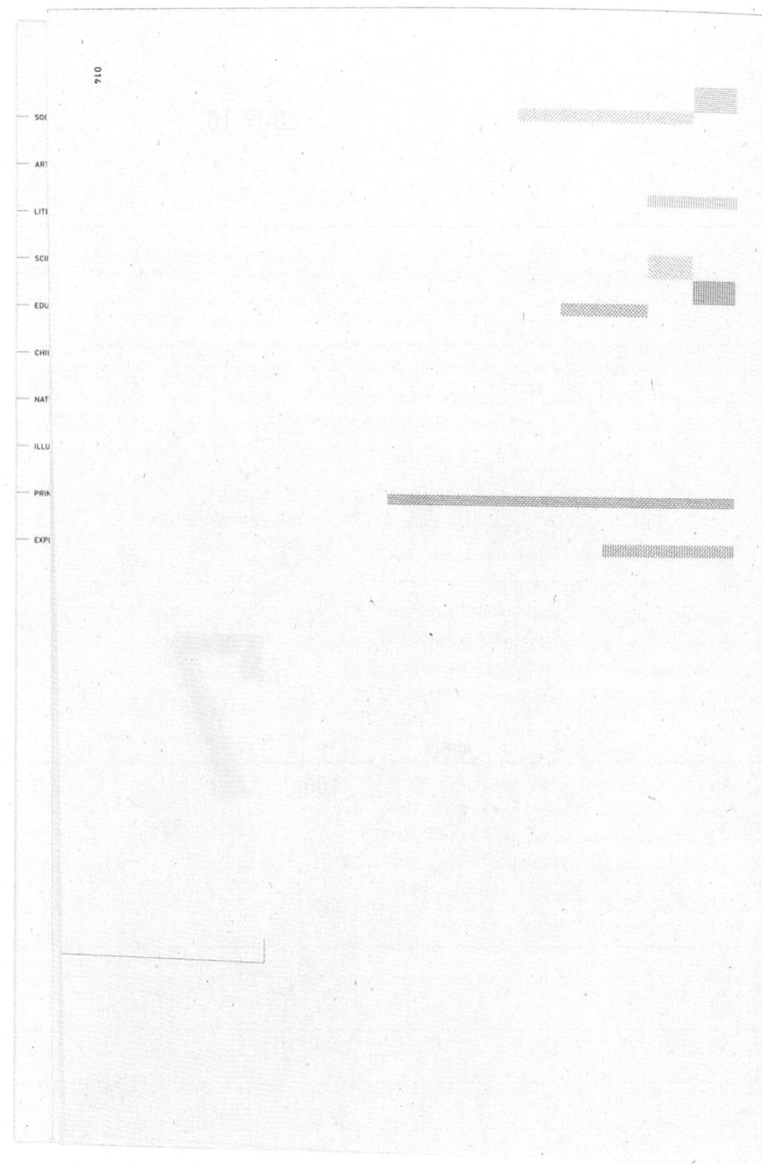

第八届全国书籍设计艺术展览

2013.12

深圳

中国新闻出版总署主管
中国出版协会
中国美术家协会
中共深圳市委宣传部

2013年岁末迎新之际，第八届全国书籍设计艺术展览经过数年的努力，终于在美丽的南国书香之城——深圳的关山月美术馆如期举行。书籍设计从业者带着对书籍艺术的一份爱汇聚在一起。这是一次做书人、读书人、爱书人书韵华风的盛会，是同行们珍视的又一次相互切磋沟通的机会，热衷的又一回观念、技艺交流竞研的聚会。本届展览总参赛作品共计3051件，总入围作品有716件，共评出优异奖270件、佳作46件和最佳15件，参评量超过以往的任何一届，显现出中国书籍设计人的创作热情和设计的温度。

3051

716

8

15

纵观本次参评书，水平有了新的提升，许多设计者以编辑设计观念注入书的整体设计，既赋予文本更生动的传达力，又体现阅读性的设计本质；设计语言既饱含东方韵味的中国风，又吻合时代特征的当下性语境，设计工学既关注内容叙述的逻辑合理性，又强调印制工艺的功能性和物化细节……其中不乏可圈可点的优秀佳作。而以往的弱项，如科技类、教育类、少儿类，还有插图均有打动人的好作品，令人欣喜的是更多的新人和年轻设计者的参与。不同的门类都可视为一个不同的“世界”，然而其间的知识语言、视觉语言、设计语言是一个休戚相关、密不可分的广垠世界。设计师们已意识到将装帧、插图、书衣、版面等孤立地运作已远远脱离信息传媒的时代需求，深得学会各类跨界知识的交互应用，必须提升本人专业层面的认知维度，并大大扩展创意的广度与深度的重要意义，不然无法面对书籍的未来。

46

270

INFORMATION ON THE 9TH NATIONAL EXHIBITION OF BOOK DESIGN

第9届信息

第九届全国书籍设计艺术展览

2018.10

南京

中国出版协会
中国出版协会装帧艺术工作委员会
中共南京市委宣传部
南京出版传媒集团
南京市文化广电新闻出版局

9

全国书籍设计艺术展览从1959年一路走来至2013年已连续举办了八届。今年，我们又迎来第九届全国书籍设计艺术展览。

变化

设立全国书籍设计艺术展全场大奖 / 鼓励个性与原创
设立评审奖 / 将评委的喜好与评价标准晒出来
首次引入国际评委 / 设计无界，彻底融入书籍设计的国际潮流
开办国际评委讲座 / 听到不同文化背景的设计师对书籍设计未来的思考，看到他们的设计实践

“全国书籍设计艺术展览”是书籍设计的国家级专业赛事。回溯这八届展览，我们即可以大致看到中国书籍设计近60年来所走过的历程，又可以感受到一代又一代书籍设计师对书籍形态、阅读功能、设计语汇所进行的不懈探索，还可以从中管窥中国书籍设计的发展路径与未来方向。

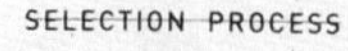

SELECTION PROCESS

评选过程

THE TOP THREE WINNERS

个人获奖总数前三

张志奇 / 张志奇工作室	8
周伟伟	7
潘焰荣	6

JURY

评选委员会

蔡仕伟	Cai Shiwei
陈　楠	Chen Nan
符晓笛	Fu Xiaodi
韩家英	Han Jiaying
何　君	He Jun
何　明	He Ming
洪　卫	Hong Wei
何见平	Jumping He
刘春杰	Liu Chunjie
刘晓翔	Liu Xiaoxiang
刘运来	Liu Yunlai
吕敬人	Lü Jingren
帕特里克·托马斯	Patrick Thomas
里克·贝斯·贝克	Rik Bas Backer
宋协伟	Song Xiewei
汪家明	Wang Jiaming
吴　勇	Wu Yong
项晓宁	Xiang Xiaoning
小马哥	Xiaomage
张志伟	Zhang Zhiwei
赵　清	Zhao Qing
朱赢椿	Zhu Yingchun

GRAND PRIZE

XIAOMAGE

小马哥

设计师
国际平面设计联盟 (AGI) 会员
中国青年出版社编辑

1996－2000 年，就读于清华大学美术学院平面设计系。

获得奖项：2004 年，北京第六届全国书籍装帧设计展览金奖；2007 年，深圳 GDC 全场大奖、形象识别类金奖、出版物类金奖；2008 年，纽约第 87 届 ADC 银方块奖；2009 年，北京第七届全国书籍装帧设计展最佳设计奖（两项），中国香港设计师协会亚洲设计大奖银奖，深圳 GDC 金奖；2010 年，纽约第 89 届 ADC 铜方块奖（两项）；2011 年，莱比锡"世界最美的书"奖；2014 年，莱比锡"世界最美的书"奖；2015 年，纽约 The One Show 铜铅笔奖；2006－2016 年，上海"中国最美的书"奖（多项）；2017 年，纽约 The One Show 金铅笔奖，纽约第 96 届 ADC 银方块奖，北京第 4 届中国出版政府奖设计奖。

参加展览：2007 年，北京、上海"大声展"，深圳"X 提名展"；2008 年，中国香港、广州、成都"70/80 设计展"；2009 年，伦敦 AA 建筑学院"形式调查：建筑与平面设计"邀请展，北京"ICOGRADA（国际平面设计协会联合会）世界平面设计大会——文字北京 09 展"；2011 年，首尔国际设计双年展，北京国际设计三年展；2012 年，东京"书・筑——中日韩三国建筑设计师＋平面设计师联合创作邀请展"，首尔"纸张想象之路"设计展；2013 年，首尔国际设计双年展，广州设计个展"制书者"；2013－2014 年，日本大阪、中国香港"字之旅——亚洲新锐设计师邀请展"；2016 年，第 27 届捷克布尔诺双年展"研究室项目"，埃森"图文——中国当代平面设计德国展"；2018 年，京都《IDEA》"GRAPHIC WEST"主题展。

ZHANG ZHIWEI

张志伟

中央民族大学美术学院教授、博士生导师，视觉传达设计系主任
中国出版协会书籍设计艺术委员会副主任

设计作品获奖：《梅兰芳藏戏曲史料图画集》书籍设计获2004年德国莱比锡“世界最美的书”金奖；《汉藏交融：金铜佛像集萃》获第二届中国出版政府奖装帧设计奖；《7+2登山日记》《静静的山》书籍设计分获第三届、第四届中国出版政府奖装帧设计提名奖；《诸子精华集成》书籍设计获第四届全国装帧设计展银奖；《世界名画家全集》《女作家影记》书籍设计获第五届全国装帧设计展铜奖；《散花》书籍设计获第七届全国装帧设计展文学类最佳设计奖；《中国民间剪纸集成——蔚县卷》书籍设计获第十八届香港印制大奖全场金奖，《天朝衣冠》《绣珍》分获第二十届、第二十八届中国香港印制大奖精装书设计印制冠军奖；书籍设计多次获得“中国最美的书”奖；海报设计和文创产品设计曾多次参加国内外展览。

FU XIAODI

符晓笛

评审奖

原田进：设计品牌

曲闵民＋蒋茜

《原田进：设计品牌》是日本设计师原田进先生通过他在日本的品牌实战经验整理出来的一本品牌学基础理论书籍。该书的设计师运用编辑设计划分出每篇文章的重点、中文注释、英文翻译等多个信息层级，从视觉上打破了传统理论书籍带给读者的阅读体验。正文使用多种排版方式，通过空间与节奏的变化，使文本阅读产生了多样独特的趣味性。设计者根据书的内容绘制了许多信息图表，更加直观地引导读者了解内容。全书“红与黑”的双色运用既简洁又具现代感。

HAN JIAYING

韩家英

评审奖

英韵《三字经》(插图本)

张志奇

《英韵〈三字经〉(插图本)》可以成为用当代语境表达中国传统文化的一个不错的路径。设计用了比较干净简洁的手法与排版，给人赏心悦目的感觉，让人一看就能对中国文化产生亲近感。本书的插图运用了非常现代、有创意的手法，用一些碎纸片做成了各种造型，并且跟内容形成了关联。装订、工艺、材料上没有特别夸张的表现，但在用心做每一个插图的时候做出了自己的创作风格，也衬托了文字内容和文学美感。插图的手法以及三字经的内容本身，能够给我带来非常舒适的感觉，给我想去阅读的欲望。希望在未来中国书籍的设计上面大家多做深耕细作的工作，对书的本质、本源做出具有建设性的表达。

赵彦春国学经典英译系列

赵彦春 译·注

英韵《三字经》

Three Word Primer in English Rhyme

(插图本)

With Illustrations

高等教育出版社

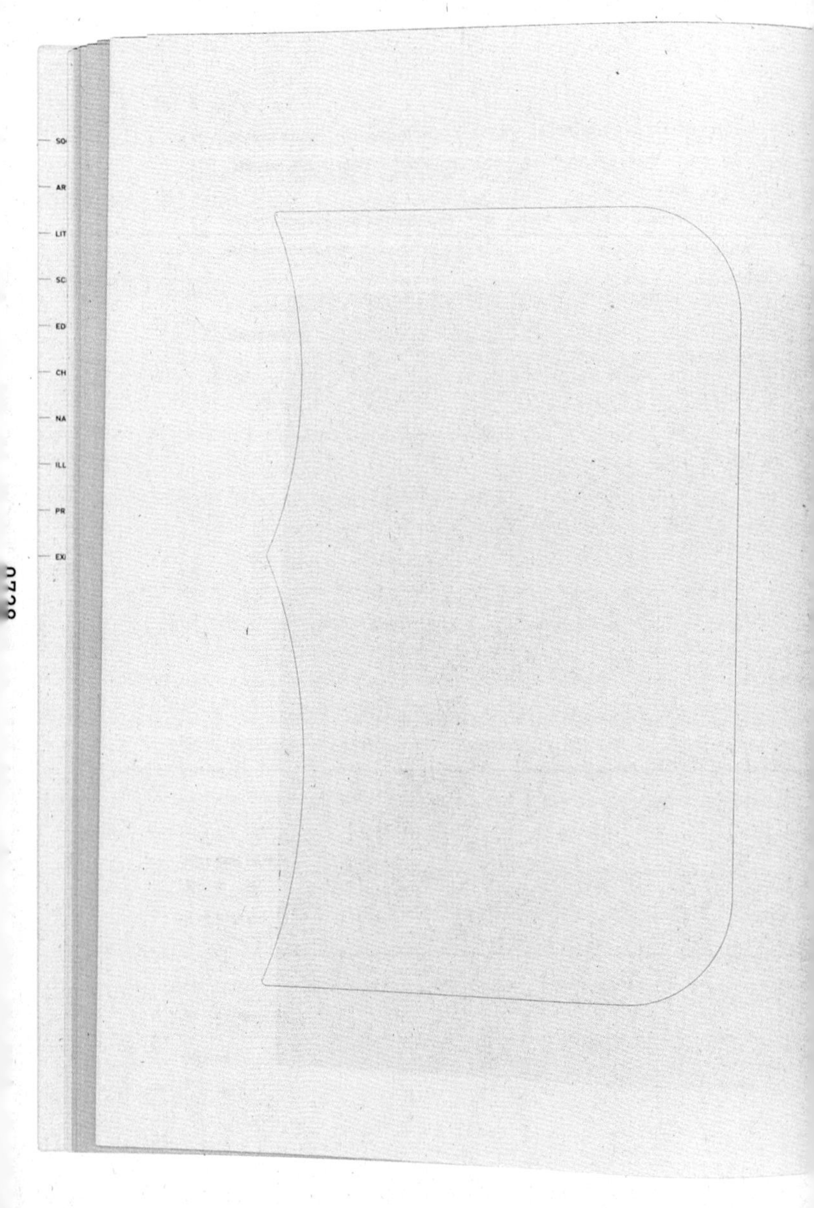

A

SOCIAL SCIENCES

社科类

SOCIA
ARTS
LITER
SCIEN
EDUC
CHILI
NATI
ILLU
PRIN
EXPI

A

GOLD AWARD

金奖

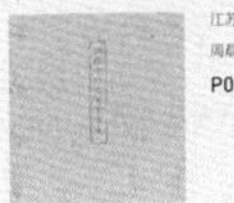

江苏老行当百业写真

周晨

P082

电影史

周伟伟

P088

园冶注释（第二版）重排本

张悟静

P094

SILVER AWARD

银奖

BRONZE AWARD
铜奖

农耕档案
——1949-1979 东莞农耕史实
莫广平 + 曾斌 + 林锦华
P124

造物：改变世界的万物图典
typo_d
P126

大桥
袁小山 + 陈辉
P116

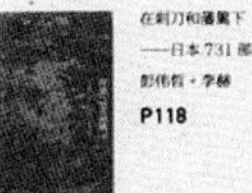

在刺刀和瘟疫下
——日本 731 部队的秘密
彭伟哲 + 李赫
P118

COSMOS IS CALLING
大宇宙 gogo

大宇宙
typo_d
P128

导演的控制：
从剧本《不法之徒》到电影《烈日灼心》
奇文云海 · 设计顾问
P120

[illegible]：夏伊勒的二十世纪之旅
周伟伟
P122

鲁迅藏浮世绘图集（珍藏版）
穆立国
P130

A SOCIAL SCIENCES

B ARTS

C LITERATURE

D SCIENCE AND TECHNOLOGY

E EDUCATION

F CHILDREN

G NATION

H ILLUSTRATION

I PRINT

J EXPLORATION

SOCIAL SCIENCES

社科类

作　品

A
B
C
D
E
F
G
H
I
J

设计师就是本书的选题策划者。书稿由长期关注老行当的摄影家与作家合作完成。摄影作者的老行当专题，曾获联
教科文组织国际民俗摄影“人类贡献奖”。依据行当特点及旧时传统，体例设计将江苏的老行当分为衣饰、饮馔、居室、服侍、
坊艺、工艺、游艺八类。受古籍毛装本启示，以纸钉方式敲击固定。四面采用特殊工具拉毛，与毛装本整体相协调。内页纸张
主次分明，黑白与彩色相间，主体部分为一款仿古土工纸，颜色和质感烘托主题。经史料研究考证，创意重现了逐渐消亡的中
代数字系统——“苏州码子”。“苏州码子”脱胎于南宋的算筹，简便、快捷、易记，曾在民间各行各业交往中广泛使用。本书
传神，塑造民间气质，是一部致敬匠心的作品。

江苏老行当百业写真
–
周晨
–
江苏凤凰教育出版社
–
280×285mm
|
648p
|
1846g

庞茂琨：朋友圈的 100 面孔

谭璜

重庆出版社

143×216mm

582g

以"纸上端砚博物馆"概念为设计核心，多维度地展现了端砚的起源、特点及收藏、观赏价值。大8开M形折叠页和多种尺寸的面以及非常薄的纸张，包括16kg的重量，挑战了印刷和装订的工艺难度。

黑色书盒用三方端砚构成设计主体，采用不同工艺形成砚池、水、墨等意向，坚固的亚麻布封面是书盒设计理念的延展。

《纸上端砚》产品采用富士樱花纸张+无水印刷工艺印制，富士樱花纸张是非涂布纸，吸墨性较强，无水印刷工艺较普通胶印可排水的因素，避免纸张吸水造成收缩变形，导致套印不准，同时可保证印刷网点油墨饱满，图文色彩鲜艳光亮，实地黑的墨色结实有力，有利突出端砚的细腻温润和光泽。

无水印刷的网点扩散小、网点边缘平滑，有利于突出端砚雕琢物的立体感，提高端砚本身的细小花纹的表现力，细节层次能够真实现。无水印刷的墨色稳定，不易"干褪"印刷品可长期保存。

本书装帧难度很高，从内至外，无一不凸显工匠精髓。外壳为粗麻材料，烫黑漆片难以烫实，更何况大面积反烫形式，经过多次不形式测试，最终采用先丝印黑色特制油墨，再进行烫黑，保证很久不脱落。而内文共达48个M形折叠方式，全部采用刀线形式压线，再全工折页方式，公差必须控制在0.5mm以内。为保证前口平齐，设计专门模具，使质量得到控制。本书书芯厚度达60mm、重量16kg，特用书脊钻孔、穿绳形式固定，并在孔间放入纸屑，填满，使其更加固定，紧实，保证翻阅不松动。

纸上端砚博物馆

北京雅昌艺术印刷有限公司

广东教育出版社

300×425mm

1076p

16000g

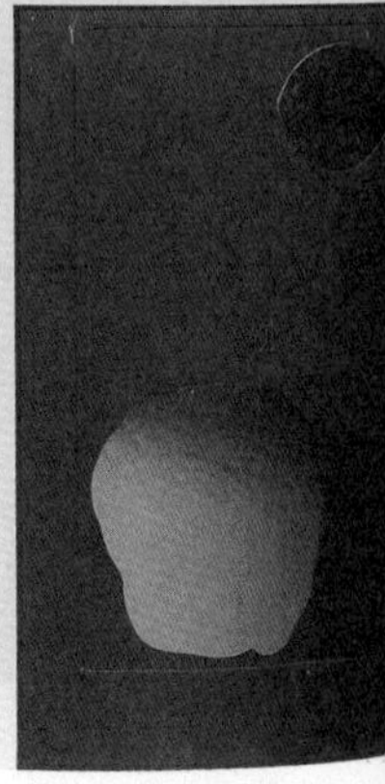

0743

社科类 SOCIAL SCIENCES	书名 BOOK NAME	设计者 DESIGNER	出版单位 PUBLISHER
	字绘上海	张岩	湖北美术出版社
	字绘武汉 . 典藏版	何轩	湖北美术出版社
	字绘台湾	李一鑫	湖北美术出版社
	步枪之王 AK— 47：俄罗斯的象征	马宁	社会科学文献出版社
	鼓浪屿百年影像	文化设计工作室 / 张文化 + 赵榕榕 + 陈彦霖 + 蔡信弘	厦门大学出版社
	全图本茶经	张志奇工作室	中国农业出版社
	秦顺历史人物	陈天佑	中国民族摄影艺术出版社
	博望志——另一块砖	气和宇宙	广西师范大学出版社
	中国年轮：从立春到大寒	韩以晨 + 马力	宁波出版社
	椿园笔记	王萌	海天出版社
	小家，越住越大	门乃婷工作室	中信出版社
	美学史：从古希腊到当代	王凌波	高等教育出版社
	另眼观法	伍毓泉	经济管理出版社
	小舒请教 1 贵州文化名人访谈录	刘津	贵州人民出版社
	勒·柯布西耶：元素之融合	张申申 + 李莜溪	天津大学出版社
	启航：南湖基金小镇发展报告	正在设计 + 伍毓泉	经济管理出版社
	眼泪与圣徒	李明轩	商务印书馆
	发现之旅 · 博物之旅 · 探险之旅	李明轩	商务印书馆
	我们去美术馆吧！	@broussaille 私制	北京联合出版公司
	步客口袋书 · 通识系列	奇文云海 · 设计顾问	外语教学与研究出版社
	步客口袋书 · 博物系列	奇文云海 · 设计顾问	外语教学与研究出版社
	场域 · 黄建成设计	王猛 + 张而旻 + 张海棠 + 陈新 + 谢俊平	湖南人民出版社
	建筑师唐葆亨	黄晓飞 + 刘枝忠	中国林业出版社
	母乳喂养零基础攻略——红房子国际认证哺乳专家为你支招	杨静	上海科技教育出版社
	侨日瞰日丛书	李宁	中国法制出版社
	安徽省地图集 . 2015	叶超	中国地图出版社
	共产党宣言、资本论（纪念版）	肖辉 + 王欢欢 + 林芝玉 + 周方亚 + 汪莹	人民出版社
	联合国教科文组织吴哥古迹国际保护行动研究	王小松 + 程晨 + 黄雪	浙江大学出版社
	苏韵流芳	郭凡	译林出版社
	纽约寻书 + 猎书家的假日 + 我在德国淘旧书	乔智炜	法律出版社

书名 BOOK NAME	设计者 DESIGNER	出版单位 PUBLISHER
从传统到现在	汪奇峰	法律出版社
世界记忆名录：南京大屠杀档案	王俊	南京出版社
纪念世界反法西斯战争胜利 70 周年系列	王俊	南京出版社
中国人的二十四节气	今亮后生	化学工业出版社
微醺手绘	今亮后生	中信出版社
厨房里的人类学家	鲁明静	广西师范大学出版社
居伊·德波：遭遇景观	周伟伟	南京大学出版社
物种起源·插图收藏版	周伟伟	译林出版社
风格不朽：绅士着装的历史与守则	周伟伟	重庆大学出版社
埃德蒙·伯克评传	黄婧昉	上海社会科学院出版社
你，会回来吗?	黄婧昉	上海社会科学院出版社
大美摩崖，徂徕山篇	武斌	山东人民出版社
内衣课	鲁明静	中信出版社
诗性 当代江南乡村景观设计与文化理路	徐成钢	中国美术学院出版社
古文字读本丛书	徐慧	凤凰出版社
园冶	张悟静	中国建筑工业出版社
丝绸之路全史	晓笛设计工作室 / 舒刚卫 + 刘清霞 + 王萌	辽宁教育出版社
征服海洋 + 钢铁之路	渡非	中信出版社
瘟疫与人	渡非	中信出版社
极端的年代：1941-1991	渡非	中信出版社
太阳底下的新鲜事	渡非	中信出版社
茶之路	李炜平	广西师范大学出版社
30 年 300 本书	姚明聚	广西师范大学出版社
无常素描——追忆基耶斯洛夫斯基	林林 + 李浩丽	广西师范大学出版社
知·道：石窟里的中国道教	广大迅风艺术 + 徐俊霞	广西师范大学出版社
真相：永不褪色的国家记忆	typo_d	重庆出版社
传统节日的故事	王海涛	山东美术出版社
方氏墨谱 + 唐诗画谱 + 宋词画谱 + 竹谱详录	王芳	山东画报出版社
姑苏食话	王芳	山东画报出版社
樗下读庄 + 老子演义	王芳	山东画报出版社

0242-025

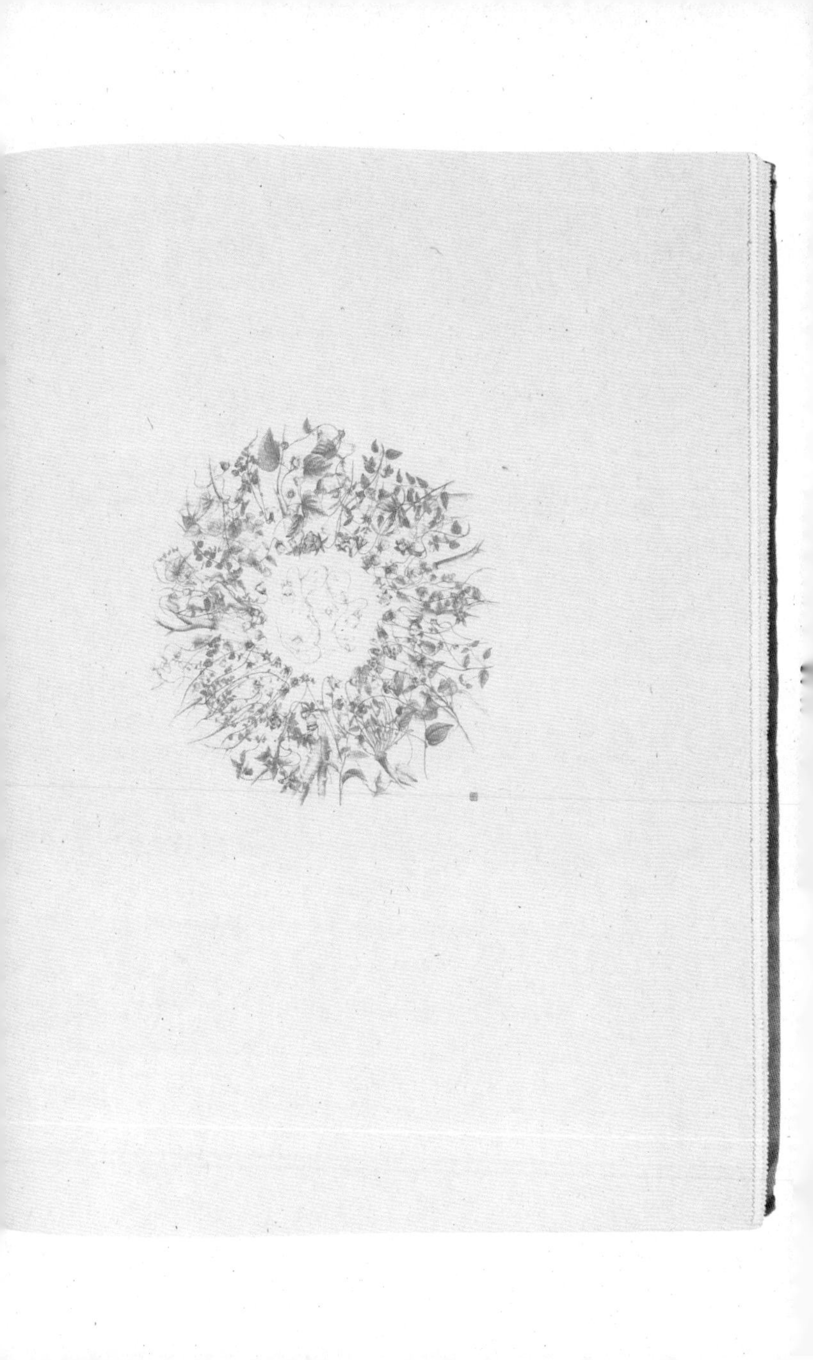

芳华修远

第19届国际植物学大会植物艺术画展画集

第19届国际植物学大会组织委员会
深圳市中国科学院仙湖植物园
编著

江苏凤凰科学技术出版社

Walking the Path to Eternal Fragrance

Catalog of the XIX IBC Botanical Art Exhibition

Compiled by
The XIX IBC Organizing Committee
Shenzhen Fairy Lake Botanical Garden of the Chinese Academy of Sciences

Phoenix Science Press

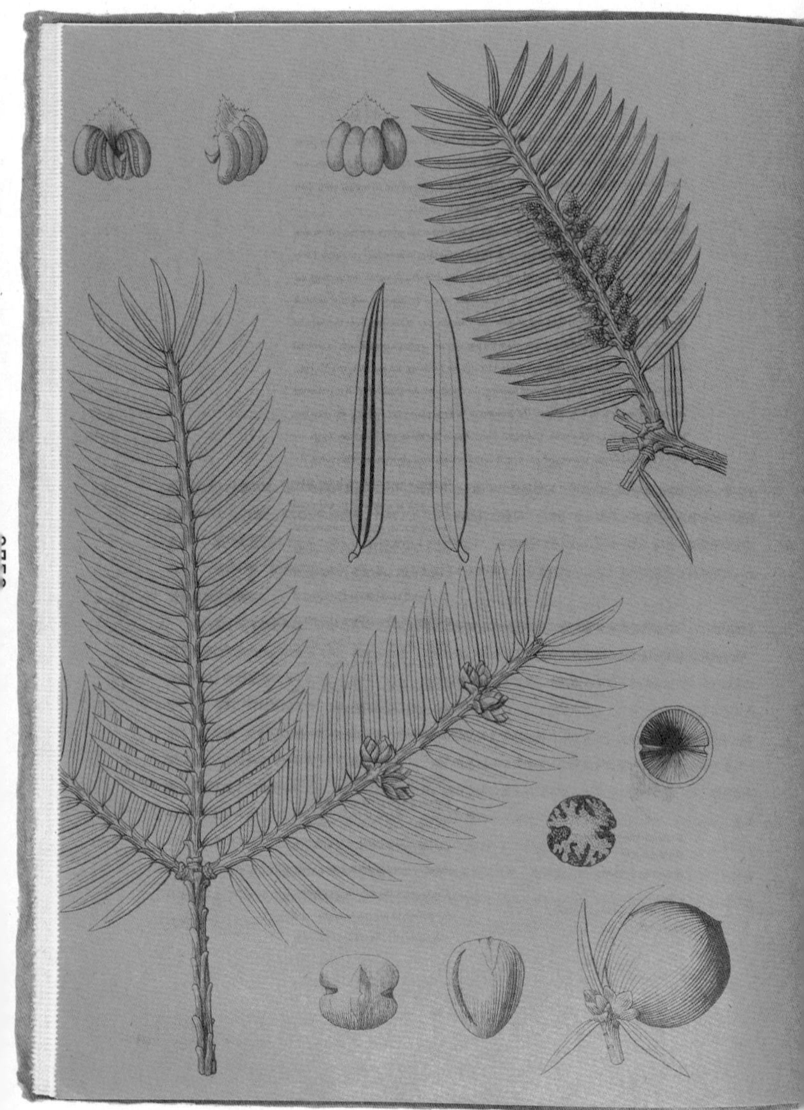

芳华

第一篇

芳华✤第19届国际植物学大会植物艺术画展作品

Chapter 1

Eternal Fragrance: Art of the Botanical Art Exhibition at the XIX IBC

冯澄如（1896—1968），江苏宜兴人，中国植物科学画的奠基人。早年曾供职于北平静生生物调查研究所，担任绘图员兼研究员职务。20世纪20年代起，为胡先骕、陈焕镛编撰的《中国植物图谱》、胡先骕主编的《中国森林植物图谱》及秦仁昌主编的《中国蕨类植物图谱》等多部中国植物学早期重要著作绘制图版。发明了中国特有的科学绘图工具小毛笔，并将故宫博物院从德国传入的毛石印刷法引入科学图谱的印刷。1943年，在宜兴开办江南美术专科学校，为中国培养了第一批植物科学画绘画专业人才。1957年由他编撰的《生物绘图法》出版，是中国第一本生物科学绘画专著。

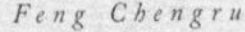

冯澄如

Feng Chengru (1896–1968), a native of Yixing, Jiangsu Province, was the founder of Chinese botanical illustration. He worked as an illustrator and researcher at the Fan Memorial Insititute of Biology in his early years. Since the 1920s, he had made illustrations for many major early Chinese botany books, including *Icones Plantarum Sinicarum* edited by Hu Hsen-Hsu, Chun Woon-Young, *Icones Filicum Sinicaram* edited by Ching Ren-Chang and *The Silva of China: A Description of the Trees Which Grow Naturally in China* edited by Hu Hsen-Hsu. He invented a small brush specially for scientific illustration and adopted the German rubble printing technique in scientific illustration printing. In 1943, he established the Jiangnan Academy of Fine Arts specialized in biological illustration in his hometown Yixing, Jiangsu and trained the first batch of biological illustration professionals. In 1957, he published *Techniques of Biological Illustration*, the first book in this field in China.

宝兴百合（曾用名：杜氏百合）◎ *Lillium duchartrei* Franch.
《中国植物学杂志》◎ *The Journal of the Botanical Society of China* ◎ 1935
套色石印 ◎ Slate printing ◎ 26cmH×19cmW

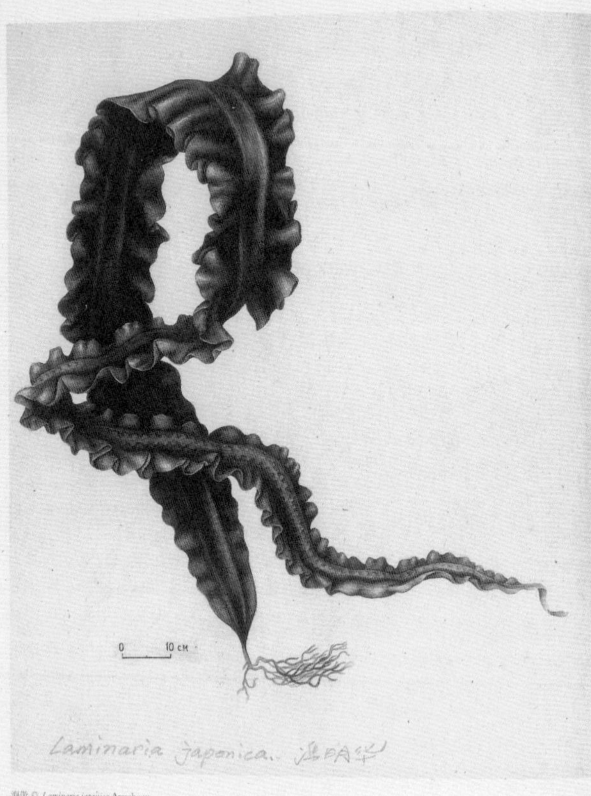

海带 ◎ *Laminaria japonica* Areschoug
水彩 ◎ Watercolor ◎ 29.5cmH×24cmW

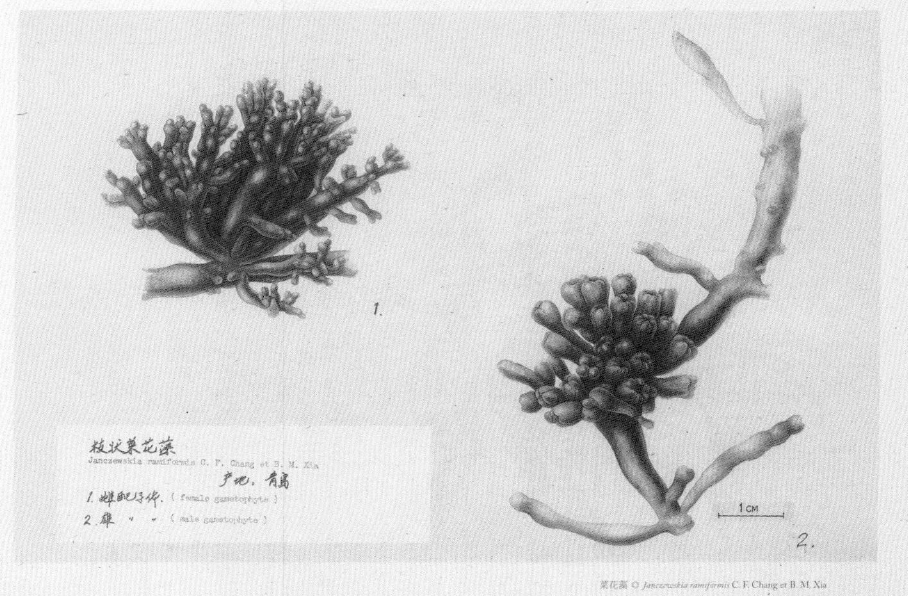

菜花藻 ◎ *Janczewskia ramiformis* C. F. Chang et B. M. Xia
水彩 ◎Watercolor ◎ 28cmH×38.5cmW
1 雌配子体 ◎ female gametophyte ◎ 2 雄配子体 ◎ male gametophyte

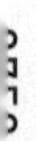

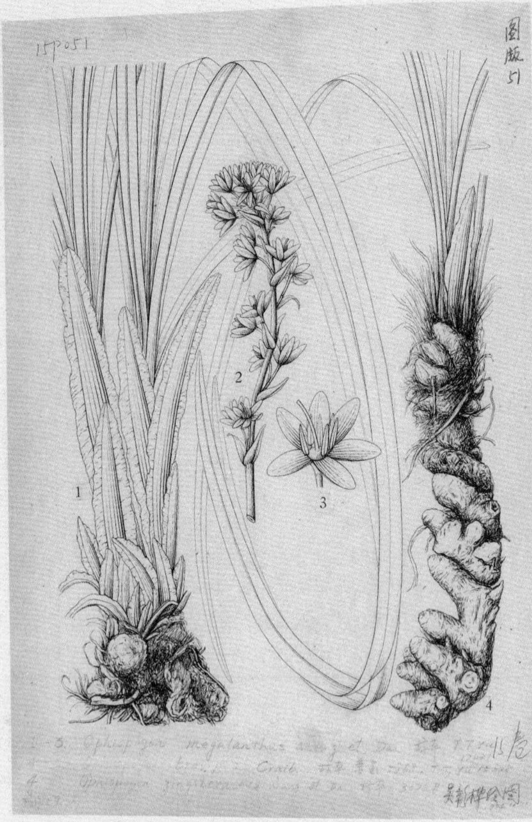

1—3. 大沿阶草 ◎ *Ophiopogon megalanthus* Wang. et Dai. ○ 4. 姜状沿阶草 ◎ *O. zingiberaceus* Wang. et Dai.
墨线图 ◎ Line drawing ○ 27cmH×19cmW ○ 1974.11

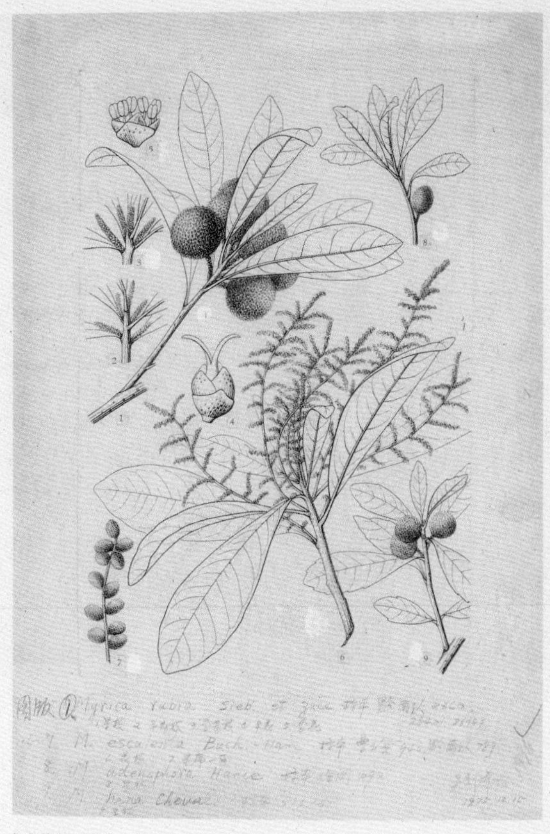

1—7. 毛杨梅 ◎ *Myrica esculenta* Buch. Ham. ◎ 8. *M. adenophora Hance* ◎ 9. 云南杨梅 ◎ *M. nana* Cheval.
墨线图 ◎ Line drawing ◎ 27cmH×19cmW ◎ 1975.12

019 | 王凌

王凌，毕业于云南艺术学院，中国科学院昆明植物研究所植物科学画画师。从事植物科学画画绘制工作22年以来，为《云南植物志》（菊科）绘制图版139幅，有近360幅植物图版发表在《云南植物研究》《植物分类学报》《重楼属植物》及《Novon》等中外书刊上。工笔画作品《小憩》曾入选1999年云南省美术家协会举办的"人与自然——迎接第99届世博会中国画展"。

Wang Ling graduated from Yunnan Arts University. In her 22-year career as a botanical illustrator at the Kunming Botany Institute, the Chinese Academy of Sciences, she has illustrated 139 daisy family plates for *Flora Yunnanica*, and has also published nearly 360 plates in *Acta Botanica Yunnanica*, *Plant Systematics*, *Paris Plants*, *Novon*, and other Chinese and foreign books and journals. Her fine brushwork painting *Siesta* has been selected in the Human And Nature Chinese Art Exhibition held by Yunnan Artists Association to welcome the 99th World Expo in 1999.

高山流石滩上的精灵：雪兔子 ◎ Elf on alpine scree: the Snow Rabbit
槲叶雪兔子 ◎ *Saussurea quercifolia* W. W. Smith
丙烯 ◎ Acrylic ◎ 61cmH×46cmW ◎ 2017.4

槲叶雪兔子是一种生长在高山流石滩上的菊科植物，整个植株布满毛茸茸的毛被，远远望去好似一只隐藏在石头上的兔子，雪兔子的名字也因此得来。此次选择雪兔子作为题材绘制了这幅图，期许这种绘画表现方式能把雪兔子精灵般的灵动感表现出来。

The snow rabbit is a daisy plant grown nearby the rocky screes in the mountains at high elevation. The whole plant is covered with furry hair and looks like a rabbit hidden in stones from far, hence getting the name "snow rabbit", which I chose as the title of the painting, hoping to portray the fairy-like vivacity of the plant.

020

王宇

自由插画师，《中国国家地理》及《Getty Images》签约插画师。

Wang Yu is a freelance illustrator and has signed with *Chinese National Geography* and *Getty Images*.

二乔玉兰 ◎ *Magnolia soulangeana* Soul. et Bod.
丙烯 + 彩铅 ◎ Acrylic, colored pencil ◎ 51cmH×33cmW

我家的院子里就种着一棵高大的玉兰树。玉兰花开的时候，亭亭而立，像一位女子执着而孤傲地屹立在枝头。我在想，她那么美，一定要把她画下来。

There is a tall magnolia tree in my yard. When magnolia blooms on the branch, it stands tall and gracefully, like a persistent lady. And I think: She is so beautiful! I must draw her down.

菱木明香，1972年生于京都，曾在纽约生活了10年，现在在日本的兵库县生活和工作。她毕业于京都市立艺术大学，获得美术硕士学位。作品曾参加过第14届亨特学院国际展览（2013）、纽约园艺学会第12届至第18届展览（2009—2015），并在纽约州立博物馆展出。2014年她的作品在纽约植物园3年展上获得金奖。

日　本

J a p a n

Asuka Hishiki

菱木明香

Asuka Hishiki was born in 1972, Kyoto, and now lives and works in Hyogo, Japan after living for 10 years in New York. She graduated with Master's Degree in Fine Arts from Kyoto City University of Arts. Her works have been exhibited at the 14th Hunt International Exhibition (2013), the 12th–18th ASBA Exhibitions with the Horticultural Society of New York (2009–2015). She won a Gold Medal at the New York Botanical Garden Triennial in 2014.

金色甜菜 ○ *Beta vulgaris* L. ○ Burpee's golden beets

水彩 ○ Watercolor ○ 44cmH×29cmW ○ 2010

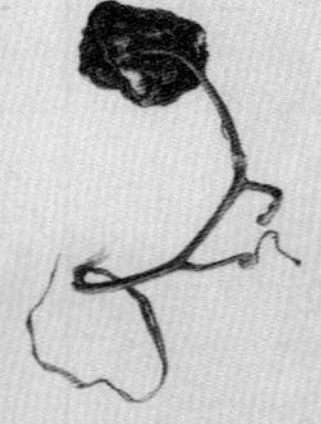

珍奇西红柿“黑斑马” ○ *Lycopersicon esculentum* Mill. 'Black Zebra'
水彩 ◎ Watercolor ○ 44cmH×29cmW ○ 2010

石川美枝子，出生于日本东京。成为插画师伊始，她便专注于植物学艺术以及教学。她曾在华盛顿特区的美国国家植物园、信息和文化中心，日本大使馆的以及东京京王广场酒店举办过个人展。曾获得2006年皇家园艺学会植物画展金奖。她的作品被收藏在亨特植物文献研究所、林德利图书馆、英国皇家园艺学会、英国皇家植物园、邱园，以及雪莉·舍伍德博士系列藏品威尔士王子慈善基金会海格罗夫植物绘画集之中。

日　　本

J a p a n

Mieko Ishikawa

石川美枝子

Mieko Ishikawa was born in Tokyo, Japan. Initially working as an illustrator, she has focused on botanical art, alongside her teaching. She has had several individual exhibitions at the US National Arboretum in Washington DC., and the Embassy of Japan, Information and Culture Center of Washington DC., and the Gallery of Keio Plaza Hotel, Tokyo. She was awarded a Royal Horticultural Society Gold Medal, 2006. Her work is included in the Hunt Institute for Botanical Documentation, the Dr. Shirley Sherwood Collection, the Lindley Library, the Royal Horticultural Society, London, the Royal Botanic Gardens, Kew, Highgrove Florilegium Prince of Wales Charitable Foundation.

巧家五针松 ◎ *Pinus squamata* X. W. Li

铅笔 ◎ Pencil ◦ 50cmH×40cmW ◦ 2002.7.4

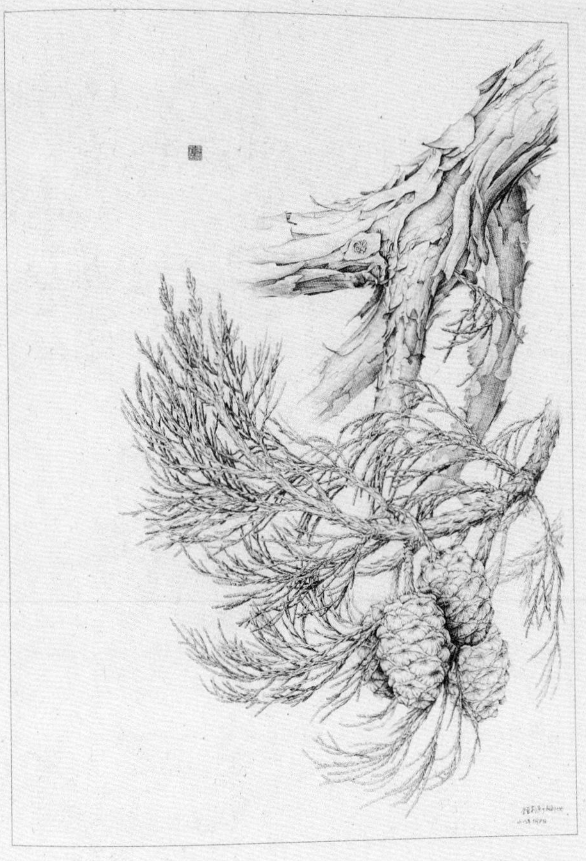

巨杉 ◎ *Sequoiadendron giganteum* Buchholz
铅笔 ◎ Pencil ◦ 50cmH×40cmW ◦ 2003.7.8

中国科学院植物研究所
南京中山植物园
Begonia
00109104
822366
中国科学院
植物研究所
标本室
Begonia algaia L.B. Sm.
et D.C. Wasshausen
定名人

修远

第二篇

修远✤从本草到艺术——植物图谱的中西对话

Chapter 2

From Materia Medica to Art: Dialog Between Eastern and Western Botanical Illustration

古典本草时期❋
本草插图的传承与分化

汉唐以来，中国人的农业生产与草药医学一直走在世界的前列，各类介绍植物、草药的典籍制作得颇为实用。唐宋伊始的本草典籍中，就已突破了单纯用文字描述植物形态特征的局限性，把图作为一种不可或缺的手段和工具应用于植物描述。这时期的中国植物图谱多以白描绘图讲解如何辨识和利用植物，和西方的植物科学绘画相比，绘法虽不同，目的却也一致。宋代学者、《昆虫草木略》的作者郑樵（1102—1160）就已阐明图谱对于植物研究的重要作用："图，经也，书，纬也，一经一纬相错而成文"，"为学有要"着重在"索象于图"，"索理于书"。他强调图谱学是"学术之大者"，从事虫鱼草木之学，一定要有图谱，强调"虫鱼之形，草木之状，非图无以别"。

早在唐代，中国就已出现了描绘植物的图谱，如唐代苏敬等著的《新修本草》，便附有药物图谱。这是我国最早的一部植物图谱，标志着中国古代对植物形态的研究进入了新的阶段。可惜原书在北宋末年就已散佚。两宋时期中国古典本草学有了较大发展。

The Classical Materia Medica Period✣
Traditions and Divisions of Botanical Illustration

Since the Han and Tang Dynasties, China has been a world leader in the fields of agriculture and herbal medicine and has published a number of practical works on plants and herbal medicine. During the Tang and Song Dynasties, books on herbal medicine began to use paintings to depict plants as opposed to simple text. Although the paintings at the time—basic line-drawing sketches explaining how to identify and use plants—lacked artistically in comparison to Western science illustrations, they served the same purpose.

In *Monograph on Insects and Plants*, Song Dynasty scholar Zheng Qiao (1102–1160) expounded upon the importance of illustrations in plant studies: "Illustration likes the warp while word likes the weft. An article must have both illustrations and words, it is similar to a piece of cloth which is composed by warps and wefts." The correct method of study, according to Zheng, was to "examine appearances in paintings and learn principles from texts." He emphasized that illustrations were "an important area of study", especially when studying insects, fish, and plants, because "such objects cannot be identified without paintings."

Plant illustrations appeared as early as the Tang Dynasty. *The Newly–Revised Materia Medica of the Tang Dynasty*, edited by Su Jing and others, included the first plant illustrations ever seen in the country and marked a new phase of plant study in ancient China. Unfortunately, the original manuscript was lost in the late Northern Song period.

The Song Dynasty witnessed a rapid development of classical herbology. The earliest extant botanical illustrations in China are found in *Illustrated Pharmacopoeia*, a work compiled by Su Song (1020–1101) in the Song

1~、2~《证类本草》插图
Illustration from *Classified Materia Medica from Historical Classics for Emergency*

3~奥托·布朗菲尔斯
Otto Brunfels

4~《活植物图谱》卷首插图
Cover illustration from *Herbarum vivae eicones*

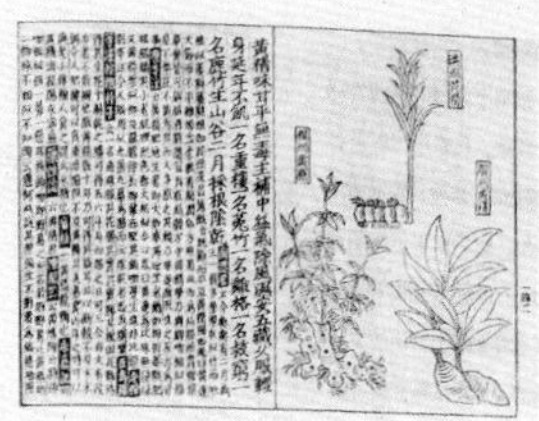
黄精味甘平無毒主補中益氣除風濕安五藏久服輕
身延年不飢一名重樓一名菟竹一名雞格一名救窮一
名鹿竹生山谷二月採根陰乾

1 -

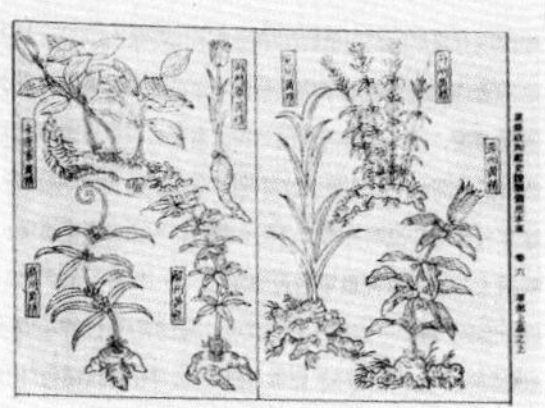

2 -

3 -

HERBA
RVM

4 -

中绝大部分图都将整株植物不合比例地压缩成一图，造成失真，易对鉴定植物产生困难。《履巉岩本草》除了小型草本整体描绘以外，几乎所有乔木、藤本和高大草木多截取植株的一个局部，这种办法对于有比例地表现植株各部是一个进步。宋代之前的手绘本草图多用卷轴样式，保存与翻阅都不变，但宋之后随着线装书籍样式的出现，手绘本草也多采用这种形式，便于传播和保存。

明代是中国本草学大发展的时代，除了出现了影响深远的巨著《本草纲目》，这一时期应用于本草学的植物图谱也大量涌现。最为著名的是明弘治十八年（1505年）敕令太医院御医刘文泰主持编修的《本草品汇精要》。全书共绘彩色植物图1 358幅。多数绘图是据《证类本草》中墨线图敷色重绘，亦有据实物重绘者。这是明代唯一的官修大型综合性本草，也是中国古代最大的一部彩色本草图谱。然而，这部巨著因故未能刊行传世。之后明代女画家文俶（1595—1634）依据此书，费时三年绘制了《金石昆虫草木状》一书，该书共绘彩图1 316幅，内容包含金石、昆虫、草、外草、外木蔓、木、菜、果、米谷，有图无文，仅在每幅绘图的右上角书写本草药名，这本书可以看

terms of painting techniques, the illustrations in *Materia Medica on Steep Cliffs* represent an improvement over those in Su Song's *Illustrated Pharmacopoeia*, as most of Su's pictures are compressed and are disproportionate, making the plants difficult to identify. In *Materia Medica on Steep Cliffs*, Wang outlined only small plants in their entirety; for trees, vines and tall plants, he painted isolated elements.

Hand-drawn botanical paintings were generally saved as scrolls prior to the Song Dynasty. After thread-bound books appeared, hand-drawn botanical artwork was printed with these more modern techniques to facilitate their propagation and preservation.

The Ming Dynasty saw a vigorous development of Chinese herbology, in particular the publishing of the widely-influential *Compendium of Materia Medica*. Many other books containing botanical illustrations were also published during this period, including *Collection of Essential Medical Herbs of Materia Medica*, a work compiled in 1505 by Liu Wentai, who served as an imperial doctor during the reign of Emperor Xiaozong. The book contains 1,358 color illustrations of herbs, most of which were painted by adding color to the ink-line sketches of *Classified Materia Medica From Historical Classics for Emergency*, although some were re-drawn based on the actual plants. The only botanical work officially compiled by the Ming government and one of ancient China's largest botanical texts with color illustrations, *Collection of Essential Medical Herbs of Materia Medica* was, for a number of

7~[明] 刘文泰《本草品汇精要》插图
Illustration fosm *Collection of Essential Medical Herbs of Materia Medica* by Liu Wentai (Ming)

8~[明] 文俶《金石昆虫草木状》插图
Illustration from *Book on Minerals, Insects and Vegetations* by Wen Chu (Ming)

9~[明] 朱橚《救荒本草》插图
Illustration from *Materia Medica for Relief of Famines* by Zhu Su (Ming)

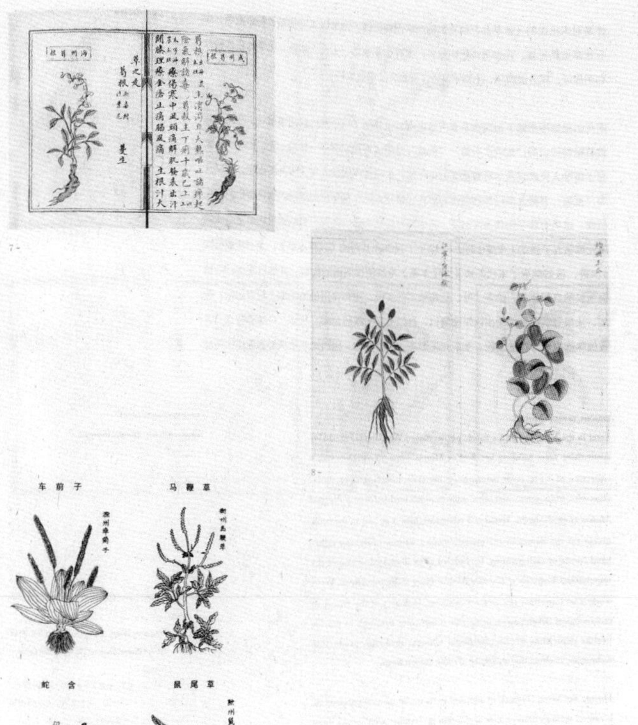

7-

8-

9-

作是对未出版的《本草品汇精要》的一次图像传播。全书以工笔描绘，粉彩敷色，金石花草宛然可喜，走兽鱼鸟栩栩如生，更有许多中药、工艺、冶炼、化学等古代科技有图佐证，成为医药学、生物学及科技发展史之重要资料。

明代的植物图谱除了出现在本草书籍之中，也开创了一个新的应用领域——专门研究救荒植物知识的“荒政”书籍。“荒政”是中国古代农书中一种独一无二的类别，它对于指导人民度过荒年有着重要的指作用。中国古代底层人民大多并不识字，所以这类“荒政”书籍大多以植物图谱的形式，指导人民在荒年依照图谱识别可食用的野生植物。这类书籍在明代多次出现，其中现存最早一部以救荒为目的的植物图谱是明朝朱元璋第五子周定王朱橚(1360—1425) 于1406年刊刻的《救荒本草》。全书所载植物414种，该书继承了宋代苏颂《图经本草》绘制植物图谱的传统，并加以发展，绘植物生长的自然姿态，绘茎、叶、花和果实的实况，对有食用价值的地下器官如根、鳞茎、块根等则醒目地绘出以帮助辨识，再以文字来叙述色彩、气味、口味等特点。多数植物都由作者移植园圃，观察花果形态，品尝滋味，因而对于植株形态描述的精准

reasons, never published.

Later in the Ming Dynasty, a female painter named Wen Chu (1595–1634) spent three years painting her *Book on Minerals, Insects and Vegetations*, a collection of 1,316 color paintings on minerals, insects, grasses, vines, vegetables, fruits, grains, and other subjects which used *Collection of Essential Medical Herbs of Materia Medica* as a reference. There is no text in the book, except for the names of the materia medica written in the top right-hand corner of each painting. Considered as an illustrated version of the unpublished *Collection of Essential Medical Herbs of Materia Medica*, Wen's work is an important resource for medicine, biology, and the history of technological development, using fine-brush color paintings to provide lifelike depictions of the traditional Chinese medicine, production techniques, smelting, and chemistry of those ancient times.

During the Ming Dynasty, in addition to its use in medical publications, botanical artwork found a new application in "famine relief" books. These unique ancient agricultural texts played an important role in instructing people how to overcome famines. As lower-class citizens were mostly illiterate, "famine relief" books made use of herb paintings to indicate which wild plants were edible. There were many books of this kind published during the Ming Dynasty, the earliest extant example of which is *Materia Medica for Relief of Famines* published in 1406 by Zhu Su (1360–1425), the fifth son of Emperor Zhu Yuanzhang. Containing 414 different herbs, this

10~[清] 吴其濬《植物名实图考》卷二十四毒草类插图

Poisonous Weeds illustrations from Vol. 24 of *An Illustrated Book on Plants* by Wu Qijun (Qing)

图注：天南星、魔芋、由跋、半夏皆为天南星科植物，外形十分相似，不易区分。吴其濬不仅以文字阐释区别，并一连用了7幅插图醒目地描绘根、茎、叶、花、果实的异同。

Note: *Rhizoma arisaematis*, *konjac*, and *pinellia ternata*, etc.are all members of the aricese familiy too similar in appearance to be distinguished from one another. In *An Illustrated Book on Plants*, Wu Qijun gave a textual description of these plants and used seven paintings to depict the similarities and differences of their roots, stems, leaves, flowers, and fruits.

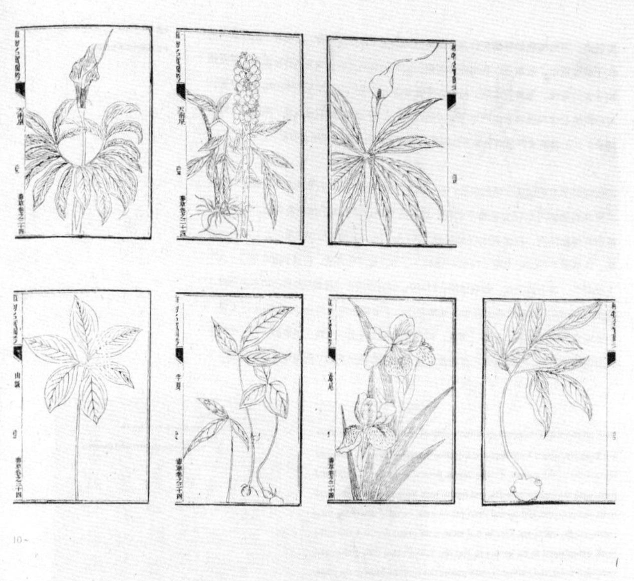

师，为清朝宫廷培养了如张为邦、王幼学等众多兼通中西画艺又各有专长的宫廷画家。

18世纪中叶到19世纪中叶，这股热潮还在当时中国最大的对外贸易口岸广州，催生出一个特殊的美术画种——外销画。由于中西文化之间的屏障，当时许多西方植物学家如果要研究中国的植物，必须仰仗于早期来华传教士所写记录中的植物，采用转译为西方语言的植物名称显然并不能有效委托来华植物收集人准确找到需要的中国植物，在这种情况下，植物学家常常会委托收集者在华大量收集带有植物中文名称的植物绘画，这样就促进了以广州为中心的外销画产业发展。

外销画主要描绘中国的风光与物产，由广州画家以中西混合的绘画形式制作。这类绘画销售给来广州的外国人，再经商航流向欧洲和美国。其中的植物画以写实手法准确描绘岭南地区常见的花卉树木与水果蔬菜，备受欢迎。有些到广州的植物收集联络人，如英国东印度公司的里夫斯父子还亲自指导当时的中国画师按照植物学要求的方式绘制植物绘图。这种绘画融合了中国古代工笔绘画的神韵和近代西方植物学、绘画学的科学理念，可以说是近现代中国植物科学画的滥觞。这些植物画如今大部分仍完好地收藏在欧洲许多博物馆中。

painting and Western painting while retaining their own areas of expertise.

From the mid-18th to mid-19th centuries, Chinese plant mania lingered around Guangzhou, then the largest trading port in China, and gave birth to a special genre of painting—export painting. During that time, Western botanists interested in studying Chinese plants could only rely on recordings made by missionaries to China in earlier years. However, with translated Western-language plant names, it was difficult for them to ensure that plant collectors traveling to China would be able to successfully collect the exact Chinese plants they needed. Given the situation, botanists tended to entrust collectors with procuring a large number of plant paintings that included Chinese names, thus giving rise to the genre of export painting centered around the trading port of Guangzhou.

These export paintings, drawn by Cantonese painters blending Chinese and Western styles, mainly depict China's landscapes and natural products. Sold to foreigners arriving in Guangzhou, they were later taken back to Europe and the United States. Of these paintings, botanical paintings that adopted a realistic approach in depicting common flowers, trees, fruits, and vegetables from the Lingnan area were well received. Some plant collector liaisons who came to Guangzhou, such as the Rivers, a father and son team from the British East India Company, even guided Chinese painters on how to draw according to the requirements of botanical illustration. This type of painting blends essential elements from ancient China's fine brushwork with scientific concepts from modern Western botany and painting, and can be considered as the origin of modern and contemporary Chinese botanical illustrations. Most of these illustrations remain intact, included in collections in different museums across Europe.

19世纪中叶，随着西方商人和传教士的不断东来，西方的近代植物学知识也随之传入中国。如果出版《植物学》的1858年算起，到2017年止，近代植物学引入中国已有159年的历史。作为完整科学体系形式的植物学和植物科学画，中国比西方晚了两三百年。

西方植物学与中国本土植物学相遇的一个重要标志是英国人韦廉臣（Alexander Williamson，1829—1890）、艾约瑟（Joseph Edkins，1823—1905）与中国著名科学家李善兰（1811—1882）三人合作翻译的《植物学》，该书于清咸丰八年（1858年）由上海墨海书馆（The London Missionary Society Press）出版，这是中国第一部近现代意义上的植物学著作，是中西文化交流、科学传播的一个重要范例。《植物学》一书创译了一系列植物学术语，如植物学、细胞、萼、瓣、唇形科、伞形科、菊科等，对后来植物学的发展影响巨大。这本书的内容基于英国植物学家林德利（J. Lindley，1799—1865）所著的《植物学纲要》（*Elements of Botany*），200多幅植物插图也取自该书。

随着近代植物学研究在中国自然科学研究领域的萌芽，在之后相继出版的一些科普性

In the middle of the 19th century, as Western businessmen and missionaries flooded into the East, modern botanical knowledge made its way to China from the West. From 1858, the year Li Shanlan finished and published his translation of *Botany*, to the end of 2017, 159 years have passed since modern botany was first introduced to China. This means that, comparatively, China is two to three hundred years behind the West as far as the development of botany and botanical illustration as a complete scientific system.

Botany was translated through a collaboration of two Englishmen, Alexander Williamson (1829–1890) and Joseph Edkins (1823–1905), and a famous Chinese scientist named Li Shanlan (1811–1882). Its publication marked the coming together of Western and Chinese botany. Published by the London Missionary Society Press in 1858 (the 8th year of the reign of the Qing Xianfeng Emperor), *Botany* is the first modern botanical work published in China and is an important example of cultural exchange and scientific communication between China and the West. During their work, the translators invented a set of Chinese botanical terms, including "zhiwuxue" (botany), "xibao" (cell), "e" (calyx), "ban" (petal), "chunxingke" (*Lamiaceae*), "sanxingke" (*Umbelliferae*) and "juke" (*compositae*), which had a major impact on subsequent development of the science. The translation was based on *Elements of Botany*, a work by British botanist J. Lindley (1799–1865), and over 200 illustrations from the original were incorporated into the translated text.

Once modern botanical research began to emerge as a branch of natural science research in China, botanical illustrations by Chinese artists started to appear in various

也正因为如此，植物插图评论家威尔弗里德·布伦特认为，“艺术和科学总是有冲突的：标本在为艺术服务的过程中，在不影响其科学性和准确性的情况下，有多少是可以被认为操作的或是被‘改进’的？为了达到这种平衡，艺术家必须学习或有足够的植物知识，以知晓哪些形状是物种的典型形状，以及哪些性状是所绘标本的特有性状。一幅真实科学的植物插图不仅代表着模式插图，而且代表了整个物种。”在摄影技术高度发达的今天，植物图谱仍旧是不可替代的，“如果说摄影能够记录瞬间，那么科学绘画记录的就是物种的永恒。它从许多具体事物中，舍弃个别的非本质的属性，抽出共同的、本质的属性”。（李沅）

在英国皇家植物园邱园，有植物绘画专门的陈列馆，收藏和陈列了大量来自全世界的优秀的植物图谱作品，是公众至为喜爱的地方。植物图谱艺术也日渐从单一的科学绘画，到与生态艺术不断融合，从内容到形式，呈现出越来越丰富的面貌。

A scientifically accurate botanical illustration represents not only a single new plant, but its entire species as well." In today's age of highly-advanced photographic technology, botanical illustrations are still irreplaceable. "If photography can be said to capture moments of life, then botanical illustrations record the eternal essence of a species. From out of the individual, nonessential attributes of concrete things are extracted common,essential attributes." (Li Yuan)

In the Royal Botanic Gardens (Kew Gardens), there is a gallery holding the world's greatest collections of botanical art. As one of the public's most-loved institutions, the gallery shows how botanical art has developed from simple scientific illustration to integrate aspects of ecological art and achieve a richness of both content and form.

37 ~ 植物标本图

Plant specimen

38 ~《北海道主要树木图谱》插图，这幅图版极为详细地呈现了植物从发芽到开花的完整生长过程

Illustration from *Icones of the essential forest trees of Hokkaido.* *This plate shows in detail the complete plant growth stages from seed, seedling, vegetative, to flowering.*

37~

38~

索引

Index

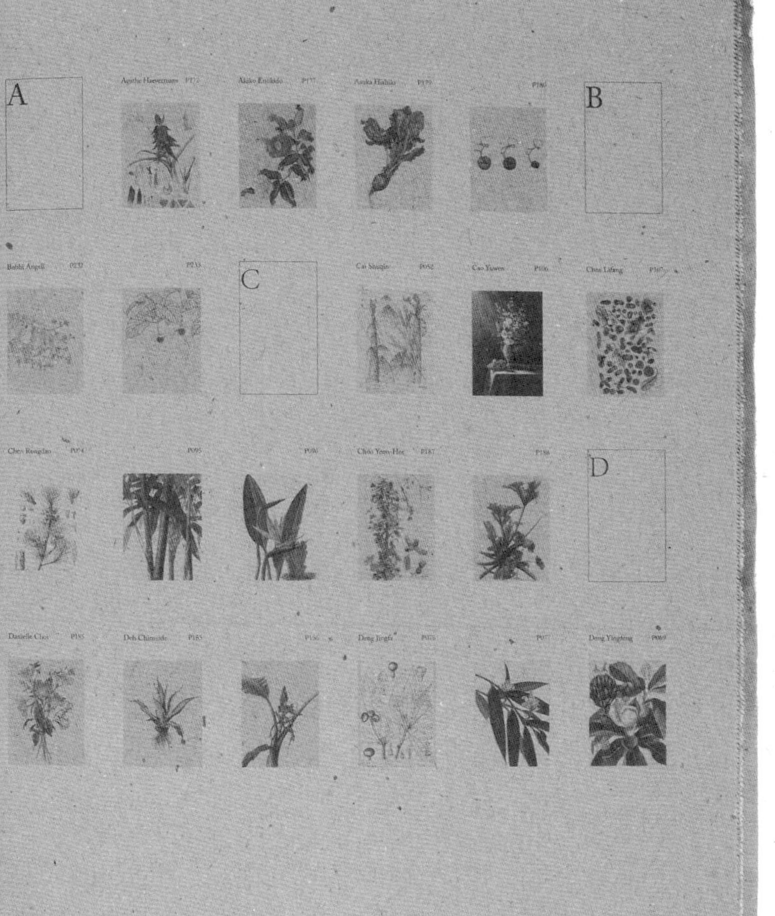
A
Agathe Haevermans
Akiko Enokido
B
Bobbi Angell P232
P233
C
Cai Shuqin
Cao Yuwen
Chen Lifang
Chen Rongdao
P095
D
Danielle Choi

卷一 001

1

你的秀发

你的秀发
你的馨香如云的秀发
像波浪翻滚在我思念的海洋里

是什么赋予了你的美丽

在一遍又一遍的赞美声中
我默然垂首
把保卫你的志愿深铭心上

黄昏脱去云的衣裳

黄昏脱去云的衣裳
犹如穿上月的新装
雾蒙蒙的柔声一片
仿佛雪夜里的时光

你站在风中
我站在风尾
远远的飘来
雨夜的清香

你在哪儿？在哪儿

你在哪儿？在哪儿
嫩油油的花儿已经开放
河流像是裂口的血管
奔涌在江汉平原上
你在哪儿？在哪儿

看不见昨日的模样
我在无人光顾的河滩上回想
那流逝的蓝色波浪
今天在何处徜徉
我在无人光顾的沙滩上回想

时间像是无形的迷网
就像春雨茫茫
何处是你的归宿
在我们初吻的地方
何处是你的归宿

我记得你离去的神情

那刺骨的伤痛

就像这刺骨的寒风一样

不停地吹动

不停地飘动

365

365

失去

失去，才知了拥有

不幸，才倍感幸福

时间，时间是什么

时间就是对流逝的无法更改的眷念

遗忘，遗忘，遗忘记录在里面

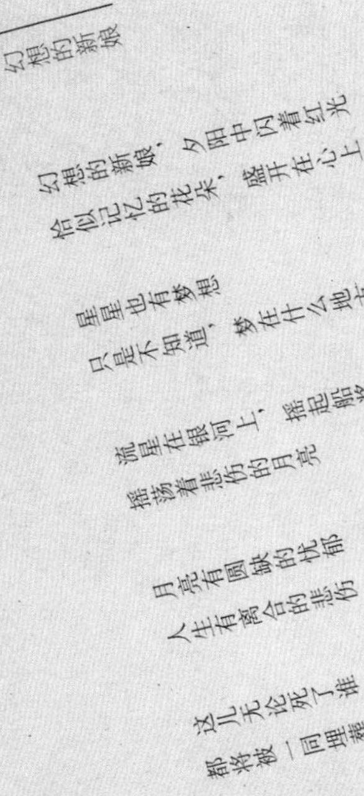

幻想的新娘

幻想的新娘，夕阳中闪着红光
恰似记忆的花朵，盛开在心上

星星也有梦想
只是不知道，梦在什么地方

流星在银河上，摇起船桨
摇荡着悲伤的月亮

月亮有圆缺的忧郁
人生有离合的悲伤

这儿无论死了谁
都将被一同埋葬

有一种恐怖

有一种恐怖，在我心上
当黄昏来临，暮色渐添
缠绵是一种思念的情绪
晚风阵阵，听见的只有孤独
相思是永也挥不去的幻影，随梦相拥
爱情是刻骨的痛苦
如果握住的是心
夜夜更添凄雨

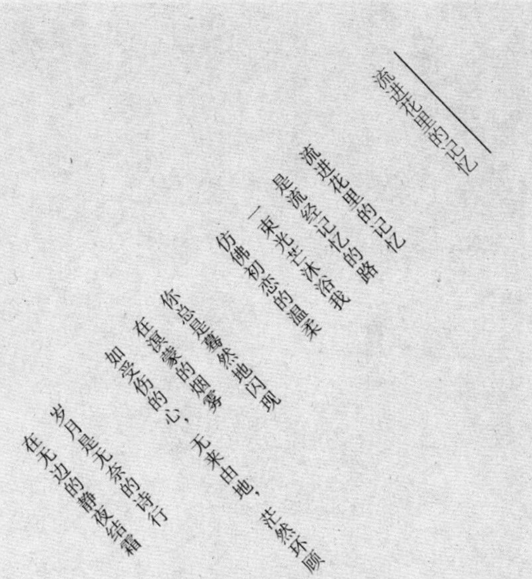

流进花里的记忆

流进花里的记忆
是流经记忆的路
一束光芒沐浴我
仿佛初恋的温柔

你总是蓦然地闪现
在濛蒙的烟雾
如没伤的心，无来由地，茫然环顾

岁月是无奈的诗行
在无边的静夜结霜

0797

我要把永恒抓住，尽管它也可能是瞬间 但是，亲爱的，你我所拥有的
一切日子，何尝不是永恒中的一瞬
让我们在永恒的怀抱里，成为它其中的一环，让短暂在死亡来临以前，
构成永远，因为逝去的，不可能再来

注视着你的眼睛

注视着你的眼睛，海一样的你的眼睛，如同星星一般遥远。

在你的沉默中叹息，我看清了多少能让我揪心的怀念？

我品味着你的纯洁和美丽，你在我怀抱里的姣美和娴静，是否也能像星星一样永恒。

在窗前，在看不见，但能感觉到你的地方，天空像是延伸的春天，每一朵云和每一阵风都在奇迹般的变幻，我是否能永远看清你的脸。

大海的伟岸，令我崇拜，那些属于无限包容的色彩，深藏在爱的胸怀；他们从不把不安当作命运，尽管时常也在徘徊。

将一切过场都埋葬
不顾繁华的庭院
默默地注视着你的起伏
不在来世的彼岸流连
只为今生承担你的痛苦

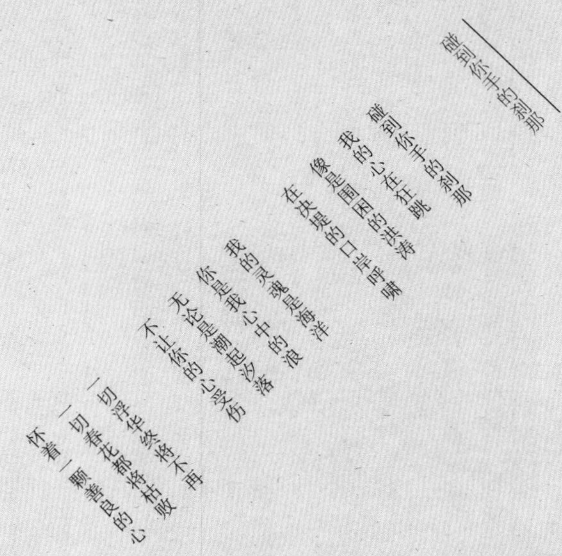

碰到你手的刹那

碰到你手的刹那
我的心在狂跳
像是围困的洪涛
在决堤的口岸呼啸

我的灵魂是海洋
你是我心中的浪
无论是潮起汐落
不让你的心受伤

一切浮华终将不再
一切春花都将枯败
怀着一颗善良的心

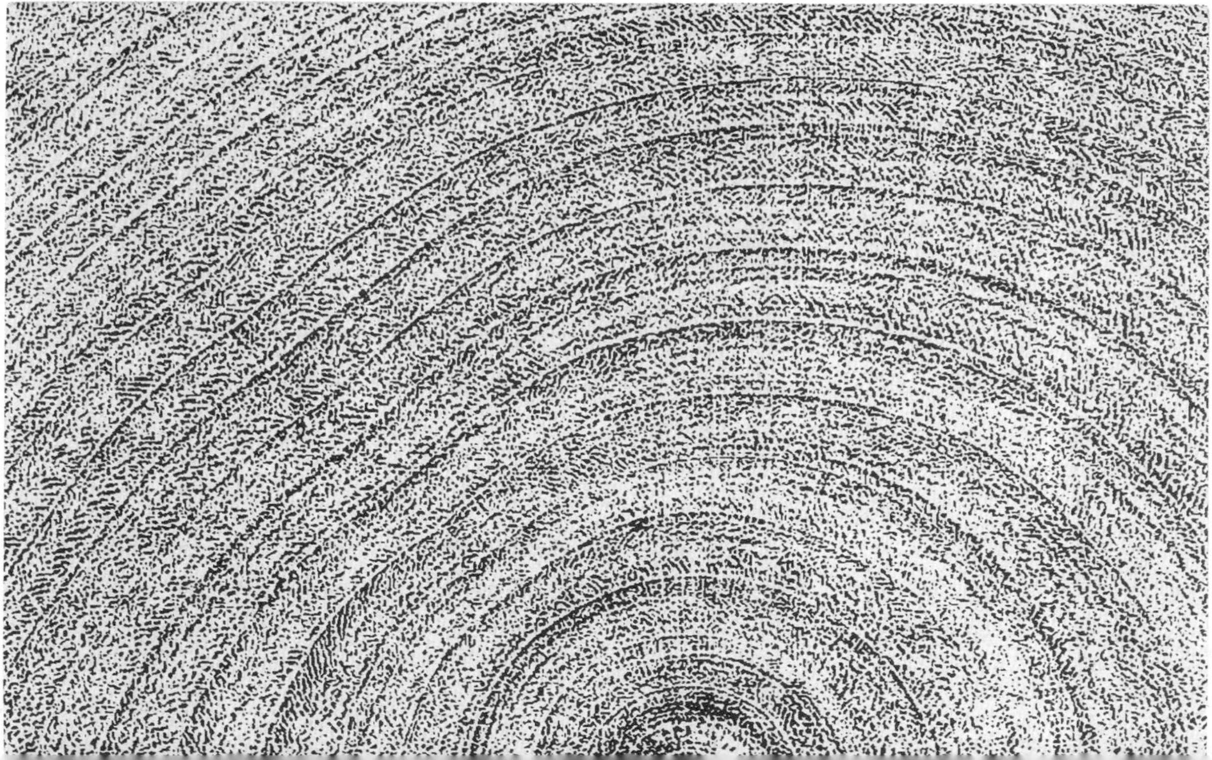

Historical Figures' Odes to Trees

历代名人咏树

江苏省苗木商会 组织编写

周源 王继宗 执笔

江苏凤凰科学技术出版社

目录

春槿银杏杈桃柚桉

蜡梅樟漆豫樟楠杉杜鹃木槿

杨梅枇杷杞海棠玉蕊李女贞

棣榆梨桧白绣球林兰

橘琼花木藥桠荷花牡丹海

樱 红豆树木蕾 桃 玫瑰月季

葡萄 桐 枇杷 合欢 青鸟 白夹竹桃

杞树棕楮椿 杨 豫 梅 红豆树木

柚 茉莉 瑞香 迎春 萝 槐 紫薇 栀子

木 酴醾 豆树 果 桑葚 棉花 木

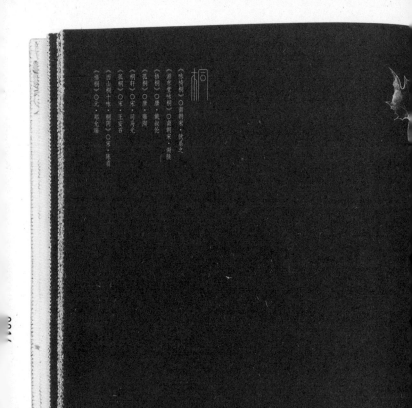

桐

《咏椅桐》○南朝宋·伏系之

《游东堂咏桐》○南朝宋·谢朓

《梧桐》○唐·戴叔伦

《孤桐》○唐·雍陶

《桐轩》○宋·司马光

《孤桐》○宋·王安石

《西山桐十咏·桐阴》○宋·陈翥

《梧桐》○元·郑允端

桐 | Tong

咏椅桐

南朝宋·伏系之

亭亭椅桐，郁兹庭圃。
翠条疏风，绿柯荫宇。

|作者简介|

伏系之，生卒年不详。字敬鲁，平昌安丘（今山东安丘西南）人，有文才。历官黄门侍郎、侍中、尚书、光禄大夫。

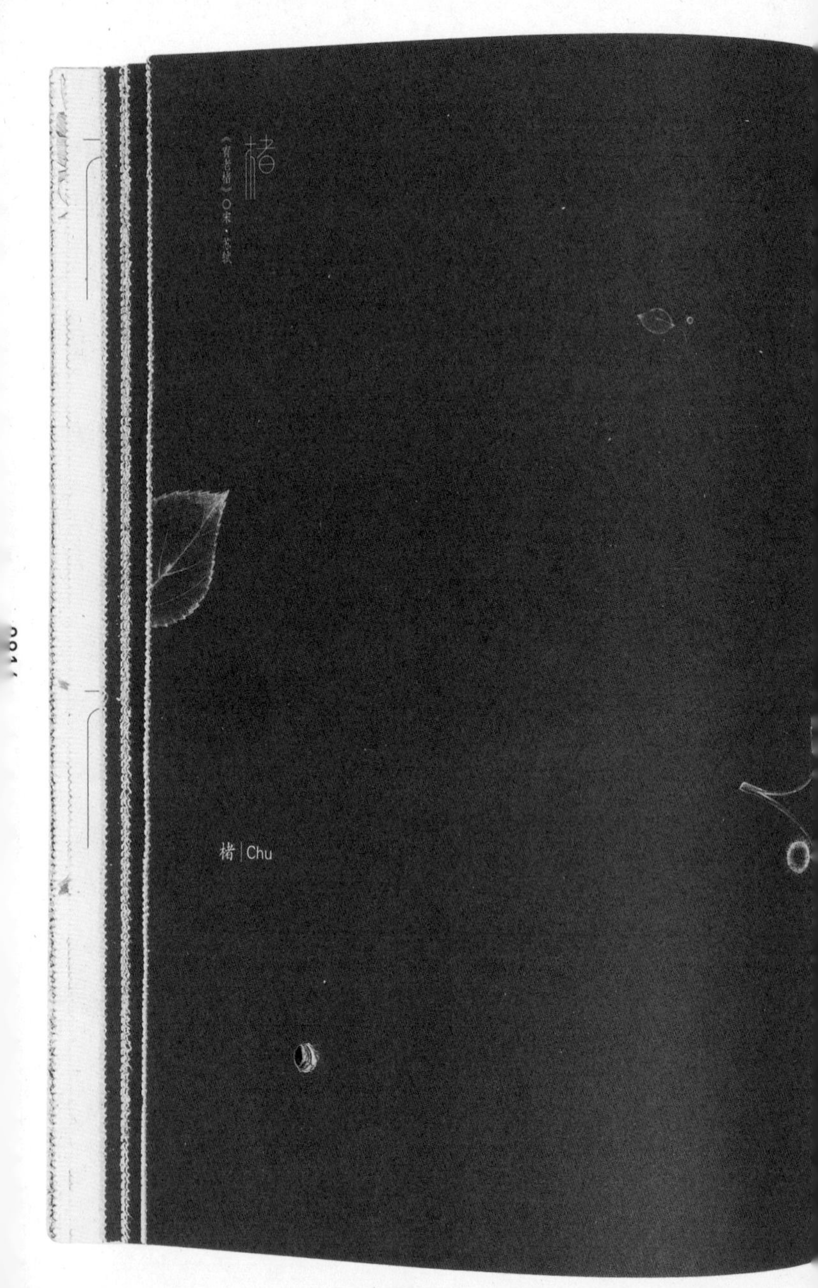
楮
《宥老楮》○宋·苏轼
楮 | Chu

历代名人咏树

091 · 楮

柳

《和湘东王阳云楼檐柳》○梁·萧纲
《咏柳》○梁·萧纲
《折杨柳》○梁·萧纲
《庭柳》○唐·姚系
《摇柳》○唐·孟郊
《有木诗八首·之一》○唐·白居易
《邹园十咏·柳堤》○明·袁凯
《折杨柳》○宋·李新
《柳边》○唐·杜甫
《题王家庄临水柳亭》○唐·白居易
《柳堤》○明·金銮
《咏柳》○唐·贺知章
《柳》○唐·李商隐
《题柳》○唐·温庭筠
《柳塘》○明·曾永瑛
《和朱渔村咏柳四首·其二》○清·杨伦
《浣溪沙》○宋·晏几道
《醉桃源·柳》○宋·翁元龙
《玉楼春》○宋·梅尧臣
《洞仙歌·柳》○宋·蒋捷
《木兰花慢·杨花》○清·张惠言
《苏幕遮·柳絮》○清·庄盘珠
《蝶恋花·答李淑一》○现代·毛泽东

柳 | Liu

和湘东王阳云楼檐柳

梁·萧纲

暧暧阳云台，春柳发新梅。
柳枝无极软，春风随意来。
潭沲青帷闭，玲珑朱扇开。
佳人有所望，车声非是雷。

|作者简介|

萧纲（503 ~ 551 年），南朝梁简文帝，字世缵，南兰陵（今江苏武进）人，梁武帝第三子。长兄萧统早死，他在中大通三年（531 年）被立为太子。太清三年（549 年），侯景之乱，梁武帝被囚饿死，萧纲即位，大宝二年（551 年）为侯景所害。文学造诣高，雅好诗赋，咏物、宫体、闺怨之作，柔媚轻靡，人称“宫体诗”。

|注释|

○暧暧：繁茂貌。
○潭沲（音 duò）：即“淡沲”，形容风光明净。

柳边

唐·杜甫

只道梅花发，那知柳亦新？
枝枝总到地，蕊蕊自开春。
紫燕时翻翼，黄鹂不露身。
汉南应老尽，霸上远愁人。

题王家庄临水柳亭

唐·白居易

弱柳缘堤种，虚亭压水开。
条疑逐风去，波欲上阶来。
翠羽偷鱼入，红腰学舞回。
春愁正无绪，争不尽残杯？

柳堤

明·金銮

春江水正平，密树听啼莺。
十里笼晴苑，千条锁故营。
雨香飞燕促，风暖落花轻。
更欲劳攀折，年年还自生。

咏柳

唐·贺知章

碧玉妆成一树高，万条垂下绿丝绦。
不知细叶谁裁出？二月春风似剪刀。

|作者简介|

金銮（1494 ~ 1587 年），字在衡，号白屿，陇西人，寓居建康。性任侠，喜交游。工诗，风流婉转，得江左清华之致。又解音律，善填词、好作曲。

贺知章（659 ~ 744 年），字季真，晚号“四明狂客”，越州永兴（今浙江省萧山市）人，少以诗文知名，唐武后证圣元年（695 年）中状元。其诗以绝句见长，写景、抒怀，清新潇洒。

|注释|

○蕊蕊：《全唐诗》作“叶叶”。此以蕊称叶也。

诗经·召南·何彼秾矣

何彼秾矣，唐棣之华。
曷不肃雍，王姬之车。
何彼秾矣，华如桃李。
平王之孙，齐侯之子。
其钓维何？维丝伊缗。
齐侯之子，平王之孙。

咏桃

唐·李世民

禁苑春晖丽，花蹊绮树妆。
缀条深浅色，点露参差光。
向日分千笑，迎风共一香。
如何仙岭侧，独秀隐遥芳？

古风五十九首·之四十七

唐·李白

桃花开东园，含笑夸白日。
偶蒙东风荣，生此艳阳质。
岂无佳人色？但恐花不实。
宛转龙火飞，零落早相失。
讵知南山松，独立自萧瑟！

桃

明·方九功

一曲桃园树，平沙十里春。
落花红胜锦，藉草绿如茵。
野兴邀诗伴，村沽觅酒邻。
怕逢渔父问，疑是避秦人。

|作者简介|

唐太宗李世民（598［一说599］~649年），祖籍陇西，唐高祖李渊次子。年少从军，为唐王朝的建立、统一立下赫赫战功。武德九年发动玄武门之变，杀死兄长太子李建成、四弟齐王李元吉及二人诸子，立为太子。唐高祖李渊不久被迫退位，李世民即位，年号贞观，以文治天下，虚心纳谏，厉行节约，国泰民安，开创了中国历史上著名的“贞观之治”，为后来唐朝一百多年的盛世奠定重要基础。酷爱文学与书法，其诗既有雄壮的帝王之诗，更有清丽的诗人之诗。

方九功，生卒年不详，字允治，河南南阳县人，万历十七年进士，官至南京吏部右侍郎。

|注释|

- 秾（音nóng）：花木繁盛的样子，形容华丽、艳丽，此句意为“为何如此华丽（或美艳）？”
- 唐棣：棠梨，春华秋实，白花，果小味酸。
- 曷不肃雍：曷，何，怎么；肃，恭敬、严肃；雍，和谐。
- 缗（音mín）：合股的丝绳，此指钓鱼线。此句意为“钓鱼靠丝线”。此诗以花喻人，写出美丽的王姬（周平王的孙女）下嫁齐侯之子，虽然车驾盛大，但却是政治婚姻，有求于彼。
- 藉（音jiè）：铺、垫，坐卧于其上。藉草：坐卧在草茵之上。

栗

《尹阳尉耿传惠新栗》〇宋·梅尧臣

《新栗寄云林》〇元·张雨

栗|Li

尹阳尉耿传惠新栗

宋 · 梅尧臣

金行气已劲，霜实繁林梢。
尺素走下隶，一奁来远郊。
中黄比玉质，外刺同芡苞。
野人寒斋会，山炉夜火炮。
梨惭小儿嗜，茗忆蠹官抛。
此焉真可贶，遽尔及衡茅。

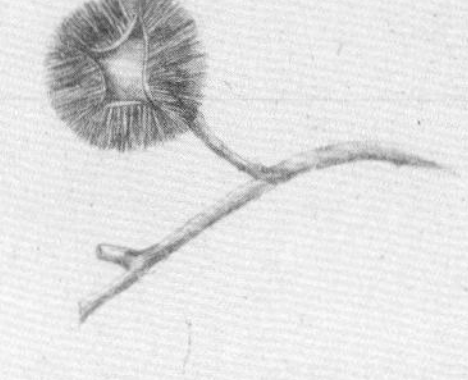

牡丹二首·之二

唐·温庭筠

水漾晴红压叠波，晓来金粉覆庭莎。
裁成艳思偏应巧，分得春光最数多。
欲绽似含双靥笑，正繁疑有一声歌。
华堂客散帘垂地，想凭阑干敛翠蛾。

牡丹

唐·李山甫

邀勒春风不早开，众芳飘后上楼台。
数苞仙艳火中出，一片异香天上来。
晓露精神妖欲动，暮烟情态恨成堆。
知君也解相轻薄，斜倚阑干首重回。

卖残牡丹

唐·鱼玄机

临风兴叹落花频，芳意潜消又一春。
应为价高人不问，却缘香甚蝶难亲。
红英只称生宫里，翠叶那堪染路尘？
及至移根上林苑，王孙方恨买无因。

牡丹

宋·石延年

春风晴昼起浮光，玉作冰肤罗作裳。
独步世无吴苑艳，浑身天与汉宫香。
一生多怨終羞语，未剪相思巳断肠。

| 作者简介 |

李山甫，唐朝诗人，生卒年、字号不详。咸通中累举不第，依魏博幕府为从事。逮事乐彦祯、罗弘信父子，文笔雄健，名著一方。

鱼玄机，晚唐女诗人，生卒年不详。长安（今陕西西安）人。初名鱼幼微，字蕙兰。咸通中（860~874 年）为补阙李亿妾，以李妻不能容，进长安咸宜观出家为女道士。后被京兆尹温璋，以打死婢女罪处死。鱼玄机性聪慧，有才思，好读书，尤工诗，与李冶、薛涛、刘采春并称唐代四大女诗人。

石延年（994 ~ 1041 年），北宋文学家、书法家。字曼卿，一字安仁。原籍幽州（今北京）人，后晋将幽州割让给契丹，其族南迁，定居宋城（今河南省商丘南）。屡试不中，真宗年间以右班殿直，改太常寺太祝，累迁大理寺丞，官至秘阁校理、太子中允。北宋文学家石介，以石延年之诗、欧阳修之文、杜默之歌为“三豪”。

和子由《柳湖久涸，忽有水，开元寺山茶旧无花，今岁盛开二首》·其二

宋·苏轼

长明灯下石栏干，长共松杉斗岁寒。
叶厚有棱犀甲健，花深少态鹤头丹。
久陪方丈曼陀雨，羞对先生苜蓿盘。
雪里盛开知有意，明年归后更谁看？

山茶

宋·陆游

雪里开花到春晚，世间耐久孰如君？
凭阑叹息无人会，三十年前宴海云。
（成都海云寺山茶开，故事宴集甚盛。）

山茶（白、红）

明·沈周

犀甲凌寒碧叶重，玉杯擎处露华浓。
何当借寿长生酒？只恐茶仙未肯容。

老叶禁寒壮岁华，猩红点点雪中葩。
愿希葵藿倾忠胆，岂是争妍富贵家？

山茶

清·恽源濬

逞尽风流娇满株，玉环沉醉侍儿扶。
霜前吐艳堆宫粉，雪里烧空现宝珠。
素口檀心香耐久，鹤头犀甲露涵濡。
嫌他百卉凋零遍，故着浓妆入画图。

作者简介

恽源濬（1692～1763年），又写作"恽源浚"，清画家。字哲长，号铁箫，武进（今江苏常州）人。恽寿平（南田）族裔。官天津县丞。行楷极雅趣，花卉款字俱仿寿平，深得恽门家传，颇能神肖。水墨写生，尤得神韵。著有《铁箫诗草》（已佚）。

注释

○本诗出《珊瑚网》卷四十五所录沈周《石田自题写生册》中的《山茶（白）》《山茶（红）》。

腊前月季

宋·杨万里

只道花无十日红，此花无日不春风。
一尖已剥胭脂笔，四破犹包翡翠茸。
别有香超桃李外，更同梅斗雪霜中。
折来喜作新年看，忘却今晨是季冬。

中书东厅十咏·月季

宋·韩琦

牡丹殊绝委春风，露菊萧疏怨晚丛。
何似此花荣艳足，四时长放浅深红！

长春花

宋·朱淑真

一枝才谢一枝妍，自是春工不与闲。
纵使牡丹称绝艳，到头荣瘁片时间。

月季花

清·孙星衍

已共寒梅留晚节，也随桃李斗浓葩。
才人相见都相赏，天下风流是此花。（宋人有“天下风流月季花”之句。）

一落索

宋·舒亶

叶底枝头红小。
天然窈窕。
后园桃李谩成蹊，问占得、春多少？

不管雪消霜晓。
朱颜长好。
年年若许醉花间，待拚了、花间老。

|作者简介|

舒亶（1041～1103年），字信道，号懒堂，慈溪（今属浙江）人。治平二年（1065年）试礼部第一，授临海尉。与李定同劾苏轼，是为“乌台诗案”。《宋史》《东都事略》有传。今存赵万里辑《舒学士词》一卷，存词50首。

|注释|

○一枝妍：据《御定佩文斋广群芳谱》卷四十三、《全宋诗》第28册第17992页作“一枝殷”（出《新注朱淑真断肠诗集》卷五，总题“花木类”），殷红也。

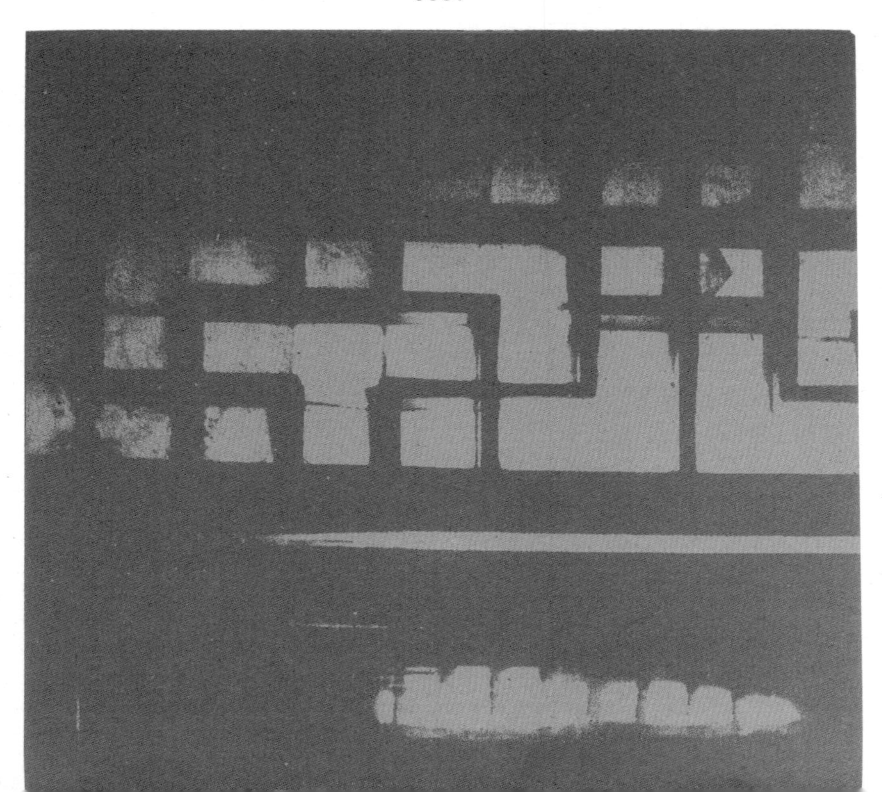

边界

Border

毫无疑问，江南这个地方仍旧是充满着诗情画意。江南的自然风景、民居园林等风物遗存令所有造访者感动流连。

园林是我们最常讨论的话题，但从来没有什么结论，它可以被永远继续讨论下去。在青浦的夏雨幼儿园设计初始，我们曾激烈地讨论过园林。对于讨论最多的路径、幼儿园的两道曲线形的围墙，一开始的直觉反应，则是想以一种柔软的方式“介入”基地，由此构成的内向型特征，在当时的设计说明里也有意识地与园林做过比对；后来我们将此归结为“边界”的概念。在设计初始，面对基地所处郊野那一片荒草丛生的景象，建立一个安全的边界，在边界里营造自我的“小环境”是最为简单而直接的策略，这和我们传统的空间环境观是一致的。

江南园林，不管是在郊野或者是城市里，必然是要有院墙的，这当然和土地的人为界限有关，但形成的事实就是先有围墙后有园林或者庭院。中国人的“天人合一”是在院墙内完成的，这个院墙就是“边界”。台湾的汉宝德先生有个“轮廓为主体”[1]的说法，是用来讲解中国的玉文化的，大致就是说中国的玉雕向来是先有轮廓的形状，然后再做设计，在这个轮廓里，总是利用挖空的观念来创造实体，所谓“虚实相生、相互因借”。玉雕艺术和园林的营造有共通点，都是在轮廓的前提下发展出自身的存在特点来。不过和轮廓或者边界直接相关的，就园林而言，是由此产生的“内向性”，它和周边的关系因为“边界”的存在，几乎是切断的，偶尔也有利用“借景”来突破“边界”，这往往就成为最引人入胜的地方。夏雨幼儿园二层出挑的彩色盒体，正是对边界的一种“突破”。

Without a question, the locale called Jiangnan is still a place filled with lyrical wonder and picturesque scenes. Her natural sceneries, vernacular houses and gardens have over the years held the gaze of many a visitor.

The traditional garden is discussed the most often, although no conclusion is forthcoming. Discussions about it can continue forever. At the beginning stage of designing the Summer Rain Kindergarten in Qingpu, Shanghai, we had heated discussions about the traditional garden. The most often discussed path and two curvaceous walls of the kindergarten initially followed the intuitive reflex of softly intervening into the site, and the inward feature constituted by this plan was also consciously contrasted with the traditional garden in the design notes of the time. Later we ascribed this to the concept of 'border'. At the beginning stage of our design, when faced with a suburban site surrounded with wild growths of grass, constructing a secure border and creating a centrifugal micro-environment within such border, seemed to us to be the most immediately recognizable strategy, which was also in line with our traditional view on the spatial environs.

The Jiangnan garden comes necessarily with walls, whether in a rural or urban setting. Naturally

疑いの余地がなく、江南というところは相変わらず詩情あふれるところである。江南の山水、住居や庭園などは時を越えて訪問者たちに大きな感動を与えている。

庭園はよく私たちの討論の議題に上げられるが、今まで結論が出たことはないものである。永遠に討論し続けることができるテーマである。青浦にある「夏雨幼稚園」の設計初期段階に、庭園について私たちはかつて熱く議論した。最も議論を重ねた通路と幼稚園の二つの曲線の囲いについ

境界

境界

this has to do with the artificial borders between lands, and a natural corollary to this is the fact that walls precede gardens and courtyards. The Chinese concept of 'unity between heaven and man' takes place in a walled courtyard, and the walls serve as a 'border'. Mr. Han Pao-teh has a theory about 'the contour as the focal point' [1], which he used to explain the jade culture of China. According to this theory, Chinese jade carving would first achieve a contour before proper design even starts. Within this contour, shapes are created with the concept of cutting out the physical object, as emptiness and existence are interdependent and mutually supplementary. What jade carving and garden building have in common is the development of the unique characteristics derived from the premise of a contour. As far as the traditional garden is concerned, what is related to the contour or border is the inwardness that is produced in the process. Its relationship with its surroundings is almost interrupted, due to the existence of the 'border', and occasionally 'scenes' are 'borrowed' to break through the 'border', thereby creating the most intriguing part of the architecture. The outstanding, colorful box-shaped volume of Summer Rain Kindergarten is precisely a kind of 'breakthrough' of the border.

て、始めは直感反応によって、より柔軟な方法で敷地に「介入」させると考えた。これによって構成した内向型特徴についても、当時の設計説明の中で意図的に庭園と比較したことがあり、私たちはこれを「境界」の概念へと帰結した。設計初期段階に、草生した敷地に直面したとき、まず安全な境界を築き、境界の内側に自分の「小さな世界」を作り出すことがもっとも簡潔でダイレクトな設計アプローチであった。それは私たちの伝統的な空間環境観と一致している。

郊外都市に限らず、江南の庭園には必ず囲いをもつ。当然これは土地の人為的境界とは関係があるが、囲いがあって、その後に庭園あるいは庭が形成されるのが事実である。中国人の「天人合一」は囲いそのものによって完成されているのである。つまり、囲いそのものがちょうど「境界」である。台湾人漢宝徳の(※10)「主体としての輪郭」という観点は、中国の玉文化を説明する説である。その説によるところ、中国の玉器はまず先に輪郭形状が定まり、その後デザインをするという。この輪郭の中では、常に「虚無」の概念によって実体を創造するため、虚実が共存し、相互に融合する。玉器の彫刻と庭園の建造には共通点があり、それは全て輪郭というものを前提とし、自身のもつ特性を発揮するというものである。ただ、庭園について言えば、輪郭や境界に直接的に関わっているのは、それによって作られた内向性である。その周辺との関係は「境界」の存在によってほぼ分断されるが、時には「借景」を利用することで「境界」を突破することがある。これこそがもっとも人を魅了させる場面となる。「夏雨幼稚園」2階の突き出した色鮮やかなボックスはまさに境界に対する「突破」の一種である。

의심할 바 없이 강남이란 이곳은 여전히 시의 정취와 그림의 분위기로 가득찬 곳이다. 그러자연풍경, 인가원림 등 풍물과 유물들은 모든 방문객들의 발길을 사로잡으며 감동으로 가득 벅차게 한다.

원림은 우리가 제일 자주 토론하는 화제였으나 지금까지 아무런 결론도 지을수 없었으며 그에 대한 토론은 이후에도 계속해 나갈 것이다. 하우유치원 설계를 시작할때 우리는 원림에 대해 치열하게 토론한 적 있었다. 그 중 제일 많이 토론한 것이 바로 통로, 유치원의 두 갈래 곡선형의 담이었다. 최초 본능적인 반응은 부드러운 방식으로 부지에 "개입"하는 것이였다. 이로써 구성된 내향성 특징을 의식적으로 당시의 스페시피케이션과 원림을 비교하였으며 그 후 우리는 이를 "경계"의 개념에 귀결시켰다. 디자인 초기, 부지가 위치한 곳이 잡초가 무성한 경상에 대비하여 안전한 경계를 건립하고 경계안에 자체의 "소환경"을 조성해 주는 것이 제일 간단하고 직접적인 책략이었다. 이는 우리의 전통 공간환경관과도 일치한 것이였다.

강남 원림은 교외에서나 도시에서나 담장이 있었다. 물론 이것은 토지의 인위적인 경계와 관련된다. 따라서 먼저 담장이 있고 후에 원림이나 정원이 있는 결과를 초래하였다. 중국인의 "천인합일"은 담장안에서 완성된 것이고 이 담장이 바로 "경계"다. 대만의 한빠오더 선생님은 "윤곽이주체" 라는 견해를 주장하였는데 이는 중국의 옥 문화를 해석하는데 쓰인다. 그에 따르면 중국의 옥 조각 공예는 언제나 먼저 윤곽의 형체가 되고 그 후에 디자인을 더한다는 것이다. 이 윤곽안에서 빠지는 관념을 이용하여 실체를 창조함으로써 허와 실이 상생하고 상호 보완한다. 옥 조각 공예와 원림의 조성은 공통점이 있는데 이들 모두 윤곽의 전제하에서 자신의 특점을 만들어 가는 것이다. 그러나 원림에 대해 말하자면 윤곽이나 경계와 직접 관련되는 것은 이로써 형성된 "내향성"이다. 그의 주변의 관계는 "경계"의 존재로 인해 거의 차단된 상태이다. 간혹 경치를 빌려 "경계"를 돌파하는 경우도 있는데 이는 늘 사람의 마음을 사로잡는 황홀한 경치가 되지 않는가? 하우유치원 2층의 돌출된 채색박스가 바로 경계에 대한 일종 "돌파"다.

离

Li (Detachment)

2

In First Explorations in the Crucial Issues in the History of Chinese Aesthetics[2], Zong Baihua suggests that the aesthetic value of li (detachment) is a research question in the history of Chinese aesthetics worthy of our attention. This has kindled our enormous interest in the subject. His discussion about li was mostly based on the hexagram of li in the Book of Changes. Despite the existence of various schools of interpretation of the Book of Changes, there is largely a consensus on the interpretation of the hexagram of li, which entails four layers of meaning: First, attachment (mutually dependent yet not detached), second, the cycle of detachment and attachment, third, brightness, and fourth, disarray. The character li implies being attached to. According to the Tuanzhuan to li, 'The sun and moon have their place in the sky. All the grains, grass and trees have their place on the earth.' (James Legge's translation). Apparently this is the ancient's attempt to understand the laws of nature. Suppose we find a small courtyard beautiful in spring. Its beauty may

离

宗白華(キ11)の著書『中国美学史中重要問題的初歩探索』の中の一文で、「離」の美学的意義は中国美学史の中で重視する価値がある問題のうちの一つであると説いている。このことは私たちの興味を大いに引いた。宗白華の「離」についての討議は、易経(キ12)の離卦(キ13)に由来する。『易経』の解釈について専門家それぞれみな異なっているけれども、離卦に対する理解はほぼ同じであり、それは基本的には四つの意味を包含している。一つ目は附麗（相互に頼り合い離れないこと）、二つ目は離合（分離と結合）、三つ目は光明、四つ目は迷離。離という言葉はすなわち麗

離

宗白华在他的《中国美学史中重要问题的初步探索》[2]一文里认为，"离"的美学意义是中国美学史中一个值得重视的问题，这一度引起了我们的极大兴趣。宗白华关于"离"的探讨源于《易经》的"离卦"。关于《易经》的解读各路专家均有不同，但对于"离卦"的理解大致差不多，它基本包含四种含义：一是"附丽"（相互依靠而不离）；二是"离合"（分离又结合）；三是"光明"；四是"迷离"。"离"，通"丽"，就是"附丽"、"依附"的意思。《易经·彖传》曰："离，丽也。日月丽乎天，百谷草木丽乎土……"。日月"依附"于天空，百草"依附"于大地，这是古人对自然规律的认识。比如说，我们看到春天里的一个小院子很美，实际上这个美并不仅仅是因为这个小院子本身，它可能是"附丽"于院子里的树，以及那棵树的影投在院内地面上的春日暖阳。这可能就是这个建筑（院子）和环境的关系——它的美依附于周遭环境而存在，好比白居易的"离离原上草"，总要看到后面那句"春风吹又生"才能形成一个完整的美学印象。

"离"是对自然中物体间"关系美"的认识，这让我们产生了一个更为清晰的、关于建筑形式和整体性关系的认识：建筑之美，是可以基于关系的表达的。如"附丽"，是告诉我们建筑与它的周边环境不可分离；如"离合"，它可以让我们关注建筑群体的形式特性。建筑之美，可以不是一个简单的立面形象，它也是可以基于关系表达的。夏雨幼儿园被现场的树木所"瓦解"，形成一种整体的环境——从不远处的高架高速公路上看，无法理解存被分解了的、彼此游离的单元之间、树木之间、单元与树木之间形成的"复合关系"，在建筑中"回转"，上部散落和下部院落群之间则又展现另一种关系，最终的建筑形象，就是这些关系的总和（图2）。

not come from the courtyard itself, as it may be attached to the trees in the courtyard, and to the warm springtime sun that casts a shadow of the trees on the ground. Perhaps we can say that the beauty lies in the building (the courtyard)'s relation with its surroundings, on which its beauty is hinged, just as Bai Juyi's immortal line 'Those lonesome grasses in the wilderness' has to enter into a relation with 'the spring breezes grants their new birth' before fulfilling its aesthetic impression.

Li is an understanding of the beauty that exists between objects in nature. This has helped us produce a clearer understanding of the relationship between architectural form and the integrality. Architectural beauty can be expressed by means of relations, such as 'attachment', which suggests to us its inextricability from its environs, or the 'cycle of detachment and attachment', which attracts our attention to the formal characteristics of architectural groups. Architectural beauty can be more than a simple facade, as it can also be based on relational expression. The Summer Rain Kindergarten is dissolved into the trees on the site and forms a holistic environment. Seen from the elevated highway not far from it, compound relations have formed between the dissolved, disparate units, between the trees, as well as between the trees and the units. Circulating back and form in the building, the upper group of bedrooms present another relation with the lower group of courtyards, and the final architectural image is the sum total of such relationships (Figure 2)

[illegible]

[illegible]

[illegible]

[illegible]

Perhaps since most of our projects have to do with nature or the wilderness, we have always subconsciously tried to reflect on better ways of incorporating architecture into nature and focus our design on establishing the relation between architecture and its surroundings. Yet this also gives rise to other issues. As we are confronted with the process of drastic urbanization, the surroundings are always unknown. Even if there is planning, it is always subject to unpredictable and constant changes. Eventually we have to resort to our own totality. So we will always intentionally organize architecture in relation to the natural environment, and more importantly, dissect and reorganize the building's components due to presumed functions, thereby focusing the design on the interrelationships between the dissected units. This has become our usual approach when faced with such circumstances.

以前からずっと、私たちの大部分のプロジェクトは、自然環境と関係をもっているのかもしれない。多くの私たちの設計の中で、私たちはいかに建築をより自然に溶け込ませるかということ、また、建築と周辺環境との関係性を設計のメインとすることを無意識のうちに思考している。それと同時に、現在、急速に都市化していく過程に私たち全員が直面しており、周辺環境は未知数という問題が常に現れる。たとえマスタープランがあろうとも、それも絶え間ない変更が繰り返され予測が難しいのが常である。結果的に、私たちができることは建築自身の「完全性」を求めることだけ

一直以来，也许和我们的大部分项目都处于自然旷野有关，我们在很多设计中，总是会下意识地去思考如何使建筑更好地融入自然，会把设计的重点放在建立建筑与周边环境的关系上。然而问题也同时出现了，在我们所面临的当下快速城市化的过程中，周边环境总是个未知数；即使是有规划，也总是处于难以预计的不断变动之中的。最终，我们只能求助于自身的"完整性"，所以我们会有意识地组织建筑与自然环境，更多地，是将建筑物根据预设的功能先分解，再组织，从而把设计的关注点放在分解后的各元素之间的关系上。这成为我们在面对这种境遇时经常采用的策略。

青浦青少年活动中心的设计，便是首先根据建筑的使用特点将不同的功能空间分解开来，化为相对小尺度的个体，再利用庭院、广场、街巷等外部空间类型将其组织在一起的做法。青少年在其间的活动——不同功能空间之间的"联系"和无目的的"游荡"以及随机的"发现"——就像在一座小城市里的活动。这也是我们对郊区"城市化"过程中日益放大的城市尺度所做出的回应。我们希望在已经被放大了的城市建筑尺度的前提下，能创建一个内在的、人性化的小尺度公共空间，重建传统城镇的"尺度记忆"（图3、图4）。其实这两种尺度间的疏离，早已不是一个美学问题，它已直接和我们未来的生存环境相关了。

3

The design of Qingpu Youth Centre has been executed by dissecting the different functional spaces into units of relatively smaller dimensions according to the characteristic uses of the architecture. Then they are organized together by way of external spatial types such as courtyard, square and alleys. Youth activities within the building – the connections between different functional spaces and mindless loitering and serendipities – just like movements in a small city, are also our responses to the increasingly magnified urban dimensions in the urbanization process of the suburbs. We hope that under the circumstances of magnified urban architectural dimensions, we can create humanized internal public spaces of smaller dimensions in an attempt to recreate the dimensional memories of the traditional town (Figures 3 and 4). Actually the detachment of these two dimensions is no longer an aesthetic issue alone. It has a direct bearing on our future living environment.

4c

である。つまり、私たちは建築と自然の関係を事前して構築し、その後、予測配置されているプログラムによって建築を分解し、再び構築し直し、その後はじめて、設計の思考段階を分解した各要素間の関係な中にシフトさせる。私たちの直面する環境に対しては、この戦略をいつも採用している。

「青浦青少年活動センター」の設計はまず建築のそれぞれの使用目的によって異なるプログラム空間を小さい次元のユニットに分解することから始め、庭や広場、路地等の外部空間を利用して一緒に構築する作り方をした。ここでの子供たちの活動は、異なるプログラム空間の「つながり」の中で、気ままに「回遊」し、ランダムな「発見」をするといった体験ができる。それはまるで、小さなまちを体験しているようである。これはまた、郊外において都市化が進むプロセスの中で、拡大し続ける都市の次元に対する私たちの回答である。既に建築スケールが拡大されてしまった都市を前提にしたとき、私たちは、ヒューマンスケールの小さな場所が内在する公共空間を提案し、また伝統的な町のスケールの記憶を再び成立することを望んでいる（図3、4）。その実、この二種類のスケール感の乖離は、すでに美学だけの一問題ではなく、もはや直接私たちの未来の生存環境と関係しているだろう。

지금까지 우리의 대부분 프로젝트가 교외의 자연속에 있는 원인으로 많은 디자인중에서 우리는 늘 의식적으로 어떻게 하면 건축이 자연속에 더 잘 융합될 것인가를 사고하였고 디자인의 중점을 건축과 주변환경과의 관계를 간섭하는데 두었다. 그러나 이와 동시 문제가 나타났다. 현재 우리는 급속적인 도시화 과정을 겪고 있어서 주변환경은 항상 미지수다. 설사 계획이 있더라도 늘 예측하기 힘든 끊임없는 변동속에 처해 있다. 결국 우리는 그제 자신의 '완전성'에 도움을 구할 수 밖에 없다. 따라서 우리는 의식적으로 건축과 자연환경을 초월하고 더욱이 건축물을 예정된 기능에 따라 먼저 분해하고 다시 조직함으로써 디자인의 초점을 분해 후의 각 요소 간의 관계에 두게 했다. 이것은 이미 우리가 이러한 상황에 대응하여 자주 사용하는 방법으로 되였다.

청포청소년활동센터의 디자인은 바로 건축의 사용 특징에 따라 부동한 기능 공간을 상대적으로 작은 사이즈의 개체로 분해시킨 후, 다시 정원, 광장, 거리와 골목 등 외부 공간 총합을 이용하여 그들을 한데 조합시키는 수법을 사용하다. 청소년들이 그 안에서의 활동——부동한 기능 공간 사이의 연계 및 목적없는 떠다님, 그리고 우연적인 발견——마치 작은 도시에서의 활동과 같다. 이 또한 우리가 교외 도시화 과정 중 날로 확대되는 도시 사이즈에 대한 응답이다. 우리는 이미 확대된 도시 건축 사이즈와 전제하에 내포적이고 인성화된 작은 사이즈의 공공공간을 창조하여 전통적 도시에 대한 기억 사이즈로 다시 만들기 바란다(그림3, 4). 사실 이 두 가지 사이즈 사이의 소원(疏遠)은 미학적 문제일 뿐만 아니라, 우리 미래의 생존 환경과 직접 관련되는 문제가 되였다.

4e

Juxtaposition is a way of constructing relations.

Juxtaposition has been widely used in traditional Chinese poetry, painting, and music. Wai-lim Yip has talked about the indeterminately juxtaposing relations of classical wenyan (literary language) poetry in his Chinese Poetry[3]. Such as the well-known lines from the genre of the Lyric, 'Rooster crowing, hostel with a thatched roof, the moon', and 'ancient passageway, west wind, emaciated horse', in which the poet has not imposed a spatial relationship on 'hostel with a thatched roof' and 'the moon', or a temporal relationship between 'west wind' and 'emaciated horse'. Such flexibility has led to a simple relationship of juxtaposition, enabling phenomena or events to unravel naturally without losing any of their multiple spatial and temporal expansiveness, thus allowing us free movement within them for aesthetic values on different levels. In his Eight Treatises on the Transformed State[4], Dong Yugan also observes that such a relationship of juxtaposition has allowed free space for the spatial organization of Chinese literati's gardens.

Juxtaposition

並置は一種の建築構成関係の方法である。

「並置（並べる）」という方法は中国の伝統的詩歌や絵画、音楽など幅広い領域で見られる。葉維廉[※15]は『中国詩学』にて何度も中国文言詩の不定位並置関係について語っている。例えば、「鶏声茅店月（雄鶏の鳴き声、茅葺き屋根の宿、月）」あるいは「古道西風瘦馬（古道、西風、痩せ馬）」などである。詩人は「茅葺き屋根の宿」と「月」の空間的関係、あるいは「西風」と痩せ馬との時間的関係をまるで決めていない。まさにこのようなやわらかさこそが、シンプルな並置関係を導いているのである。モノやコトをそのまま

並置

병치는 일종 구성관계의 방식이다

[illegible]

병치

Li is one hexagram in the Book of Changes. The relationship of juxtaposition is an immediate reflection of the organizational structure of the hexagram. The 64 hexagrams (symbolizing 64 natural phenomena and their corresponding human conditions) are composed by attaching the eight trigrams, Qian, Kun, Kan, Li, Gen, Dui, Xun and Zhen, corresponding to eight main elements (Heaven, Earth, Water, Fire, Mountain, Marsh, Wind and Thunder). The organizational structure of the attachment and detachment processes is overlapping juxtaposition, through which objects can form rich and intriguing dynamic permutations. This is a very simple rule, and proves to be very effective if used properly.

When we were analyzing the architectural layout of the Garden of the Net Master in Suzhou, we discovered an interesting phenomenon, namely the fact that the buildings within the gardens and the residential courtyard exist in a relationship of reversible figure and ground. In terms of the presentation of its density, the buildings within the gardens have the least density and a free layout. But the residential part comes with a high density and a functional layout. In fact, the traditional garden and residential courtyard accompanied each other. The residential courtyard, laden with ethical values, would later develop a dense inwardness due to security concerns and construction models. As a relatively open, natural space, the garden can complement the courtyard and together they reach an organic equilibrium, which happens to illustrate a mutually complementary relationship of detachment and attachment (Figure 5).

に捉え、それらのもつ多重空間と時間的「延展性」を保持させつつ、それらの関係を活性化させる。このようにして、私たちは異なる次元の美感を得ることができるのである。葉維廉(4)は、園林についての著書『化境八章』の中の「経営位置」にて、中国各地の文化人によってつくられた園林の空間構成では、自由に空間的操作をできる手法が、このような並置の関係としてみられると述べている。

「離」とは易経の中のうちの一つの卦である。実は、「並置」の関係もまた卦象の組織的構成を直接反映している。易経の六十四卦（六十四種類の自然現象およびその相対応する人間の状況を象徴している）は主に八種類の主要元素（天、地、水、火、山、沢、風、雷。これに対応する八つの単卦は、乾（かん）、坤（こん）、坎（かん）、離（り）、艮（ごん）、兌（だ）、巽（そん）、震（しん））が離合し、互いに誘発し合ってできたものである。離合の作用を形成する組織構成の形式は、「重なり合う並置」である。「並置」の関係を通して、モノとモノとの間に、簡単ながら効果的な結果を多く生み出すことができる。

蘇州の「網師園」の建築レイアウトを分析していたとき、私たちは一つの興味深い現象「庭」（庭の建物とその周辺の庭）と「屋敷」（相対的な住居スペースをもつ建築ボリューム）が、互いに図と地になっていることに気がついた。その密度の表現から説明すると、庭の部分の建物の密度は比較的低く、レイアウトも非常に自由である。屋敷部分の密度は比較的高く、レイアウトは非常に計画的である。事実上、伝統的な庭園と屋敷の多くは両方あわせて形成される。屋敷は倫理的秩序に取り囲まれており、安全性や建造上のモデルなどの理由から、隙のない「内向性」を表出している。一方で、庭は相対的にオープンな空間を作り出している。自然の空間はまさに有機的な均衡を獲得し、このような並置は相互補完の離合関係（図5）をちょうどよく構築している。

그 반면 정원 부분의 건축은 밀도가 낮고 배치도 매우 자유롭다. 하지만 주택 부분은 밀도가 높고 배치도 매우 형식화 되어 있다. 사실 대다수 전통적인 원림과 주택은 서로 동반하여 생긴 것이다. 주택의 진(중심 축선에 놓인 마당 칸수)과 낙(양측 또는 가로로 놓인 칸 수)은 윤리 질서로 인해 제한을 받고 안전, 건축 방식 등 원인으로 인해 치밀한 "내향성"을 나타낸다. 그러나 원림은 상대적으로 개방되고 자연적인 공간으로 그와 유기적인 평형을 이룰 수 있다. 이러한 병치는 서로 보충되는 이합 관계를 구축하였다(그림 5).

5

"并置"是一种建构关系的方法。

"并置"的方法在中国传统的诗歌、绘画、音乐等领域被广泛运用。叶维廉在《中国诗学》[3]里多次谈到中国文言诗的不定位的并置关系，比如"鸡声茅店月"或者"古道西风瘦马"，诗人并没有决定"茅店"和"月"的空间关系或者"西风"和"瘦马"的时间关系。正是这种灵活性而导致的简单"并置"关系，令物象或事件自然呈现，并保持它们多重空间与时间的"延展性"，令我们可以活跃其间，获得不同层次的美感。而叶维廉在他关于园林的《化境八章》[4]之"经营位置"中，也看出了这种"并置"关系为中国文人所留出的可用于位置经营的自由空间。

"离"是《易经》中的一卦，其实"并置"的关系也是直接反映着卦象的组织结构。《易经》的六十四卦（象征六十四种自然现象及其相对应的人间处境）主要就是由八种主要元素（天、地、水、火、山、泽、风、雷，对应八个单卦：乾、坤、坎、离、艮、兑、巽、震）的"离合"而引发出来的。"离合"作用形成的组织结构就是"重叠并置"，物与物之间通过"并置"关系可以形成丰富且玄妙的"动变"组合。这其实是一个很简单的道理，运用得好却可以产生很有效的结果。

在分析苏州网师园的建筑布局时，我们发现了一个有趣的现象，就是园子里的建筑和宅子互为"图底关系"。从其密度的表现而言，园子部分的建筑，密度较低，布局也非常自由；而宅子部分密度较高，布局也非常的程式化。事实上，传统的园林和宅院多是相伴而生的，宅院通常为伦理秩序所困，并因安全、营建模式等原因表现出一种紧凑的"内向性"；而园林作为一个相对开敞、自然的空间，正好可以与之达成有机的平衡。这种"并置"恰好构建了一种互为补充的"离合"关系（图5）。

In most of the works by Deshaus, one can identify the impact of the above three keywords. Perhaps Summer Rain Kindergarten is the result of an unconscious effort. However, in the series that came after, this has become a conscious design approach. The Office Building on Plot 6 of Jishan Software Park, Nanjing also features a design that combines the detached small upper volume and the courtyard characterized by a fretwork underneath in an overlapping space (Figure 9). Jiading New Town Kindergarten comprises the juxtaposition of two spatial volumes that are respectively 'non-physical' and 'physical'. The Hotel on Plot E of Xixi Wetland is an extended, intertwined expanse of building and wetland growths (Figure 10). Qingpu Youth Centre is almost a small city with multi-layered external spaces of complex dimensions formed by attached and detached volumes. The Artist Village of Dayu Village, Jiading, is a cluster of many artist studios, each of which has clearly defined, inward courtyard borders. Within the courtyard there are even more closed studios with double-pitched roofs and cross shaped residential exhibition spaces that are open to the courtyard in all four directions (Figure 11). The P9 Office Building in the suburbs of Ordos City, Inner Mongolia, features the vertical overlapping of multi-density spaces, which, with the construction of 'fissure'-like spaces reminiscent of rockery, attempt to restore physical memories of men whose constitution is increasingly weakened in contemporary information society (Figures 12, 13).

10

11a

11b

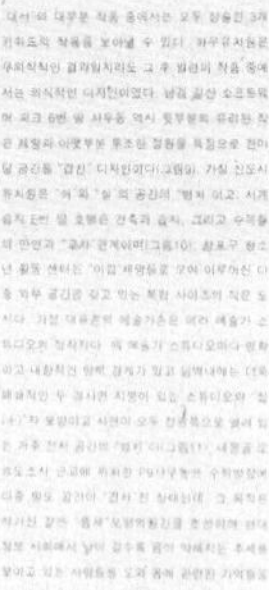

12

アトリエ・デザインの大部分の作品の中で，上記の3つのキーワードの作用全てをみることができる。「夏雨幼稚園」は無意識にそうなったかもしれないが，それ以降の一連の作品の中では，意識的に設計している。「南京吉山ソフトウェアパーク6号地区オフィスビル」では上部の離散する小さなボリュームと下部の透かし彫りの庭によって，重ね合わされた特徴のある院落（塀で囲った敷地）空間の設計をしている（図9）。つまり，「嘉定新城幼稚園」では「虚」「実」空間の並置，「西渓湿地E地区ホテル」では建築と湿地および樹木の織り重なりと広がり（図10），「青浦区青少年活動センター」は，離合するボリューム集積によって形成され，様々なスケールを組み合わせた外部空間を幾重にも持つ小都市のようである。「嘉定大裕村のアーティストビレッジ」は，多くの芸術家のアトリエの集まりであり，芸術家それぞれのアトリエはみな，はっきりと閉じた中庭による境界をもっている。中庭内部は，切妻屋根のアトリエと十字形平面によって形成され，庭園へ向かって四方向均等に開いた居住展示の空間を並置していることによって，より閉じられた環境を作り出している（図11）。内モンゴルのオルドス市郊外の「P9オフィスビル」は多重密度空間の垂直方向の重なりである。その目的は，庭園の築山を引用した「ポーラス」状の空間を構築し，現代の情報化社会の中で身体が弱体化していく人類が，身体の記憶を取り戻せるよう手助けすることである（図12，13）。

在"大舍"的大部分作品中，都能看到上述三个关键词的作用。也许夏雨幼儿园是一个不自觉的结果，但在后来的一系列作品中就是自觉的设计了。南京吉山软件园六号地块办公楼也是将上部拉散的小体量和下部以镂空院子为特征的院落空间"叠加"的设计（图9）；嘉定新城幼儿园是"虚"、"实"空间的"并置"；西溪湿地E地块酒店则是建筑与湿地及树木的叠砌"交织"（图10）；青浦区青少年活动中心是由"离合"体量聚集形成的，具有多重外部空间的复合尺度的小城市；嘉定大裕村的艺术家村是多个艺术家工作室的聚落，每个艺术家工作室均有明确且内向的院墙边界，院墙内是更为封闭的双坡顶工作室和"十"字形的、在四个方向均向庭院开敞的居住展示空间的"并置"（图11）。位于内蒙古鄂尔多斯市郊的P9办公楼则是在垂直方向上多重密度空间的"叠加"，其目的是希望借助假山般"孔隙"状空间的营造，帮助当代信息社会中身体趋于弱化的人类找回关于身体的记忆（图12、图13）。

13

The recently finished Spiral Gallery within the Central Green of Jiading New Town is the most concentrated and most abstract expression of the three keywords. Its border is a closed loop of multi-arcs, enclosed by opaque coruscating perforated aluminum panels, which display different kinds of inwardness in different weather conditions and at different times. In the 250 m2 building, two paths have been designed. One goes from the main entrance to the inner courtyard and leads first to the rooftop via the staircase, from closure to openness, takes a detour in the landscape of the Green, before entering the interior space, from openness back to closure. The other goes straight into the interior at the first opportunity available and takes a detour in the interior before entering the inner courtyard. The two paths can form a spiraling continuity, thus they exist in a relationship of juxtaposition. The surrounding scenery, thanks to the detour on the rooftop, also forms a detached and attached unity with the architecture (Figures 14, 15 and 16). The design of the Spiral Gallery has benefited from the reflections on spiraling images of the Yue Minjun's Studio. Here, the 'spiral' is but a form of intervention and furnishes no end. With the intervention of the geographic symbol of the 'spiral', we are able to create a sense of infinity within a limited border, which is also the characteristic of the maze. (Figure 17, 18). Hence we get to reconsider the characteristics of the 'wall'. Within a maze, 'walls' are not just simple isolators. They isolate yet keep things attached, which needs to be completed with our memories and emotions.

The design practice of the last decade has brought us to realize that we do not have to make a choice between tradition and the modern. Rather we should rethink or even redefine tradition and the modern based on our intellect and experience. We focus on locations and the past. Our designs may have started simply with nostalgia about particular locales and ended up with the hope that we can develop a kind of practice committed to abstractness and modernity based on accumulated experience of the locale in a society so hungry for change and novelty.

16

近日新しく竣工する嘉定新城センター緑地内の「スパイラルギャラリー」において、上述の三つのキーワードをさらに煮詰めて、抽象的に表現している。その境界は、完全に閉じた多数の円弧から形成される。半透明のパンチングメタルに囲われることによって、天気や時間帯の変化に応じて異なる「内向性」を展開する。２５０平米足らずという大きくはない建築の中で、二つの動線を設置した。一つはメインエントランスに入ったあと、先に階段を上って屋上に登り、閉鎖的な空間から開放的な空間へ移る。そして、緑地の風景の中をぐるりと一回りしたあと、中庭に降り、再び室内に入って、再び開放的な空間から閉鎖的な空間へ移るルートである。もうひとつのルートはすなわちメインエントランスから直接室内に入り、内部をぐるりと一回りしたあとに中庭に出る。二つのルートは螺旋で連結する一方、一種の並置関係をもつ。屋上を一度「回遊」することによって、周辺の風景と建築は、離合によって全体性をつくる（図１４、１５、１６）。スパイラルギャラリーの設計は、嘉定大裕村内の「岳敏君アトリエ」が秘めた螺旋図示の思考からインスピレーションを受けた。

16a

14

ここでは、「螺旋」は一種の「介入」だけでしかなく、目的ではない。螺旋のような一種の幾何学的図示の介入を通して、決して大きくはない閉じられた境界の中で、一種の無限性をつくることができ、迷宮のような特性も持ちうる（図17、18）。それにより、私たちも「壁」の特性について改めて思考することができる。迷宮の中で、「壁」はただ単純に空間を隔離するものではない。隔てるものであっても離すものではなく、それは私たちの記憶に依る必要があり、情緒から完成されるものである。

10年近くの設計実践で、私たちはこのような考えを得た。私たちは伝統か現代かという選択をする必要はなく、知識と経験に基づいて伝統と現代を再考ないしは再定義するべきであろう。私たちは場所とその履歴に関心を持っており、設計においても、単純に実際の場所の記憶に対面することから始めるけれども、現在めまぐるしく新しい「変化をし続ける」社会の中で、その場所の持つ履歴の上に、「抽象性」と「現代性」に着目しながら展開させていきたい。

최근 완공된 가칭 신도시 중심 녹지 위에 위치한 나선형 갤러리는 상술한 3개 키워드를 더욱 집중적이고 추상적으로 표현하였다. 그의 경계는 완전히 닫힌 멀티 스파이 원형으로서 반투명 파형 천공 알루미늄판으로 둘러 있어 부동한 날씨와 시간에 서로 다른 "내향성"을 나타낸다. 250평방미터의 크지 않은 건축 안에 두 갈래 통로를 설치하였다. 한 갈래는 주요 입구에서 들어 온 후, 먼저 계단을 통해 지붕위까지 올라가는 통로로서 폐쇄에서 오픈으로 전환하고 녹지속에서 한바퀴 돌고 다시 오픈에서 폐쇄로 전환하여 내부정원에 "돌고 들어가" 실내로 들어간다. 다른 한 갈래는 주요 입구에서 인근의 실내로 직접 들어와 한바퀴 돈 후 내부 정원으로 들어가는 통로이다. 이 두 통로는 나선형으로 연속되면서도 "병치" 관계를 이루기도 한다. 주변 풍경은 지붕위에서 "한바퀴 돌음"으로 건축과 "이합"의 전체를 칠상하였다(그림14~16). 나선형 갤러리의 디자인은 작업군스튜디오의 나선형 도표에 대한 사고에서 혜택을 얻었다. 여기에서 "나선"은 그저 한 가지 "개입"일뿐 목적은 아니다. 나선이란 기하학 도표의 "개입"을 통해 작고 폐쇄된 경계안에서 무한감을 조성할수 있었는데 이는 또한 미궁의 특성이다(그림17,18). 이로 하여 우리는 "벽"의 특성에 대해 다시 사고할 수 있게 되였다. 미궁속에서의 "벽"은 간단한 분리가 아니라, 분리는 하되 연관은 있는 것이다. 이는 우리의 기억과 정서를 통해 완성돼야 한다.

근 10년간의 디자인 실천을 통해 우리는 이런 인식을 갖게 되였다. 우리는 전통과 현대 사이에서 꼭 선택을 해야만하는 것이 아니라, 지식과 경험을 바탕으로 전통과 현대에 대해 다시 사고하고 다시 정의를 내리어 한다. 지방을 주목하고 과거를 주목하면 우리의 디자인은 그저 구체적인 지리적 위치에 대한 미련으로부터 시작했을 수 있으나, 결국 현재 시급히 새로움과 변화를 원하는 사회에서 지역 개체에 대한 지속적인 경험 누적을 바탕으로 "추상성"과 "현대성"을 주목한 실천을 시작하기를 바란다.

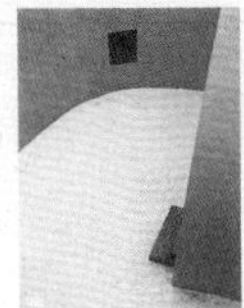

新近完工的位于嘉定新城中心绿地内的螺旋艺廊，是上述三个关键词更为集中而抽象的一次表达。其边界是一个完整闭合的多边圆形，由半透明的瓦楞穿孔铝板围合，在不同的天气与时间段展现出不同的“内向性”。在不大的250平方米的建筑中，设置了两条路径，一条路径是由主入口进入后，先由楼梯上至屋顶，由封闭转至开敞，在绿地风景中环绕一圈后，再由开敞转至封闭，“钻入”内部庭院再进入室内；另一条路径则是由主入口就近直接进入室内，于室内环绕一圈后进入内庭院。两条路径既可螺旋连续，又是一种“并置”关系。而周边风景，正因为屋顶上那“绕场一周”的游弋，与建筑形成了一个“离合”的整体（图14～图16）。螺旋艺廊的设计，得益于[illegible]工作室关于螺旋图示的思考。在这里，“螺旋”只是一种“介入”，而不是目的。通过螺旋这样一种几何图示的“介入”，可以在不大且封闭的边界内营造一种无限感，这也是迷宫的特性（图17、图18）。由此，我们也得以重新思考关于“墙”的特性，在迷宫里，“墙”并不是简单的隔离，而是隔而不离，这是要靠我们的记忆、情绪来完成的。

近十年的设计实践，我们得出这样一个认识：我们不必在传统和现代中去做出抉择，而是应该在知识和经验的基础上重新去思考乃至定义传统与现代。我们关注地方，关注过去，我们的设计也许就是简单地开始于对具体地方的留恋，而最终却是希望在当下这个急切于“新局变”的社会中，从对地方的个体经验持续累积的基础上，展开一个关注“抽象性”和“现代性”的实践。

2

江苏软件园吉山基地6号地块

建筑师：大舍（柳亦春 / 庄慎 / 陈屹峰）

设计小组：陈屹峰 / 柳亦春 / 庄慎 / 陈娟 / 唐煜

项目地点：南京市江宁区吉山

设计时间：2006

建成时间：2007.06

建筑面积：20000平方米

用地面积：24238平方米

摄影：舒赫

江苏软件园吉山基地位于南京市江宁区一片风光秀丽的丘陵中，是由38幢面积为1000及2000平方米的独幢办公楼及相关配套设施组成的商务园区，开发目的是为IT企业提供有别于都市的郊外办公场所。

办公楼单体建筑采用院落式布局，一层高的院墙，在自然起伏的基地中，围合出一个平整的人工世界。在这里，众多院落与开放式办公空间水乳交融，于一层缓缓展开，"诉说"着郊外办公的优越之处。二三层办公空间被进一步分解，各自倚在周边的院墙上，充分"享受"着郊外和煦的阳光、清新的空气和秀丽的景色；同时也不会对一层院落的宜人尺度带来负面影响。

地块内的各单体建筑结合地形起伏布局，形成一个有机的聚落，这样的布置方式与单体建筑内部的空间组成方式是同构的。院墙在限定建筑内部世界的同时，又成为建筑之间外部空间的边界。

建筑的院墙采用白色涂料，而二三层体量的其他几个立面则被木质遮阳构件所包裹。映衬在郊外的青山绿水中，在南京淡淡的天空下，纯净的白色院墙与沉着的深棕色木质墙面，向江南传统民居"表达深深的敬意"。

Located in a beautiful landscape of the undulating hills, Jishan base of Jiangsu Software Park is a business park composed of 38 independent office units with building area of 1,000 and 2,000 square meters, and additional auxiliary facilities. The development will provide suburban office spaces different from urban ones for software and IT companies.

Each office building is planned with the interior courtyards. The one-floor-high walls enclose a flat artificial area in a natural undulating landscape, where courtyards and open office space flow on the ground floor and mixed in a complete harmony, saying the superiority of the suburban office. The up-floor space is disassembled into different parts leaning on the each wall and enjoying the sunshine, air and scenery, without any negative influence to the suitable scale of courtyard space.

All the buildings on the site combined with the rolling topography create an organic community, with the same structure to the space inside the building. The courtyard wall limits the world inside as well as the outside.

The whitewash is used for the wall, while the rest facades of the up-floor volumes are enveloped by the wooden sunshade components. Reflected by the suburban landscape under the sky of Nanjing, the white walls mixed with brown wooden wall are expressing their respect to the south China traditional dwellings.

Plot 6 of Jishan base in Jiangsu Software Park
Architect: Atelier Deshaus (Liu Yichun/Zhuang Shen/Chen Yifeng)
Design Team: Chen Yifeng, Liu Yichun, Zhuang Shen, Chen Juan, Tang Yu
Located at: Jishan, Jiangnin Developed District, Nanjing
Designed on: 2006
Completed by: 2007/6
Floor Area: 20000m²
Site Area: 24238m²
Photographed by: Shu He

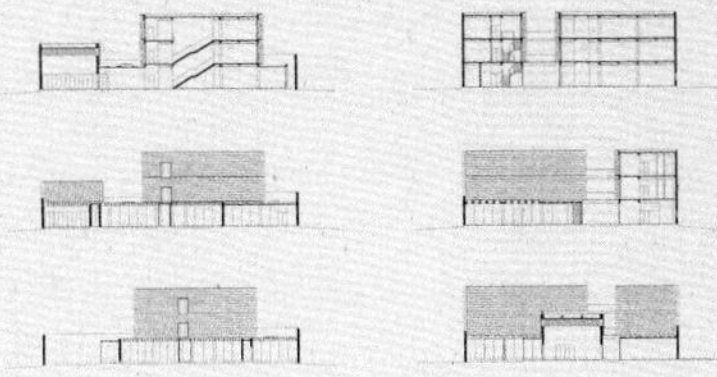

3

嘉定新城幼儿园

建筑师：大舍（柳亦春 / 陈屹峰）

设计小组：陈屹峰 / 柳亦春 / 王舒轶 / 刘谦 / 高林

项目地点：上海嘉定新城区洪德路

设计时间：2008.04-2008.12

建成时间：2010.01

建筑面积：6600平方米

用地面积：12100平方米

摄影：舒赫

嘉定新城幼儿园位于上海北部郊区一片旷野之中。与我们其他习惯于尝试分散体量的设计策略不同，这次是选择了将完整且有力的体量矗立于空旷的环境中。

建筑由两个大的体量南北“并置”而成：北侧这个体量是主要的交通空间——一个连接不同高差的、坡道的中庭；南侧这个体量则是主要的功能教学用房，总共有15个班级的活动室和卧室，以及一些合班使用的大教室。

以坡道为主要交通联系的中庭提供了超越日常经验的空间体验，这是一个令人兴奋的、有趣的、有活力的、有想象力的空间，是儿童们每天进入这幢建筑之后，再分散到各自教室的必经之路。这是一个被刻意“放大”了的空间体验，它揭示了这幢建筑所有与众不同之处的根源。

中庭空间内的高差变化，最终以一种内在的必然性“反映”到建筑的南立面上，这种平面高度上的“错动”令这座建筑充满动感。在高差发生变化的位置还有意设置了一些向内凹的户外活动空间——一方面这加剧了高差变化在立面上的可视程度，另一方面也令传统意义上的沿水平方向展开的庭院组织模式转化为沿垂直方向展开——“庭院”及其幼儿的活动由此成为建筑立面的一部分。

空间的“模糊”和“不确定性”，为这座幼儿园的使用提供了更多的可能性。

As the kindergarten is located in an open field at the north suburb of Shanghai, this time we choose an unitary and powerful solid standing in the pure situation, different from the strategy to give a couple of detached units we used to.

The building is composed of two large volumes on the south and north sides in a juxtaposition manner, of which the north volume is the main transport space, a atrium connecting spaces with various altitudes and ramps, and the south volume is the main functional teaching occupancy, including living rooms and bedrooms for the 15 classes and some large classrooms shared by classes.

The atrium mainly relied on ramps provides a different spatial experience beyond daily experiences. Such exciting, interesting, active and imaginative space is the only way which must be passed when kids entering the building and going to their respective classrooms. It is this deliberately strengthened spatial experience reveals the root of the building different from others.

Height changes of the atrium space would be finally reflected by the south facade in an internal inevitability. Such staggered changes of plane height make the building dynamic, and inwardly concaved spaces for outdoor activities where the level changes are intentionally set, strengthening visual degree of the height change on the façade, and also arranging the courtyards vertically instead of the traditional horizontal pattern, with the courtyards and children's activities as the part of the facade.

The ambiguity and uncertainty of the space provides more possibilities to the use of kindergarten.

Kindergarten in Jiading New Town, Shanghai
Architect: Atelier Deshaus (Liu Yichun / Chen Yifeng)
Design Team: Chen Yifong, Liu Yichun, Wang Shuyi, Liu Qian, Gao Lin
Located at: Hongde Rd, Jiading, Shanghai, China
Designed on: 2008/4-2008/12
Completed by: 2010/1
Floor Area: 6600m²
Site Area: 12100m²
Photographed by: Shu He

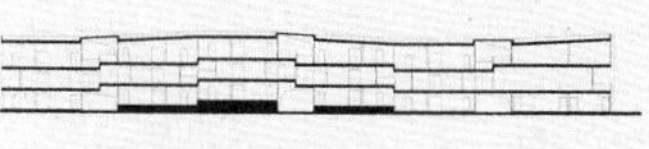

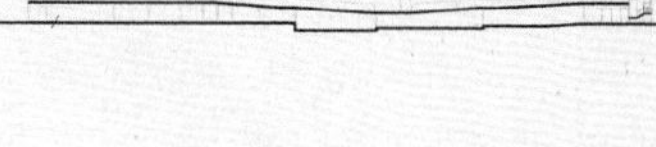

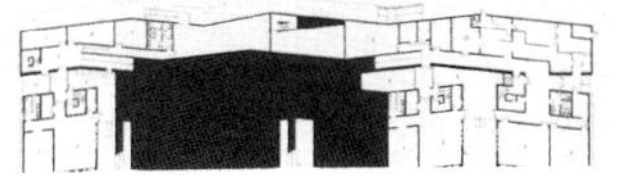

가정 신도시 유치원은 상해 북부 교외의 한 광야에 위치해 있다. 우리가 전에 자주 쓰던 공간 분산 디자인 책략과 달리, 이번에는 완정하고 유력한 공간을 광야에 세우는 방법을 사용하였다.
이 건축은 두 개의 큰 공간으로 남북 "병치"되어 형성되었다. 북쪽의 공간은 주요 교통 공간으로서 주로 부등 높이 차, 언덕길을 연결하는 정원이다. 남쪽의 공간은 주요 교육용 공간으로서 총 15개 학급의 활동실과 침실, 그리고 일반 사용할 큰 교실이 포함된다.
비탈길을 주요 교통 유대로 하는 정원은 우리에게 일상 생활에서 체험할 수 없는 공간적 체험을 제공해 주고 있다. 이는 재미있고, 활력 있고, 상상력을 펼칠 수 있게 하며 사람을 흥분케 하는 공간이다. 어린이들은 매일 이 건축에 들어선 후, 이 곳을 지나 각자의 교실로 돌아간다. 이는 의도적으로 "확대"된 공간 체험으로서 이 건축물의 독특한 부분이다.
정원 공간의 높이 차이 변화는 내적인 일관성으로 건축물의 남북 입면에 "반영"되고 있다. 평면 높이의 엇갈림은 이 건축물로 하여금 생동감이 넘치게 하였다. 또한 높이 차가 변화하는 곳에 의도적으로 안으로 움푹 들어간 실외 활동 공간을 만들기도 했다. 이는 입면에서 높이 차이 변화의 가시 정도를 높였을 뿐만 아니라, 전통 의미의 정원을 수평 방향 전개 및 조직하는 모드를 수직 방향으로 전개하였다. 정원 및 어린이들의 활동은 이로써 건축 입면의 일부분이 된 것이다.
공간의 "모호함"과 "불확정성"은 이 유치원에게 더욱 많은 가능성을 제공해 주었다.

가정 신도시 유치원
건축사: 대서 (유역춘 / 진홍봉)
디자인 팀: 진홍봉 / 유역춘 / 왕시철 / 유검 / 고림
프로젝트 위치: 상해 가정 신도시구 홍덕로
디자인 날짜: 2008.04-2008.12
건축 날짜: 2010.01
건축 면적: 6800㎡
용지 면적: 12100㎡
촬영: 서혜

嘉定新城幼稚園は、上海北部の広々とした郊外にあります。我々が慣れたその他の分散ボリュームの設計傾策と違い、今回は、完全で力強いボリュームを広々とした環境に置かれています。

建築は、二つのボリューム南北「並置」から構成されています：北側というボリュームは、主要たる「交通空間」です——それぞれ高さを連結し、敷地の中部にあります。南側というボリュームは、主要たる機能教室で、計15か所のクラス用遊びの場と寝室、一部の合体使用大きな教室があります。

坂道を主要交通連係にする中庭は、日常経験を超える空間体験を提供しています。これは、エキサイティング、面白く、活気のある、想像力のある空間です。児童達は、毎日この棟の建築に入ると、各自の教室に分散する避けては通れない道です。これは、意図的には「拡大」された空間体験で、これはこの棟の建築がすべての格別なところを示す根源です。

中庭空間内の高度差変化は、最終的に一種の内的な必然性「反応」で、建築の南立面に示されています。この平面の高度上の「すれ違い」で、この建築はダイナミックに満ちています。この高度差が変化している位置には、意図的に一部の内側へ凹む屋外活動空間を設けています——一つは、これは高度差の変化の立面上の可視度を増やす同時に、伝統的な意義での水平方向に沿って展開される庭の組織モデルも垂直方向に沿った展開——「庭」と幼児の活動からなる建築立面の一部を構成しています。

空間の「曖昧さ」と「不確定性」をもって、この幼稚園の使用のためにより多くの可能性を提供しました。

嘉定新城幼稚園

建築士：大舎（柳亦春／陳屹峰）

設計チーム：陳屹峰／柳亦春／王舒軼／劉暘／富林

プロジェクト場所：上海嘉定新城区洪徳路

設計時期：2008.04-2008.12

完成時期：2010.01

建築面積：6600平方米

敷地面積：12100平方米

撮影：舒赫

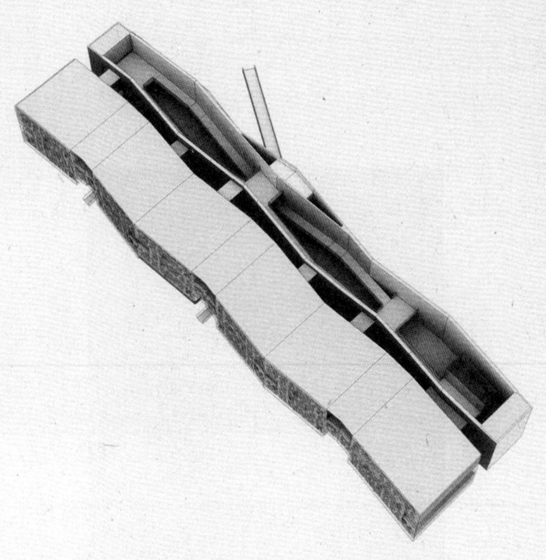

나선형으로 디자인한 의도는 "경치 감상"을 위해서이다. 완전체에 나선형으로 "침입"하여 사적이고 오롯한 시감이 있는 내부 공간에 개입시킨다. 실내 공간은 공공 공간으로부터 점차 사적인 공간으로 전환하고 있으며 가장 중요하게는 자연 경치 속에서 나와 점차 "건축" 속으로 들어가는 느낌을 주고 있다. 우리는 직접 실내의 원형 공간으로 들어갈 수도 있고 좀 높은 층에 올라가 경치를 감상하는 시각과 시선 높이의 점차 변화하는 과정에 건축 속으로 들어갈 수도 있다. 여기서 따돌아 다니는 과정에 우리는 유쾌함을 느낄 수 있다. 이런 유쾌는 "개방"과 "폐쇄"의 교차 및 의도적으로 길게 뻗친 도로에서 얻은 것이다. 이 또한 추상적인 "정원 감상"방식이며 건축에 "들어가는"방식이기도 하다.

나선형 갤러리
건축사: 대사 (유역춘 / 진흘봉)
디자인 팀: 유역춘 /진흘봉 / 범배뢰
프로젝트 위치: 상해 가정 신도시구 천축로
디자인 날짜: 2009.07-2010.01
건축 날짜: 2011.06
건축 면적: 250㎡
촬영: 서혁

螺旋を採用する意図として、「景色を堪能する」スタイルを確立することにあります。一つの螺旋は、まん丸い完成系に「侵入」し、プライベートで、ある原始的な感覚をする内部空間が作りあがります。室内空間は、次第に公共の場からプライベートになっており、最も重要なのは、これは景色から建築に「入る」スタイルを形成しています。直接的に室内の環状空間に入ることもでき、高めの屋面に入り、景色を堪能する視点、視角、視力高さから絶えず変化しているプロセスで建築に入ることができます——ここは、歩いている楽しさがあります。この楽しさは、「開放型」と「密閉」との繰り返しての切り替えリズムや意図的に延長したルートからきています。これは、抽象化された「螺旋」スタイルです。そして、景色を堪能することも、建築に「入る」スタイルにもなっています。

螺旋芸術館
建築士：大舍（柳亦春／陳屹峰）
設計チーム：柳亦春／陳屹峰／範蓓蕾
プロジェクト場所：上海嘉定新城区天祝路
設計時期：2009.07-2010.01
竣成時期：2011.06
建築面積：250平方米
撮影：舒赫

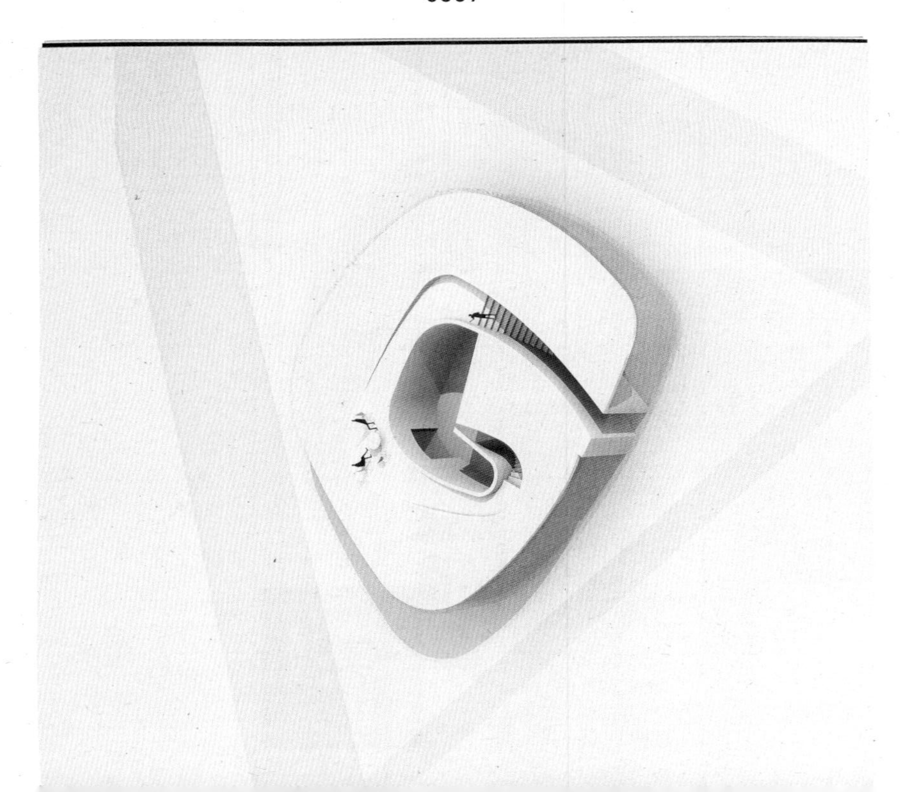

谈话录

柳亦春/陈屹峰——赵 清

注：“柳”=“柳亦春”，“陈”=“陈屹峰”，“赵”=“赵清”。

A Conversation between Liu Yichun, Chen Yifeng and Zhao Qing
Annotation: L indicates Liu Yichun, C indicates Chen Yifeng, Z indicates Zhao Qing.

류: 이번 전시의 주제는 "장의 고유성"입니다. 건축 영역에서 "장", "장소"는 아주 보편적인 화제입니다. 많은 건축가들이 "장소"에 관한 저서를 냈는데 서적 디자인 영역에서는 "장"의 이론을 어떻게 보시는지요?
류: 제가 보건대 공간은 건축의 일부분입니다. 또는 건축의 속성 중의 하나라고 볼 수 있습니다. 저와 천이펑 씨는 모두 동제대학 건축학과를 졸업하였습니다. 공간이론은 동제의 현대건축 교육의 핵심입니다. 대학 1학년의 "건축학개론" 수업에서 선생님은 노자의 "찰흙을 이겨 그릇을 만드는데, 그 비어있음에 그릇의 쓸모가 있다. 문과 창을 뚫어 방을 만드는데, 그 비어있음에 방의 쓸모가 있다."는 말씀으로 당신이 말한 "역방향의 조각"에 대해 설명해 주셨습니다.
물론 기념비와 같은 "조각"에 근접한 건축도 있습니다만 사실 그 주위에도 여전히 공간이 존재하고 있습니다. 공간은 실내공간에만 제한되어 있는 것이 아닙니다. 중국의 건축을 들면 강남의 민가와 원림건축들은 그 외부공간이 내부공간보다 더욱 정채롭습니다. 강남의 정원 민가는 늘 외부공간과 내부공간을 조성할 때부터 똑같이 중요한 자리에 놓습니다.
천: 오벨리스크, 피라미드 등은 건축사에서 일반적으로 기념성 건축에 속하는데 조각과는 차이가 있습니다. 미스가 디자인한 리프크네히트-룩셈부르크 기념비, 중국계 미국 건축가 린잉이 디자인한 워싱턴 베트남전쟁 기념비, 그들은 모두 뛰어난 건축입니다.
천: 사실 "장"에 관한 토론은 건축설계 내부에서도 오래전부터 진행되어 왔습니다. 한 때는 현상학이 무척 뜨거웠습니다. 노르웨이의 건축이론가 노르베르크 슐츠는 "장소의 혼—건축현상학으로 향하여"라는 책을 쓴 적 있는데 이는 마침 제가 대학원 공부를 할 때 인기 있었던 전문 서적이었습니다. 이 책은 건축의 지역성 토론 중에서도 빈번히 나타났습니다.
조: 일상적으로 우리는 평면 위에서 상상을 전개하지만 지금 평면은 이미 "시각전달"의 영역에로 넓혀졌습니다. 이른바 "평면이 평평치 않다"는 더 많이는 공간에서 풍부한 창작 영감을 얻고자 하는 것입니다. 제가 먼저 공간에 관한 이론들을 여쭤보아도 될까요? 제 소견으로는 건축은 공간에 대한 역방향의 "조각"입니다. 그건 처음부터 공간 속에 삽입된 것이 아니라 마치 공간에 따라 예술과 과학이 병행된 과정에 따라 완성된 특수한 물체인 것 같습니다 —— 그 자신 또한 공간입니다. 선생님은 "공간" 이론을 또 어떻게 보시는지요?
조: 조각은 정신적인 물질과 더욱 흡사하여 일반적인 이해에서는 그를 순수한 건축으로 보지 않는 듯 합니다. 심지어 선생님이 제기하기 전에 대부분 사람들은 조각을 건축에 귀결시키지 않을 수도 있습니다. 어쩌면 조각은 한 가지 정신적 부호이기도 합니다. 사람들이 더 중요히 여기는 것은 그의 "기운"인 것도 모릅니다. 마치 선생님이 말한 기념비처럼 말입니다. 기념비를 말하니 오벨리스크가 생각나네요. 어느 문명의 정화를 대표하지요.
조: 이번 우리 토론의 출발점은 "장의 고유성"입니다. 최초 "장"은 "장소Locus"의 개념이었지만 서적 디자인 영역에서 저는 "물리장Field"의 개념 쪽으로 경향합니다.

柳：今回の展覧会のテーマは「場の固有性」です。建築の領域での「場」、「場所」は普遍的なテーマと言えます。実際、多くの建築家が「場所」をテーマにして論じている著書があります。ブックデザインの領域で、どういった「場」の理論があるのかわからないのですが、いかがでしょうか？
柳：私の観点からしますと、空間はすべて建築の一部分、あるいは建築のキャラクターのうちのひとつであると考えます。私と陳航峰の二人とも同済大学の建築学専攻出身です。空間理論は同済大学建築教育のコアとなる部分です。大学の学部一年生の「建築概論」課程でもます、先生は老子の「埴(つち)を埏(こ)ねてはもって器を為(つく)る。その無に当たりて、器の用あり。戸牖(こゆう)を鑿(うが)ちもって以って室(しつ)を為る。」という句から趙さんのいう「空間に対向した彫刻」を説明しました。
当然、モニュメントのような「彫刻」に近い建築はもちろんありますが、その「彫刻」のまわりにはやはり空間が存在しています。空間は内部に限定してされるものではなて、中国の建築でいうと、江南の民家及び園林の建築のように、その内部よりその外部空間のほうがよりすばらしいものとなっています。また、江南の中庭式民家は、よく外部空間と内部空間とを同等に重要な位置づけをもつ場所として構築しています。
陳：オベリスクやピラミッドなど、建築史の中で通常シンボル性のある建築とされていますが、やはり彫刻とは多少違います。ミースはリープクネヒトとルクセンブルク記念碑を設計し、中国系アメリカ人の女性建築家リン・イーはワシントンにベトナム戦争戦没者慰霊碑を設計しました。そのどちらもすばらしい建築作品です。
陳：実は、建築領域の中でも「場」についての議論はもうかなり前からしています。一通り議論をして、「現象学論」が一時的に流行していた時期です。ノルウェーの建築理論家ノルベルグ・シュルツが書いた「ゲニウス・ロキ——建築の現象学をめざして」という本は、ちょうど私たちが大学院生のとき、「人気のある」専門的著書で、建築の地域性の議論をするとき頻繁に話題になっていました。
趙：そうですね。通常の状況ですと、私たちは平面上にイメージを形成しています。そして、現在のグラフィックデザインは「視覚伝達」領域を以前よりも広げていると思います。いわゆる「平面は平ではない」というか、3次元的空間の中に豊かな創作のインスピレーションをより求めています。空間について私のいくつかの理論をまずお話ししてもよろしいでしょうか？私のつたない見解からすると、建築は空間に対向した「彫刻」であり、もともと空間に相応したものではないところから、空間に沿って芸術と科学を併合するプロセスを経て完成される特殊なモノのようなものであり、そして建築そのものも空間であると考えています。柳さんは「空間」についてどういった考えをお持ちでしょうか？
趙：彫刻はより精神的なオブジェクトのようであり、一般的な理解ですと、純粋な建築としてみなせるものではなく、実際には、柳さんがおっしゃる以前に、おそらくほとんどの人が建築の属するものとして見ていません。あるいは、それは一種の精神的なシンボルであり、その「雰囲気」は人々により重いイメージをりえます。もし柳さんのおっしゃったようなモニュメントであるならば、一種の文明の真髄を代表するオベリスクをイメージさせられます。
趙：今回、私たちの討論の出発点は、「場の固有性」です。最初の「場」は「場所locus」という概念で、ブックデザインの領域では、「物理学的な界field」という概念によりもっと近いと私は考えています。

L: The theme of this exhibition is "Locus". "Place" and "locus" are common topics in architectural field. Many architects have written books on "locus" or "place". Then how the theories on locus are regarded in book design?
L: In my opinion, space has always been a part or an attribute of a building. Chen Yifeng and I both graduated from Department of Architecture in Tongji University. Spatial theory is the core of modern architectural education in Tongji. In the architectural conspectus in freshman year, professors explained what you said "reverse carving" by citing Lao Zi: Clay is formed into a vessel, it is because of its emptiness that the vessel is useful; Cut doors and windows to make a room, it is because of its emptiness that the room is useful.
Certainly, some buildings that are similar to "carving", such as monuments, are surrounded by spaces. Spaces are not only limited to the interior. The folk houses and garden architectures in the south of Yangtze River, for example, their exterior space is more wonderful than interior, and receives equal attention during construction.
C: In general, obelisk and pyramid are classified as monumental buildings in architectural history, which are different from sculptures. The Monument to Liebknecht and Luxemburg designed by Mies van-der Rohe, and the Vietnam Memorial in Washington by the ethnic Chinese architect Maya Ying Lin, are both outstanding.
C: In fact, "locus" has long been discussed in architectural field. Phenomenology was hot for a while. The Genius Loci: Towards a Phenomenology of Architecture wrote by the Norwegian architectural theorist Norberg Schulz, was a best-selling book when I was a graduate student. This book has been frequently referred to the architectural regionalism.
Z: Well, we are accustomed to imagining on the graphic as usual while the graphic is now rising to Visual Communication. Graphic is never graphic itself, as people saying that, and we are now finding creative aspirations which are abundant in the space and constructions. I want to know more details on the construction theories from both of you. In my private point of view, the construction is a converse sculpture to the space, and it is like a special material not inlayed in the space at the beginning but accomplished along the trails of art and science in the space. How do you think about these space theories?
Z: The sculptures seem to be something holding more spirituality, as common understanding, and they are never being treated as pure building. Even before you referred to these things, most people wouldn't relegate them to the constructions. These seem to be some kind of spiritual symbol. Their invisible power is more important in our hearts. Memorial monuments what you talked about remind me the obelisk which could be the quintessence of one civilization.
Z: This time we are talking from the point of the inherency of locus. The original meaning of locus was just a place, and in the book design domain, I incline to the concept of the physical field.

柳_这次展览的主题是“场的固有性”。在建筑领域，“场”、“场所”是一个很普遍的话题，很多建筑家都有关于“场所”的专著。不知道书籍设计领域是如何看待“场”的理论的？

赵_通常情况下，我们都是在平面上展开想象，而现在平面早已上升到“视觉传达”领域，所谓的“平面不平”，更多的是向空间去求取丰富的创作灵感。我可以先请教一下关于空间的一些理论么？以我拙见，建筑是对空间的逆向的“雕刻”。它并非一开始即嵌于空间之中，仿若是沿着空间，以艺术与科学并重的轨迹而去完成的特殊物体——它自身也是空间。你又是怎样看待“空间”理论的呢？

柳_在我看来，空间从来都是建筑的一部分，或者说是建筑的属性之一。我和陈屹峰都是同济建筑系毕业的，空间理论是同济现代建筑教育的核心。大学一年级的《建筑概论》课，老师就会以老子的“埏埴以为器，当其无，有器之用。凿户牖以为室，当其无，有室之用”这句话来说明你所说的“逆向的雕刻”这一说。
当然也有像纪念碑这样近于“雕刻”的建筑，其实它的周边，仍然有空间的存在。空间也并非局限于室内空间，比如中国建筑中的江南民居以及园林建筑，其外部空间比内部空间更为精彩；又如江南的院落民居，常常外部空间和内部空间在营造时是处于同等重要的地位。

赵_雕塑更像是精神性的物质。在通常的理解中，似乎并没有把它视作纯粹的建筑；甚至是在你没有提及之前，大部分人可能都不会将之归类于建筑。或许这是一种精神符号，而它的“气场”却是人们更看重的，如同你说的纪念碑。这又让我想起了方尖碑，那更代表了一种文明的精髓。

陈_方尖碑、金字塔等等，在建筑史里通常被归为纪念性建筑，与雕塑还是有所区别。索斯设计过李卜克内西—卢森堡纪念碑，华裔女建筑师林璎设计了华盛顿越战纪念碑，那些都是杰出的建筑。

赵_这一次，我们讨论的出发点是“场的固有性”，最初的“场”是“场所”（Locus）概念；在书籍设计领域，我更倾向于“物理场”（Field）的概念。

陈_其实，关于“场”的讨论在建筑专业内部是为时已久的了。有一阵子，“现象学”特别红火，挪威的建筑理论家诺伯格·舒尔茨写过一本《场所精神——迈向建筑现象学》，正好是我读研究生时“热门的”专业书籍。它也频繁出现于对建筑的地域性讨论之中。

赵_地域，场所，Locus。

1965
chil
are
the
rhy
of
the
wor

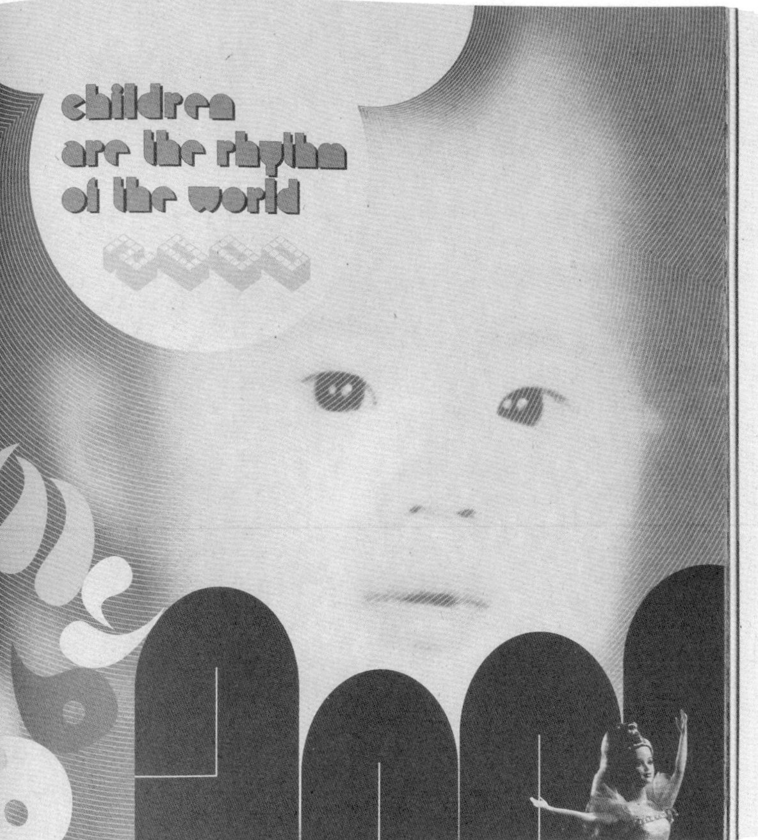
children
are the rhythm
of the world

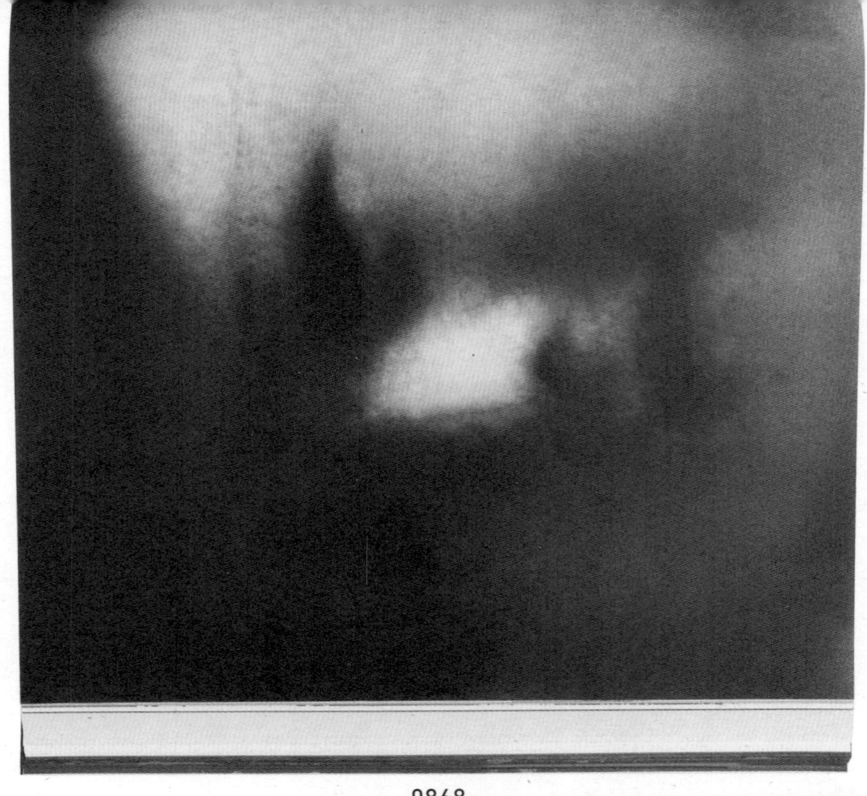

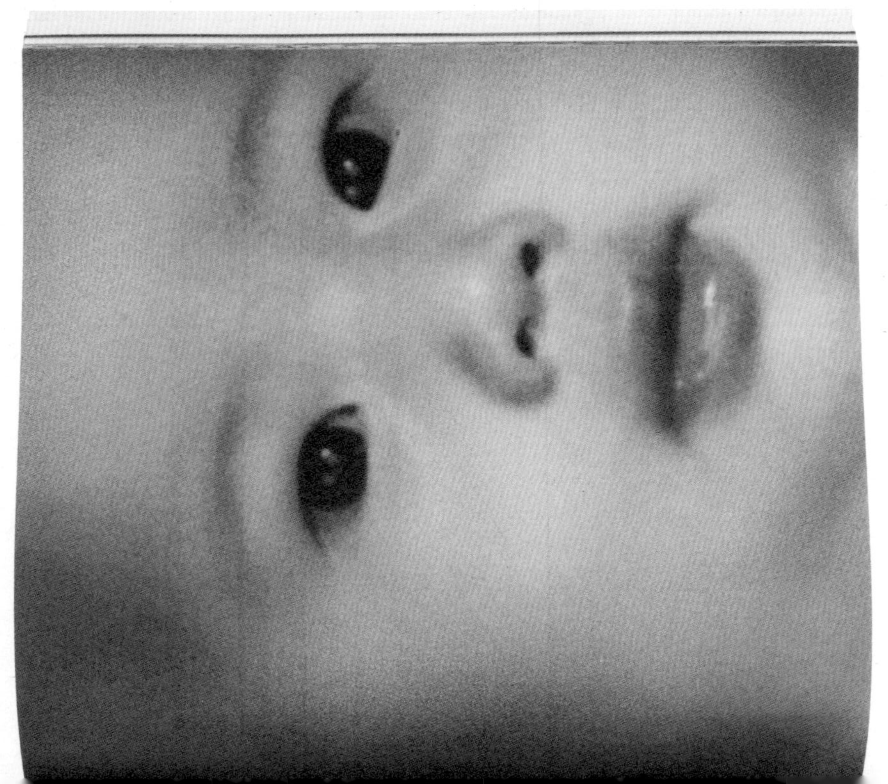

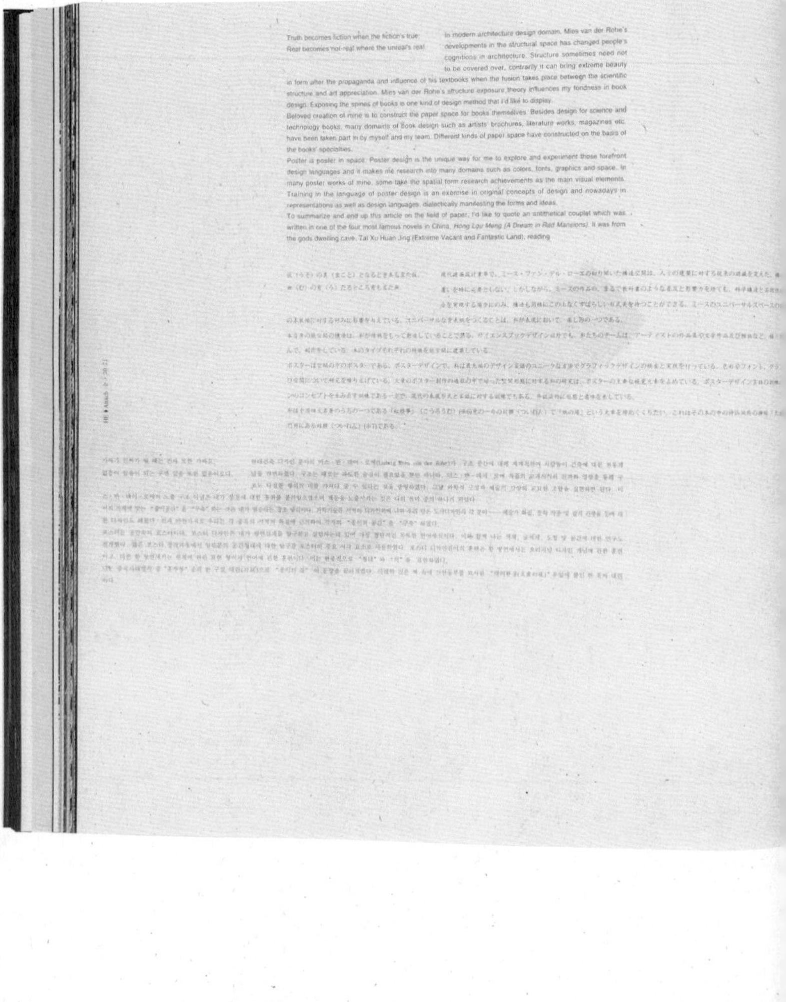

Truth becomes fiction when the fiction's true;
Real becomes not-real where the unreal's real.

In modern architecture design domain, Mies van der Rohe's developments in the structural space has changed people's cognitions in architecture. Structure sometimes need not to be covered over, contrarily it can bring extreme beauty in form after the propaganda and influence of his textbooks when the fusion takes place between the scientific structure and art appreciation. Mies van der Rohe's structure exposure theory influences my fondness in book design. Exposing the spines of books is one kind of design method that I'd like to display.

Beloved creation of mine is to construct the paper space for books themselves. Besides design for science and technology books, many domains of book design such as artists' brochures, literature works, magazines etc. have been taken part in by myself and my team. Different kinds of paper space have constructed on the basis of the books' specialties.

Poster is poster in space. Poster design is the unique way for me to explore and experiment those forefront design languages and it makes me research into many domains such as colors, fonts, graphics and space. In many poster works of mine, some take the spatial form research achievements as the main visual elements. Training in the language of poster design is an exercise in original concepts of design and nowadays in representations as well as design languages, dialectically manifesting the forms and ideas.

To summarize and end up this article on the field of paper, I'd like to quote an antithetical couplet which was written in one of the four most famous novels in China, *Hong Lou Meng (A Dream in Red Mansions)*. It was from the gods dwelling cave, Tai Xu Huan Jing (Extreme Vacant and Fantastic Land), reading

假作真时真亦假，
无为有处有还无。

现代建筑设计界，密斯·凡·德·罗对于结构空间的再开拓，改变了人们以往对于建筑的认知，结构本身并不需要过度装饰，相反，简洁密斯·凡·德·罗作品的教科书式的传播与影响，结构同样能带来卓绝的形式美，只要实现科学构架与艺术空间的巧妙融合。密斯·凡·德·罗对于建筑结构的理念，影响着我对书籍装帧的态度。删繁就简，是我乐于展现的意识之一。

「构建」属于书籍自身的「独空间」是我所追求的目的，除了科技书籍设计之外，我与团队还涉及了图书设计的各个领域——艺术家画册、文学作品及杂志刊物等等，同样根据各种类书籍的特质「建筑」了解本身的「独空间」。

海报是空间里的海报。海报设计是我探索和实验平面设计要素的语言的独特方式，色彩、字体、图形及空间展开了研究。在我大量的海报创作中，也有一部分空间考虑的探索作为海报的主要视觉元素。海报设计语言的训练，一方面是对设计原创概念的训练，另一方面是对当下的表现形式与语言的训练，鲜证地表现了「形」和「意」。

我想以中国四大名著之一的《红楼梦》中的一句对联为收尾，结束《我的路》这一篇文章。这是书中所描绘的神仙洞府的「太虚幻境」门前的一副对联：「假作真时真亦假，无为有处有还无。」

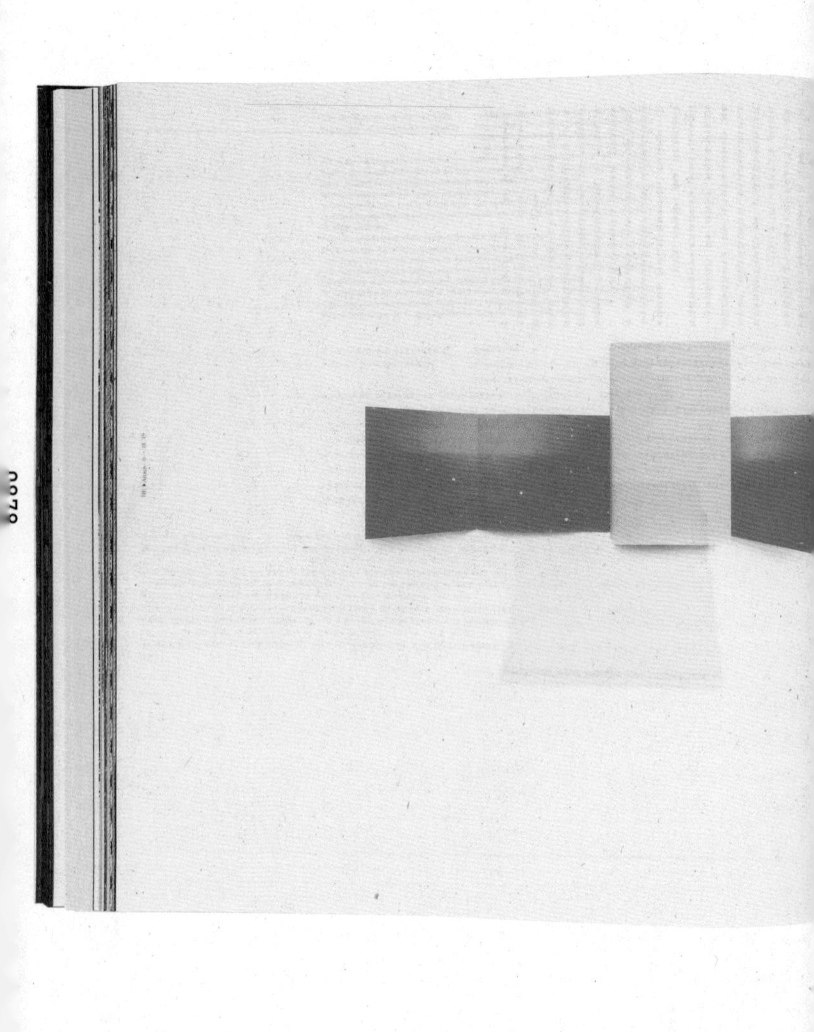

[illegible]

[illegible]

[illegible]

II. "The Field of Paper" —— from "Locus" to "Field"

My youngster dream of career was to become a construction designer. Thus, I had been paying great respects to those designers. For various reasons, that dream was far beyond my reach. Though it is a dream, I always believe this theory: some dream of yours doesn't come true while it will surely fuse within another dream of yours. My dream on architecture comes along with my whole life-time in so many domains, such as Graphic Design.

In the famous Taoism Bible "Tao Te Ching", the ancient Chinese philosopher Lao Zi gave his summary on cognizing the space of construction: What is useful will do good, and what seems useless may become useful.

Actually the space is some kind of abstract concept with intricacies. We can't see it, while its existence and functions can only be perceived by its boundaries and borders. To judge a construction, we should not only discover its material-level capabilities but also the enjoyable and transcendental effects for spirits achieved in its scope of space. What you see is not what you get while what you can't see is more than what you can get. To get the knowledge of the books' space and the constructions', I deem the concept of focus a marvelous idea and method.

Looking into the domain of book design, the contents and forms of the books are always restricted by the sum of knowledge in themselves. Which will surpass the sum is the structure constructed like the space of constructions. Good design of books will surely form a space of paper beyond the imaginations of the readers and viewers. This is also one of the key factors when I judge the le[…] book design. John Portman set down the […] of constructions as space whose esse[…] meet all the needs of people. To meet all […] of people, from my point of view, firstly is […] material levels, eventually in spiritual ones […] space stretches the space for imagina[…] certain, we have to first and foremost […] research in the field of paper and then we […] the space of books.

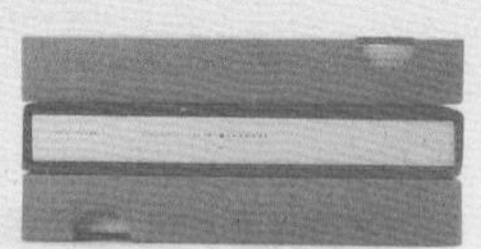

Obviously we have to cogitate the Chinese religion faiths when we study the 坛 from religious angle. Ancient tribes in China once for a long time might worship the Sun. Chinese now call themselves descendants of the Yandi and the Huangdi. These two ancient emperors are the sources of the Chinese Civilization. Yan in Yand[illegible] a rising fire. It is just the same image as the Sun. But nowadays there are no worships to the God of Sun in Chinese traditional mythological systems. Apollo is more [illegible] in China. The most remarkable story about the sun in present Chinese minds is Houyi Shooting the Suns. In this popular story, 9 suns were shot down. As the hus[illegible] Chang-e who's the goddess of Moon in China, Houyi shot 9 of 10 suns that almost parched the whole world. These images of suns are actually tri-foot croks, so they [illegible] shot down. Another famous story about the sun in China is Kuafu Chasing to Capture the Sun. Though its nowadays signification is overrating someone's abilities, I [illegible] to believe it is the best myth in Chinese History. It is just because Kuafu is the extreme representative figure of Humankind. And he struggled with the force of Gods by running after the sun without any rest until his death came.

Above all, 坛 probably used to be the unique locus for the sacrifice to the Sun. Actually every god shines like the sun from the religious angle. So, we should cons[illegible] cultural signification of 坛 to be a locus for sacrificing all kinds of Gods. Talking about the perception of the Gods, they are always the inherent existences beyond common matters in all religions.

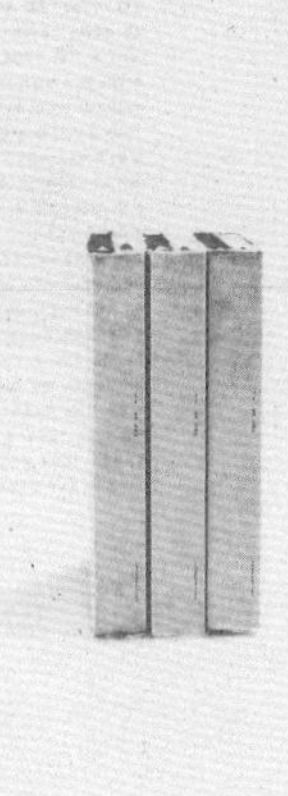

I. The Field
of Traditional Chinese

Field in Simplified Chinese is 场, and it is 場 in Traditional Chines
two basic elements: Tu 土 and Yang 昜. Tu means the land, the ea
and the planet. 昜 is an ancient writing for 阳. In modern Chines
yang's yang and the sun, always representing the warmth. Explanations for 昜 in the Shuowen Jiez
dictionary of words and expressions) are flying upward and more length, and accurately, their m
floating and far back. 場 in the same book has the explanation of Sacred Route for Sacrifice to the
was some kind of land without tillage or with grain plants inside.

Thus interpreting the essences of 场 from the Chinese language angle, we can treat it as a pl
sunshine or the floating dust. Though 场 is originated from the Sacred Route for Sacrifice to the G
to sacrifice soul intuitively, it is just the route. While the people's impression has made it expanded
locus. And its functions for Sacrifice further show its mysteries and distinctiveness. And its "inherency
the concepts in our universal religion faiths: the Gods start to exist with or even before the birth of Heaven

「場」由「土」和「昜」組成的。「土」在汉语言中是「大地」、「土地」、「泥土」、「地球」等含义。「昜」则是古代的「阳」字，现代的「阳」是「阴阳」的「阳」，也是「太阳」的「阳」，常常用于形容「温暖」。「昜」在《说文解字》中的释义是「一曰飞扬，一曰长也，」这是指「漂浮」、「久远」之意。而「場」在《说文解字》中的释读是「祭神道也，一曰田不耕，一曰治谷田也」。

因此，从汉语言的角度去理解「场」的本质，我们可以视作为「有阳光的地方」、「尘土飞扬之地」。虽然它起源于「祭祀道」，直观理解是「祭祀灵魂的通道」，它本来也是「路」，只不过在人们的印象中更为「宽敞」而成为「场」，而且用于「祭祀神灵」，更呈现出它的神秘性、特殊性，以至于「固有性」：就像宗教信仰的普遍理念一样——神灵自天地伊始便已存在。

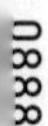

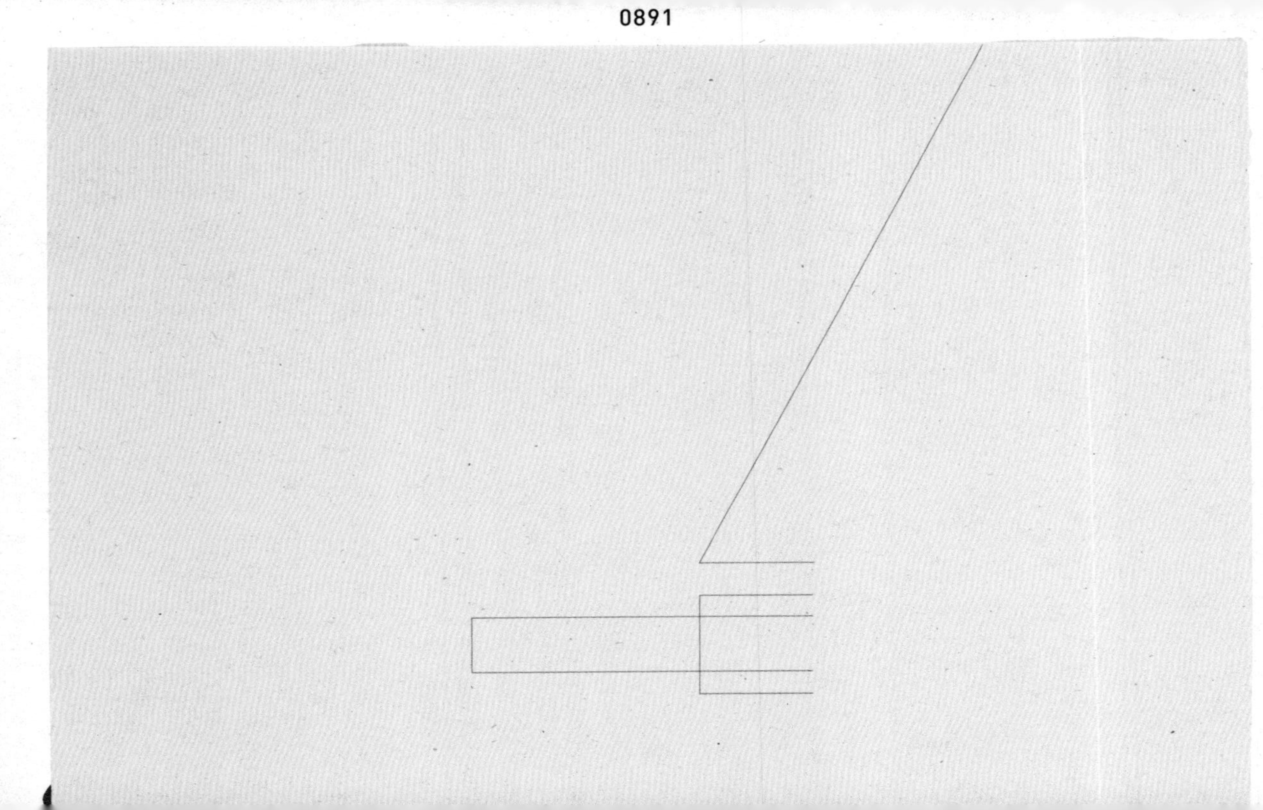

One Table Two Chairs

一桌二椅

夜奔

Flee by Night

宗念青 策划
柯 军 主编
王晓映 编著

江苏凤凰科学技术出版社

序

「一桌二椅」是中国传统戏曲最基本的剧场装置。香港先锋戏剧导演荣念曾于一九九七年开创的「一桌二椅」计划，建立了跨越时代与国界的艺术交流平台，共超过一百位文化艺术工作者参与，包括来自欧美、亚洲各地，探索当代、传统如何结合剧场的实验，寻找剧场策略，挑战短视和保守的文化路线。昨天的实验本来就是今日的传统，且看今天的实验如何开拓未来艺术和文化的视野，并协助建立未来更有前瞻性的「传统」。

著名昆曲表演艺术家柯军在与荣念曾的十多年合作中，逐渐共同衍生出包括原创作品、艺术计划、交流活动、学术研讨等在内的艺术探索系统。

一桌二椅，是这种艺术探索的精神核心，或曰这个志同道合艺术团队的一种主义。我们的出版计划将逐步推出当下最传统、最先锋的各种探索记录。

《一桌二椅·夜奔》收录国际领域艺术家对传统与实验、一桌二椅戏剧探索的解读，收录实验戏剧《夜奔》的创作图文。

「一桌二椅」近期出版计划

《夜奔》

《朱鹮记》……

Preface

"One table and two chairs" is the most common and fundamental stage setup in traditional Chinese theaters. Danny Yung, the pioneer experimental theater director based in Hong Kong, initiated a cross-generation and cross-boundary artistic exchange platform named One Table Two Chairs since 1997. Over the years, more than 100 arts and cultural practitioners from Europe, the US and Asia had participated in One Table Two Chairs platform to explore and experiment on the following fronts – in search of where traditions and contemporary theater meet; in search of strategic development for theater arts; and to challenge the shortsighted and conservative ways of thinking in arts and cultural planning. Traditions in modern time are actually the results of the experimentations in the past. Let's take a look at how experimentations made today would broaden our vision in arts and culture, and help build the ever forward-thinking "traditions" in the future.

In last decade, the renowned Kunqu artist Ke Jun has collaborated with Danny Yung in exploring different possibilities in creating new works based on traditional Kunqu, and launching various kinds of cultural exchange events, artistic projects and academic researches.

One Table Two Chairs platform is the core spirit of these artistic explorations; it might as well be understood as the doctrine shared by these like-minded artists. In this publication series, there will be books documenting different kinds of exploration of the most traditional and avant-garde art.

One Table Two Chairs – *Flee by Night* is a visual and text documentation of the experimental theater work *Flee by Night* created and directed by Danny Yung, performed by Ke Jun, in the attempt of creating dialogues between the traditional and the contemporary theater.

One Table Two Chairs publication series

Flee by Night

Story of the Toki Project

遥。良夜迢迢，投宿休將他的門戶敲，遥瞻殘月，暗渡

重聞我急急走荒郊，身輕不憚路途遥，心忙又

恐怕人驚覺。嚇得俺魄散魂消，紅塵中誤了俺五

陵年少。【折桂令】俺指望封侯萬里班

超，生逼做叛國的紅巾，背主黄巢。恰便似脱扣蒼

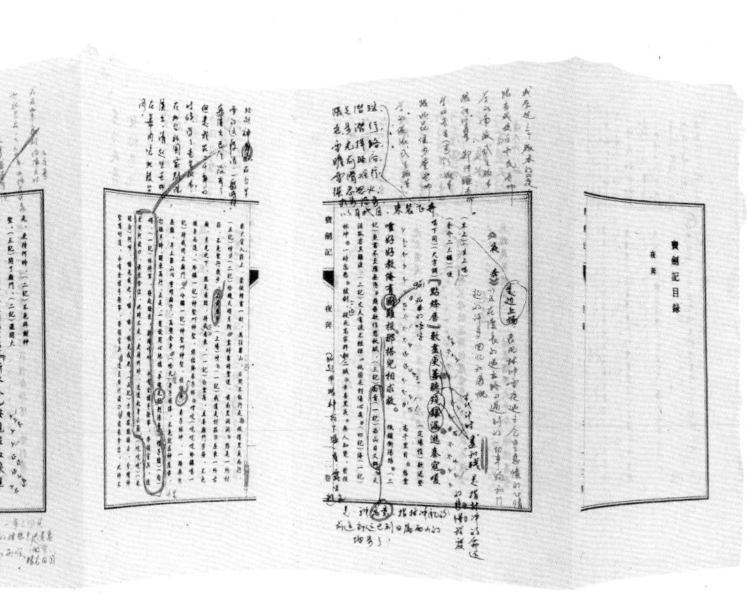

四 四 四上尺 上 上尺上 上 尺 上 六 六工六 上尺上

合/

012

013

五

仩六五

六凡

上、

尺

乙

上

上

上

尺

上六

上合四

上/

上六

五

五

六凡上/

上

上四上

四 仩 仩 五六 工尺 五六工 尺工 五六 五六 化工 六 工 尺 工 仩伬 五六 工 尺 工 尺工

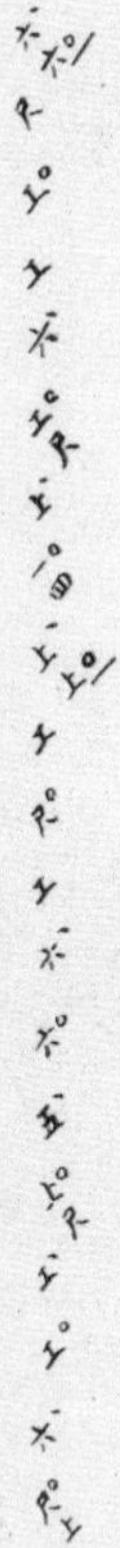

六六 尺 上 工 六 上尺 工 四 工上 工 尺 工 六 六 五 上尺 工 上 六 尺上

032
033

“可用的过去（传统）”与荣念曾的《夜奔》

○ 内野仪

在大约一百年前的1918年，美国文学评论家范·威克·布鲁克斯，在Dial杂志上刊登了一篇非常有影响力的文章，叫“创造可用的过去”。他在这篇文章中说道：

一种是促进成长的无政府状态，另一种是抑制成长的无政府状态，因为它对个人施加了巨大的压力，所有我们美国的当代文学都在痛斥这种抑制成长的无政府状态。现在看来，无政府状态绝对不是学者们常认为的那种纯粹的思想放纵；它是某些无法自由发展的元素，突然释放出来的产物；除其他因素外，这里指出的是缺乏可传承资源的概念。

他坚持要打破过去固定和制度化的概念，如此可以使得过去和现在、传统（作为“可传承资源”）和当代能以不那么无政府和更具创意的方式再遇上。范·威克·布鲁克斯指的所谓“过去”是多类型且多面向的。换句话说：

“现在”是一个虚空的洞，美国作家们漂浮在这个空洞上，因为在现代人的认知里，

"Usable Past" and Danny Yung's Flee by Night

● UCHINO, Tadashi

Almost a hundred years ago, in 1918, Van Wyck Brooks, an American literary critic, wrote a very influential article in *Dial*, called "Creating a Usable Past." According to him:

There is a kind of anarchy that fosters growth and there is another anarchy that prevents growth, because it lays too great a strain upon the individual and all our contemporary literature in America cries out of this latter kind of anarchy. Now, anarchy is never the sheer wantonness of mind that academic people so often think it; it results from the sudden unbottling of elements that have had no opportunity to develop freely in the open; it signifies, among other things, the lack of any sense of inherited resources.

He goes on to argue for breaking open fixed and institutionalized notions of the past, so that the past and the present, the traditional as "inherited resources" and the contemporary can meet again in less anarchic and more creative ways. The so-called "past" according to him, is various and multifaceted. In other words:

The present is a void, and the American writer floats in that void because the past that survives in the common mind of the present is a past without living value. But is this the only possible past? If we need another past so badly, is it inconceivable that we might discover one, that we might even invent one?

And "Discover, invent a usable past we certainly can, and that is what a vital criticism always does."

It is not necessarily an accident that Brooks, at the dawn of "The American Century," after the great literary renaissance in the "new" continent during the 19th century, demanded to "discover" and/or "invent" "usable past," while Danny Yung has been trying to "discover" and/or "invent" his version of usable past since around the dawn of the new millennium, which, some may argue, should be called "The Chinese Century." For Brooks, understandably, "creating a usable past" was necessary to "bring about, for the first time, that sense of brotherhood in effort and in aspiration which is the best promise of a national culture" (342) in the United States. For Yung in the 21st century China, his emphasis is more on a "vital criticism" rather than on "national culture." to use Brooks' own expressions. While Brooks is keen on articulating the role of literary critic toward the "promise of a national culture," Yung is an artist known for using performative "pasts" pitted against his contemporary visions and questions in creating his work.

The sense of anarchy as a common symptom of the age of drastic transition inevitably persists for both of their work: "Anything goes" in the early 20th Century America for Brooks, as a rising imperial power, where both its "European" pasts and nationalistic parochial "past" are being willfully forgotten by his literary contemporaries to the degree that Brooks in the article had to ask where Herman Melville, considered now as one of the greatest writers in the literary history of the world, is (cf. 340). Yung, on the other hand, has been interested in working with the Kunqu (opera) and its performers, because, despite its curious case of fate, the form was somehow surviving but perhaps on the verge of becoming a moving museum piece "without living value". As if following Brooks, Yung acknowledges the current socio-politico-cultural situation where "unbottling of elements that have had no opportunity to develop freely in the open," which for some

“过去”是没有不断更新价值的观念。但这是唯一的“过去”吗？如果我们极度需要另一个“过去”的话，我们能否发现一个“过去”，甚至是创造一个“过去”呢？

“我们当然可以发现，甚至创造一个可用的过去，这常是一些重要的批评带出来的结果。”

经历19世纪“新”大陆伟大文学复兴后的“美国世纪”开端，布鲁克斯要求去“发现”和/或者“创造”可用的过去，而荣念曾从千禧年之始（一些人认为应该称之为“中国的世纪”）一直试图“发现”和/或者“创造”他认为可用的过去（传统），他们两人不约而同的行为或许并不是偶然的。对于布鲁克斯来说，可以理解的是，“创造一个可用的过去”对于在美国“第一次带来关于兄弟情谊的努力和愿望，也是民族文化最好的承诺”是十分必要的。而对于生活在二十一世纪中国的荣念曾来说，他更强调的是一个“知性的批评”，而不是布鲁克斯表述的所谓“民族文化”。然而布鲁克斯更热衷于阐

邀请

演出
术节邀请演出
出
演出

年

× 2004 × ● 夜奔

国挪威建交五十
智邀请来自南京
演出，不但让挪
出，更促进了香
提到进念未来的

检场也是观众也是演员

当我们翻阅这份场刊，翻到这页，读到这篇文章，我们是否为了方便阅读剧场，因此寻觅脚注？还是在阅读“阅读”的本质（如果场刊值得阅读的话）？还是在阅读场刊的结构？如果我们研究一下场刊的结构，来来去去总是工作人员表、赞助单位表及组织者的开场白。我们或许会问，这些千篇一律的开场白用了多少篇幅、开场白怎样用字、特首文章置于前页的背后意义。为什么场刊千篇一律？为何艺术场刊内容没有辩证？为何场刊如此功能化？为何场刊不是艺术？

当我们阅读或观看面前的剧场，我们阅读及观看的方法会否更感性，会否天马行空？会否有若阅读场刊时的心态？在不断寻觅舞台上脚注？在阅读“阅读”？

革命之前之后

我常常想在“革命尚未开始”，是否相同于“革命尚未完结”。革命之前和革命之后的差异在哪里？或许革命尚未完结，意味着我们已认同革命的存在，亦认同革命的意义。“革命尚未开始”这词所带有的是哀矜和悲情，仿佛我们只能用局外人的身份，在看戏，在阅读，在旁观，在分析，当然仍有人观看革命像观看电视剧，在评头品足，或在偷窥。革命，干卿底事。

当我们观察着检场安置桌椅，清理舞台，忽然问，检场和演员的身份模糊起来时会怎样？革命成功前和革命成功后，搞革命的人的身份有没有变？看戏之前和看戏之后，我们的态度有没有变？检场在场外观察和我们以观众的身份观察，有哪里不一样？戏，是不是同时演给场外人看？演给台上人看？演给自己看？，

谁是林冲

在问谁是林冲之前，一定先问谁创造林冲？是施耐庵？是李开先？是上帝？

是观众？是导演？是演员？是林冲的父
冲怎样看自己？林冲怎样看大家怎样看
身份？先有林冲的故事才有《夜奔》
员，他怎会去写一名反动人物的故事？
这样的角色，政治是否正确？写这样的

内容和形式是学习的开始

工作坊是我学习的最佳的场合。《夜奔
平台。我在《夜奔》工作坊中向合作的
剧、剧场、身段、唱腔的问题。这些
《夜奔》的轴线，也同时成为探讨表演
演员柯军，传统《夜奔》的唱词中哪一
说了。然后我请他即兴清唱，一面反复
唱了七分半钟，是我一生所听过昆曲中

我请柯军的学生杨阳用心聆听他老师的
么。杨阳说，他听到先是柯军在为别人
记自己，为唱而唱。我听了他这些话乐

问答

三十年前，我开始学习剧场的创作。我
当然亦包括台上台下台前台后观众演员
后的行为和活动与观剧同样重要。有些
欢看完戏找个地方聊和吃东西。在剧场
仿佛有导读之嫌。有些朋友喜欢观剧前
些干脆不读，认为场刊的艺术与舞台的

三十年前，我设计各种和观众沟通的工
类沟通；曾几何时，剧场里所见的问答
含平等互动、创意对话平台的活力。可
动有多厉害；怪不得大家认为剧场稍不

Flee b

第一幕

空白

SCENE 1

Blank

已經沒戲了

That is the end...

One Table Two Chairs

一桌二椅

Story of the Toki Project

荣念曾 策划
柯　军 主编
王晓映 编著

江苏凤凰科学技术出版社

目录

佐藤信 南京有全世界最先锋的戏剧

佐藤信 实验探讨戏剧的本质

清水宽二 时光中的能乐师

柯军 昆曲可以最传统，可以最先锋

李鸿良 所有时代的昆都是对的

松岛诚 我喜欢和而不同的感觉

松岛诚 灵魂的舞者

I Wayan Dibia 灵魂的守护者

结成孙三郎 赋木偶以魂魄

刘晓文 让时间告诉你谁是未来的传统

导师说

可以最传统 可以最先锋

文

朱鹮艺术节志愿者

文字指导

王晓映

行政指导

胡宝娟

荣念曾　我对标签不感兴趣，我关注舞台本身

问答

问　《319·回首紫禁城》作为朱鹮艺术节里一个独特的部分，请问荣老师对这个作品有什么看法？

荣念曾　我觉得《319·回首紫禁城》是个很重要的开始，对昆曲来说是，对昆曲演员来说也是。在戏曲舞台上来说这是个很重要的悲剧，因为传统的戏曲中真正的悲剧很少。杨阳选择了崇祯这个人物，在崇祯的时代里，他们每个人都是无可避免地自我结束。我也想知道现在的年轻朋友关心的情况和社会是不是这么悲观？

志愿者　不是。

荣念曾　我觉得杨阳对现在的社会也有些愤青的想法，所以他会找一个比较悲剧性的人物做一个悲剧。我当然希望大家不要……其实选择做一个怎么样的愤青可能要思考一下。

问　为什么选择南京做朱鹮艺术节？

荣念曾　选择南京是因为在世博会上日本政府邀请我做日本馆的导演，那个时候我一直在思考中国历史上南京和东京之间的矛盾很大，我们应不应该借文化来解开这些心结？至少多些沟通、多些交流。

2014年11月9日，下午场朱鹮艺术节的《一桌二椅》表演已经超过了5点，晚上7:15将继续表演，休息时间非常紧张。但是，艺术节总监荣念曾老师不想取消与志愿者的单独对话。每年，志愿者都有单独的机会和荣老师对谈。

于是，在下午观众散去之后，晚场观众还没来之前，交流开始。朱鹮国际艺术节节目主任王晓映老师参与交流。

问　我们年轻人想要更深一步了解和接触实验戏剧，佐藤老师要我们去“做”，请问除此之外还有什么方法？

琦作品
面具》2013
I Wayan Dibia
I Wayan Dibia
杨阳 刘啸贤

荣念曾实验剧场
实验中国戏曲·实验舞台空间

拍案惊奇——坐井

2013年11月
香港文化中心剧场

策划／导演／设计
荣念曾

集体创作及演出
曹志威 刘啸赟
钱伟 孙晶 孙伊君
徐思佳 杨阳
赵于涛 朱虹

音乐
潘德恕 许敖山

录像设计
黄志伟
胡海瀚
李上珩

灯光设计
陈婷华

服装设计
Vivienne Tam
谭燕玉

《拍案惊奇》的演出空间是一个由四面镜子构成的实验舞台空间，概念灵感来自卡夫卡小说《审判》。

《坐井》创作过程中自质四十条问题，问题包括：先有领导还是先有人民？先有剧场还是先有观众？先有文化还是先有艺术？先有问题还是先有答案？……九位江苏省年轻昆剧演员大胆破天荒，将各自关注的议题融入剧场时空，发展成首次国内传统与当代集体创作的剧场。

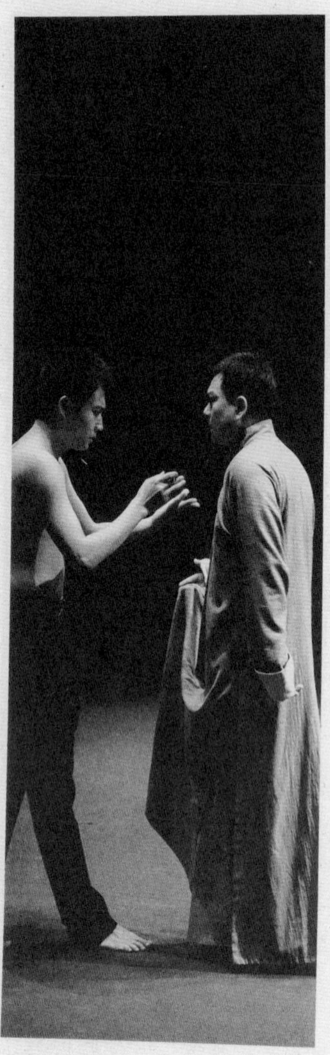

实验传统系列

夜奔

2015年10月 香港文化中心剧场
2015年5月 2015德国汉诺威国际艺术节 The Festival Kunstfestspiele Herrenhausen 演出邀请 德国汉诺威 Orangerie of the Herrenhauser Garden
2012年11月 香港文化中心大剧院
2011年3月 2011台湾国际艺术节演出邀请 国家戏剧院实验剧场
2010年12月 大野一雄艺术节邀请演出 横滨 BankART 1929 Studio NYK
2010年10月 2010年上海世博会演出邀请 上海戏剧学院端钧剧场
2010年5月 Convers Asians 演出邀请 新加坡滨海艺术中心
2010年3月 2010香港艺术节演出邀请 香港文化中心剧场
2004年9月 庆祝中国·挪威建交五十周年"中国文化周"演出邀请 挪威奥斯陆音乐厅

导演／文本／舞台设计 荣念曾

演出
柯军 杨永德 杨阳

现场敲击
李立特

音乐
潘德恕 许敖山

服装设计
郑兆良

《夜奔》，是继《挑滑车》及《荒山泪》后，《实验中国传统三部曲》的最后一部。假想主角是一位传统中京剧院的检场，也就是负责在台前幕后搬道具的工作人员；假使这位检场活了450年，他便在台侧观察了昆剧舞台450年来的变化。在过去的450年，他亲眼看到《夜奔》这出戏，从明朝到清朝、从中华民国到中华人民共和国、从“文化大革命”到改革开放，昆剧如何接受台内台外的挑战。

图书在版编目（C I P）数据

[illegible]

策划 / [illegible]

主编 / 柯军

编著 / 王晓映

协作 / [illegible] 二十四体

书籍设计 / KJ Design Studio

摄影 / [illegible] Ray [illegible]

资料整理 / [illegible]

感谢 / 朱鹮计划志愿者团队

10.25 - 10.31

南京 · 2015 朱鹮艺术周

一桌二椅剧场［七个 20 分钟作品_10.30 - 31_19:00］

[illegible]

实验昆曲_《朱鹮观天》_10.25_15:00 19:15

亚洲大师《南通古典》［100 分钟］_10.28 - 29_19:15

[illegible]_Kalo Krishna

[illegible]_Dhaa Nee Thovick

亚洲表演大师示范讲座系列［90 分钟］_10.28 - 31_15:00

[illegible]_Kalo Krishna

[illegible]_Dhaa Nee Thovick

研讨会_10.30 - 31_09:30 - 13:00

[illegible] Rasa Mohamamed

[illegible]

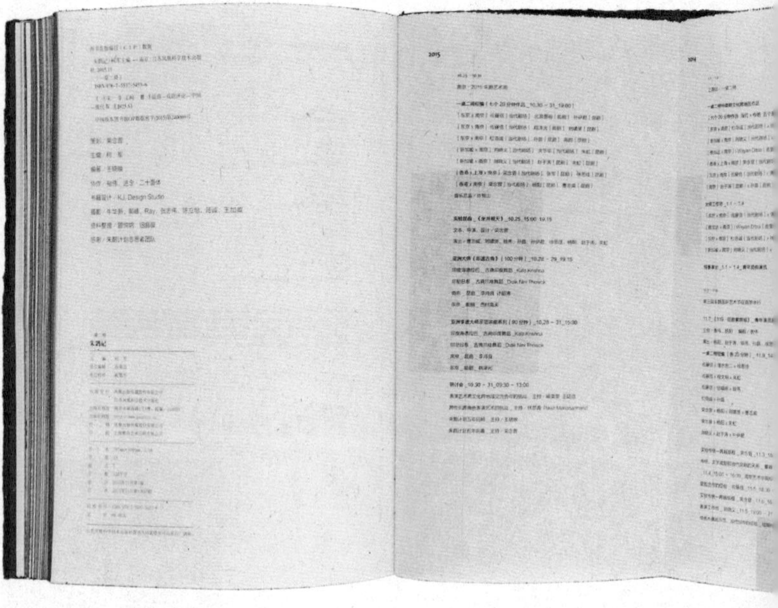

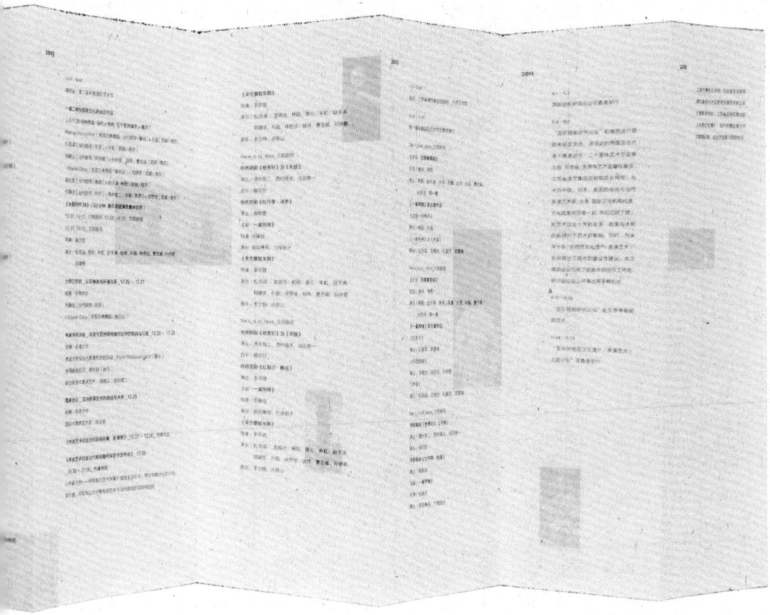

2011

[illegible]

0316-032

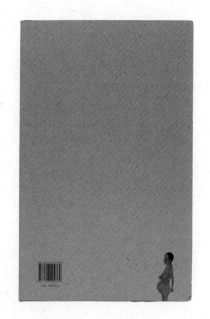

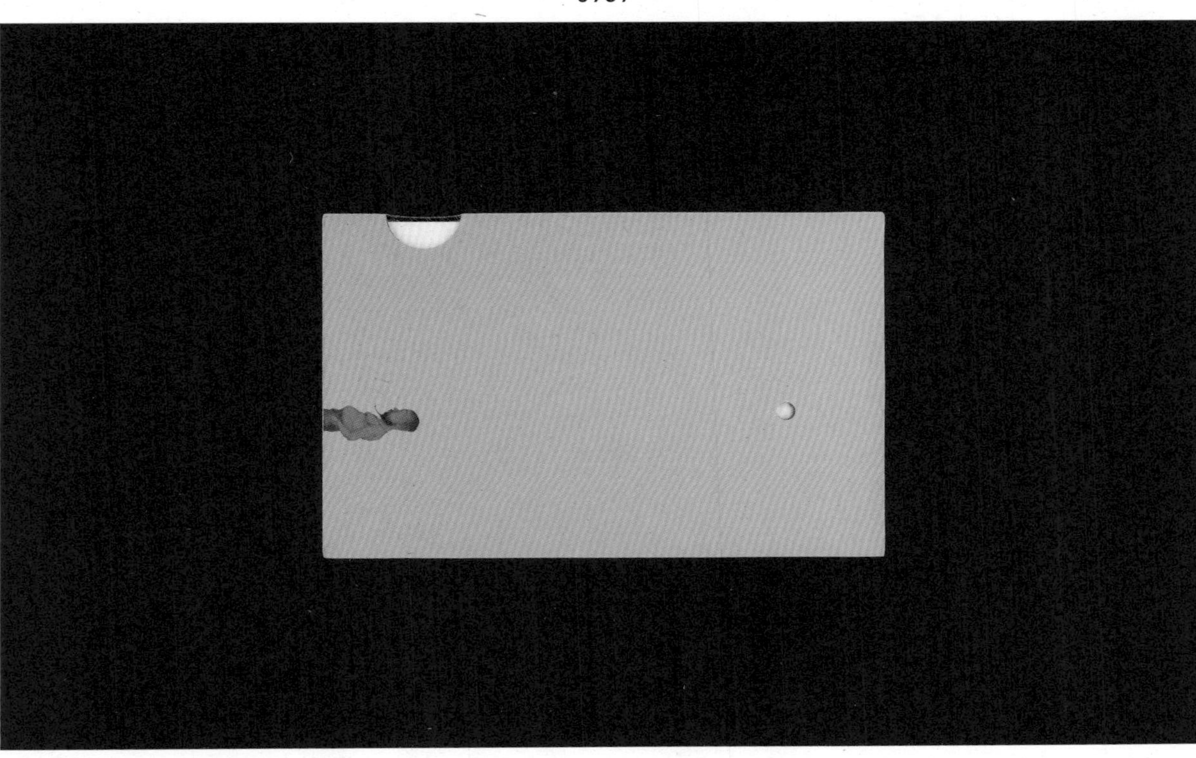

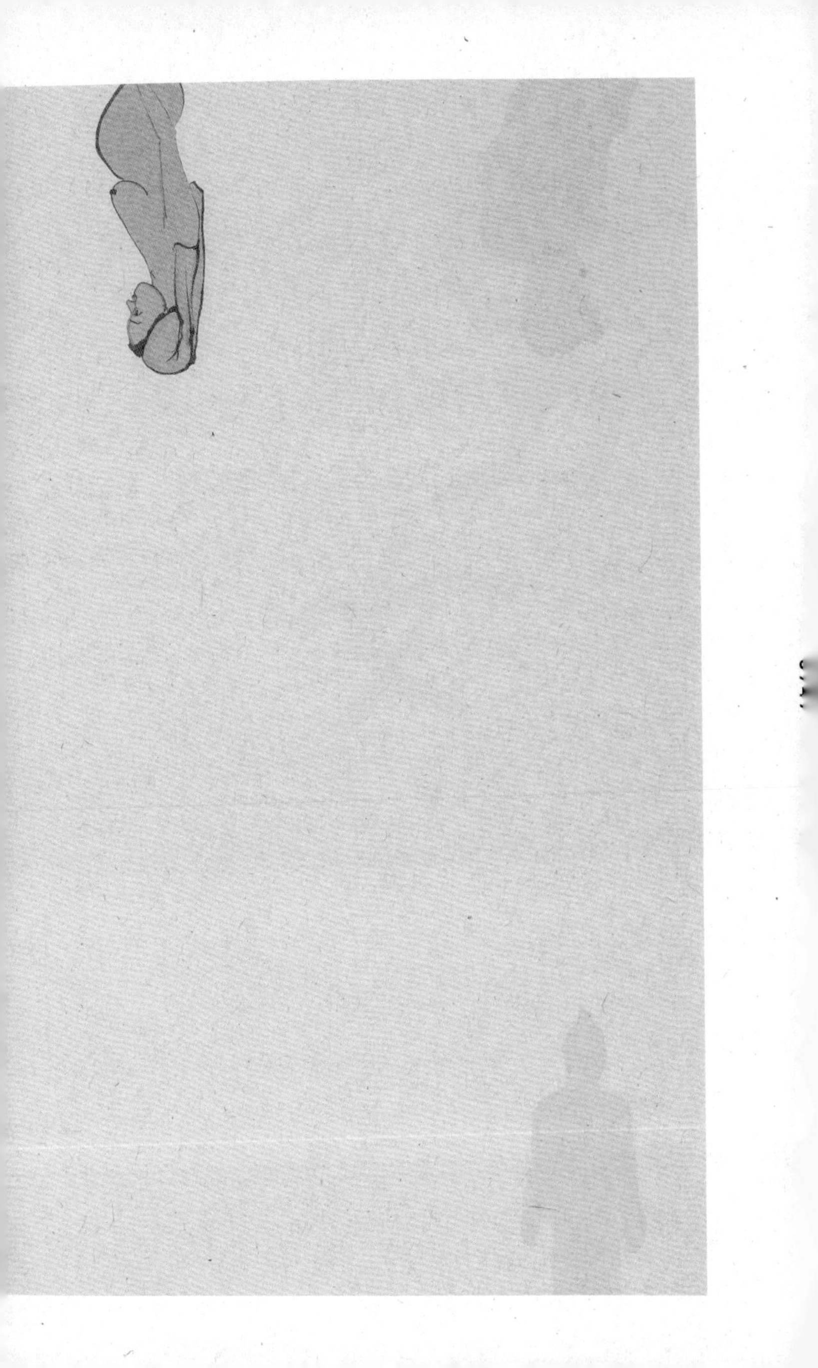

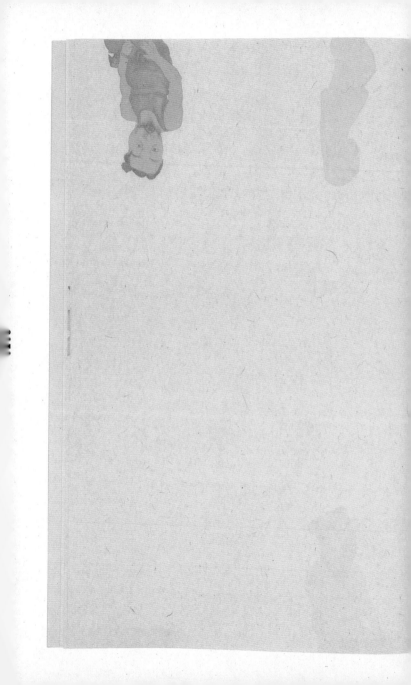

男女

李津
靳卫红 ◎

寒碧 主编

上海书画出版社

目录

Contents

独自 *Alone* ◦ 45×50cm ◦ 纸本水墨 *ink on paper* ◦ 2009年

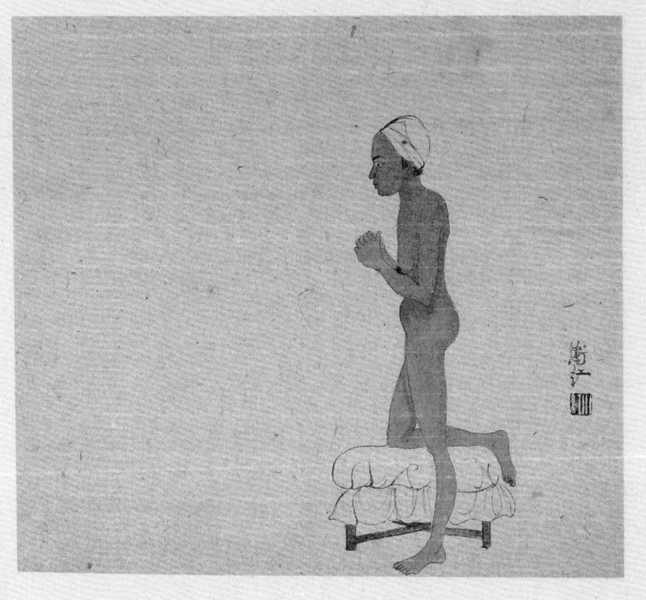

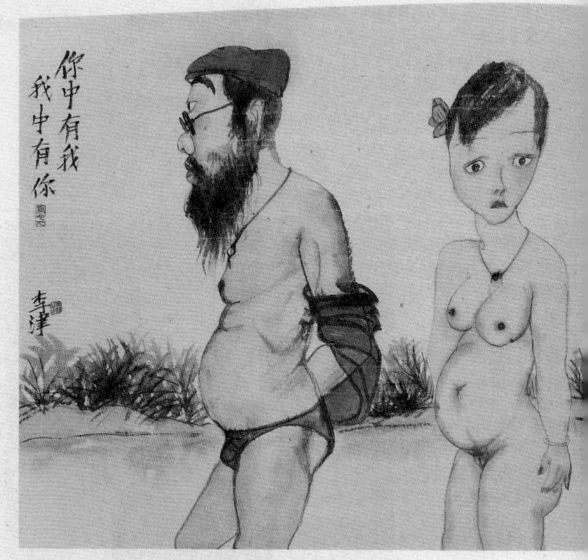

030 你中有我 我中有你 You are a part of mine, I'am a part of yours • 38×43cm • 纸本水墨 ink on paper • 2013

随波逐浪 Flow with the stream • 38×43cm • 纸本水墨 ink on paper • 20

读李津和靳卫红的画

贾平凹

1

我不在画界，但我喜欢看画展，看过不少的画展了，就老有一个疑惑：画那些青碧山水现在哪儿还能看到呢？画那些衣袂飘然的人物现在哪儿还能看到呢？元明是那样画了，那是元明的山水人物，传达的是元明时代的气息，而今天，我们的国画，如何才能表现当下中国人的生存状态和精神状态啊？！文学和任何艺术应该是一样的路数，我们学习《红楼梦》，而总不能还去写大观园吧。是要强调水墨画的独特性，它当然也是有一整套的文化心理和审美体系的，可不论是西方的绘画还是中国的水墨画，都是表达人对世界、生命的认知。水墨画之所以诞生也正如此，今天若不考究其根本，只过分自诩于其独特，比如材料、构图、方式方法，便以为水墨画就是这样的，也只能这样，那就沦为一种技术，作品也就如房子装饰中的瓷砖和壁纸。只看到吃饭用刀叉或用筷子，不管吃的是什么饭食和这饭食是给谁吃的。书法展览会上有人长着手却用嘴叼着笔写，也有人从下往上逆写，那是他的方法。我们只看书法如何，如果字不好，用什么写都不值得去夸耀。话再说回来，为了表现当下中国人的生存状态和精神状态，也用不着硬用西方那一套，位我上者星空灿烂，只要精神指向于全人类共同的东西，我们既然是中国土地上长出的品种，既然有传统，为什么不用传统呢？水墨画的表现力更强，多微妙，能得意，如何在水墨里现代，如何在现代发展水墨，这就看画家的本事了。

所以我喜欢李津和靳卫红的画。

第一次看到他们的画，心里噔的一下：还有人这样地画呀？！觉得兴奋。以前看到武艺的画就兴奋过，这次为了谨慎，我尽量寻李津和靳卫红的画多看。我觉得画也是要读的，对一个画家读多了才可能了解他，尤其像李津和靳卫红，他们笔墨里的功夫那是不用说的，这样的高手可以说到处都有，可他们为什么偏要这样画呢？似乎还一直在画一个题材，读多了，像锤子在敲，它就走你的心了，由惊讶而思量。

李津是不是在画自己，我不知道，从不认识也没见过他，画里的那个肥呀，浑浑噩噩，身边都是食物，他就是不厌其烦地吃。人干什么都可能烦过，只有吃没烦过，李津是让那人物吃得有响声，你能闻到肉味和酒气。他无意于表演，身边无人，或有人就是画外的看客，浸淫于贪婪里只顾着吃喝。靳卫红我见过两次，没有说几句话，她画中的人有些像她，那人物已经很瘦了，身边不是床就是沙发，这可能就是身份的指向。她僵硬地站着，表情严肃，空气紧张。这是个正对着一个或许多个男人的女人，她知道这个世界仍还是男人的世界，她想象着她在男人眼中的形象就是如此，而她偏不肯做这种形象，就孤独着，反抗着，自省着，诉求和证明自己。这是多么有力有趣有意味的画啊！这个男人是世俗的，这个女人是高贵的，男人在物质下生存，在生存中寻找物质，使自己也物质了，这个社会或许更适应男人，所以女人只能诉求，诉求什么呢？恐怕谁也说不清，她也说不清。更是李津和靳卫红不约而同地全让他们的人物裸着，却不表达

大孕妇 Big pregnant woman 240×55cm 纸本水墨 ink on paper 2

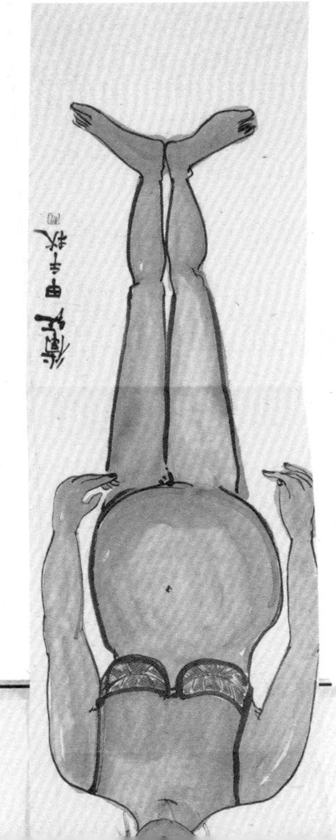

上的午餐 Picnic on the meadow • 53×234cm • 纸本水墨 Ink on paper • 2014年

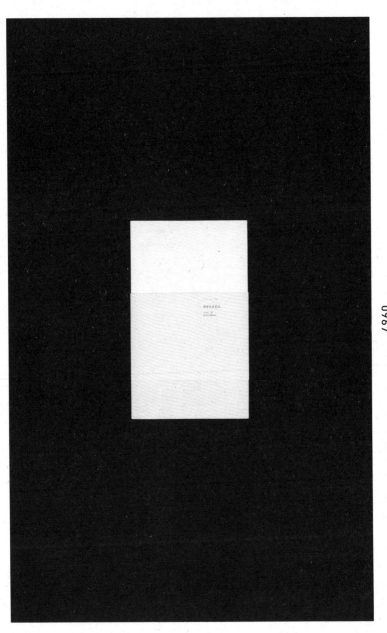

遗忘的潮浪时时逼近，卷走我们已经放弃的，

和仍想掌握的……能记多久就记多久吧。

也许，哪个时代都需要几个这

他不在浪尖上，他也并不潜藏

静水潜流地做自己想做的事，

在生命的最后阶段，他还曾

听来，令人泫然欲泣："文学

于胡闹……文学在于悲伤。"

这是最后。无法描述

之美，还有当时的感觉。美好

一同袭来的。

的人物。

，他是

他。

句话，至今

贴答，文学和
。。

曲涧音韵

惆怅牵绊

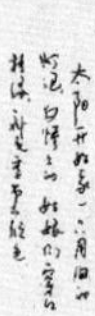

人物白描

在南京的文化名人里，鲜有像速泰熙这样横跨如此多的领域。他最初是一位化学老师，而后他专搞儿童画，为动画片设计人物造型，转眼间成了图书设计师……很快他的设计领域绝不仅仅局限在图书界了，他搞室内设计包括设计明式家具，他参与大型艺术作品的竞标，他撰写动画片的电影文学剧本，他还潜心设计了地铁二号线大行宫站的壁画。这一回，他的题材是春节。

说到跨界，速老师觉得这是一种世界性话题。他介绍说，在平面设计领域领先世界潮流的荷兰，最近有一个名为“社会能量”的前卫设计团体，在欧洲非常活跃，他们的作品在中国的北京、上海、深圳也都展出，而其背后的那些设计师，基本上都来自非设计领域，他们中有学生物化学的、有导演与作家、还有社会文化学者、信息环保实验者等等。如此看来，跨界带来的能量的确难以低估。

地铁站的春节壁画

包括速老师画的地铁三山街站的壁画《灯彩秦淮》在内，南京地铁一号线的壁画 2009 年获得了第十一届全国美展的铜奖。南京地铁二号线站台的壁画作者，从一号线站壁画作者中挑选了一部分，又聘请了日本、新加坡的一些作者。这回的主题是“中国节”，速老师所负责的大行宫站壁画表现的是春节。速老师介绍说：“这一壁画的主画面设计在来自挪威的白色大理石上，上面的许多人物都是从中国民间的木版年画、剪纸中演变而来的。你知道，我很喜欢民间的东西。我想表现的是神人合一。民间传统中的神和普通人一起庆贺春节。”

在过年的“神”中，速老师首先选择了“福星”和“寿星”，并分

赵清 | 中国设计师要记得自己在东方

2010年，南京的平面设计师赵清组织了南京设计师的一次集体亮相——纽约ADC对话南京设计展。在此之前，南京的设计师们从没有如此在一起，这么大动静地向公众发出声响。“这也可能是一种地域特点吧，大家都不怎么喜欢抛头露面，但是其实，南京的设计界早有这么一股力量。”赵清说，自己经常在外面跑，接触到深圳、广州、上海的设计界，感觉到设计师不能仅仅埋头自己做。

事实上，南京的设计师们正在全国乃至世界范围内崭露头角。以赵清本人为例，他已经拿到美国纽约ADC、TDC、One Show Design、德国Red Dot、英国D&AD、俄罗斯Golden Bee、日本TDC、中国深圳GDC等众多国际设计奖项，而且在2010年秋天，正式成为AGI（国际平面设计联盟）的会员，这也是AGI自1951年巴黎创建以来的第20位华人会员。

不久前，赵清又参与了一项跨界的创作活动，由中国、日本、韩国分别选出优秀的建筑设计师与平面设计师各四位，日本的普利兹克奖得主槙文彦、妹岛和世，还有原研哉、三木健、藤本壮介等参与这次活动。国内则有柳亦春、徐甜甜等建筑师和书装大家吕敬人、吴勇、小马等参与，可谓超一流阵容，他们两两组合各做一本书，这项活动叫做“书筑”。

对于这次的创作，赵清早有了想法：“这一活动之中，我主要阐述从‘纸的场’，再到‘书籍的场’，用最恰当的比喻可以说，这些场如同磁石。如磁石的纸、书籍不再为更大的空间所限制，而能够在空间中流动，这是一处‘流动的固有的场’。通过对纸的运用与重塑，在书籍设计中创造奇迹与空间。用纸张来表达材质的美感，有的像玻璃，有的像砖瓦，因而能够创造同等于建筑的视觉奇迹……”

我　　您拍这部纪录片走了多少国家？花了多少钱？一共有多少工作人员？您拍了11年，最后成片9个半小时，为什么是这么长？您放弃的是些什么样的资料？拍完这部片子，你能告诉我们纳粹为什么要灭绝犹太人吗？

克　　我们走过了十多个国家，很多国家去了好几次。多少钱我没法回答你，因为经历11年，很多钱的换算都发生了变化。有时候没钱了，就停一个月甚至几个月，有时候一些朋友资助50块钱、100块钱，资助人都不是有钱人。我们得到过法国政府、以色列政府的支持，但我们得到的资助里没有一个美元。总的来说不贵。我们拍摄制作11年中途换过不少人，最少的时候是5个人，最多13个人，但从头至尾只有一架摄像机，16毫米的摄像机。这部电影在形式上是一个创造，是独一无二的，它既不是故事片，也不是纪录片，像那个在河边唱歌的孩子，像那位理发师，他们不是我安排的，又有着他们特有的表现，有我的选择。一年、两年、三年……我还没有拍完，有时候很长时间停下来，不知道为什么就停下来，有时候又继续了……我逐渐完成了对时间的控制、对电影的架构。我在《浩劫》中遵循不往左边看、也不往右边看，只是往前看往前走的哲学。只关注灭绝地的问题、死亡的问题。在这部影片中放弃的资料我又做成了其他的纪录片。关于为什么，我查过很多资料，也有很多说法，但没有最后的答案。我对纳粹分子的心理学也没有兴趣。这是一部一再询问"为什么"却永远得不到答案的影片，因为恐怖已经无度。

吴念真 | 不一样的月光

> "什么时候儿时玩伴都离我远去 / 什么时候身旁的人已不再熟悉 / 人潮的拥挤拉开了我们的距离 / 沉寂的大地在静静的夜晚默默地哭泣 / 谁能告诉我 / 谁能告诉我 / 是我们改变了世界 / 还是世界改变了我和你 / 一样的月光 / 一样的照着新店溪 / 一样的冬天 / 一样的下着冰冷的雨……"

当年苏芮的歌声犹在耳畔，可是，你知道作词者是吴念真吗?

为《悲情城市》的悲哀愁绪满怀，为《童年往事》的清新萦绕于心，为《一一》的沉静改变心境，为侯孝贤、朱天文、杨德昌的才华心悦诚服。可是你知道另一位编剧及演员吴念真吗?

直到近年，吴念真的图书作品《这些人，那些事》《台湾念真情》推出大陆版，文艺青年们才惊喜惊奇地发现，无论是台湾的那些歌曲、舞台剧、电视节目、广播节目、电影、图书乃至广告，曾经打动你的那些熟悉的作品，居然都跟吴念真有关。

吴念真原名吴文钦，之所以改名念真，是因为他的初恋情人叫阿真。改名吴念真，是为了自己"不要再惦念阿真"。

他的出生地是在九份，那里有金矿，有九个人合股，所以才叫九份。吴念真在贫苦的矿工人家长大，那里的人一般小学毕业就工作了。"我幸运地考上了我们那里的第一中学，基隆中学，所以多念了三年。16 岁离开家乡。"

15年后，重读《绿毛水怪》，竟有几分伤感。

我在迅速回忆，15年前，我在干什么？只记得在某张办公桌前做文字工作。可是初读《绿毛水怪》给我留下的印象却十分深刻。自由、狡黠、天真、奇异、甜美、残忍。不去承载什么，只是讲了故事。这故事就在身边，却又神游天外。

15年前，名车、名包、名人，还没有这么拥挤。王小波的声音尤其清晰、可贵：

"一个人只有今生今世是不够的，他还应当有诗意的世界。"

"对一位知识分子来说，成为思维的精英，比成为道德精英更为重要。"

"今天我想，我应该爱别人，不然我就毁了。"

"这个世界自始至终只有两种人：一种是像我这样的人，一种是不像我这样的人。"

"强忍悲痛，活在这个世上。"

"似水流年才是一个人的一切，其余的全是片刻的欢娱和不幸。"

王小波死于心力衰竭，死前，他独自一人在室内挣扎了几个小时，

文艺评论

罪，因为“一旦她锒铛入狱，就会从我的世界，从我的生活彻底消失。我要她远远离开，要她遥不可及，要她成为纯粹的回忆……”

然而，随着庭审的逐步深入，伯格忽然悟出一个基本事实。这就是，汉娜是个文盲，大字不识一个。她的许多选择，都是为了遮掩这个事实。当初从西门子公司逃避升职去参加党卫队是这样，和自己相处时对字条视而不见并大发雷霆是这样，现在在不该认罪的时候认罪还是这样。

伯格的思考和内心的煎熬无休无止。他终于没有挺身而出，去向法庭揭穿汉娜的弥天大谎，去动摇汉娜不惜卷入罪孽也要遮盖的事实，去打破汉娜，这个好看、强壮、又固执的女人，宁可被判终身监禁也要维护的自尊……

伯格试图遗忘。从此过一种麻木不仁的生活。他结婚，又离婚。他又找过不少女人，却始终觉得摸上去不是味，闻上去也不是味儿……直到有一天他遇到往日同学，被逼问当年审讯时为何目不转睛盯着那个看上去很好看的女犯……

朗读声又响起来了，从此再没间断。

伯格源源不断给狱中的汉娜寄录音带……直到汉娜渐渐学会写字，用歪歪扭扭却十分用力的笔迹告诉他，“院子里的连翘花已经开了”，或者“我希望今年夏天雷雨多一些”……

伯格为此而狂喜。

重新出现在伯格面前的汉娜已经是一个臃肿的老女人了。她依然叫他“小家伙”，过去伯格喜欢闻她的体香，她的新鲜的汗味，现在能闻到的，却是一个老女人的体臭……汉娜即将被赦免。而最终，她在临出狱前一天自杀。

伯格最终把汉娜留下的那点钱捐给了“犹太人扫盲联盟”，他收到了一封感谢的短柬。带着这封信，他第一次也是唯一的一次，站到了汉娜的墓前……

童年起，我们只是梦想好好做一个人，在爱和被爱中长大，却在成人之后，不期然被卷进无序的社会和沉重的历史……

《朗读者》，写尽一个少年对成年女性的深切向往。

《朗读者》，倾诉一个德国男子对父辈、母辈罪孽，以及自己的责任的全部思考。

《朗读者》讲述了两个普通男女相恋、纠缠、永远错过的命运悲剧，而其间的爱与责任，从未被丢弃……

就像贯穿全书的伯格的朗读声，绵延不绝，从未止歇。

我的小学

我上过幼儿园，但幼儿园的老师是我妈妈。所以，幼儿园对我没什么神秘感和戒律感。但是，上小学就不一样了。

小学第一天

这个第一天我挺倒霉的。我原本可以按下不提。可是，它实在印象深刻。

按照老师的要求，我双臂交叉手放在肘关节上，挺直腰板坐着，一动不动。老师的脸很严肃。我的表情肯定也严肃，空气中有一种洒过水的灰尘的味道，我的感觉很不妙。因为，课还没有下，下课铃迟迟没有响起的意思，可是，我肚子不舒服，想上厕所了。

我越来越僵直地坐着，目光变得无力，嘴唇渐渐发乌。

老师过来了，她应当是潘传芬老师，严肃的脸上，分明换了一种关切的表情："你怎么了？"

"我我我……"我是不是哭了记不清了，但是多亏老师这一问，我终于说出了那个难以启齿的秘密。

我得的是还蛮严重的痢疾。

上学第一天，我怕老师，是个胆小鬼。

当故事讲到雷锋他妈时……

那时候，我们的学校还不叫实验小学，叫育红小学。我在学校的小红花宣传队，主要担任报幕员和讲故事的任务，也参加一些对口词、舞蹈和表演唱。8岁开始，我开始参加三县（宝应、高邮、江都）汇演以及巡回讲故事。

我讲的故事主要是我父亲根据现成的故事改编的，句子朗朗上口，有点像诗歌。常讲的故事是《狼和小羊》和《东郭先生》。比如东郭先生：

东郭先生骑着毛驴，颠颠簸簸赶路程，他捻着胡须，斯斯文文，闭目养神。忽然，一只大灰狼，慌慌张张跑过来……

两个故事里都有大灰狼。虽然正义总在善良的这一边，但那时宝应街头不少爷爷奶奶叔叔伯伯，看见我却都先拉长脸，然后学着我讲故事的声调说：“大灰狼——”

那时候的“政治形势”多变。父亲只好跟着改变的“形势”在故事的后缀里加以改造。什么“批林批孔”、“反击右倾翻案风”，但是，故事还是那个故事。

每年三月学雷锋的时候，照例有集体活动。我

0336-034

'What are you thinking?'

Usually the man says a thing, and the woman questions it.

Their conversation goes like this:

HER: 'What are you thinking?'

HIM: 'Nothing.'

HER: 'What do you want then?'

HIM: 'I don't know.'

他：“我不知道。”

HER: 'What's your most happiness?'

HIM: '...The sea.'

他：“——海。”

a concise chinese-english dictionary for lovers

xiaolu guo

恋人版 中英词典

NEW STAR PRESS

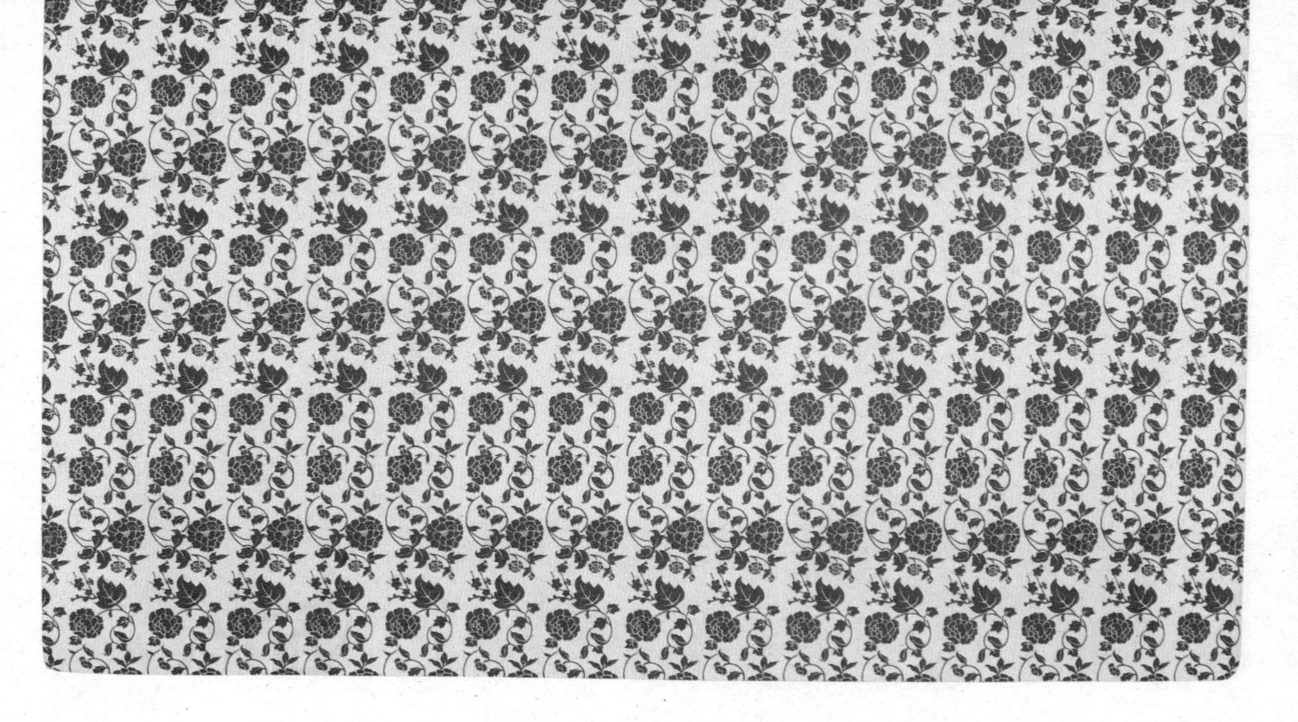

作者的话：

我写这本英文小说是希望建立一个实验性的小说结构，男角和女角都是无名的，小说的外部结构像是一个实用的英文词典，但内在其实是关于一种无法沟通、无法交流的爱人关系。年轻的时候读了法国作家罗兰·巴特的"恋人絮语"，印象很深。另外，存在主义的阴影也一直体现在我的写作里。我很想表达一种当代的存在意义上的个体的孤独感。Z的孤独感其实跟异乡没有什么关系，她的孤独感来自于交流的困境，来自于这个社会的非个体生存。我们现在完全依赖网络，电脑，电话，报刊，旅行手册，但似乎是越来越少的人与人的亲密的直接交流。"恋人"是最直接的一个故事载体，因为"恋人"即"敌人"，男人和女人之间的爱的故事呈现了特有的社会关系，社会位置，和文化位置。

爱的故事是一个历史的故事。

郭小橹

巴黎三月，2009

~~For the man who lost my manuscript in Copenhagen airport, and knows how a woman lost her language.~~

致那个在哥本哈根机场丢失了我手稿的男人

他了解一个女人如何丢失了她的语言

Nothing in this book is true,
except for the love between
her and him.

这本书里没有什么是真的，

除了她和他之间的爱。

“你在想什么？”

通常男人说了点什么，女人就会提出问题。
他们的对话就像这样：

她：“你在想什么？”
他：“没什么。”
她：“但是你脑子里正在干什么呢？”
他：“我觉得我的生活充满悲哀。”
她：“为什么？”
他：“我不喜欢我的生活，我觉得空虚而没有止境。”
她：“那你想要什么呢？”
他：“我不知道。”
她：“你最大的幸福是什么呢？”
他：“……海。”

"What are you thinking?"

Usually the man says a thing, and the woman questions it.

Their conversation goes like this:

HER: 'What are you thinking?"

HIM: 'Nothing.'

HER: 'But what it is going on in your head?'

HIM: 'I feel sad about my life.'

HER: 'Why?'

HIM: 'Everything feels empty and endless.'

HER: 'What you want then?'

HIM: 'I want to find happiness.'

HER: 'You can't have happiness at all times. Sometimes you will be sad. Don't you think?'

HIM: 'But I don't see any happiness in my life.'

HER: 'Then what's your most near happiness?'

HIM: '... The sea.'

Contents

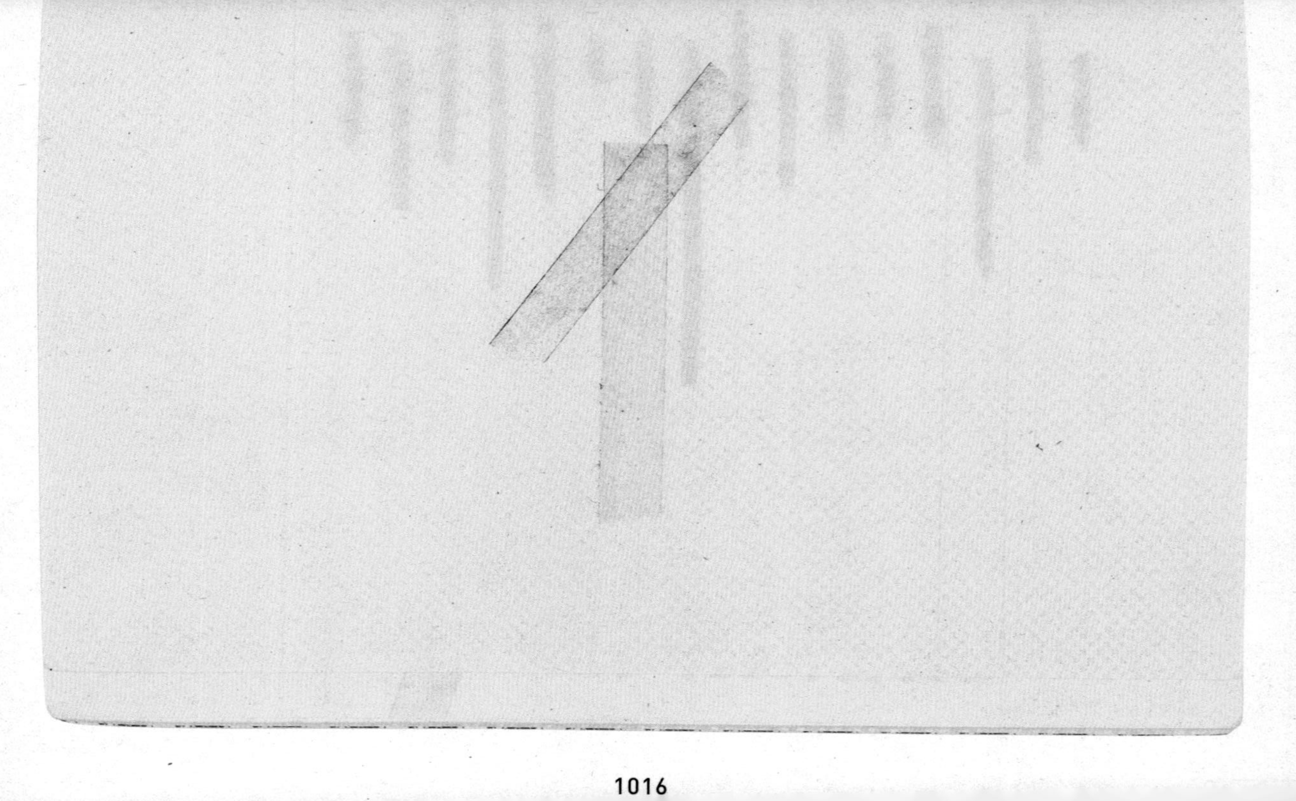

~~Sorry of my Eng~~lish.

很抱歉，我的英语不太好

之前

BEFO

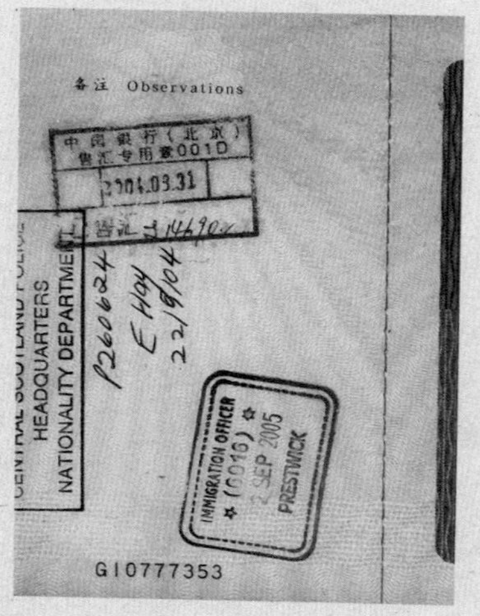
备注 Observations
中国银行（北京）
售汇专用章001D
HEADQUARTERS
NATIONALITY DEPARTMENT
IMMIGRATION OFFICER
(6016)
2 SEP 2005
PRESTWICK
G10777353

UNITED KINGDOM ENTRY CLEARANCE
BEIJING
04/02/03
29/02/04
002062206
MULT
456540
VISA STUDENT
ZHUANG XIAO QIAO
G00350124
F
23/07/79
CHN
No recourse to public funds - Work (and any changes)
must be authorised - Register with the police within 7 days of arrival in the UK
0
GBRZHUANG<<XIAOQIAO<<<<<<<<<<<<<<<<<<
N7907231F0601315<<<<<<<<

2003 福 二月平
2
百年伴侣
癸未年
正月小
初二
星期日
初五立春
2月5日
宜
祭祀 捕捉
畋猎
今日 吉凶
子丑寅卯辰巳午未申酉戌亥
凶凶凶中吉吉凶凶凶吉凶吉
壬戌角收水
喜神正南
贵神西北
财神正南
狗冲龙
六合兔 20 32
梦见搬运沙子，会身负重任
忌
出行 破土
潮水：8 时 30 分涨 1 时 0 分平 （五九）第七天

FEBRUARY

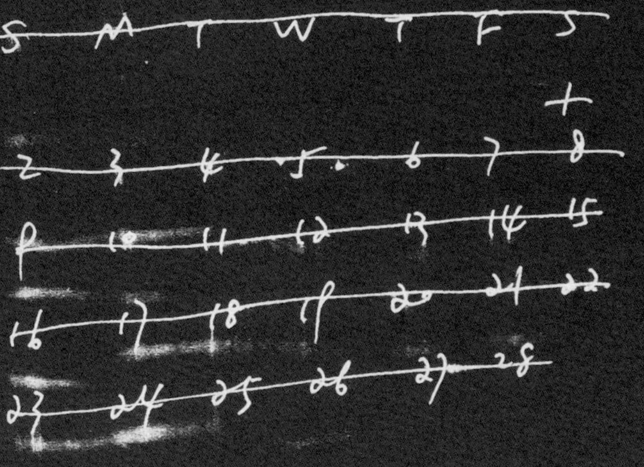

S M T W T F S
1
2 3 4 5 6 7 8
9 10 11 12 13 14 15
16 17 18 19 20 21 22
23 24 25 26 27 28

游行的人们看起来很开心。很多笑容。他们在阳光下感觉快乐，像是周末家庭野餐似的。游行结束之后，大伙跑去酒吧喝啤酒，女士们聚在茶馆里，揉揉她们酸疼的脚。
这种游行能阻止战争吗?
在学校的时候我从毛主席的红宝书里学到：

革命不是请客吃饭，不是做文章，不是绘画绣花，不能那样雅致，那样从容不迫，“文质彬彬”，那样“温良恭俭让”。革命就是暴动，是一个阶级推翻一个阶级的暴烈的行动。

也许共产主义者比任何人都热爱战争。毛主席认为尽管战争血腥，它却能是正义之战。(但是不管怎么说，流血事件每天都发生……)他说：

只要有可能，(就用战争反对战争。)用正义战争反对非正义战争。

所以这里的人要想反对伊拉克战争，他们需要和他们的托尼·布莱尔，或是他们的布什打一场内战。如果本国有更多的人流血，那么这些人就不会在其他地方发动战争。

People in march seems really happy. Many smiles. They feel happy in sunshine. Like having weekend family picnic. When finish everyone rush drink beers in pubs and ladies gather in tea houses, rub their sore foots.

Can this kind of demon-stration stop war?

From Mao's little red book, I learning in school:

A revolution is not a dinner party, or writing an essay, or painting a picture, or doing embroidery; it cannot be so refined, so leisurely and gentle, so temperate, kind, courteous, restrained and magnanimous. A revolution is an insurrection, an act of violence with which one class overthrows another.

Probably Communist love war more than anybody. From Mao's opinion, war able be 'just' although it is bloody. (But blood happen everyday anyway...)

He say:

Oppose unjust war with just war, whenever possible.

So if people here want to against war in Iraq, they needing have civil war with their Tony Blair here, or their Bush. If more people bleeding in native country, then those mens not making war in other place.

记忆变得如此不确定。
记忆里保留了你的写照。
像我在泰德美术馆看到过的抽象画，
寥寥几笔，
细节模糊。
我开始画这张画，
但是我对你的记忆一直在变，
而我得改一改这张画。

The memory becomes so uncertain.

The memory keeps a portrait about you.

An abstract portrait like pictures I saw in Tate Modern,

blur details and sketchy lines.

I start draw this picture,

but my memory about you keep changing,

and I have to change the picture.

1027

受精

你带我去了花园。很小的花园，也许只有十平方米。你挨个介绍你在这里种的植物。十平方米的花园里种了十六种不同的植物。在我中国的老家，田里只有一种植物：稻米。
你知道每一种植物的名字，仿佛它们是你的家人。你试着告诉我，但我记不住英文名字，所以你把他们写下来。

Potato
Daffodil
Lavender
Mint
Spinach
Thyme
Dill
Apple tree
Green beans
Wisteria
Grape vine
Bay tree
Geranium
Beetroot
Sweet corn
Fig tree

fertilise

v.

~~provide (an animal or plant) with sperm or pollen to bring about fertilisation; supply (soil) with nutrients~~

[动]
1. 为（动物或植物）提供精子或花粉，导致受精。
2. 为（土壤）提供养分。

然后我告诉你所有这些植物在中文里有很不一样的名字和意思。于是我用中文写下他们的名字，挨个解释给你听。

You take me to garden. Is very small, maybe ten square metres. One by one, you introduce me all the plants you have put there. Sixteen different plants in a ten square metres garden. In my home town in China, there only one plant in fields: rice.

You know every single plant's name, like they your family and you try tell me but I not remember English names so you write them down:

Potato
Daffodil
Lavender
Mint
Spinach
Thyme
Dill
Apple tree
Green beans
Wisteria
Grape vine
Bay tree
Geranium
Beetroot
Sweet corn
Fig tree

Then I tell you all these plants have very different names and meanings in Chinese. So I write down names in Chinese, and explain every word at you. —

130

一九七八年二月十一日，晴

最终我们在码头上，在朋友们的祝贺鼓励中离开了……

我们都很高兴我们终于离开了那个环境。那里已经开始成为没有生气的地方。没有人能不征询别人的意见就去做点什么事。刚开始我感到纯粹的兴奋，但是后来当广阔的海洋出现在我们脚下，我开始觉得恶心。我们的表变得

字迹开始变得模糊不清，没法读下去了。

我翻开了日记的最后一页，发现你在船上总共待了九个月。从一九七八年二月到一九七八年十一月四日。一个人怎能这么长时间足不沾地？我想象你一定遭遇了暴风雨。有时候你肯定会被太阳晒伤。在船上的九个月里你生过病吧？你是否希望你不是在船上而是在其他什么地方？

你说在你的旅程里你有时会觉得生活很令人兴奋，因为你在庞大的海上永远航行下去，但是有时每一分钟都让你感到无聊，因为你总是在一望无际的海上，永远地航行下去。我试着想象每一分每一秒都望着大海的样子，可我做不到。我从没靠近过海。我只从飞机上看过海。

一九七八年六月七日

早餐：金枪鱼。晚餐：金枪鱼。我试着尽量多吃点绿色蔬菜，但是冰箱被看管得很好（昨天一个西红柿不见了）。

巴拿马，哥斯达黎加，尼加拉瓜，萨尔瓦多，危地马拉。我们经过了这些中美国家，尽管有些国家我们没能看到，因为船在海上，离得太远。

Sunday 11th February

We have eventually left amidst cheers from our friends on the quayside … we ~~were all pleased to~~ get away from what was beginning to become a ~~stale~~ atmosphere where no one could do anything without consulting ~~someone~~ else. ~~At first I felt pure excitement~~, but later when ~~the ocean~~ was ~~below us. I~~ started ~~feeling sick. Our watch began~~

The writing start becoming very messy and un-readable.

I open last page on diary, and find out you spend nine months on boat all together. From February 1978 to 4 November 1978. How a person can do for so long without his feet stand on soil? I imagine you must be suffered from storms. Sometimes you must be burning by sun. Were you ill on boat in all nine months? Did you wish you be anywhere but not on boat?

You saying in your journey sometimes you feel life exciting because you are on enormous sea, sailing and sailing for ever, but sometime you really bored in every single minute because you are always on boundless sea, sailing and sailing for ever. I try imagine to watch sea every single minute but can't. I never even been close sea. Only watched from plane.

June 7th 1978

Breakfast: tuna. Supper: tuna, I try to eat as much green veg as I can, but the fridge is well guarded (a tomato went missing yesterday)

Panama, Costa Rica, Nicaragua, El Salvador, Guatemala. These are the ~~cen~~ Central American countries which we have passed, although some we have not seen because the boat has been too far out to sea.

2003 福 七月大
7
小暑
癸未年 六月小 初八 星期一 今日小暑 14时57分
宜
祭祀 沐浴
扫舍
今日吉凶
子丑寅卯辰巳午未申酉戌亥
吉凶凶凶凶凶吉吉凶吉凶中
丁酉杀满火
喜神正南
贵神西北
财神正西
鸡冲兔
六合龙 55 67
梦见石笔，会贫寒交迫
忌
出行 动土
潮水：3时00分涨 7时30分平

JULY

T W T F S

1 2 3 4 5

8 9 10 11 12

15 16 17 18 19

22 23 24 25 26

29 30 31

nonsense

n.

1. words that make no sense

2. foolish ideas or behaviour

[名]

1. 毫无意义的东西；
2. 荒谬的话语；
3. 愚蠢的行为。

我真他妈的厌倦了这样说英文，这样写英文。我厌倦了这样学英文。我感到全身紧缚，如同牢狱。我害怕从此变成一个小心翼翼的人，没有自信的人。因为我完全不能做我自己，我变得如此渺小，而与我无关的这个英语文化变得如此巨大。我被它驱使，被它强暴，被它消灭。我真想彻底忘记这些单词，拼法，时态。我真想说回我天生的语言，可是，我天生的语言是真正天生的吗？我仍然记得小时候学汉语时同样的苦功和痛楚。

我们为什么要学习语言？我们为什么要强迫自己与他人交流？如果交流的过程是如此痛苦？

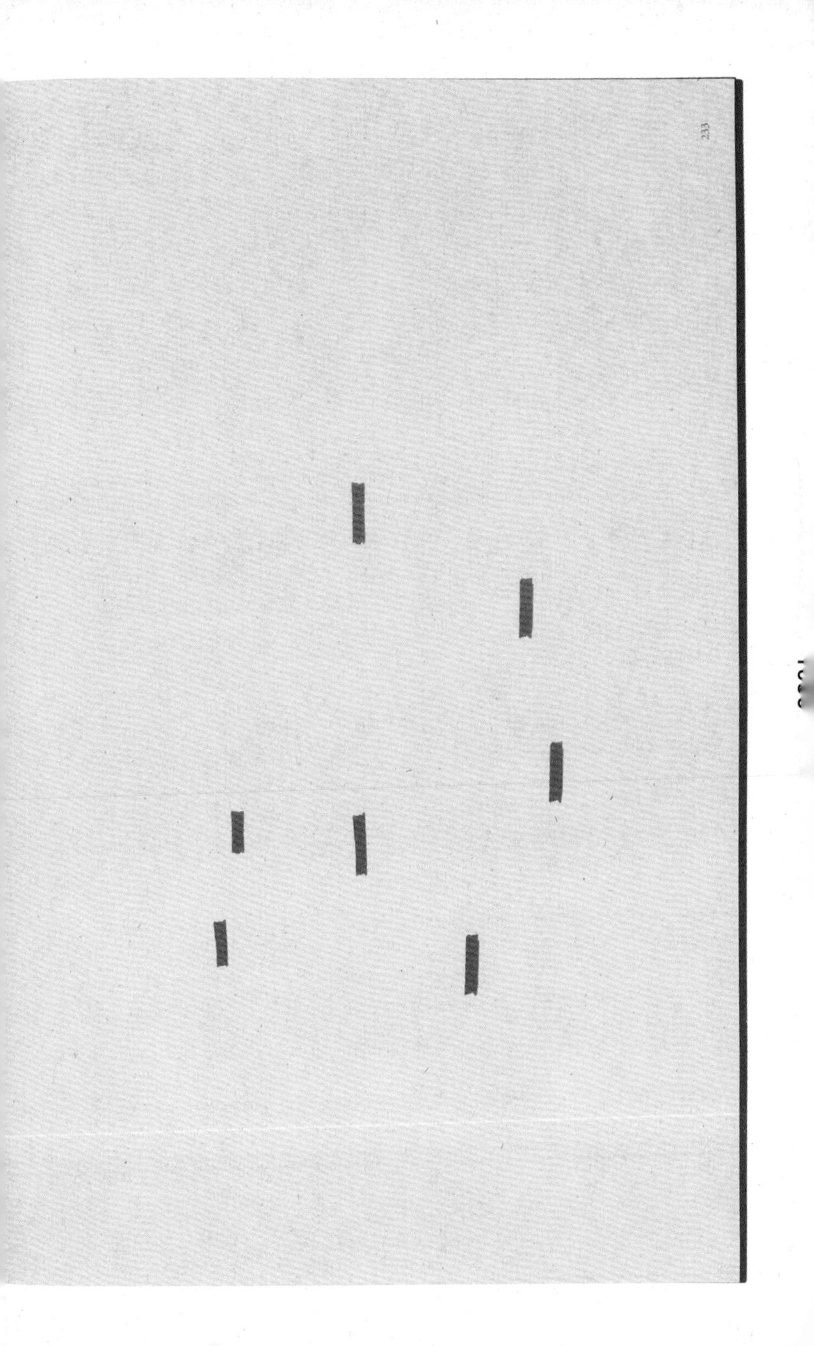

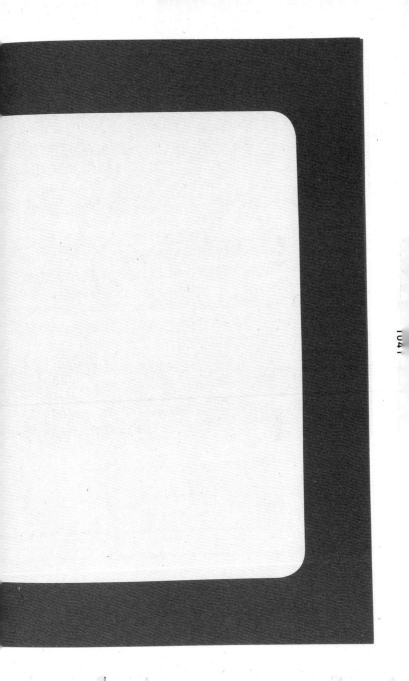

276

柏林

“中国的面积几乎是整个欧洲的面积。”中学地理老师如是说。他在黑板上画了一张中国地图，一只两足的公鸡。一足是台湾，另一足是海南。接着他在中国顶端画了张苏联地图。他说：“这是苏联。只有苏联和美国大过中国。但是中国人口全世界最多。”

我经常想起他的话，想起我们在学校的时候是多么为中国感到自豪。

似乎我没法不认识新人。我在伦敦的时候，只认识你，只跟你说话。离开伦敦去巴黎之后，我还是老样子，甚至不跟巴黎的一条狗说话。英国人说法国人傲慢得不愿意说英文。所以我也不尝试着跟法国人说话。但是那对我很好。甚至在这儿我不用记起怎么说中文。离开巴黎之后，我厌倦了博物馆。不想再看已死的人了，我想认识活着的人。

我对面坐着一个身穿黑色外套系着红围巾的年轻人。他在看报纸。当然那是份外语报纸，而且我完全看不懂那些文字。

穿着黑外套系着红围巾的年轻人放下报纸，瞥了我一眼，又继续看他的报纸。但是很快他停下他的阅读，看着窗外的景色。我也看着窗外。外面没有任何东西，只有黑暗的夜晚，无名田野上的夜晚。窗户映出了我的脸，而我的脸观察着他的脸。

Berlin

'The size of China is almost the size of the whole Europe,' my geography teacher told us in middle school. He drawed a map of China on blackboard, a rooster, with two foot, one foot is Taiwan, another foot is Hainan. Then he drawed a map of Soviet on top of China. He said:'This is Soviet. Only Soviet and America are bigger than China. But China has the biggest population in the world.'
I often think of what he said, and think of how at school we were so proud of being Chinese.

It seems that I can't stop to keep meeting new people. When I was in London, I only know you, and only talk to you. After left London to Paris, I was still in old habit and didn't even talk to a dog in Paris. English told that French are arrogant they don't like speak English. So I didn't try talk to anybody in France. But that's good for me. I don't even need to remember how to speak Chinese there. After Paris, I tired of museums. No more dead people.
Opposite my seat a young man in his black coat and red scarf is reading newspaper. It is of course foreign language newspaper. And I don't know the writing of that language at all.
Young man in black coat with red scarf stops reading the paper, and gives my presence a glance then back to his paper. But very soon he stops his reading and looks at the views outside of the window. I look at the window as well. There are no any views. Only the dark night, the night on no name fields, The window reflects my face, and my face observes his face.

WARDS

之后

The Choice of
Leipzig
2019–2004

2020
Pulchra
唯美 左卷 / 右卷
冷冰川
广西师范大学出版社
0124 300×230×20mm 300×230×21mm
0354 643g / 695g 248p / 256p
ISBN 978-7-5598-3389-1
2021 英国 D&AD 奖木铅笔奖

2020
Browse Leipzig:
Best book design from all over the world 1991-2003
翻阅莱比锡——“世界最美的书”1991-2003
赵清
江苏凤凰美术出版社
207×143×72mm
0136 1070g 1304p
0394 ISBN 978-7-5580-7841-52021
美国纽约艺术指导俱乐部 NY ADC 金方块奖
2021 英国 D&AD 奖优异奖
2021 美国 ONE SHOW DESIGN 优异奖
2021 亚洲最具影响力 DFA 银奖
2020“最美的书”

2019
The Choice of Leipzig:
Best book design from all over the world 2019-2004
莱比锡的选择——“世界最美的书”2019-2004
赵清
江苏凤凰美术出版社
207×143×60mm
0148 1532g
0430 1510p
ISBN 978-7-5580-6488-3
2020 亚洲最具影响力 DFA 大奖、金奖
2020 深圳平面设计协会 SGDA 奖
2019 日本字体设计协会 Applied Typography 评审奖
2020 美国纽约艺术指导俱乐部 NY ADC 优异奖
2021 美国 ONE SHOW DESIGN 优异奖
2020 纽约字体指导俱乐部 NY TDC 优异奖
2020 东京字体指导俱乐部 Tokyo TDC 优异奖
“平面设计在中国”GDC19 设计奖优异奖
2019“最美的书”
2019“做书”编辑奖
2019“360”杂志年度奖

2019
Infinite Blooming:
100 Years of Chinese Botanical Illustration
嘉卉——百年中国植物科学画
张寿洲、马平、刘启新、杨建昆
江苏凤凰科学技术出版社
260×185×57mm
0164 1364g 884p
0510 ISBN 978-7-5537-9327-6
2020 英国 D&AD 黄铅笔奖 / 石墨铅笔奖
2020 日本字体设计协会 Applied Typography Best Work 奖
2020 美国纽约艺术指导俱乐部 ADC 优异奖。
2020 亚洲最具影响力 DFA 铜奖
2020“360”杂志年度奖
2019“中国好书”
2019“最美的书”
第五届中国出版政府奖装帧设计奖

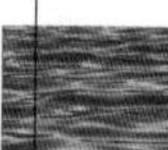

2019
The Physics of “Chen Qi”:
Experimenting with Curation and Comprehension
陈琦格致——一个展示和理解的实验
0174 陈琦
0548 人民美术出版社
230×300×38mm
1802g 516p
ISBN 978-7-1020-8169-4
2019 英国 D&AD 木铅笔奖
2019 美国纽约艺术指导俱乐部 NY ADC 优异奖
“平面设计在中国”GDC19 设计奖优异奖
2019 澳门设计双年展 提名奖

2019
conography of The Decorated Writing-Paper
of the Ten Bamboo Studio
十竹斋笺谱图像志
十竹斋画院
江苏凤凰美术出版社
285×185×53mm
1949g 756p
0186 ISBN 978-7-5580-5915-5
0592 2020 英国 D&AD 木铅笔奖
2019 亚洲最具影响力 DFA 铜奖
2020 日本字体设计协会 Applied Typography 优异奖
2020 美国纽约艺术指导俱乐部 NY ADC 优异奖
2020 东京字体指导俱乐部 Tokyo TDC 优异奖
“平面设计在中国”GDC19 设计奖优异奖
2019 台湾金点奖
“平面设计在中国”GDC19 设计奖获奖作品集
2020 美国纽约艺术指导俱乐部 NY ADC 优异奖
2020 纽约字体指导俱乐部 NY TDC 优异奖

2019
GDC Award 2019 Award-Winning Works
GDC Award 2019 获奖作品集
深圳市平面设计协会
迪赛纳图书
260×185×37mm
1536g 732p
ISBN 978-988-79082-5-8
2020 美国纽约艺术指导俱乐部 NY ADC 优异奖
2020 纽约字体指导俱乐部 NY TDC 优异奖

2018
Facing the sea with spring flowers blossoming
面朝大海 春暖花开
海子
江苏凤凰文艺出版社
240×180×14mm
331g 232p
0210 ISBN 978-7-5399-9675-2
0664 2019 日本字体设计协会 Applied Typography 优异奖
2019 香港环球设计大奖 GDA 优异奖
2018“中国最美的书”

2018
The 9th National Exhibition
of Book Design in China Excellent Works
第九届全国书籍设计艺术展览优秀作品集
南京出版社
260×185×41mm
1637g 732p
0228 ISBN 978-7-5533-2432-6
0694 2019 英国 D&AD 石墨铅笔奖
2019 美国 ONE SHOW DESIGN 银铅笔奖

2020 日本字体设计协会 Applied Typography 优异奖
2019 美国纽约艺术指导俱乐部 NY ADC 优异奖
2019 纽约字体指导俱乐部 NY TDC 优异奖
2019 深圳环球设计大奖 SDA 提名奖
2019 香港环球设计大奖 GDA 优异奖
2018“中国最美的书”

2017
Walking the Path to Eternal Fragrane
芳华修远——第 19 届国际植物学大会植物艺术画展画集
第 19 届国际植物学大会组织委员会
深圳市中国科学院仙湖植物园
江苏凤凰科学技术出版社
305×235×24mm
0242 940g 344p
0746 ISBN 978-7-5537-8418-2
“平面设计在中国”GDC17 设计奖 Best Work 奖
2018 英国 D&AD 木铅笔奖
2018 美国纽约艺术指导俱乐部 NY ADC 铜方块奖
2018 美国 ONE SHOW DESIGN 优异奖
2018 美国字体指导俱乐部 NY TDC 优异奖
2018 东京字体指导俱乐部 Tokyo TDC 优异奖
2019 香港环球设计大奖 GDA 优异奖
2017“中国最美的书”

2016
Aiyi's love poems: A Year of Miss
文爱艺爱情诗集——一年之念
文爱艺
江苏凤凰文艺出版社
144×105×50mm
420g 754p
ISBN 978-7-5399-9727-8
0252 2019 深圳环球设计大奖 SDA 金奖
0782 2018 日本字体设计协会 Applied Typography 优异奖
2017 纽约 字体指导俱乐部 NY TDC 优异奖
“平面设计在中国”GDC17 设计奖优异奖
2019 香港环球设计大奖 GDA 优异奖
2016“中国最美的书”

2016
Historical Figures' Odes to Trees
历代名人咏树
江苏省苗木商会
江苏凤凰科学技术出版社
240×160×29mm
675g 474p
ISBN 978-7-5537-6260-9
0270 2016 日本字体设计协会 Applied Typography Best Work 奖
0802 2016 台湾金点奖年度最佳奖
2017 亚洲最具影响力 DFA 银奖
“平面设计在中国”GDC17 设计奖优异奖
2017 澳門设计双年展优异奖
2017“海峡两岸最美的书”
2016“中国最美的书”

2016
Detach Attach
离合
大舍、赵清
中国建筑工业出版社
280×280×30mm
0286 1619g 504p
0836 ISBN 978-7-112-17087-6
2018 日本字体设计协会 Applied Typography 评审奖
2017 亚洲最具影响力 DFA 铜奖
2017 美国 ONE SHOW DESIGN 优异奖

2017 美国纽约艺术指导俱乐部 NY ADC 优异奖
2017 东京字体指导俱乐部 Tokyo TDC 优异奖
“平面设计在中国”GDC17 设计奖优异奖
2019 深圳环球设计大奖 SDA 提名奖
2019 香港环球设计大奖 GDA 优异奖
2016“中国最美的书”

2015
One Table Two Chairs
一桌二椅
柯军
江苏凤凰科学技术出版社
247×173×16mm / 247×173×18mm
485g / 578g 298p / 300p
ISBN 978-7-5537-5453-6 / ISBN 978-7-5537-5038-5
0304 2015 香港环球设计大奖 GDA 金奖
0888 2019 深圳环球设计大奖 SDA 银奖
2016 亚洲最具影响力 DFA 银奖
2016 日本字体设计协会 Applied Typography 优异奖
“平面设计在中国”GDC17 设计奖优异奖
2016 台湾金点奖
2016 台北设计奖铜奖
2017 澳門设计双年展优异奖
2015“中国最美的书”

2015
Male-Female
男·女
李津、靳卫红
上海书画出版社
298×191×41mm
1308g 400p
ISBN 978-7-5479-0966-9
2016 香港环球设计大奖 GDA 银奖
0316 2016 纽约字体指导俱乐部 NY TDC 优异奖
0938 2015“中国最美的书”

2014
Forgotten Sea
遗忘海
罗拉拉
东南大学出版社
210×130×34mm
516g 374p
ISBN 978-7-5641-5301-4
2016 亚洲最具影响力 DFA 银奖
2015 香港环球设计大奖 GDA 铜奖
2015 澳门设计双年奖铜奖
0326 2016 台湾金点奖
0966 2015“海峡两岸最美的书”
2014“中国最美的书”

2006
A concise Chinese-English dictionary for lovers
恋人版中英词典
郭小橹
新星出版社
220×146×27mm
639g 470p
ISBN 978-7-80225-664-4
0336 “平面设计在中国”GDC09 设计奖银奖
1002 2010 英国 D&AD 木铅笔奖
2009 美国 ONE SHOW DESIGN 优异奖
2010 东京字体指导俱乐部 Tokyo TDC 优异奖
2009 德国红点传达设计奖
2009“中国最美的书”

赵清

国际平面设计联盟（AGI）会员，中国出版工作者协会书籍设计艺术委员会副主任，深圳平面设计协会会员，南京平面设计师联盟创始人。2000年创办“瀚清堂设计有限公司”并任设计总监。凤凰江苏科学技术出版社编审，南京艺术学院设计学院硕士生导师，多年来坚持致力于平面设计各个领域的实践与研究推广，个人设计作品获奖或入选于世界范围内几乎所有重要的平面设计竞赛和展览，并获得了英国 D&AD 黄铅笔奖、美国纽约 ADC 金方块奖、纽约 One Show Design 银铅笔奖，纽约 TDC、德国 Red dot、IF、俄罗斯 Golden Bee 金蜂奖、日本 JTA Best Awards、东京 TDC 奖、深圳平面设计在中国 GDC Best Awards、深圳环球 SDA 金奖、香港环球 GDA 金奖、亚洲最具影响力 DFA 大奖及金奖、台湾 Golden 年度最佳奖等众多国际设计奖项。书籍设计作品几十次获“最美的书”称号。

图书在版编目（C I P）数据

瀚书十七 / 赵清编著 . -- 南京 : 江苏凤凰美术出版社 , 2021.10

ISBN 978-7-5580-9343-2

Ⅰ . ①瀚… Ⅱ . ①赵… Ⅲ . ①书籍装帧- 设计- 图集 Ⅳ . ① TS881-64

中国版本图书馆 CIP 数据核字 (2021) 第 201319 号

项目统筹　王林军
责任编辑　施　铮
书籍设计　瀚清堂 / 赵　清 + 朱　涛 + 黄　今
摄　　影　瀚清堂 / 朱　涛
责任校对　吕猛进
责任监印　张宇华

书　　名　瀚书十七
编　　著　赵　清
出版发行　江苏凤凰美术出版社（南京市湖南路 1 号　邮编：210009）
出版社网址　http://www.jsmscbs.com.cn
制版印刷　上海雅昌艺术印刷有限公司
开　　本　787 毫米 ×1092 毫米　1/32
印　　张　33
版　　次　2021 年 10 月第 1 版　2021 年 10 月第 1 次印刷
标准书号　ISBN　978-7-5580-9343-2
定　　价　270.00 元

营销部电话　025-68155675　营销部地址　南京市湖南路 1 号